Roland Reich
Thermodynamik

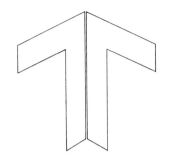

05.11.82

D1692173

taschentext 62

Roland Reich

Thermodynamik

Grundlagen und Anwendungen in
der Allgemeinen Chemie

Verlag Chemie · Physik Verlag

Prof. Dr. Roland Reich
Max-Volmer-Institut
für Physikalische Chemie und Molekularbiologie
Technische Universität Berlin
Straße des 17. Juni 135
D-1000 Berlin 12

Verlagsredaktion: Dr. Hans F. Ebel

Dieses Buch enthält 79 Abbildungen und 16 Tabellen

CIP-Kurztitelaufnahme der Deutschen Bibliothek

Reich, Roland
Thermodynamik: Grundlagen u. Anwendungen in d. allg. Chemie. —
1. Aufl. — Weinheim: Verlag Chemie; Weinheim: Physik-Verlag, 1978. —
(Taschentext; 62)
ISBN 3-527-21065-2 (Verl. Chemie)
ISBN 3-87664-565-4 (Physik-Verl.)

Druck: Zechnersche Buchdruckerei, D-6720 Speyer
Buchbinder: Aloys Gräf, D-6900 Heidelberg
Umschlaggestaltung: Weisbrod-Werbung, D-6943 Birkenau
Printed in West Germany

Meinem verehrten Lehrer

Herrn Professor Dr. Carl Wagner

gewidmet

Vorwort

Dieses Buch ist aus einem Vorlesungskurs hervorgegangen, der im Rahmen der Allgemeinen Chemie erstmals im Sommersemester 1973 an der Technischen Universität Berlin gehalten wurde. Das Buch ist aber nicht nur als Leitfaden für die Allgemeine Chemie gedacht, sondern zugleich als eine erste Einführung in die Physikalische Chemie. Die Thermodynamik hatte nämlich in der zugrundeliegenden Vorlesung mehr Raum erhalten, als das sonst in der Allgemeinen Chemie üblich ist. Man ging dabei von der Überlegung aus, daß der Student in der Thermodynamik eine Reihe von Begriffen und Gesetzmäßigkeiten gleichzeitig lernen muß, die sich gegenseitig erklären und verständlich machen. Nur so ist ein zusammenhängendes Verständnis zu erreichen. (Besonders der Begriff der Entropie hinterläßt bei zu oberflächlicher Behandlung großes Unbehagen bei den Studenten, soweit diese sich nicht damit begnügen wollen, Formeln und deren Gebrauchsanweisung gläubig auswendig zu lernen.) Um Zeit für chemische Anwendungsbeispiele zu gewinnen, wurden aber die thermodynamischen Grundlagen auf das beschränkt, was zum Verständnis der wichtigsten Kernpunkte notwendig ist, wie es bis zum Vorexamen in Chemie ausreichen sollte. Für Studenten mit Physikalischer Chemie oder Technischer Chemie als Hauptfach muß die Thermodynamik später durch weiterführende Vorlesungen ergänzt werden.

Es ist das Ziel dieses Buches, den Leser nicht mit fertigem Faktenwissen zu überhäufen, sondern ihm ein praktisch anwendbares, lebendiges Grundwissen zu vermitteln, das ihn befähigt, durch eigene Überlegung Probleme zu lösen und auch solche Fragen zu beantworten, die in diesem Buch nicht explizit behandelt worden sind. Nur so ist es möglich, mit relativ kleinem Lernaufwand dennoch ein reiches Wissen verfügbar zu haben.

Es entspricht der modernen Schulerziehung, den Lernenden nicht mit einem fertigen wissenschaftlichen Gedankengebäude zu konfrontieren, sondern ihn nach Möglichkeit das Wichtigste vom Bau dieses Gebäudes nachvollziehen zu lassen. (Dieses kann ihn anregen, auch selbst als Forscher daran weiterzubauen.) Nach diesem didaktischen Prinzip sollte man theoretische Begriffe erst dann einführen, wenn sich aufgrund praktischer Fragestellungen das Bedürfnis hierzu ergibt. Die Einführung des Entropiebegriffs erscheint aber für den Chemiker erst dann praktisch notwendig, wenn er ein chemisches Gleichgewicht von einer Temperatur auf eine andere Temperatur umrechnen möchte. Dagegen läßt sich z.B. das Massenwirkungsgesetz auch ohne den Entropiebegriff herleiten (allein über den Begriff der Arbeit und des chemischen Potentials).

Daher wird die Entropie hier (im Gegensatz zu bisherigen Lehrbüchern der Thermodynamik) erst *nach* dem chemischen Potential eingeführt.

Das Bestreben, möglichst frühzeitig chemische Anwendungsbeispiele zu behandeln, unterbricht notwendigerweise den in der Physikalischen Chemie sonst üblichen, systematischen Aufbau der Grundlagen. Wer dieses als Mangel empfindet, kann die Kapitel 9, 13, 15 und 16 zunächst überschlagen, die ausschließlich Anwendungsbeispielen aus der Allgemeinen Chemie gewidmet sind.

Die vorliegende Darstellung geht von anschaulichen Erfahrungen und Experimenten aus. Auf eine klare Formulierung der Definitionen und auf die molekulare Deutung thermodynamischer Zusammenhänge wurde besonderer Wert gelegt. Fragen im Text stellen grundsätzlich eine Aufforderung an den Leser dar, möglichst selbst eine Antwort zu formulieren, bevor er weiterliest! So hat er auch dann noch einen Gewinn, wenn ihm der Stoff nicht mehr ganz neu ist. Nur das, was man formulieren kann, hat man wirklich verstanden. Nur so kann man lernen, souverän mit dem Stoff umzugehen!

Um eine für den Anfänger leicht verständliche Darstellung zu erzielen, werden im Haupttext gelegentlich vereinfachte Modelle und Formulierungen gebraucht, die nicht in jeder Beziehung stichhaltig sind. Diese Punkte werden jedoch in Fußnoten oder in Einschüben in Kleinschrift so weit ergänzt, daß der Leser kein falsches Bild bekommt. Die Fußnoten mögen zum besseren Verständnis des Haupttextes beitragen und Fragen beantworten, die sich dem Leser vielleicht stellen. Es läßt sich aber nicht vermeiden, daß die Fußnoten selbst neue Fragen aufreißen, deren Beantwortung erst in späteren Vorlesungen möglich sein wird.

Auf diese Weise wurde versucht, eine vereinfachte und anschauliche, aber trotzdem exakte und logisch richtige Darstellung der Thermodynamik zu geben, auf der eine weiterführende Vorlesung in Physikalischer Chemie aufbauen kann, ohne die Grundbegriffe neu darstellen zu müssen.

Die verwendeten Formelzeichen und Maßeinheiten für physikalisch-chemische Größen entsprechen den Empfehlungen der IUPAC (International Union of Pure and Applied Chemistry)* und den neuen gesetzlichen Vorschriften (SI-Einheiten). Zur Vermeidung von Mißverständnissen wurde darauf geachtet, daß möglichst nicht ein und dasselbe Zeichen in zwei verschiedenen Bedeutungen auftritt. Zur Orientierung sind alphabetische Listen der hier verwendeten Formelzeichen sowie der ge-

---

* M.L. McGlashan: „Manual of Symbols and Terminology for Physicochemical Quantities and Units", Butterworths, London 1969.

setzlichen Einheitenzeichen auf den Seiten XV—XXI zusammengestellt. Zur Unterscheidung werden physikalische Größen grundsätzlich durch schräge, Maßeinheiten dagegen durch senkrechte Buchstaben symbolisiert.

Allen, die durch Anregungen und Vorschläge zur didaktischen Verbesserung des Buches beigetragen haben, möchte ich an dieser Stelle herzlich danken. Wertvolle, konstruktive Kritik erhielt ich besonders von dem kürzlich verstorbenen Herrn Professor Dr. Carl Wagner (Göttingen). Nützliche Hinweise lieferten Herr Prof. Dr. H. Reich (Braunschweig), Herr Prof. Dr. K.G. Weil (Darmstadt) und Herr Dr. P. Gräber (Berlin). Zahlreiche kritische Anmerkungen verdanke ich Herrn Prof. Dr. A. Höpfner (Heidelberg). Herr Dr. H.F. Ebel vom Verlag Chemie hat durch engagierte Fragen und sachkundige Beratung wesentlich zur endgültigen Formulierung des Buches beigetragen. Besonderer Dank gebührt meiner Frau für das liebevolle Zeichnen der Abbildungen und das Schreiben des Manuskripts. Große Anerkennung verdient Frau B. Unterspann sowie auch Herr D. v. Lebinski für die sorgfältige Herstellung des Schriftsatzes auf dem Composer.

Berlin, im Januar 1978   Roland Reich

Inhaltsverzeichnis

Formelzeichen

Eine *physikalische Größe* wird in Formeln grundsätzlich durch einen *kursiven* (d.h. schrägen), *einzelnen* Buchstaben symbolisiert, der nötigenfalls durch Indizes näher gekennzeichnet ist. (Die einzige Ausnahme bildet die Größe pH.) Zur Unterscheidung davon werden Maßeinheiten, mathematische Operatoren, Zahlen und chemische Elemente immer mit *senkrechten* Buchstaben bezeichnet. Vektorielle, d.h. räumlich gerichtete Größen wie die Kraft F und die Feldstärke E werden üblicherweise durch fettgedruckte Symbole bezeichnet. Auch in diesem Buch verwenden wir Fettdruck, um Verwechslungen mit anderen Größen zu vermeiden, obwohl hier mit F bzw. E kein Vektor im mathematischen Sinne, sondern nur die (positive oder negative) Größe des zu einer passenden Koordinatenachse parallelen Vektors gemeint ist (vgl. Fußnote S. 252).

Gemäß den Empfehlungen der IUPAC ist der für eine physikalische Größe verwendete Buchstabe fast immer der Anfangsbuchstabe des betreffenden englischen Wortes. Dieses wird daher als Gedächtnishilfe in dieser Liste jeweils in Klammern mit aufgeführt, sofern sein Anfangsbuchstabe von dem des deutschen Wortes abweicht.

a	Beschleunigung (acceleration), Geschwindigkeitsänderung pro Zeit
a_i	Aktivität des Stoffes i. In idealen Systemen ist a_i nach Gl. (11.67) je nach dem Aggregatzustand von i durch die Konzentration, den Molenbruch oder den Partialdruck gegeben.
A	Helmholtz-Energie [J], bisher als „Freie Energie" mit dem Symbol F bezeichnet, definiert durch die Gln. (10.15) und (14.4)
A	Fläche (area), z.B. Querschnitt eines Kolbens
b	Federkonstante [N/m], elastische Kraft pro Längenänderung einer Feder
c	Lichtgeschwindigkeit im Vakuum, $3 \cdot 10^8$ m/s
c	Konzentration (concentration), Stoffmenge pro Volumen
c_A, c_B, c_i, c_1, c_2	Konzentrationen der Stoffe A, B, i, 1, 2 usw.
c_S	Sättigungskonzentration
$c^*_i \equiv c_i \cdot N_L$	„molekulare Konzentration" des Stoffes i, Teilchenzahl pro Volumen
C_p	Wärmekapazität (heat capacity) bei konstantem Druck p, die einem Körper pro Temperaturänderung zuzuführende Wärmemenge [J/K]
$c_p(i)$	spezifische Wärme bei konstantem Druck [J/(g K)], Wärmekapazität pro Masse des Stoffes i
C_{pm}	molare Wärmekapazität („*Molwärme*") bei konstantem Druck, [J/(mol K)]
C_{pi}	Molwärme des Stoffes i bei konstantem Druck, [J/(mol K)]
C_V	Wärmekapazität bei konstantem Volumen V, [J/K]
C_{Vm}	Molwärme bei konstantem Volumen V, [J/(mol K)]
d	Differentialzeichen
e	Zahl 2,71828..., Basis der natürlichen Logarithmen
e^-	chemisches Symbol für das Elektron
e	elektrische Ladung des Protons. (Die Ladung des Elektrons ist $-e$.)
E	elektromotorische Kraft (EMK) einer galvanischen Kette
E	elektrische Feldstärke

E_{kin} makroskopische kinetische Energie

E_{pot} makroskopische potentielle Energie

$f_{trans}, f_{rot}, f_{os}$ Zahl der Freiheitsgrade der Translation, der Rotation oder der Oszillation eines Moleküls

F Faraday-Konstante, Ladung pro Mol einwertiger Kationen, 96 487 C/mol

F Kraft (force)

g Erdbeschleunigung, Beschleunigung eines Körpers im Schwerefeld der Erde bei Ausschaltung des Luftwiderstandes, 9,806 m/s^2

G Gibbs-Energie [J], bisher als „Freie Enthalpie" bezeichnet, definiert durch die Gln. (10.21) und (14.3)

G_i Gibbs-Energie pro Menge des reinen Stoffes i, [J/mol]

$\bar{G}_i$ $\equiv (\partial G / \partial n_i)_{p,T,n_{j \neq i}}$, „chemisches Potential", partielle molare Gibbs-Energie des Stoffes i in einer Mischung

G_i° chemisches Potential des Stoffes i im „Standardzustand", d.h. in dem Zustand, in dem die Aktivität a_i (gemessen im charakteristischen Konzentrationsmaß des jeweiligen Aggregatzustandes) den Zahlenwert 1 hat*

$\bar{G}^*_i$ elektrochemisches Potential*, vgl. S. 256

G^B_i „Gibbs-Bildungsenergie" des Stoffes i, d.h. ΔG für die Reaktion der Bildung von i aus den Elementen, wenn alle Reaktionsteilnehmer unter Standardbedingungen vorliegen*

ΔG $\equiv (\partial G / \partial \xi)_{p,T}$, Änderung der Gibbs-Energie pro molarem Formelumsatz bei konstanten Werten von p und T , [J/mol], vgl. S. 95

$-\Delta G$ Triebkraft (Affinität) einer chemischen Reaktion

h Planck-Konstante, $6,626 \cdot 10^{-34}$ J s

h Höhe einer Masse im Schwerefeld der Erde

H Enthalpie [J]

H_i Enthalpie pro Menge des reinen Stoffes i, [J/mol]

H^B_i „Bildungsenthalpie" des Stoffes i, ΔH für die Reaktion der Bildung des Stoffes i aus den reinen, stabilen Elementen unter Normalbedingungen (Standardbedingungen und 25 °C), [J/mol]

$H^{B\,at}_i$ „atomare Bildungsenthalpie" des Stoffes i, ΔH für die Reaktion der Bildung des gasförmigen Stoffes i aus den gasförmigen Atomen bei 25 °C, [J/mol]

ΔH analog ΔG definiert, [J/mol]

$\Delta H_{f \to fl}, \Delta H_{fl \to g}, \Delta H_{f \to g}$ Schmelzwärme bzw. Verdampfungswärme bzw. Sublimationswärme, [J/mol]

$H_{C-C}, H_{C-H}, H_{C-O}$ usw. „Bindungsenthalpien", molare Enthalpieänderungen bei der Bindungsknüpfung aus den gasförmigen Atomen [J/mol]

i   Laufzahl, Nummer eines Stoffes

i(aq), i(f), i(fl), i(g) Stoff i in wäßriger Lösung bzw. im festen, flüssigen oder gasförmigen Zustand

---

* Bei gleichzeitiger Verwendung von oberen und unteren Indizes werden diese nicht untereinander gesetzt, sondern hintereinander in der Reihenfolge, wie sie gelesen werden sollen (geordnet nach dem Grad ihrer Zugehörigkeit zum Hauptsymbol). Exponenten werden immer zuletzt gesetzt, nachdem das Symbol mit allen Indizes fertig formuliert ist.

I	elektrische Stromstärke [A]
j	Flußdichte [mol/(m^2 s)]
J	Trägheitsmoment (moment of inertia) [kg m^2]
k	Boltzmann-Konstante, $1,3805 \cdot 10^{-23}$ J/K
k	Geschwindigkeitskonstante einer chemischen Reaktion
$k_{hin}, k_{rück}$	Geschwindigkeitskonstante der Hin- bzw. der Rückreaktion
K	Gleichgewichtskonstante einer chemischen Reaktion, formuliert mit den Aktivitäten a_i der Reaktionsteilnehmer in ihren jeweiligen Aggregatzuständen
$\{K\}$	Zahlenwert von K, wenn als Maßeinheit für die Aktivität jedes einzelnen Reaktionsteilnehmers die Aktivität in seinem Standardzustand zugrundegelegt wird
K_c, K_p, K_x	Gleichgewichtskonstante, formuliert mit den Konzentrationen (c), den Partialdrucken (p) oder den Molenbrüchen (x) der Reaktionsteilnehmer
m	Masse [g]
m	Molekülmasse [g]
M	Molmasse [g/mol]
n	natürliche Zahl (z.B. Zahl der Atome in einem Molekül)
n	Stoffmenge [mol]
n_i	Menge des Stoffes i, [mol]
N	Zahl der Moleküle
N_L	Loschmidt-Konstante (auch als „Avogadro-Konstante" mit dem Symbol N_A bezeichnet), Zahl der Moleküle pro Mol, $6,0225 \cdot 10^{23}$/mol
p	Druck (pressure) [N m^{-2}]
p^D	Dampfdruck eines festen oder flüssigen Stoffes
p_i	entweder Partialdruck des Stoffes i in der Gasphase oder Gleichgewichtspartialdruck von i über einer kondensierten Mischung
$p_i^{\,\circ}$	Gleichgewichtspartialdruck (Dampfdruck) des reinen, kondensierten Stoffes i
p°	Standarddruck, $101\,325$ N m^{-2}, bisher als 1 atm bezeichnet
pH	$\equiv -\log \{a_{H^+}\}$
pK	$\equiv -\log \{K_{diss}\}$ (K_{diss} = Dissoziationskonstante einer Säure)
q	elektrische Ladung [C]
Q	Wärmemenge [J]
r	Radius oder Abstand, [m]
R	Gaskonstante
R	Ohmscher Widerstand (resistance)
S	Entropie [J K^{-1}]
$S_i, \bar{S}_i, S_i^{\,\circ}, \Delta S$	analog wie bei G definiert
t	Zeit (time) [s]
T	absolute Temperatur [K]
T_E	Erstarrungspunkt (Schmelzpunkt), Schmelztemperatur unter Standarddruck
T_S	Siedepunkt (Siedetemperatur unter Standarddruck)

T_{Tr}	Tripelpunkt (Schmelztemperatur unter dem eigenen Dampfdruck)
T_o	Normaltemperatur (298,15 K, entsprechend 25 °C)
T_0	Schmelzpunkt von Eis (273,15 K, entsprechend 0 °C)
U	elektrische Spannung [V]
U	Innere Energie [J]
U_m	molare Innere Energie [J/mol]
U_i	molare Innere Energie des Stoffes i [J/mol]
U_{trans}	Energie der ungeordneten Translationsbewegung der Moleküle
v	Geschwindigkeit (velocity) [m/s]
$\bar{v}$	Mittelwert des Geschwindigkeitsbetrages
V	Volumen [m³]
V_m	Molvolumen [m³/mol]
$V_i, \bar{V}_i, \Delta V$	analog wie bei G definiert
w	mathematische Wahrscheinlichkeit, Zahl zwischen 0 und 1
W	thermodynamische Wahrscheinlichkeit, Zahl der Mikrozustände, durch die ein Makrozustand realisiert werden kann.
W	Arbeit (work), Kraft mal Weg (skalares Produkt), [J]
x_i	$\equiv n_i / \Sigma n_i$, Molenbruch des Stoffes i
x	Koordinate, Länge, [m]
z	Zahl der (positiven) Ladungen eines Ions (für Anionen ist $z < 0$)
$\dot{z}_1$	mittlere Stoßfrequenz eines Einzelmoleküls [s⁻¹], Zahl der Moleküle, die im Mittel pro Zeiteinheit mit einem bestimmten Molekül zusammenstoßen.
Z	„Stoßzahl" [m⁻³ s⁻¹], Zahl der molekularen Zusammenstöße pro Volumen- und Zeiteinheit
α	Dissoziationsgrad
Δ	allgemeines Differenz-Zeichen
Δ	spezieller Operator, siehe bei ΔG , vgl. S. 95
ϵ	praktisches Einzelpotential [V]
ϵ^o	Standardpotential. (Bei 25 °C: Normalpotential)
$\bar{\epsilon}_{trans}$	mittlere kinetische Energie eines Moleküls
$\bar{\epsilon}_{trans,x}, \bar{\epsilon}_{rot}, \bar{\epsilon}_{os}$	mittlere Energie eines Freiheitsgrades der Translation, Rotation oder Oszillation eines Moleküls
η	Wirkungsgrad
ϑ	Celsius-Temperatur [°C]
κ	Verhältnis C_p / C_V
μ	Dipolmoment [C m]
μ_i	$\equiv \bar{G}_i$, chemisches Potential des Stoffes i
ν	Frequenz [s⁻¹]
ν_A, ν_B, ν_i	stöchiometrische Faktoren der Stoffe A, B, i in einer Reaktionsgleichung
ν_e	Zahl der übertragenen Elektronen bei einem molekularen Formelumsatz
ξ	Reaktionsstand [mol] (extent of reaction), bisher als „Reaktionslaufzahl" bezeichnet.
$\dot{\xi}$	Reaktionsgeschwindigkeit [mol/s]

π	Zahl 3,142 ⋯
π	osmotischer Druck $[N/m^2]$
$\prod\limits_i$	Zeichen für das Produkt der i Glieder einer Zahlenfolge
$\prod a_i^{\nu_i}$	stöchiometrisches Produkt, vgl. Gl. (11.33)
ρ	entweder Dichte (Masse pro Volumen) oder Faktor aus der Hammett-Gleichung (16.28), beschreibt die Empfindlichkeit einer reagierenden Gruppe R gegenüber Ladungsumverteilungen im Molekül.
σ	Faktor aus der Hammett-Gleichung, beschreibt den Einfluß eines Substituenten auf die Ladungsverteilung im Molekül.
σ	Symmetriezahl, S. 156
$\sum\limits_i$	Zeichen für die Summe der i Glieder einer Zahlenfolge
$\sum \nu_i X_i$	stöchiometrische Summe, vgl. Gl. (8.9)
φ	elektrisches Potential $[V]$
$\Delta\varphi$	elektrische Potentialdifferenz, Spannung $[V]$
$\{X\}$	„Zahlenwert" der Größe X, d.h. Quotient aus X und einer vereinbarten Standard-Maßeinheit für X. Die Standardeinheit für den Druck p ist der Standarddruck $p^\circ \equiv 101\ 325\ Pa\ (\equiv 1\ atm)$.
$X(..)$	Ein Klammerausdruck hinter einer physikalischen Größe X dient i.a. nur zu deren näheren Kennzeichnung (gelesen als „X von ..") und soll nicht mit X multipliziert werden (sonst müßte ein Punkt vor der Klammer stehen).
$\equiv$	„identisch", d.h. durch Definition gleich; vgl. Fußnote S. 11

Maßeinheiten

Zei-chen	Name	SI-Definition	physikal. Größe	Bemerkung
A	Ampere	vgl. S. 252	elektrische Stromstärke	SI-Basiseinheit
Å	Ångström*	10^{-10} m	Länge	$\approx$ Durchmesser des H-Atoms
am	Attometer	10^{-18} m	Länge	Vorsatzzeichen a $= 10^{-18}$
at	technische Atmosphäre*	98 066,5 Pa	Druck	$= 1$ kp/cm^2
atm	physikal. Atmosphäre*	101 325 Pa	Druck	mittlerer Luftdruck in Meereshöhe, Standarddruck
bar	Bar	10^5 Pa	Druck	$\approx$ Atmosphärendruck
C	Coulomb	A s	elektrische Ladung	SI-Einheit
°C	Grad Celsius	K	Temperatur	besonderer Name für das Kelvin bei der Angabe von Celsius-Temperaturen

* Diese Einheiten sind seit 1.1.1978 für den geschäftlichen Verkehr in Westdeutschland gesetzlich abgeschafft. Man muß sie trotzdem kennen, um die bisherige Literatur lesen zu können.

Zei-chen	Name	SI-Definition	physikal. Größe	Bemerkung
cal	Kalorie*	4,184 J	Energie	$= c_p(H_2O, 15\,°C)\cdot$ $1g\cdot 1K$
cd	Candela	5/3 mm^2 schwarzer Strahler bei T_E(Pt)	Lichtstärke	SI-Basiseinheit
cm	Zentimeter	10^{-2} m	Länge	Vorsatzzeichen $c = 10^{-2}$
d	Tag	86 400 s	Zeit	$= 24$ h
D	Debye	$\dfrac{10^{-29}\,C\,m}{2,997\,925}$	Dipolmoment	molekulare Maßeinheit ohne gesetzliche Verankerung
dm	Dezimeter	0,1 m	Länge	Vorsatzzeichen $d = 0,1$
dyn	Dyn*	10^{-5} N	Kraft	$= 1$ g cm/s^2
erg	Erg*	10^{-7} J	Energie	$= 1$ dyn cm
esE	elektrostat. Ladungseinh.	$\dfrac{10^{-9}\,C}{2,997\,925}$	elektrische Ladung	Maßeinheit der Quantenchemie ohne gesetzl. Verankerung
eV	Elektronvolt	$e\cdot 1\,V \approx$ $1,6021\cdot 10^{-19}$ J	Energie	atomphysikalische gesetzl. Einheit
F	Farad	C/V	elektrische Kapazität	SI-Einheit, $A^2 s^4 kg^{-1} m^{-2}$
fm	Femtometer	10^{-15} m	Länge	Vorsatzzeichen $f = 10^{-15}$
g	Gramm	10^{-3} kg	Masse	Masse von 1 cm^3 Wasser
GHz	Gigahertz	10^9 Hz	Frequenz	Vorsatzzeichen $G = 10^9$
h	Stunde	3600 s	Zeit	$= 60$ min
H	Henry	Vs/A	Induktivität	SI-Einheit, $kg\,m^2 A^{-2} s^{-2}$
hl	Hektoliter	10^2 l	Volumen	Vorsatzzeichen $h = 10^2$
Hz	Hertz	s^{-1}	Frequenz	SI-Einheit
J	Joule	N m	Energie	SI-Einheit, $kg\,m^2 s^{-2}$
K	Kelvin	$T_{Tr}(H_2O)/273,16$	Temperatur	SI-Basiseinheit
kg	Kilogramm	Internationaler Prototyp	Masse	SI-Basiseinheit; Vorsatzzeichen $k = 10^3$
l	Liter	10^{-3} m^3	Volumen	besonderer Name für die Einheit dm^3
m	Meter	spektroskopisch (Wellenlänge v. Kr)	Länge	SI-Basiseinheit; ursprünglich $2,5\cdot 10^{-8}\cdot$ Erdumfang
M	Mol pro Liter	1000 mol/m^3	Konzentration	
mg	Milligramm	10^{-3} g	Masse	Vorsatzzeichen $m = 10^{-3}$
MHz	Megahertz	10^6 Hz	Frequenz	Vorsatzzeichen $M = 10^6$
min	Minute	60 s	Zeit	

* s. Fußnote * Seite XVI

Zei-chen	Name	SI-Definition	physikal. Größe	Bemerkung
mmHg	Millimeter-Queck-silbersäule*	133,322 Pa	Druck	760 mmHg = 1 atm
mol	Mol	vgl. S. 19	Stoffmenge	SI-Basiseinheit
mWS	Meter-Wassersäule*	9 806,65 Pa	Druck	10 mWS = 1 at
N	Newton	$kg\ m/s^2$	Kraft	SI-Einheit
nm	Nanometer	10^{-9} m	Länge	Vorsatzzeichen $n = 10^{-9}$
p	Pond*	$9,80665 \cdot 10^{-3}$ N	Kraft	Gewicht von 1 g
Pa	Pascal	N/m^2	Druck	SI-Einheit, $kg\,m^{-1}s^{-2}$
pm	Picometer	10^{-12} m	Länge	Vorsatzzeichen $p = 10^{-12}$
PS	Pferdestärke*	735,49875 W	Leistung	
rad	Radiant	Verhältnis von Bogenlänge : r = 1	Winkel	SI-Zusatzeinheit
s	Sekunde	aus Strahlungs-frequenz v. Cs	Zeit	SI-Basiseinheit
S	Siemens	$A/V = 1/\Omega$	elektrischer Leitwert	SI-Einheit, $kg^{-1}\,m^{-2}\,s^3\,A^2$
sr	Steradiant	Verhältnis von Kugelflächen-ausschnitt : r^2 = 1	Raumwinkel	SI-Zusatzeinheit
t	Tonne	10^3 kg	Masse	besonderer Name für 1 Mg
T	Tesla	$V\ s/m^2$	magnetische Flußdichte	SI-Einheit, $kg\,s^{-2}A^{-1}$
THz	Terahertz	10^{12} Hz	Frequenz	Vorsatzzeichen $T = 10^{12}$
Torr	Torr*	$\dfrac{101\,325}{760}$ Pa	Druck	1 Torr = 1 mmHg
u	atomare Masseneinheit	$(1\ g/mol)/N_L \approx 1,6604 \cdot 10^{-24}$ g	Masse	1/12 der Masse eines ^{12}C-Atoms; atomphy-sikal.gesetzl.Einheit
V	Volt	J/C	elektrische Spannung	SI-Einheit, $kg\ m^2\,s^{-3}\,A^{-1}$
W	Watt	$J/s = V\ A$	Leistung	SI-Einheit, $kg\,m^2\,s^{-3}$
Wb	Weber	$V\ s$	magnetischer Fluß	SI-Einheit, $kg\ m^2\,s^{-2}\,A^{-1}$
μm	Mikrometer	10^{-6} m	Länge	Vorsatzzeichen $\mu = 10^{-6}$
Ω	Ohm	V/A	elektrischer Widerstand	SI-Einheit, $kg\ m^2\,s^{-3}\,A^{-2}$

* s. Fußnote * Seite XVI

Berichtigung

Wir bitten Sie, auf Seite 262 (Zeile 19 und 37) und auf Seite 271 (Zeile 9)
die zitierte Seitenzahl 314 durch die Seitenzahl 282 zu ersetzen.

1. Einleitung

1.1. Bedeutung der Thermodynamik im Rahmen der Chemie

Wenn man eine chemische Verbindung herstellen möchte, dann genügt es im allgemeinen nicht, daß man die darin enthaltenen Elemente miteinander vermischt; denn nicht jede chemische Reaktion, die man auf dem Papier in Form einer chemischen Gleichung formulieren könnte, läuft tatsächlich ab: Manche Reaktion läuft eher in der umgekehrten Richtung ab, d. h., die gewünschte Verbindung würde sich nicht bilden, sondern zersetzen. Oft läuft eine Reaktion zwar in der gewünschten Richtung ab, aber nur bis zur Erreichung eines ganz bestimmten Konzentrationsverhältnisses von Ausgangsstoffen und Endprodukten; man spricht von einem *„chemischen Gleichgewicht“*. Liegt das Konzentrationsverhältnis zu Beginn bereits jenseits dieses Gleichgewichtsverhältnisses, dann läuft die entgegengesetzte Reaktion ab. Eine tatsächlich ablaufende Reaktion in einem sich selbst überlassenen System ist also immer auf den Gleichgewichtszustand hin und niemals von ihm weg gerichtet.

Nun läßt sich aber die Lage eines chemischen Gleichgewichts durch passende Veränderung der äußeren experimentellen Bedingungen (Druck, Temperatur, Konzentrationen) zugunsten der einen oder der anderen Seite einer Reaktionsgleichung *verschieben*. Die Abhängigkeit des chemischen Gleichgewichts von den äußeren Bedingungen ist das Thema der *Thermodynamik*, die in diesem Buch behandelt wird.

Wenn die Lage des Gleichgewichts für den Ablauf einer Reaktion günstig ist, dann kann man das auch so ausdrücken, daß man der Reaktion eine *„Triebkraft“* zuschreibt. Trotz dieser Triebkraft erfolgt aber die Einstellung des Gleichgewichts oft so langsam, daß sich praktisch überhaupt keine Änderung der Reaktionsmischung beobachten läßt. Es liegen also gewisse *„Reaktionshemmungen“* vor.* Die *Geschwindigkeit* chemischer Reaktionen ist das Thema der *Kinetik*. Die Geschwindigkeit der Gleichgewichtseinstellung kann z. B. durch Erhöhung der Temperatur gesteigert werden. Hierbei wird aber das Gleichgewicht oft in unerwünschter Weise verschoben, so daß ein

---

* Die Triebkraft ist mit dem Hangabtrieb eines Wagens an einem Berghang zu vergleichen, die Reaktionshemmung mit der angezogenen Bremse. Solche Hemmungen machen das Leben auf der Erde überhaupt erst möglich, da die meisten biochemischen Verbindungen thermodynamisch nicht „stabil“ sind: Bei Einstellung des Gleichgewichts mit dem Sauerstoff der Luft würden sie sich praktisch vollständig in die Verbrennungsprodukte umwandeln.

Kompromiß zwischen den Forderungen der Thermodynamik und Kinetik gefunden werden muß.

Für die meisten Stoffe lassen sich überhaupt keine konstanten äußeren Bedingungen (Druck, Temperatur, Konzentrationen) finden, unter denen ihre Bildung aus den in der Natur verfügbaren Ausgangsstoffen ohne weitere Eingriffe von außen thermodynamisch und kinetisch möglich ist. Zur Herstellung solcher Stoffe muß man aktiv eingreifen, und zwar entweder kontinuierlich (z. B. durch Zufuhr von elektrischer Energie, wie bei der Elektrolyse, oder von Lichtenergie, wie bei der Photosynthese in grünen Pflanzen*) oder diskontinuierlich, indem man sich zunächst passende *Zwischenprodukte* herstellt, die dann unter veränderten äußeren Bedingungen mit anderen Reaktionspartnern in gewünschter Weise weiterreagieren. Für jeden einzelnen Reaktionsschritt müssen aber die thermodynamischen und kinetischen Vorbedingungen erfüllt sein.

Oft ist es notwendig, die Zwischenprodukte aus dem Reaktionsgemisch in reiner Form zu isolieren. Die dabei angewendeten *Trennungsmethoden* (Destillation, Extraktion, Kristallisation, Adsorption, Chromatographie, sowie chemische Umsetzungen) beruhen ebenfalls auf thermodynamischen Gesetzmäßigkeiten. Auch wichtige (besonders elektrochemische) Methoden der *analytischen* Chemie zur Bestimmung der Konzentration eines Stoffes in einer Mischung ergeben sich aus der Lehre vom chemischen Gleichgewicht, der Thermodynamik. Daher erscheint eine gründliche Behandlung dieses Gebietes im Rahmen der Allgemeinen Chemie zweckmäßig.

1.2. „Thermodynamik" und „Thermostatik"

Das Wort „Thermodynamik" ist aus griechischen Worten zusammengesetzt: „thermos" heißt „warm", „dynamis" ist eine „bewegende Kraft". Unter „Thermodynamik" kann man also die Lehre von den Kräften verstehen, die mit der Wärmebewegung der Moleküle zusammenhängen.

Die Moleküle eines Stoffes sind nämlich normalerweise nicht in Ruhe, sondern in dauernder lebhafter Bewegung. Die Moleküle eines *Gases* fliegen völlig regellos und frei durch den Raum, wobei elastische Zusam-

---

* Durch derartige Zufuhr von Energie kann man erreichen, daß ein System sich nicht auf den Gleichgewichtszustand zubewegt, der durch Druck, Temperatur und Anfangskonzentrationen vorbestimmt ist, sondern sich von ihm entfernt. Näheres in Kapitel 10.

menstöße der Moleküle miteinander und mit der Gefäßwand stattfinden. Der Aufprall der Moleküle auf die Gefäßwand verursacht eine Kraft, und die Kraft pro Fläche ist der gemessene Gasdruck. In *festen Körpern* sind die Atome dagegen an feste Gitterplätze gebunden; hier besteht die Wärmebewegung im wesentlichen nur in Schwingungen der Atome um ihre Ruhelage. In *Flüssigkeiten* bleiben die Moleküle zwar in dauernder gegenseitiger Berührung, sie sind aber leicht gegeneinander verschiebbar. Daher sind hier neben Schwingungen auch Translations- und Rotationsbewegungen möglich.

Diese Bewegungen der Atome und Moleküle sind um so schneller, je *wärmer* der betreffende Körper ist. Äußerlich betrachtet erscheint dabei der Körper völlig ruhig. Vom makroskopischen Standpunkt aus sieht man nichts von der Wärmebewegung, d. h. von der Dynamik des molekularen Geschehens.

Nun ist es natürlich möglich, das molekulare Geschehen bei der Beschreibung physikalischer und chemischer Gleichgewichte unberücksichtigt zu lassen, indem man nur makroskopische Beobachtungen und Erfahrungen logisch miteinander verknüpft. Diese makroskopische Betrachtungsweise wird in der theoretischen Physik schlechthin als ,,Thermodynamik" bezeichnet. Man sollte dabei eigentlich eher von ,,*Thermostatik*" sprechen, weil ein System im Gleichgewicht vom makroskopischen Standpunkt aus ,,statisch" (= ruhend) erscheint.

In der theoretischen Physik wird Wert darauf gelegt, die Thermodynamik von molekularen Vorstellungen freizuhalten, weil eine Theorie grundsätzlich um so allgemeingültiger ist, je weniger Voraussetzungen man zugrundegelegt hat. Die Voraussetzungen der Thermodynamik sind die sogenannten ,,*Hauptsätze*", die als reine *Erfahrungssätze* an den Anfang gestellt werden. Die daraus abgeleiteten Gesetze müßten ihre Gültigkeit sogar dann behalten, wenn sich herausstellen würde, daß die Materie ein Kontinuum ist, also nicht aus Atomen und Molekülen bestände.

Andererseits werden aber die thermodynamischen Gesetzmäßigkeiten durch die *molekulare Deutung* viel anschaulicher und leichter lernbar. Außerdem wird die Thermodynamik für den Chemiker gerade dadurch besonders fruchtbar, daß man Beziehungen zwischen den thermodynamischen Eigenschaften verschiedener Stoffe und ihrer molekularen Struktur herstellen kann. Darum wollen wir hier eine ,,Thermodynamik" im ursprünglichen Sinn des Wortes betreiben, indem wir das molekulare Geschehen in die Betrachtung mit einbeziehen. In der Thermodynamik im ursprünglichen Sinn braucht man die Hauptsätze aber nicht als reine Erfahrungstatsachen hinzunehmen, sondern man kann sie aus dem molekularen Modell heraus anschaulich verstehen und auch mathematisch ableiten*.

---

* Näheres in den Kapiteln 4, 5 und 12.5.

Woher weiß man von der Wärmebewegung der Moleküle? Es gibt ein sehr eindrucksvolles Phänomen, an dem man die Bewegung der Moleküle unmittelbar sehen kann: die *„Brownsche Molekularbewegung"*. Dieses ist eine eigentümlich zitternde Bewegung von im Mikroskop gerade noch sichtbaren Staubteilchen. Im Gasraum ist die Bewegung solcher Teilchen (Tabaksrauch) noch heftiger als in einer flüssigen Suspension. Die auftreffenden Gasmoleküle schütteln die Staubteilchen hin und her. Dabei ist die Geschwindigkeitsänderung des Teilchens bei einem Zusammenstoß um so kleiner, je größer seine Masse ist. Es kommt hinzu, daß mit zunehmender Größe der Teilchen auch entsprechend mehr Moleküle pro Sekunde von allen Seiten auf seine Oberfläche auftreffen, so daß ein Impuls in der einen Richtung in immer kürzeren Zeitabständen durch einen Impuls in entgegengesetzter Richtung nahezu kompensiert wird. Daher ist die Bewegung größerer Teilchen nicht mehr sichtbar. Wenn aber das Staubteilchen so klein ist, daß es pro Sekunde nur von wenigen Gasmolekülen getroffen wird, dann bedeuten ein paar stoßende Moleküle mehr oder weniger schon einen großen relativen Unterschied, d. h. eine große Druckschwankung, der das Staubteilchen durch die beobachtete Bewegung nachgibt. Der makroskopische Gasdruck stellt also nur einen *Mittelwert* dar, um den herum im molekularen Bereich große *Schwankungen* auftreten*.

1.3. Das dynamische Gleichgewicht

Ebenso wie in einem ruhenden Gas die einzelnen Moleküle keineswegs in Ruhe sind, so bleiben auch in einem System, in dem Phasenumwandlungen oder chemische Reaktionen stattfinden, die einzelnen Moleküle nach Erreichen das Gleichgewichtszustandes keineswegs unverändert, auch wenn makroskopisch keine Umsetzung mehr nachweisbar ist.

Als Beispiel für eine *Phasenumwandlung* wollen wir die Verdampfung von Diäthyläther betrachten. Ein wenig Äther wird in eine Flasche eingefüllt. Der Gasraum über dem Äther besteht zunächst nur aus Luft. Bei gegebener Temperatur geht pro Zeit- und Oberflächeneinheit eine bestimmte Zahl von Äthermolekülen in den Gasraum über. Proportional der wachsenden Konzentration an Äthermolekülen im Gasraum wächst auch die Zahl der Äthermoleküle, die auf die Oberfläche auftreffen und wieder kondensieren. Schließlich wird ein Zustand erreicht, in dem die Flußdichte [mol m^{-2} s^{-1}] der kondensierenden Äthermoleküle genau so groß wie die Flußdichte der verdampfenden Äthermoleküle ge-

---

* Näheres in Abschnitt 4.1.

worden ist. Dann befindet sich das System im,,*dynamischen Gleichgewicht*". Makroskopisch betrachtet findet keine Veränderung mehr statt. In Wirklichkeit ist aber die Flußdichte der verdampfenden Äthermoleküle genauso groß wie am Anfang.

Die in den Gasraum übergegangenen Äthermoleküle üben auf den Stöpsel der Flasche neben den Molekülen der Luft einen zusätzlichen Druck aus, den ,,*Partialdruck*" des Äthers. Der im dynamischen Gleichgewicht erreichte Partialdruck heißt ,,*Dampfdruck*" des Äthers bei der betreffenden Temperatur. Bei 20 °C beträgt der Ätherdampfdruck $6{,}1 \cdot 10^4$ Pa. Dieser Überdruck reicht aus, um den Stöpsel der Flasche herauszudrücken, wenn er nicht besonders befestigt ist. Man überzeuge sich hiervon, indem man die auf einen Stöpsel von 2 cm Durchmesser und 50 g Masse wirkende Kraft mit seinem Gewicht vergleicht! (Die nötigen Umrechnungsfaktoren findet man auf S. 283.)

Als Beispiel für ein *chemisch reagierendes* System wollen wir Jodwasserstoffgas betrachten. Bei genügend hoher Temperatur zersetzt sich dieses teilweise in Wasserstoff und Jod*:

$$2 \text{ HJ (g)} \rightleftharpoons H_2(g) + J_2(g) \tag{1.1}$$

Das entstehende J_2-Gas ist violett gefärbt, und seine Konzentration** kann durch Messung seiner Lichtabsorption bestimmt werden. Die Konzentration an H_2 ist immer genauso groß ($c_{H_2} = c_{J_2}$), und die jeweilige Konzentration an HJ kann aus der Anfangskonzentration c_0 errechnet werden, da für jedes Molekül J_2 zwei Moleküle HJ verschwunden sind:

$$c_{HJ} = c_0 - 2 c_{J_2} \tag{1.2}$$

Auf diese Weise kann man c_{HJ} in jedem Zeitpunkt der Reaktion bestimmen.

Der Bruchteil c_{HJ}/c_0 als Funktion der Zeit nach Messungen von Bodenstein*** bei 448 °C ist in Abb. 1 dargestellt. Im Falle der oberen Kurve wurde von reinem Jodwasserstoff ausgegangen. Der Bruchteil an HJ nimmt zunächst schnell, dann immer langsamer ab und erreicht schließlich einen konstanten Wert. Derselbe Endzustand wird (bei gleicher Temperatur) auch dann erreicht, wenn das System im

---

* Unter diesen Bedingungen liegt J_2 ebenso wie H_2 und HJ gasförmig vor, was in der Reaktionsgleichung durch das (g) angedeutet wird. Unter Normalbedingungen ist Jod dagegen fest.

** Die Konzentration eines Stoffes ist ein Maß für die Zahl seiner Moleküle pro Volumen. Näheres in Kapitel 3.

*** M. Bodenstein, Z. physikal. Chemie **13**, 56 (1894)

Zeitpunkt $t = 0$ im Zustand der reinen Elemente H_2 und J_2 vorlag (untere Kurve in Abb. 1).

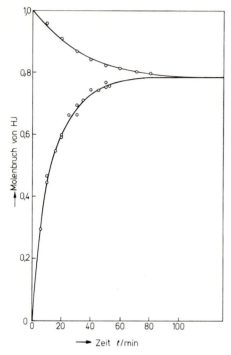

Abb. 1. Zersetzung und Bildung von Jodwasserstoff bei 448 °C nach Bodenstein***.

Der Gleichgewichtszustand kann also wie bei einer gedämpften Waage von beiden Seiten her erreicht werden*. Im Gegensatz zu einer Waage handelt es sich aber hier um ein *dynamisches* Gleichgewicht, d. h. , die Zahl der pro Zeiteinheit zerfallenden HJ-Moleküle wird im Gleichgewicht nicht etwa gleich null, sondern sie wird nur kompensiert durch die dann gleich große Zahl der pro Zeiteinheit gebildeten HJ-Moleküle.

Als „*Reaktionsgeschwindigkeit*" (RG) definieren wir die zeitliche Abnahme der Menge** eines Ausgangsstoffes, dividiert durch den stöchiometrischen Zahlenfaktor, mit dem dieser Stoff in der Reaktionsgleichung verknüpft ist. Diese Abnahme ist gleich der zeitlichen Zunahme der Menge eines Endproduktes, dividiert durch *dessen* stöchiometrischen Faktor. Im Beispiel der Reaktion (1.1) ist also****

---

* Vgl. Fußnote Seite 82.

** Eine bestimmte Stoffmenge n_i entspricht einer definierten Zahl von Molekülen des Stoffes i. Näheres in Abschnitt 3.1.

*** Vgl. Fußnote Seite 5.

**** Das Symbol $\dot{\xi}$ für die RG bringt zum Ausdruck, daß es sich hierbei um die zeitliche Änderung einer Größe ξ handelt, die als „*Reaktionsstand*" bezeichnet wird. (Allgemein bezeichnet nämlich ein darüber gesetzter Punkt die differentielle Änderung der betreffenden Größe pro differentielle Zeitspanne dt.) Näheres in Abschnitt 10.1.

$$\dot{\xi} = -\frac{1}{2}\frac{dn_{HJ}}{dt} = \frac{dn_{H_2}}{dt} = \frac{dn_{J_2}}{dt} \qquad (1.3)$$

Die RG ist proportional der jeweiligen Kurvensteigung in Abb.1. Im Gleichgewicht wird

$$\dot{\xi} = 0 \qquad (1.4)$$

Im molekularen Modell denkt man sich $\dot{\xi}$ aus zwei Anteilen zusammengesetzt, einem positiven Anteil $\dot{\xi}_{hin}$ für die „Hinreaktion" (entsprechend einem Ablauf der Reaktion (1.1) von links nach rechts) und einem negativen Anteil $-\dot{\xi}_{rück}$ für die „Rückreaktion" (entsprechend einem Reaktionsverlauf von rechts nach links) :

$$\dot{\xi} = \dot{\xi}_{hin} - \dot{\xi}_{rück} \qquad (1.5)$$

Man kann diese beiden Teilreaktionsgeschwindigkeiten als Funktion der Konzentrationen auch einzeln messen. Wenn man nämlich von reinem Jodwasserstoff ausgeht, ist im Zeitpunkt $t = 0$ noch kein Wasserstoff und kein Jod für eine mögliche Rückreaktion vorhanden; daher stellt die aus der Kurvensteigung bei $t = 0$ zu entnehmende RG allein die Hinreaktionsgeschwindigkeit dar. Führt man mehrere Versuchsreihen mit verschiedenen Anfangskonzentrationen durch, so findet man experimentell für die auf das Volumen V bezogene Hinreaktionsgeschwindigkeit:

$$\dot{\xi}_{hin}/V = k_{hin} \cdot c_{HJ}{}^2 \qquad (1.6)$$

Der Proportionalitätsfaktor k_{hin} wird als „Geschwindigkeitskonstante" der Hinreaktion bezeichnet.

Die in Gl. (1.6) zum Ausdruck kommende quadratische Abhängigkeit der Hinreaktionsgeschwindigkeit von der Konzentration an Jodwasserstoff beruht darauf, daß für einen molekularen Reaktionsablauf nach Gl. (1.1) zuerst ein Zusammenstoß zwischen zwei HJ-Molekülen erforlich ist. Bei gegebener Temperatur führt dann ein bestimmter Prozentsatz der Zusammenstöße zur chemischen Umsetzung. Die Hinreaktionsgeschwindigkeit ist daher proportional der Zahl dieser Zusammenstöße pro Volumen- und Zeiteinheit, Z. Diese aber ist proportional dem Produkt aus der molekularen Konzentration an HJ-Molekülen, c^*_{HJ} [Zahl pro Volumeneinheit], und der Zahl der Zusammenstöße pro Zeiteinheit, $\dot{z}_1$, an denen jedes *einzelne* HJ-Molekül im Mittel beteiligt ist* :

$$Z \sim c^*_{HJ} \cdot \dot{z}_1 \qquad (1.7)$$

Die mittlere Frequenz $\dot{z}_1$ der Zusammenstöße eines einzelnen Moleküls ist aber proportional der molekularen Konzentration an Stoßpartnern, also wiederum proportional c^*_{HJ}, so daß sich aus Gl. (1.7) eine qua-

---

* Der Proportionalitätsfaktor beträgt 1/2, weil an einem solchen Zusammenstoß zwei HJ-Moleküle beteiligt sind.

dratische Beziehung zwischen Z und c^*_{HJ} ergibt.

Geht man bei den Versuchen von stöchiometrischen Mischungen der reinen Elemente H_2 und J_2 aus, so kann man aus der Anfangssteigung der Kurve (Abb.1 unten) die Rückreaktionsgeschwindigkeit für sich allein bestimmen und erhält empirisch:

$$\dot{\xi}_{rück}/V = k_{rück} \cdot c_{H_2} \cdot c_{J_2} \tag{1.8}$$

Für die Reaktionsgeschwindigkeit pro Volumen in einem beliebigen Zeitpunkt erhält man durch Einsetzen der Gln. (1.6) und (1.8) in (1.5):

$$\dot{\xi}/V = k_{hin} \cdot c_{HJ}^2 - k_{rück} \cdot c_{H_2} \cdot c_{J_2} \tag{1.9}$$

Diese Gleichung beschreibt die negative Steigung der oberen Kurve in Abb. 1. Mit der Zeit werden c_{H_2} und c_{J_2} immer größer und c_{HJ} immer kleiner, so daß die Kurve immer flacher und im dynamischen Gleichgewicht schließlich horizontal wird. Dann wird aus Gl. (1.9) mit $\dot{\xi} = 0$:

$$\left(\frac{c_{H_2} \cdot c_{J_2}}{c_{HJ}^2}\right)_= = \frac{k_{hin}}{k_{rück}} = K_c \tag{1.10}$$

Das Verhältnis der Geschwindigkeitskonstanten ist wieder eine Konstante, die „Gleichgewichtskonstante" K_c. Im dynamischen Gleichgewicht ist also das Konzentrationsverhältnis von Endprodukten zu Ausgangsstoffen konstant (*Massenwirkungsgesetz*, MWG). Stöchiometrische Faktoren werden dabei zu Exponenten der Konzentrationen. Das Gleichheitszeichen im Index in Gl. (1.10) deutet an, daß die Konzentrationen miteinander im Gleichgewicht sind.

Nach den Messungen von Bodenstein stimmt das Verhältnis der (aus den Anfangssteigungen der Kurven in Abb.1 bestimmten) Geschwindigkeitskonstanten tatsächlich mit der direkt gemessenen Gleichgewichtskonstante K_c überein. Das ist eine Bestätigung für die Richtigkeit des molekularen Modells vom dynamischen Gleichgewicht.

1.4. Ziel des Buches

Die oben gegebene Herleitung des MWG macht von den einfachen Geschwindigkeitsgesetzen (1.6) und (1.8) Gebrauch. Oft ist der Reaktionsmechanismus und daher auch das Zeitgesetz chemischer Reaktionen komplizierter als im vorliegenden Beispiel. Trotzdem gilt auch dann das MWG, wie in Abschnitt 11.4. durch thermodynamische Überlegungen gezeigt wird. Die Gesetzmäßigkeiten der Thermodynamik sind einfacher und allgemeingültiger als die der Kinetik; deshalb wird die Thermodynamik vor der Kinetik behandelt, obwohl sie mehr

Verständnisschwierigkeiten bietet.

Die *Lage eines chemischen Gleichgewichts* wird zahlenmäßig durch die Gleichgewichtskonstante beschrieben. Deren Berechnung ist ein wesentliches Ziel der Thermodynamik. Wie später gezeigt wird, findet man die Lage des Gleichgewichts aus der Bedingung, daß dort die *Triebkraft* der Reaktion *gleich null* sein muß*.

Um derartige Berechnungen anstellen zu können, braucht man ein zahlenmäßig faßbares und durch eine praktische Meßvorschrift definiertes *Maß für die Triebkraft*. Bevor wir dafür eine brauchbare Definition aufstellen können, muß zunächst eine Reihe von Grundbegriffen definiert werden, nämlich die Begriffe Temperatur, Wärme, Arbeit, Energie, Enthalpie, Entropie, Helmholtz-Energie, Gibbs-Energie und chemisches Potential.

Die *Definition* dieser Begriffe besteht grundsätzlich entweder in einer praktischen *Meßvorschrift* oder in einer Gleichung zur *Berechnung* aus anderen, praktisch meßbaren Größen. Eine Meßvorschrift muß im allgemeinen noch durch die Definition einer Maßeinheit ergänzt werden.

Eine Definition ist grundsätzlich nur eine von Menschen erdachte, willkürliche Namensgebung, die keine Aussagen über die Natur enthält. Die Definition einer neuen Größe setzt aber im allgemeinen gewisse experimentelle Erfahrungen (Hauptsätze) voraus, die die Aufstellung der neuen Definition überhaupt erst *sinnvoll* erscheinen lassen. Insofern wäre es unrichtig zu sagen, an einer Definition gäbe es nichts zu ,,verstehen``, man müsse sie einfach ,,hinnehmen``. Zum vollen wissenschaftlichen Verständnis gehört außerdem noch die *molekulare Deutung* der experimentellen Erfahrungen und der neu definierten Größen.

Der Leser wird am Ende dieses Buches in der Lage sein, nicht nur qualitativ vorauszusagen, wie man ein chemisches Gleichgewicht verschieben kann, sondern auch für eine beliebige Reaktion bei beliebiger Temperatur die Gleichgewichtskonstante aus Tabellenwerten der einzelnen Reaktionsteilnehmer vorauszuberechnen. Diese Tabellenwerte der Stoffe sind i. a. durch Messung von Wärmemengen bestimmt worden.

---

* Auch die RG ist dann gleich null, da eine positive Triebkraft notwendige Bedingung für eine positive RG ist. Jedoch ist diese Bedingung allein noch nicht hinreichend, da die RG zusätzlich noch von gewissen Reaktionshemmungen abhängt. Mit anderen Worten: Es kann $\dot{\xi}$ = 0 sein, auch wenn eine positive Triebkraft vorhanden ist. Insofern ist die Kinetik komplizierter als die Thermodynamik.

2. Temperatur und Wärme

2.1. Der Temperaturbegriff

Mit der Definition der Temperatur beginnt die eigentliche Thermodynamik. Was ist Temperatur? Die Temperatur ist ein *Maß* für die
Eigenschaft eines Körpers, die wir subjektiv als „*warm*" oder „*kalt*"
empfinden. Subjektive Empfindungen lassen sich aber nicht objektiv
messen. „Objektiv messen" heißt „auf einer Skala eine Zahl ablesen",
und das setzt meistens eine mechanische Veränderung (Zeigerausschlag
oder dgl.) voraus. Praktisch heißt die obige Frage: Durch welche *Meßvorschrift* ist die Temperatur definiert? Wie mißt man z. B. die Temperatur des Wassers in einem Becherglas? — Antwort: Man steckt ein
Quecksilberthermometer hinein und wartet, bis sich die Höhe der
Quecksilbersäule nicht mehr verändert. Die dann abgelesene Zahl ist die
Temperatur des Wassers.

Ist diese Meßvorschrift nun nichts weiter als eine willkürliche Definition, oder sind darin bereits gewisse Erfahrungen bzw. gewisse Natur-
gesetze enthalten? — Antwort: Die Meßvorschrift (und besonders die
Zahleneinteilung auf dem Thermometer) ist zwar eine Definition und
insofern willkürlich; aber daß die so definierte Temperatur wirklich
reproduzierbar ist und insofern eine Eigenschaft des gemessenen Wassers darstellt, beruht auf konkreten Erfahrungen, die nicht trivial sind:

1. Das *Volumen* des Quecksilbers im Thermometer *nimmt bei Erwärmung* ständig *zu*. Diese Erfahrung gilt nicht nur für Quecksilber, sondern (mit wenigen Ausnahmen) für alle Körper unter konstantem
Druck.

2. Bei Berührung nimmt das Thermometer die gleiche Temperatur
wie das Wasser an. Auch diese Aussage läßt sich verallgemeinern: *Bei
Berührung nehmen zwei Körper allmählich die gleiche Temperatur an.*

Wie können wir diese Aussage prüfen? Wir könne zwei beliebige, verschieden warme Körper miteinander in Berührung bringen und anschließend bei jedem Körper einzeln mit einem Thermometer die Temperatur
messen: Tatsächlich sind dann beide Temperaturen gleich. Wenn das
nicht der Fall wäre, dann könnte man auch nicht erwarten, daß die gemessene „Temperatur" eine auf das Thermometer übertragene Eigenschaft des gemessenen Körpers darstellt, d. h. , die Definition einer
„Temperatur" hätte dann überhaupt keinen Sinn.

Wir haben hier die zugrundeliegenden Erfahrungen erst nachträglich
besprochen, weil der Leser den Temperaturbegriff aus dem täglichen
Leben bereits kennt. Aus systematischen Gründen sollte man aber die
grundlegenden Erfahrungen zunächst ohne Verwendung des Tempera-

turbegriffs formulieren. Dann lauten sie:

1. Bringt man zwei verschieden warme Körper miteinander in Berührung, so finden zunächst mechanische Veränderungen der Körper (Volumenänderungen und dgl.) statt, die mit der Zeit aufhören. Auch eine Trennung und erneute Berührung bringt dann keine Veränderung mehr. Eine solche Beziehung zwischen den beiden Körpern nennen wir *thermisches Gleichgewicht.*

2. *Sind zwei Körper A und B mit einem dritten Körper C* (z. B. einem Thermometer) *im thermischen Gleichgewicht, so sind sie auch miteinander im thermischen Gleichgewicht.* Der letzte Satz wird als *nullter Hauptsatz der Thermodynamik* bezeichnet.

Der praktische Nutzen des Temperaturbegriffs besteht darin, daß er uns (in Form der Temperaturdifferenz zwischen zwei Körpern) ein Kriterium dafür liefert, ob zwei Körper miteinander im thermischen Gleichgewicht sind bzw. wie weit sie davon entfernt sind. (Analog dazu soll der weiter unten quantitativ zu definierende Begriff der ,,Triebkraft" ein Kriterium für das *chemische* Gleichgewicht liefern.)

2.2. Die Temperaturskala

Die Temperaturskala von Celsius ist dadurch definiert, daß die Temperatur von schmelzendem Eis gleich 0 °C und die Temperatur von unter Atmosphärendruck siedendem Wasser gleich 100 °C gesetzt wird. Die Differenz der entsprechenden Volumina V_0 und V_{100} der Thermometersubstanz wird in 100 gleiche Teile eingeteilt, d. h. , man definiert die Celsiustemperatur ϑ als eine lineare Funktion des Volumens V der Thermometersubstanz*:

$$\vartheta \ \equiv \ \frac{100}{V_{100} - V_0} \ (V - V_0) \ [°C] \tag{2.1}$$

Wenn man dabei als Thermometersubstanz anstelle von Quecksilber andere Flüssigkeiten (z. B. Alkohol) verwendet, dann stellt man fest, daß verschiedene Thermometer im thermischen Gleichgewicht verschiedene Temperaturen anzeigen (z. B. 50 °C und 49,5 °C), auch wenn sie bei 0 °C und 100 °C entsprechend der Definition übereinstimmten. Wenn man dagegen stark verdünnte (,,ideale") Gase als Thermometersubstanzen verwendet, dann stimmen die mit verschiedenen Gasthermometern gemessenen Temperaturen immer überein**.

---

* Um Definitionen von Naturgesetzen und von abgeleiteten Gleichungen zu unterscheiden, verwenden wir hierbei anstelle des Gleichheitszeichens das Identitätszeichen.

** Näheres zur Definition des idealen Gases im nächsten Kapitel.

Daher definiert man die Celsiustemperatur ϑ jetzt nach Gl. (2.1), indem man unter V das *Volumen eines idealen Gases* unter konstantem Druck versteht. Dieses kann man im Prinzip dadurch messen, daß man das Gas in einem einseitig geschlossenen Glasrohr von konstantem Querschnitt durch einen Quecksilbertropfen gegen die Atmosphäre abschließt (Abb. 2.1).

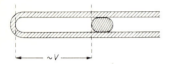

Abb. 2.1. Einfachste Form eines Gasthermometers.

Praktisch wird zur Messung von ϑ zwar meistens weiterhin ein Quecksilberthermometer verwendet, aber dessen Skala ist nicht genau linear, sondern sie ist nach einem Gasthermometer geeicht worden.

Stellt man das Volumen eines idealen Gases als Funktion von ϑ graphisch dar, so muß sich nach der Definitionsgleichung (2.1) eine Gerade ergeben. Deren Extrapolation schneidet die ϑ-Achse bei – 273,15 °C (Abb. 2.2). Bei dieser Temperatur wäre das Volumen eines idealen Gases unter konstantem Druck theoretisch gleich null.*

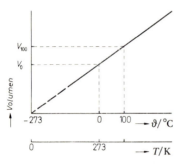

Abb. 2.2. Volumen eines idealen Gases als Funktion der Celsiustemperatur ϑ und der absoluten Temperatur T.

Da es prinzipiell keine negativen Volumina gibt, kann es nach (2.1) auch keine Temperaturen unter – 273,15 °C geben. Da es sich hierbei um eine (willkürliche) Definition handelt, ist es sinnlos zu fragen: ,,Warum gibt es nicht noch tiefere Temperaturen?'' Man kann lediglich fragen:,,Inwiefern ist eine Definition *zweckmäßig,* die Temperaturen unter – 273,15 °C von vornherein verbietet?'' Es wäre doch denkbar, daß gewisse andere physikalische Eigenschaften als das Gasvolumen (z. B. die Spannung eines Thermoelements) sich auch über die Temperatur von – 273,15 °C hinaus noch linear weiterverändern, wenn man eine geeignete experimentelle Methode zur Erzeugung tiefer Temperaturen immer weiter anwendet. Das ist aber nicht der Fall. Der Grund hierfür ergibt sich im übernächsten Kapitel aus der molekularen Deutung der Temperatur.

* Praktisch bleibt ein Gas bei Abkühlung unter konstantem Druck nicht bis zu beliebig tiefen Temperaturen ideal, so daß es dann als Thermometersubstanz nicht mehr geeignet ist. Das Gas bleibt aber um so länger ideal, je kleiner man den konstanten Druck wählt.

Da es keine Temperaturen unterhalb −273,15 °C gibt, ist es zweckmäßig, eine neue Temperaturskala einzuführen, deren Nullpunkt man auf diese tiefste Temperatur festlegt (Abb. 2.2, unten). Auf diese Weise vermeidet man nämlich negative Temperaturen. Für die Einheit dieser *„absoluten"* oder *„thermodynamischen" Temperatur* wird ein neuer Name mit einem neuen Symbol eingeführt, nämlich Kelvin [K], obgleich diese Einheit genauso groß gewählt ist wie die Einheit der Celsius-Skala*, vgl. Abb. 2.2. Die absolute Temperatur T ist also gegeben durch

$$T/\text{K} = 273,15 + \vartheta/\,°\text{C} \tag{2.2}$$

Wie man unmittelbar aus Abb. 2.2 erkennt, ist die absolute Temperatur direkt proportional dem Volumen V eines idealen Gases; sie läßt sich also durch die Gleichung

$$T \equiv \frac{T_0}{V_0} \cdot V \tag{2.3}$$

definieren. Für die zu V_0 gehörende absolute Temperatur muß man dabei nach Abb. 2.2 den empirischen Wert $T_0 = 273,15$ K einsetzen. Für die Temperaturabhängigkeit des Volumens eines idealen Gases erhält man dann aus Gl. (2.3)

$$V = \frac{V_0}{273,15\ \text{K}} \cdot T \tag{2.4}$$

oder durch Einsetzen von Gl. (2.2)

$$V = V_0 \cdot (1 + \frac{\vartheta}{273,15\,°\text{C}}) \tag{2.5}$$

Diese Gleichung wird als *„erstes Gay-Lussacsches Gesetz"* bezeichnet.

Man kann Gl. (2.5) auch direkt aus der Definitionsgleichung (2.1) durch Auflösen nach V erhalten, wenn man für $V_0/(V_{100} − V_0)$ den aus Abb. 2.2 ablesbaren Zahlenwert 2,7315 einsetzt. Daß dieser Zahlenwert für alle idealen Gase der gleiche ist, macht allein den empirischen Inhalt des „ersten Gay-Lussacschen Gesetzes" aus. Ohne diese Aussage würde es sich nicht um ein Naturgesetz, sondern nur um eine Definition handeln.

---

* Eigentlich könnte man mit einem einzigen Einheitensymbol für beide Temperaturskalen auskommen, wenn man für die beiden unterschiedlichen Größen Celsiustemperatur und absolute Temperatur immer unterschiedliche Worte wählen würde. Aus Gewohnheit bezeichnet man aber beide Größen als „Temperatur" und unterscheidet sie an Hand der verschiedenen Einheitennamen. Im Grunde genommen könnte man ohne weitere Umrechnung eine in [K] und eine in [°C] angegebene Temperaturspanne addieren, sowie auch beide Einheiten gegeneinander kürzen. Wenn man sich aber scheut, 1 K $\equiv$ 1 °C zu setzen, dann kann man nur die reinen Zahlenwerte miteinander in Beziehung setzen, indem man jede der beiden Temperaturen durch die zugehörige Maßeinheit dividiert. Das ist in Gl. (2.2) geschehen. Dabei kann man die eckigen Klammern in der gedruckten Formel weglassen, da die Einheitenzeichen durch Verwendung von gerader Schrift von den in schräger Schrift gesetzten Symbolen für physikalische Größen genügend unterscheidbar sind.

2.3. Wärme*

Der Begriff der Wärme ist mit dem der Temperatur untrennbar verknüpft. Wir wollen die Temperatur eines Körpers mit der Höhe des Wasserspiegels in einem Gefäß vergleichen. Wenn wir zwei Gefäße von verschiedener Wasserhöhe durch einen Heber miteinander verbinden, dann gleicht sich die Wasserhöhe aus, indem eine bestimmte Menge Wasser vom höheren zum tieferen Niveau fließt (Abb. 2.3).

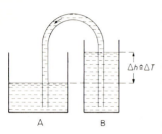

Abb. 2.3. Analogie zwischen dem Fließen von Wasser vom höheren zum tieferen Niveau und dem Fließen von Wärme vom heißeren zum kälteren Körper.

Nun stellen wir versuchsweise die Hypothese** auf, daß analog dazu auch der Temperaturausgleich zwischen zwei sich berührenden Körpern dadurch hervorgerufen wird, daß eine bestimmte Menge eines ,,Etwas" vom heißeren zum kälteren Körper fließt. Dieses ,,Etwas" nennen wir ,,Wärme". Die übertragene Wärme ist nach dieser Definition die Folge einer Temperaturdifferenz und zugleich die Ursache für den Abbau dieser Temperaturdifferenz***.

Die Hypothese auf, die wir bei dieser Definition vorausgesetzt haben, besteht darin, daß beim Temperaturausgleich zwischen zwei Körpern A und B der Körper B genau so viel Wärme abgibt, wie A aufnimmt (vorausgesetzt, daß keine weiteren Körper am Wärmeaustausch beteiligt sind). In mathematischer Formelsprache heißt das:

$$Q_A = - Q_B \qquad\qquad (2.6)$$

Nach Konvention bezeichnet Q_A bzw. Q_B immer eine von A bzw. B *aufgenommene* Wärmemenge. Eine negative aufgenommene Wärmemenge ist gleichbedeutend mit einer *abgegebenen* Wärmemenge. Da im

---

* In diesem Abschnitt wird der Wärmebegriff vorläufig auf ähnliche Weise eingeführt, wie er sich aus der Anschauung des täglichen Lebens ergibt, was zugleich der historischen Entwicklung entspricht. Eine abstraktere endgültige Definition kann erst in Abschnitt 5.5. gegeben werden. Die vorher gemachten Aussagen behalten aber ihre Gültigkeit.

** Eine Hypothese ist — im Gegensatz zu einer reinen Definition — eine *Aussage*. Von dieser weiß man noch nicht, ob sie richtig oder falsch ist; sie läßt sich aber im Prinzip nachprüfen.

*** Es ist interessant, daß man diese Definition (einschließlich quantitativer Meßvorschriften) aufstellen kann, ohne den ersten Hauptsatz zu kennen und ohne etwas über die molekulare Natur der Wärme zu wissen. Später werden wir sehen, daß es sich beim Fließen von Wärme um die Übertragung von kinetischer Energie der Atome und Moleküle durch ungeordnete molekulare Zusammenstöße handelt.

vorliegenden Beispiel der Körper B Wärme abgibt, so ist $Q_B < 0$, d. h. , $-Q_B$ ist eine positive Größe.

In Abb. 2.3 ist die Wasserspiegelerhöhung des linken Gefäßes kleiner als die Wasserspiegelerniedrigung des rechten Gefäßes (warum?). Analog dazu ist auch die Temperaturerhöhung des Körpers A im allgemeinen verschieden von der Temperaturerniedrigung des Körpers B:

$$\Delta T_A \neq - \Delta T_B$$

Man bezeichnet die einem Körper pro Temperaturdifferenz zuzuführende Wärmemenge als seine „*Wärmekapazität*":

$$C \equiv \frac{Q}{\Delta T}$$

Da die Wärmekapazität nicht in jedem Temperaturbereich gleich groß ist, definiert man sie genauer durch den Differentialquotienten:

$$C \equiv \frac{dQ}{dT} \qquad (2.7)$$

Worin besteht in Abb. 2.3 das Analogon zur Wärmekapazität des Körpers A, wenn man als Maß für die geflossene Wassermenge deren Volumen ansieht?*

Mit Gl. (2.7) können wir die oben genannte Hypothese auch so formulieren [vgl. Gl.(2.6)]:

$$C_A \cdot dT_A = - C_B \cdot dT_B \qquad (2.8)$$

Um diese Gleichung zu prüfen, müssen wir die beiden Wärmemengen $C_A \cdot dT_A$ und $C_B \cdot dT_B$ unabhängig voneinander messen und vergleichen. Dazu brauchen wir einen Maßstab, d. h. eine Einheit für die Wärme.

Als Einheit definierte man früher diejenige Wärmemenge, die einem Gramm Wasser zugeführt werden muß, um es von 14,5 °C auf 15,5 °C zu erwärmen. Diese Wärmemenge bezeichnete man als eine Kalorie [cal]. Ein Gramm Wasser von 15 °C besitzt nach dieser Definition eine Wärmekapazität von 1 cal/K.

Eine solche Definition beinhaltet im Prinzip zugleich eine Meßvorschrift für die Wärmekapazität eines beliebigen Körpers bei einer beliebigen Temperatur: „Man bestimme für den Wärmeübergang zwischen dem Körper A und 1 g Wasser von 15 °C den Differentialquotienten dT_{H_2O}/dT_A". Die Wärmekapazität C_A ergibt sich dann aus Gl. (2.8), indem man dort für den Körper B speziell 1 g Wasser einsetzt, d. h. $C_B \equiv 1$ cal/K. In diesem speziellen Fall erhält Gl. (2.8) also den Charakter einer Definition, nämlich einer Definition der Wärmeeinheit

---

* Antwort: Im Querschnitt des linken Gefäßes in Höhe des Wasserspiegels. (Der Querschnitt braucht nicht in jeder Höhe gleich groß zu sein. Entsprechendes gilt für die Wärmekapazität bei verschiedenen Temperaturen.)

und damit zugleich einer Meßvorschrift für C_A.

Nachdem man auf diese Weise verschiedene Wärmekapazitäten gemessen hat, kann man Wärme auch zwischen beliebigen Körpern A und B fließen lassen und die Aussage der Gl. (2.8) nachprüfen. Man findet sie tatsächlich unter bestimmten Voraussetzungen immer bestätigt. Die von einem Körper abgegebene Wärme geht also nicht „unterwegs" verloren, sondern wird in gleicher Menge von dem anderen Körper aufgenommen. Allerdings gilt diese Aussage nur für reine Wärmeübertragung als Folge eines Temperaturgefälles. Die beiden Körper dürfen sich also lediglich statisch berühren, unter Ausschluß von Reibung, gegenseitiger Verformung, Übertragung elektrischer Ladungen, Vermischung, chemischen Reaktionen und dgl. Anderenfalls ist eine Ergänzung dieser Aussage notwendig. Darum darf man grundsätzlich nicht sagen, daß die von einem Körper aufgenommene Wärme als solche in ihm „enthalten" ist. Näheres in Kapitel 5.

Besteht ein Körper aus einem reinen Stoff, ist seine Wärmekapazität der Stoffmenge proportional. Die Wärmekapazität pro Masseneinheit heißt „*spezifische Wärme*" c_p des betreffenden Stoffes*. Nach der obigen Definition ist $c_p(H_2O, 15\ °C) \equiv 1\ \frac{cal}{g\ K}$. Zufälligerweise ist die spezifische Wärme des Wassers zwischen $0\ °C$ und $100\ °C$ fast konstant**, was die praktische Messung von Wärmemengen sehr erleichtert.

Übungsaufgabe: 200 g Quecksilber von $100\ °C$ werden in ein Kalorimeter gegeben, das 80 g Wasser von $20\ °C$ enthält. Die Wärmekapazität des Kalorimeters beträgt 20 cal/K. Die spezifischen Wärmen von Wasser und Quecksilber werden als konstant betrachtet, letztere beträgt $c_p(Hg) = 0,034\ cal\ g^{-1}\ K^{-1}$.
Welche Temperatur erhält man bei Einstellung des thermischen Gleichgewichts, und wieviel Wärme hat dann das Quecksilber abgegeben?

3. Ideale Gase

Ideale Gase sind für die Thermodynamik von grundlegender Bedeutung, wie bereits aus der Definition der Temperaturskala hervorgeht.Das „*thermische Verhalten*" eines idealen Gases wird durch die Abhängigkeit seines Volumens von der Substanzmenge, vom Druck und von der Temperatur charakterisiert.

---

* Der Index p deutet an, daß bei der Erwärmung der Druck p konstant gehalten wird. Besonders für Gase hängt die spezifische Wärme wesentlich davon ab, ob p oder V konstant bleibt.

** $c_p(H_2O, 100\ °C)$ ist nur etwa um 1% größer als $c_p(H_2O, 15\ °C)$.

3.1. Der Satz von Avogadro

Die Frage nach der Abhängigkeit des Volumens von der Substanzmenge eines idealen Gases erscheint trivial: Natürlich ist das Volumen der Substanzmenge einfach proportional, wenn Druck und Temperatur gegeben sind. Die Frage ist aber, welche *Maßeinheit* für die Substanzmenge in diesem Fall zweckmäßig ist. In der makroskopischen Mechanik genügt die Masse als Maß für die Substanzmenge. Solange wir nämlich nur danach fragen, welche Beschleunigung z. B. eine bestimmte Kraft an einer bestimmten Masse hervorruft, ist es gleichgültig, ob es sich bei dieser Masse um 1 g Schwefel oder um 1 g Eisen handelt. Gleiche Massen verschiedener idealer Gase nehmen aber erfahrungsgemäß ganz verschiedene Volumina ein, so daß man zur Beschreibung des Volumens verschiedener idealer Gase stoffspezifische Faktoren einführen müßte. Geht das auch einfacher?

Daß gleiche Massen verschiedener Stoffe in der Chemie keine äquivalenten Substanzmengen darstellen, geht aus den bekannten Gesetzen von den konstanten und multiplen Proportionen* hervor, zu deren Deutung Dalton 1807 die Atomhypothese herangezogen hat: Nach Dalton besteht ein Element aus lauter gleichen *Atomen***, die in einfachsten Zahlenverhältnissen zu einer chemischen Verbindung zusammentreten.

Noch einfachere Beziehungen als für die Massenverhältnisse gelten speziell für Reaktionen zwischen idealen Gasen von gleichem Druck und gleicher Temperatur für die Volumenverhältnisse: *Die Volumina reagierender Gase verhalten sich wie kleine ganze Zahlen* (Gesetz von Gay-Lussac und v. Humboldt).

Beispiele:

1 l Wasserstoff + 1 l Chlor → 2 l Chlorwasserstoff	(3.1)
2 l Wasserstoff + 1 l Sauerstoff → 2 l Wasserdampf	(3.2)
3 l Wasserstoff + 1 l Stickstoff → 2 l Ammoniak	(3.3)

---

* *Gesetz von den konstanten Proportionen:* „Zwei Elemente verbinden sich immer in definierten Massenverhältnissen miteinander" (z. B. Wasserstoff und Sauerstoff im Massenverhältnis 1:7,95).

Gesetz von den multiplen Proportionen: „Wenn sich zwei Elemente in verschiedenen Massenverhältnissen miteinander verbinden können, dann verhalten sich diese Verhältnisse zueinander wie kleine ganze Zahlen." (Z. B. können sich Wasserstoff und Sauerstoff auch im Massenverhältnis 1:15,9 verbinden: Dabei ist $(1:7,95):(1:15,9) = 2:1$.

** Atom (griech.) = „Unteilbares"; kleinster Baustein der Materie.

Dalton versuchte, auch dieses Gesetz mit Hilfe seines Atombegriffs zu deuten, indem er postulierte, daß z. B. 1 Liter eines idealen Gases immer die gleiche Zahl von Atomen (im Falle eines Elements) bzw. von Molekülen (im Falle einer Verbindung) enthalten soll. Dieses Postulat reicht aber zu einer widerspruchsfreien Deutung des Gay-Lussac-Humboldtschen Gesetzes nicht aus: Dividiert man nämlich jede der nach Gl. (3.2) reagierenden Substanzmengen durch die postulierte Zahl der Teilchen in einem Liter, so würde folgen:

2 Atome Wasserstoff + 1 Atom Sauerstoff →2 Moleküle Wasserdampf

$$(3.4)$$

In *einem* Wassermolekül wäre dann aber nur ein *halbes* Atom Sauerstoff enthalten, was dem Postulat von der Unteilbarkeit der Atome widersprechen würde.

Zur Lösung dieses Widerspruchs nahm Avogadro an, daß die Elemente ebenfalls als Moleküle vorliegen, die aus mehreren Atomen bestehen. Tatsächlich läßt sich der obige Widerspruch dadurch vermeiden, daß man in Gl. (3.4) anstelle von ,,1 Atom Sauerstoff'' jetzt ,,1 Molekül Sauerstoff'' einführt, wobei dieses aus zwei Atomen besteht. Daher stellte Avogadro den folgenden Satz auf:
Gleiche Volumina idealer Gase enthalten (bei gleichem Druck und gleicher Temperatur) *gleiche Zahlen von Molekülen.*

Dieser Satz war zu Avogadros Zeiten nur eine Hypothese, nämlich die einzige plausible Erklärung für das Gay-Lussac-Humboldtsche Gesetz. Heute ist der Satz von Avogadro als gesichertes Naturgesetz zu betrachten, da er durch verschiedene theoretische Überlegungen und experimentelle Befunde bestätigt worden ist.

Aus der Anwendung des Satzes von Avogadro auf die Gay-Lussac-Humboldtschen Beobachtungen ergeben sich Aussagen über die Zahlen der Atome in den verschiedenen Molekülen: Sei x die Zahl der H-Atome im Wasserstoffmolekül und y die Zahl der O-Atome im Sauerstoffmolekül, so wird aus der Reaktionsgleichung (3.2):

$$2 H_x + 1 O_y \rightarrow 2 H_x O_{y/2} \qquad\qquad (3.5)$$

Da ein Wassermolekül nur ganze Atome enthalten kann, muß $y/2$ eine ganze Zahl sein. Die einfachste Annahme ist $y/2 = 1$, also $y = 2$. Nun ist es ein Prinzip naturwissenschaftlicher Forschung, die jeweils einfachste Deutung so lange als richtig anzusehen, bis man durch widersprechende Beobachtungen zur Aufstellung komplizierterer Modelle gezwungen ist. Im vorliegenden Fall gibt es keine Beobachtung, aus der man schließen müßte, daß $y > 2$ wäre. Somit ist anzunehmen, daß ein Sauerstoffmolekül 2 Atome enthält.

Ist z die Zahl der Cl-Atome im Chlormolekül, so folgt aus Gl. (3.1)

$$1 \, H_x + 1 \, Cl_z \rightarrow 2 \, H_{x/2}Cl_{z/2} \tag{3.6}$$

Hieraus schließt man analog, daß auch die Moleküle von Wasserstoff und Chlor aus jeweils zwei Atomen bestehen. Damit ergibt sich aus Gl. (3.5) für Wasser die Formel H_2O.

Man kann den Satz von Avogadro auch umgekehrt formulieren:
„*Gleich viele Moleküle verschiedener idealer Gase nehmen* (bei gleichem Druck und gleicher Temperatur) *gleiche Volumina ein.*"
Daraus folgt, daß man als Maß für die Stoffmenge zweckmäßigerweise immer die gleiche Zahl von Molekülen verwenden sollte: Das hat nämlich den Vorteil, daß man zur Beschreibung des Volumens idealer Gase ohne stoffspezifische Faktoren auskommt.

Als Maß für die Stoffmenge führte man ursprünglich diejenige Zahl von Molekülen ein, die in 2 g Wasserstoff enthalten sind. Aufgrund des Avogadroschen Satzes konnte man dann die Masse einer gleich großen Molekülzahl eines anderen Gases bestimmen und auf diese Weise dessen relative Molekülmasse ermitteln, indem man die relative Atommasse eines H-Atoms $\equiv 1$ setzte. Für Sauerstoff ergab sich damit die relative Atommasse 15,87. Später setzte man aus praktischen Gründen die relative Atommasse von Sauerstoff $\equiv 16$, und heute bezieht man sich auf die „Atommasse" des Kohlenstoffisotops ^{12}C als $\equiv 12,0000$. (Sauerstoff erhält dabei die Atommasse 15,9994.) Die auf dieser Grundlage errechneten sogenannten „Atommassen" sind dimensionslose Zahlen.

Ein **Mol** (Einheitenzeichen: mol) ist als diejenige Menge eines Stoffes definiert, die ebenso viele Teilchen enthält, wie Atome in 12 g des Kohlenstoffisotops ^{12}C enthalten sind. Was dabei unter *„Teilchen"* zu verstehen ist, muß bei jeder Verwendung der Einheit [mol] von Fall zu Fall mit angegeben werden: Früher waren hierbei ausschließlich Moleküle gemeint; nach der heutigen Definition der Einheit [mol] kann es sich bei den Teilchen aber auch um Atome, Ionen, Elektronen, sowie um Vielfache oder Bruchteile bestimmter Ionengruppen handeln*.

Die Zahl der Teilchen in einem Mol wird im allgemeinen als „**Avogadrosche Zahl**", im deutschen Sprachraum aber meistens als „**Loschmidtsche Zahl**" bezeichnet, da sie von Loschmidt zum ersten Mal bestimmt worden ist. Es gibt heute eine ganze Reihe voneinander unabhängiger Methoden zur Bestimmung der Loschmidtschen Zahl, die tatsächlich innerhalb der Meßfehler alle zum gleichen Wert führen. Diese Übereinstimmung ist der endgültige Beweis dafür, daß es wirklich zählbare Individuen gibt, die die Bezeichnung „Atome" bzw. „Moleküle" verdienen.

---

* Durch diese Verallgemeinerung läßt sich die Einheit [mol] zugleich anstelle der früher üblichen Mengeneinheiten *„Grammatom"* [tom] und *"Grammäquivalent"* [val] verwenden. Auch im Zusammenhang mit Differenzen, die sich auf einen „molaren *Formelumsatz*" [FU] beziehen, verwendet man jetzt einfach das Zeichen [mol], vgl. Abschnitt 8.2.

Man kann der Loschmidtschen Zahl auch die Dimension $[\frac{\text{Teilchen}}{\text{mol}}]$ zuordnen und bezeichnet sie dann als „Avogadro-Konstante" oder (im Deutschen) als *Loschmidt-Konstante*. Sie beträgt

$$N_L = 6{,}022 \cdot 10^{23} \; \frac{\text{Teilchen}}{\text{mol}} \; .$$

Das Wort „Teilchen" in der Dimensionsangabe wird jedoch üblicherweise weggelassen, indem man die Teilchenzahl als dimensionslose Zahl ansieht.

Rein logisch wäre es auch möglich, das Teilchen ebenso wie das mol als Mengeneinheit aufzufassen, indem man setzt:

$$1 \text{ mol} \equiv 6{,}022 \cdot 10^{23} \text{ Teilchen} \tag{3.7}$$

Bei dieser Betrachtungsweise würde die Loschmidt-Konstante ein reiner Umrechnungsfaktor zwischen verschiedenen Maßeinheiten, der in theoretischen Formeln weggelassen werden könnte.

Die Frage nach der Abhängigkeit des Volumens von der Stoffmenge eines idealen Gases läßt sich jetzt so beantworten: Bei gegebenen Werten von Druck p und Temperatur T ist das Volumen V proportional der Stoffmenge n [mol], wobei der Proportionalitätsfaktor $\frac{V}{n}$ unabhängig von der Art des idealen Gases ist. Man bezeichnet dieses Volumen pro Mol als *Molvolumen* V_m:

$$V_m \equiv \frac{V}{n} = \text{const (unabhä. v. Art des id. Gases)} \ast\ast \tag{3.8}$$

Auch diese Aussage ist im Grunde nur eine andere Formulierung des Satzes von Avogadro.

Aus der Gleichheit der Molvolumina verschiedener idealer Gase bei jeder beliebigen Temperatur folgt, daß die durch *ein* ideales Gas nach Gl. (2.1) definierte Temperaturskala mit der jedes *anderen* idealen Gases übereinstimmen muß. Der Satz von Avogadro enthält also auch die empirische Grundlage des Gay-Lussacschen Gesetzes (2.5).

$\ast\ast$ Auch „konstante" Größen sind meistens von irgendwelchen anderen Größen abhängig. Die Aussage, eine Größe sei „konstant", ist daher unvollständig, wenn man nicht den Parameter angibt, der ohne Einfluß auf die „Konstante" verändert werden kann (hier: die Art des idealen Gases).

3.2. Das ideale Gasgesetz

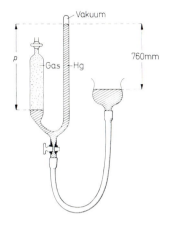

Abb. 3.1. Bürette zur Messung des Gasvolumens als Funktion des Druckes.

Abb. 3.1 zeigt eine Gasbürette, in der man den auf einem Gas lastenden Druck durch Heben und Senken des Quecksilberniveaugefäßes verändern und das sich einstellende Gasvolumen ablesen kann. Man findet so das Boyle-Mariottesche Gesetz: „Für ideale Gase ist bei konstanter Temperatur und konstanter Stoffmenge das Volumen umgekehrt proportional dem Druck":

$$V_{T,n} = \frac{const}{p} \qquad (3.9)$$

oder

$$p \cdot V_{T,n} = const \text{ (unabhängig von } V) \qquad (3.10)$$

Dabei ist das Produkt $p \cdot V$ von T abhängig: Bei einer höheren Temperatur ergibt sich auch ein höherer Wert für die Größe const, d. h. , die Kurven in Abb. 3.2 werden bei Erwärmung nach oben verschoben. Um die Größe const in Gl. (3.10) von einer Temperatur auf eine andere Temperatur umzurechnen, halten wir p konstant. Dann ändert sich (nach Definition der Temperatur) V proportional mit T, und daher muß auch const proportional mit T zunehmen. Bezeichnen wir den entsprechenden Proportionalitätsfaktor mit const', so wird aus Gl. (3.10):

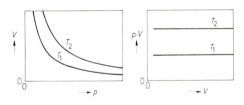

Abb. 3.2. Darstellungen des Boyle-Mariotteschen Gesetzes bei zwei verschiedenen Temperaturen T_1 und T_2. Links: Das Volumen V eines idealen Gases als Funktion des Druckes p. Rechts: Das Produkt $p \cdot V$ als Funktion von V.

$$p \cdot V = const = const' \cdot T \qquad (3.11)$$

Da bei der neuen Temperatur auch wieder das Boyle-Mariottesche Gesetz gilt, ist die Gültigkeit dieser Gleichung nicht auf konstantes p beschränkt.

Jetzt halten wir p und T konstant und variieren die Stoffmenge n. Da bei konstantem p und T das Volumen nach Gl. (3.8) proportional n

ist, muß auch const$'$ in Gl. (3.11) proportional n sein:

$$p \cdot V = \text{const}' \cdot T = \text{const}'' \cdot n \cdot T$$

Für const$''$ führen wir das Symbol R ein. Dann lautet das *ideale Gasgesetz*:

$$p\,V = n\,R\,T \qquad\qquad\qquad\qquad\qquad\qquad\qquad\qquad (3.12)$$

Die **Gaskonstante** R ist wegen Gl. (3.8) eine universelle Konstante, die für alle idealen Gase gültig ist. Sie läßt sich aus beliebigen zusammengehörigen Meßwerten von p, V, n und T nach Gl. (3.12) berechnen. Zum Beispiel mißt man für $n = 1$ mol bei $p = 101\,325$ Pa und $T = 273$ K für alle idealen Gase den Wert $V = 22{,}4\,1 = 22{,}4 \cdot 10^{-3}$ m^3 . Daraus erhält man nach Gl. (3.12) (nachrechnen!)*:

$$R = 8{,}314\ \text{J K}^{-1}\text{mol}^{-1}$$

Das ideale Gasgesetz ist die Grundlage verschiedener Methoden zur Bestimmung der Molmasse M eines Stoffes. Besonders geeignet sind Stoffe, die unter normalen Bedingungen flüssig sind. Dabei wird zunächst die Masse m einer bestimmten Stoffmenge durch Wiegen bestimmt. Anschließend wird der Stoff verdampft, und im idealen Gaszustand werden die Größen p, V und T gemessen. Daraus kann man nach Gl. (3.12) die Stoffmenge n (die Molzahl) errechnen. Die Masse pro Mol ist dann die Molmasse:

$$M \equiv m/n \qquad\qquad\qquad\qquad\qquad\qquad\qquad\qquad\qquad (3.13)$$

Der Zahlenwert der in der Einheit [g/mol] gemessenen Molmasse ist gleich der Summe der relativen Atommassen der in einem Molekül enthaltenen Atome. Wenn durch eine Elementaranalyse die prozentuale Zusammensetzung einer unbekannten Verbindung festgestellt worden ist, dann kann man aus der Molmasse auch deren Summenformel errechnen. Ferner kann man aus der Molmasse die Masse eines Moleküls errechnen, indem man durch die Loschmidt-Konstante N_L dividiert.

760mm

Abb. 3.3. Quecksilber-gefülltes Rohr zur Bestimmung der Molmasse einer leichtflüchtigen Substanz.

Zur Molmassebestimmung nach Hofmann benötigt man nur ein einseitig geschlossenes, langes Glasrohr von bekanntem Querschnitt, das mit Quecksilber gefüllt ist und in eine Schale mit Quecksilber eintaucht (Abb. 3.3). Die Höhe der Quecksibersäule stellt sich dabei auf den äußeren Luftdruck ein, der ungefähr 760 mmHg entspricht. Der Raum über der Quecksilbersäule ist luftleer.

Bringt man unter die Öffnung des Glasrohres eine kleine Flüssigkeitsmenge in einer winzigen Glaskapsel, so steigt diese in den luftleeren Raum, und die Flüssigkeit verdampft dort. Der Gasdruck p entspricht der Höhendifferenz, um die die Quecksilbersäule beim Verdampfen der Flüssigkeit absinkt. Das Volumen V läßt sich aus Querschnitt und Höhe des Raumes über der Quecksilbersäule leicht berechnen.

---

* Der angegebene Druck von 101 325 Pa wird als Standarddruck p° bezeichnet. Er ist gleich dem mittleren Luftdruck in Meereshöhe und entspricht der zum 1.1.1978 gesetzlich abgeschafften Einheit „Atmosphäre" (Einheitenzeichen: atm) oder einer Quecksilbersäule von 760 mm Höhe (Einheitenzeichen: mmHg oder Torr, gleichfalls abgeschafft). 1 Pascal (Einheitenzeichen: Pa) ist als 1 Newton pro Quadratmeter (N m^{-2}) definiert. Bei der Rechnung beachte man, daß 1 N m gerade der Definition für die Energieeinheit 1 Joule (Einheitenzeichen: J) entspricht.

3.3. Zur Definition des idealen Gases*

Man kann ein „ideales Gas" als ein Gas definieren, das dem idealen Gasgesetz (3.12) gehorcht. Eigentlich müßte man aber dazu eine willkürliche Fehlergrenze angeben, bei deren Überschreitung man ein Gas nicht mehr als „ideal" ansehen will: Wenn man nämlich genau genug mißt, wird man bei positiven Drucken immer Abweichungen vom idealen Gasgesetz feststellen. Genau genommen gibt es also gar kein ideales Gas. Wenn man aber z. B. Volumenabweichungen von 1% in Kauf nimmt, dann verhalten sich die meisten Gase bis zu Drucken von 10 atm annähernd ideal.

Von einer Naturkonstante wie der Gaskonstante R verlangt man aber, daß sie im Prinzip so genau definiert ist, wie man überhaupt jemals messen kann. Diese Definition ist durch Extrapolation auf den Druck $p = 0$ gegeben, wobei n und T konstant gehalten werden:

$$R \equiv \lim_{p \to 0} \frac{p\,V}{n\,T} \qquad (3.14)$$

Nur der auf $p = 0$ extrapolierte** Wert von $\frac{p\,V}{n\,T}$ ist tatsächlich für alle Gase bei beliebiger Temperatur exakt gleich groß. Ebenso nimmt nur der auf $p = 0$ extrapolierte Wert von $\frac{V_0}{V_{100} - V_0}$ für jedes beliebige Gas den gleichen Zahlenwert 2,7315 an, der dem ersten Gay-Lussacschen Gesetz entspricht.

Man kann also sagen, daß *jedes* Gas dem durch Gl. (3.12) definierten idealen Gaszustand beliebig nahekommt, wenn man bei konstanter Temperatur den Druck genügend klein macht.

Verminderung des Druckes bei konstanter Temperatur läuft nach Gl. (3.12) auf eine Verminderung der Stoffkonzentration

$$c \equiv n/V \qquad (3.15)$$

bzw. auf eine Verminderung der „Dichte" ($\equiv$ Masse pro Volumen) hinaus; man nennt das „Verdünnung". Ideale Gase sind also „hochverdünnte" Gase.

Vom *molekularen Modell* her bedeutet die Extrapolation auf $c = 0$,

---

* Eigentlich sollte man einen Begriff immer gleich definieren, wenn man ihn zum ersten Mal gebraucht. Ausnahmsweise tun wir hier das erst nachträglich, weil wir die inzwischen gewonnenen Erkenntnisse dazu benötigen.

** „Extrapolieren" heißt in diesem Fall praktisch, daß man $p\,V/(n\,T)$ bei konstantem $T = T_0$ als Funktion von p graphisch darstellt und die Kurve bis nach $p = 0$ verlängert.

daß der mittlere Abstand zwischen zwei Gasmolekülen sehr groß wird. Das hat zwei Konsequenzen:

1. Die *Wechselwirkungskräfte* zwischen den Molekülen werden vernachlässigbar klein (verglichen mit den Stoßkräften, die die Moleküle auf die Gefäßwand ausüben).

2. Das Gasvolumen pro Molekül wird so groß, daß das *Eigenvolumen* eines Moleküls daneben vernachlässigbar wird.

Daher könnte man ein ideales Gas auch als ein hypothetisches Gas mit folgenden Modelleigenschaften definieren:

Die Moleküle üben (außer im Moment eines Zusammenstoßes) keine Wechselwirkungskräfte aufeinander aus und besitzen kein Eigenvolumen.

Je besser die Molekülstruktur diesem Ideal entspricht, um so geringer sind (bei einer bestimmten Molekülkonzentration) die Abweichungen vom idealen Gasgesetz. Am „idealsten" verhalten sich die Edelgase, namentlich Helium. Auch Luft verhält sich bis zu relativ hohen Drucken noch ziemlich ideal, während für Moleküle mit weitreichenden Dipolkräften (H_2O, NH_3) größere Abweichungen vom idealen Verhalten zu erwarten sind. Auch für diese Gase werden aber die Abweichungen vom idealen Verhalten bei genügend kleinen Konzentrationen vernachlässigbar.

Man kann den Abweichungen eines realen Gases vom idealen Verhalten durch Einführung von zwei stoffspezifischen Korrekturen in das ideale Gasgesetz Rechnung tragen: Die eine Korrektur berücksichtigt das Eigenvolumen der Moleküle, die andere die Wechselwirkungskräfte. (Näheres findet man unter dem Stichwort „van der Waalssche Gleichung" in Lehrbüchern der Physikalischen Chemie.)

4. Molekulare Deutung von Druck und Temperatur

Die molekulare Deutung der Temperatur läuft auf eine Deutung des nullten Hauptsatzes sowie der (dem Gasthermometer zugrundeliegenden) Erfahrung hinaus, daß sich alle idealen Gase thermisch gleich verhalten (Satz von Avogadro). Die molekulare Deutung des Druckes — zunächst für ideale Gase — läuft auf eine Deutung des Boyle-Mariotte-schen Gesetzes hinaus. Wie kann man diese Gesetze vom molekularen Modell her erklären und verstehen?

4.1. Berechnung des Druckes aus den Stoßgesetzen der Mechanik

Im molekularen Modell eines idealen Gases ist das Eigenvolumen der Moleküle vernachlässigbar klein, und die Moleküle üben (außer im Moment des Zusammenstoßes) keine Wechselwirkungskräfte aufeinander aus. Sie fliegen also unabhängig voneinander im Gefäß herum. Außerdem wollen wir annehmen, daß die Zusammenstöße untereinander und mit der Wand völlig elastisch sind, d. h., daß die Summe aus kinetischer und potentieller Energie sowie der Impuls dabei erhalten bleibt.

Wie kommt nun die Kraft zustande, mit der die Gasmoleküle auf die Wand drücken? Wenn ein völlig elastischer Gummiball senkrecht gegen eine Wand prallt, so wird er zunächst abgebremst und dabei verformt; anschließend geht die Verformung wieder zurück, wobei der Ball beschleunigt wird, bis er mit entgegengesetzt gleicher Geschwindigkeit wieder davonfliegt (Abb. 4.1). Die Wand übt also eine beschleunigende Kraft auf den Ball aus. Nach dem Prinzip „actio = reactio" drückt dabei der Ball mit einer gleich großen, entgegengesetzten Kraft auf die Wand zurück, allerdings nur während einer sehr kurzen Zeitspanne.

Abb. 4.1. Elastischer Aufprall eines Gummiballs auf eine Wand.

Wir betrachten jetzt einen mikroskopisch kleinen Wandflächenausschnitt von einem Gefäß. Die Kraft F, die von den aufprallenden Gasmolekülen herrührt, wird dann als Funktion der Zeit t z. B. den in Abb. 4.2 gezeigten Verlauf haben.

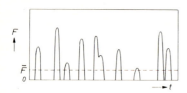

Abb. 4.2. Zeitlicher Verlauf der Kraft F, die die aufprallenden Gasmoleküle auf einen sehr kleinen Wandflächenausschnitt ausüben.

Die Kraft unterliegt starken zeitlichen Schwankungen: Wenn gerade kein Molekül aufprallt, ist sie gleich null. Wenn gerade ein sehr schnell fliegendes Molekül aufprallt oder wenn mehrere Moleküle zugleich auftreffen, kann die Kraft momentan sehr groß werden.

Die gestrichelte Linie in Abb. 4.2 entspricht dem zeitlichen Mittelwert der Kraft, $\bar{F}$. Dieser ist dadurch definiert, daß die Fläche unter der gestrichelten Linie für eine sehr lange Beobachtungszeit gleich der Fläche unter der Kurve $F(t)$ ist. Den mittleren Gasdruck erhält man, indem man den Mittelwert $\bar{F}$ durch die Größe des betrachteten mikroskopischen Flächenausschnitts dividiert (Druck $\equiv$ Kraft pro Fläche). Dieser zeitliche Mittelwert des mikroskopischen Gasdrucks ist gleich dem makroskopisch meßbaren Gasdruck.

Abb. 4.3. Gasbehälter.

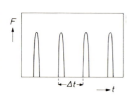

Abb. 4.4. Zeitlicher Verlauf der Kraft F, die ein einzelnes, periodisch hin- und herfliegendes Gasmolekül auf die Gefäßwandfläche A ausübt.

Wir betrachten jetzt einen quaderförmigen Gasbehälter, der in x-Richtung die Länge l besitzt und senkrecht zur x-Richtung die Fläche A. In diesem Behälter möge sich zunächst nur ein einziges (einatomiges) Gasmolekül befinden, dessen Geschwindigkeitskomponente in x-Richtung gleich v_x sei. Diese Geschwindigkeitskomponente bleibt bei den elastischen Zusammenstößen des Moleküls mit den Gefäßwänden dem Betrage nach immer erhalten und wechselt nur periodisch ihr Vorzeichen. Auch die Kraft F, die das Molekül auf die Fläche A ausübt, ist in diesem Modell eine periodische Funktion der (Abb. 4.4).

Die Zeit Δt zwischen zwei Stößen des Moleküls auf die Fläche A ist diejenige Zeit, die das Molekül braucht, um die Wegstrecke l hin- und zurückzufliegen*:

$$\Delta t = 2\,l/v_x \qquad (4.1)$$

---

* Dabei spielt es gar keine Rolle, ob das Molekül etwa noch Geschwindigkeitskomponenten v_y und v_z parallel zu A besitzt und dementsprechend auch auf die zu A senkrechten Gefäßwände periodisch aufprallt. Die Zeit Δt hängt in diesem Modell nur von v_x und von l ab.

Die Kraft F, die das Molekül auf die Fläche A ausübt, ist durch die Newtonsche Gleichung*

$$|F| = m \cdot a \tag{4.2}$$

gegeben. Darin ist m die Masse des Moleküls und

$$a = dv_x / dt \tag{4.3}$$

seine Beschleunigung ($\equiv$ Geschwindigkeitsänderung pro Zeit) in x-Richtung, die es während eines Aufpralls von der Wand A erhält. Aus Gl. (4.2) kann man auch einen zeitlichen Mittelwert $\bar{a}$ für die Beschleunigung bilden, die die Wand dem Molekül erteilt:

$$|\bar{F}| = m \cdot \bar{a} \tag{4.4}$$

Darin ist $\bar{a}$ gleich der Geschwindigkeitsänderung Δv_x bei einem Aufprall, bezogen auf die gesamte Zeitspanne Δt. *Vor* einem Aufprall auf die Fläche ist die Geschwindigkeitskomponente gleich $-v_x$, *danach* gleich $+v_x$, die *Änderung* ist also $\Delta v_x = 2 v_x$, und somit ist

$$\bar{a} = \Delta v_x / \Delta t = 2 v_x / \Delta t \tag{4.5}$$

oder zusammen mit Gl. (4.1)

$$\bar{a} = v_x^2 / l \tag{4.6}$$

Für den mittleren Druck $\bar{p}_1$ (Kraft pro Fläche), den ein einziges Gasmolekül auf die Fläche A ausübt, ergibt sich aus Gl. (4.4) durch Einsetzen von Gl. (4.6):

$$\bar{p}_1 = |\bar{F}|/A = m v_x^2 /(l A) \tag{4.7}$$

oder, wenn wir das Volumen $\quad V = l \cdot A \tag{4.8}$

des Gasbehälters einführen:

$$\bar{p}_1 = \frac{1}{V} m v_x^2 \tag{4.9}$$

Wenn sich N gleiche Moleküle in dem Volumen V befinden, so müssen wir (4.9) mit N multiplizieren und anstelle von v_x^2 einen Mittelwert $\overline{v_x^2}$ über alle Moleküle einführen, um den Gesamtdruck p zu erhalten:

$$p = \frac{N}{V} m \overline{v_x^2} \tag{4.10}$$

Darin kann man die Teilchenzahldichte N/V als eine Art „Konzentration" c^* auffassen, wenn man das Molekül als ein Maß für die Stoffmenge ansieht.

---

* Die Betragsstriche bei F sind deshalb nötig, weil wir hier mit F nicht — wie üblich — die beschleunigende „actio", sondern die ihr entgegengesetzte „reactio" meinen, die in negativer x-Richtung wirkt (vgl. Abb. 4.3). a hat dagegen positives Vorzeichen. F, a und v_x sollen keine Vektoren, sondern nur (mit Vorzeichen behaftete) Vektorkoordinaten längs der x-Achse darstellen. Der Fettdruck von F dient nur zur Unterscheidung von der Faraday-Konstante F.

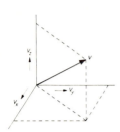

Abb. 4.5. Zusammen-
setzung der Geschwin-
digkeit v aus den drei
Komponenten v_x, v_y
und v_z.

Wir wollen nun auch die zu v_x senkrechten Geschwindigkeitskomponenten betrachten. In Abb. (4.5) ist die Geschwindigkeit v eines Gasmoleküls dargestellt, die sich vektoriell aus den drei Komponenten v_x, v_y und v_z zusammensetzt. Durch zweimalige Anwendung des Lehrsatzes von Pythagoras ergibt sich

$$v^2 = v_x{}^2 + v_y{}^2 + v_z{}^2 \ . \tag{4.11}$$

Entsprechend ergibt sich auch für die Mittelwerte über alle Moleküle*

$$\overline{v^2} = \overline{v_x{}^2} + \overline{v_y{}^2} + \overline{v_z{}^2} \ . \tag{4.12}$$

Da alle drei Raumrichtungen gleichberechtigt sind, muß gelten

$$\overline{v_x{}^2} = \overline{v_y{}^2} = \overline{v_z{}^2} \quad \text{und somit} \quad \overline{v_x{}^2} = \tfrac{1}{3}\,\overline{v^2} \ . \tag{4.13}$$

Damit wird aus (4.10)

$$p = \tfrac{1}{3}\,\frac{N}{V}\,m\,\overline{v^2} \tag{4.14}$$

Diese Gleichung ermöglicht eine interessante Verknüpfung zwischen makroskopischen Größen eines idealen Gases und der mittleren kinetischen Energie der Translation** seiner Moleküle, die durch folgende Gleichung gegeben ist [vgl. Gl. (5.2)]:

$$\overline{\epsilon}_{\text{trans}} = m\,\overline{v^2}/2 \tag{4.15}$$

Damit wird aus Gl. (4.14)

$$p \cdot V = \tfrac{2}{3} N \overline{\epsilon}_{\text{trans}} \equiv \tfrac{2}{3} U_{\text{trans}} \tag{4.16}$$

Das Produkt $p \cdot V$ eines idealen Gases ist hiernach gleich $\tfrac{2}{3}$ der Energie der ungeordneten Translationsbewegung seiner Moleküle, U_{trans}.

---

* Der Mittelwert $\overline{v^2}$ ist definiert als die Summe aller Werte von v^2 (in einem bestimmten Zeitpunkt) dividiert durch die Anzahl N der Moleküle. Mit den analogen Definitionen für $v_x{}^2$ usw. wird der Übergang von (4.11) nach (4.12) evident.

** „Translation" ist geradlinig-gleichförmige Bewegung, im Unterschied zu „Rotation" (Drehbewegung) und „Oszillation" (Hin- und Her-Bewegung, Schwingung).

4.2. Der Gleichverteilungssatz

Wenn wir die theoretische Gleichung (4.16) mit dem experimentell ermittelten idealen Gasgesetz $p\,V = n\,R\,T$ kombinieren und die Teilchenzahl nach der Gleichung

$$N = n \cdot N_L \qquad (4.17)$$

in die Stoffmenge n [mol] umrechnen, erhalten wir

$$\bar{\epsilon}_{trans} = \frac{3}{2}\,\frac{n}{N}\,R\,T = \frac{3}{2}\,\frac{R}{N_L}\,T \quad . \qquad (4.18)$$

Für die auf ein Molekül bezogene allgemeine Gaskonstante wird ein neues Symbol und ein neuer Name eingeführt:

$$R/N_L \equiv k \quad (\textbf{\textit{Boltzmann-Konstante}}) \qquad (4.19)$$

Diese ist, ebenso wie R, eine von der Art des idealen Gases unabhängige, universelle Konstante. Damit wird aus Gl. (4.18)

$$\boxed{\bar{\epsilon}_{trans} = \frac{3}{2}\,k\,T} \qquad (4.20)$$

Wir verstehen jetzt die molekulare Bedeutung der Temperatur und des absoluten Nullpunkts: Die *absolute Temperatur* ist ein proportionales *Maß für die mittlere kinetische Energie* der Gasmoleküle. Am absoluten Nullpunkt wird $\bar{\epsilon}_{trans}$ und damit nach (4.15) das mittlere Geschwindigkeitsquadrat $\overline{v^2}$ der Moleküle gleich null. Da $\overline{v^2}$ prinzipiell nicht negativ werden kann (warum nicht?), kann es keine negativen absoluten Temperaturen geben. Der Mittelwert $\overline{v^2} = 0$ kann aber nur dadurch realisiert werden, daß die Geschwindigkeit jedes einzelnen Moleküls gleich null wird. Der *absolute Nullpunkt* ist also durch *völlige Ruhe der Moleküle* charakterisiert*.

Da k eine universelle Konstante ist, so ist $\bar{\epsilon}_{trans}$ nach Gl. (4.20) für zwei verschiedene Gase von gleicher Temperatur gleich groß, auch wenn die Gasmoleküle sich in ihren Massen und sonstigen Eigenschaften unterscheiden. Die Aussage des *nullten Hauptsatzes*, daß zwei Körper bei Berührung ihre Temperatur ausgleichen, lautet in der molekularen Sprache: *,,In einem System von energieaustauschenden Massenpunkten besitzt im zeitlichen Mittel jeder Massenpunkt die gleiche kinetische Energie.''*

Diese wichtige Aussage wird als *Gleichverteilungssatz der kinetischen Energie* bezeichnet.

---

* Diese Aussage gilt allerdings nicht für Oszillationen der Atome innerhalb eines Moleküls.

4.3. Herleitung der Gasgesetze aus der kinetischen Gastheorie

Wir haben im letzten Abschnitt den Gleichverteilungssatz für ideale Gase abgeleitet, indem wir dabei das ideale Gasgesetz als empirisches Gesetz vorausgesetzt haben. Es ist jedoch auf Grund statistischer Überlegungen von Maxwell und Boltzmann auch möglich, den Gleichverteilungssatz ohne makroskopische Voraussetzungen allein aus den mechanischen Stoßgesetzen abzuleiten*.

Formelmäßig kann man den Gleichverteilungssatz durch Gl. (4.20) beschreiben, indem man hinzufügt, daß k eine universelle Konstante ist. Auf Grund der statistischen Ableitung gilt (4.20) auch für reale Gase, während die Gültigkeit von (4.16) auf ideale Gase beschränkt ist.

Wenn man den Gleichverteilungssatz auf Grund der statistischen Ableitung voraussetzt, dann kann man daraus auch umgekehrt mit Hilfe der theoretischen Gl. (4.16)

$$p \cdot V = \frac{2}{3} N \, \bar{\epsilon}_{trans}$$

die empirischen Gesetze ableiten, die dem idealen Gasgesetz zugrundeliegen:

Betrachten wir zwei verschiedene ideale Gase, die miteinander im thermischen Gleichgewicht sind (d. h. , die die gleiche Temperatur haben), so ist $\bar{\epsilon}_{trans}$ nach dem Gleichverteilungssatz gleich groß. Sind außerdem p und V gleich groß, so muß nach (4.16) auch N gleich groß sein, d. h. : Bei gleicher Temperatur T und gleichem Druck p enthalten gleiche Volumina V gleiche Zahlen N von Molekülen. Das ist aber der *Satz von Avogadro*, den wir somit theoretisch abgeleitet haben. Mit dem Satz von Avogadro sind zugleich die darin enthaltenen empirischen Grundlagen des *Gay-Lussac*schen Gesetzes abgeleitet, vgl. S. 20.

Wenn gleiche Molekülzahlen N von ein und derselben Gassorte durch eine dünne Wand getrennt sind, über die ein Temperaturausgleich, aber kein Druckausgleich erfolgen kann, so muß nach (4.16) das Produkt $p \cdot V$ für beide Gase gleich sein. Diese Aussage ist aber das *Boyle-Mariottesche Gesetz*.

In einer Mischung verschiedener Gase muß sich der Druck auf die Gefäßwand nach den mechanischen Modellvorstellungen additiv aus den Kraftwirkungen der verschiedenen Gassorten zusammensetzen. Wenn wir voraussetzen, daß die Bewegungen der einzelnen Moleküle in der Gasmischung voneinander unabhängig sind (Modell des idealen Gases: keine Wechselwirkungskräfte und kein Eigenvolumen), dann ist der Beitrag einer Gassorte zum Gesamtdruck auf die Gefäßwand genauso groß, wie wenn die anderen Gassorten überhaupt nicht vorhanden wären. — Nach Dalton bezeichnet man den Druck, den eine Gassorte ausüben würde, wenn sie

---

* Für den Beweis muß der Student auf spätere Vorlesungen in Physikalischer Chemie oder auf Lehrbücher verwiesen werden.

das Gesamtvolumen der Mischung allein ausfüllen würde, als „Partialdruck" dieser Gassorte. Dann gilt für ideale Gasmischungen das *„Daltonsche Gesetz": Der Gesamtdruck ist gleich der Summe der Partialdrucke.*

Aus dem Gleichverteilungssatz (4.20) lassen sich auch Rückschlüsse auf die Geschwindigkeit von Gasmolekülen ziehen:

$$\bar{\epsilon}_{trans} \left(= \frac{m}{2} \cdot \overline{v^2} \right) = \frac{3}{2} k T ,$$

also

$$\overline{v^2} = \frac{3 k T}{m} = \frac{3 R T}{M} \tag{4.21}$$

Dabei ist m die Masse eines Moleküls und

$$M = m N_L \tag{4.22}$$

die Molmasse [vgl. Gl. (4.19)]. Die Wurzel aus diesem mittleren Geschwindigkeitsquadrat stimmt nicht genau mit dem Mittelwert $\bar{v}$ des Geschwindigkeitsbetrages überein, da bei der quadratischen Mittelwertsbildung die größeren Geschwindigkeiten relativ stärker ins Gewicht fallen; jedoch stehen beide Mittelwerte in konstantem Zahlenverhältnis zueinander. Aus Rechnungen der statistischen Thermodynamik ergibt sich zusammen mit Gl. (4.21):

$$\bar{v} = \sqrt{\frac{8 R T}{\pi M}} = 0{,}92\sqrt{\overline{v^2}} \tag{4.23}$$

Wir wollen daraus die mittlere Geschwindigkeit von Sauerstoffmolekülen bei Normaltemperatur ausrechnen. Für $\vartheta = 25\,°C$ ist nach Gl. (2.2) $T = 298$ K. Die relative Atommasse von Sauerstoff ist 16,0 , die Molmasse der O_2-Moleküle also $M = 32$ g/mol $= 32 \cdot 10^{-3}$ kg mol^{-1}. Mit $R = 8{,}314$ J mol^{-1} K^{-1} und 1 J $\equiv$ 1 N m und 1 N $\equiv$ 1 kg m s^{-2} ergibt sich aus Gl. (4.23):

$$\bar{v} = \left(\frac{8 \cdot 8{,}314 \cdot 298}{\pi \cdot 32 \cdot 10^{-3}} \cdot \frac{\text{kg m s}^{-2} \text{ m mol}^{-1} \text{ K}^{-1} \text{ K}}{\text{kg mol}^{-1}} \right)^{1/2} = 444 \text{ m/s}$$

Vergleicht man die mittleren Molekulargeschwindigkeiten von zwei Gasen 1 und 2 verschiedener Molmasse, so ergibt sich aus Gl. (4.23) für das Verhältnis der Geschwindigkeiten bei gleicher Temperatur:

$$\bar{v}_1 / \bar{v}_2 = \sqrt{M_2/M_1} \tag{4.24}$$

Die Geschwindigkeiten verhalten sich also umgekehrt wie die Wurzeln der Molmassen (*Grahamsches Gesetz*).

Man nutzt diese Beziehung experimentell aus, um zwei Gase verschiedener Molmasse voneinander zu trennen, indem man sie mehrfach durch poröse Platten diffundieren läßt. Die leichtesten Moleküle diffundieren am schnellsten.

Übungsaufgabe: Zur Abtrennung des Isotops ^{235}U von natürlichem Uran läßt man gasförmiges UF_6 durch kleine Löcher von ca. 10 nm Durchmesser in einer Scheidewand aus Metall in einen evakuierten Raum diffundieren. Wie groß ist der größte theoretisch erreichbare Anreicherungsfaktor, um den sich das Verhältnis von ^{235}U

zu ^{238}U in einer einzigen Trennstufe vergrößern könnte? (Die relative Atommasse von Fluor ist 19,00.) Ergebnis: 1,00429. Wieviele derartige Trennstufen würde man mindestens brauchen, um aus dem natürlichen Gemisch von 0,7% ^{235}U und 99,3% ^{238}U ein Gemisch von 90% ^{235}U zu gewinnen? Ergebnis: 1671 Trennstufen.

5. Der erste Hauptsatz

Der erste Hauptsatz wird meistens als ein rein makroskopischer Erfahrungssatz eingeführt. Wer sich auf diese Betrachtungsweise beschränken möchte, kann gleich in Abschnitt 5.5 weiterlesen. Es ist aber auch möglich, die entsprechenden Erfahrungen auf Grund der Molekulartheorie vorauszusagen. Nachdem wir im letzten Kapitel bereits einige makroskopische Gesetze aus der molekularen Theorie abgeleitet haben, wäre es unbefriedigend, wenn wir uns jetzt wieder auf den systematischen Standpunkt zurückziehen würden, als wüßten wir noch nichts von der Bewegung der Moleküle. Schließlich ist auch die lebendige naturwissenschaftliche Forschung ein dauerndes Wechselspiel von induktiver und deduktiver Methode: Manchmal ist die experimentelle Aussage das Primäre, und die Theorie wird daraus entwickelt; manchmal dagegen wird eine theoretische Voraussage erst nachträglich durch das Experiment bestätigt.

5.1. Der mechanische Energiesatz*

Die im letzten Kapitel eingeführte „kinetische Gastheorie" beruht auf der Anwendung der makroskopischen Gesetze der Mechanik auf molekulare Dimensionen. Eine wichtige zusätzliche Voraussetzung der kinetischen Gastheorie ist die, daß alle Zusammenstöße absolut elastisch verlaufen, d. h. , daß das, was wir in der makroskopischen Mechanik als „plastische Verformung" und als „Reibung" kennen, im molekularen Bereich nicht existiert.

Für ein solches System ohne plastische Verformung und Reibung gilt der **mechanische Energiesatz**: *„In einem abgeschlossenen mechanischen System bleibt die Summe aus potentieller und kinetischer Energie konstant, solange die in jedem Augenblick wirksamen Kräfte durch die geometrische Lage jedes Massenelements eindeutig festgelegt sind**."* Dieser Satz läßt sich aus den Newtonschen Grundgleichungen

actio = reactio und

$$F = m\,a \tag{5.1}$$

herleiten.

---

* Dieser Abschnitt erinnert an einige Grundlagen, die in der Physikvorlesung ausführlicher dargestellt werden.

** Die Kräfte müssen also unabhängig sein von der Vorgeschichte des Systems, der Geschwindigkeit der Massenelemente usw. Durch diese Einschränkung sind plastische Verformung und Reibung ausgeschlossen.

Als Beispiel betrachten wir eine Kugel der Masse m im Schwerefeld der Erde, die in der Höhe $h = 0$ eine senkrecht nach oben gerichtete Geschwindigkeit v_0 hat. Die Kugel ist imstande, bis zu einer Höhe h emporzusteigen, wo sie die Geschwindigkeit $v = 0$ besitzt. Das Anheben bis zur Höhe h entspricht aber einer Hubarbeit* $W = F h$, wobei die Kraft F in diesem Falle entgegengesetzt gleich dem Gewicht $m g$ der Kugel ist**.

Da die Kugel die Höhe h allein aufgrund ihres Bewegungszustandes an der Stelle $h = 0$ erreichen kann, so besitzt sie in diesem Zustand also eine *Energie* (Arbeitsfähigkeit) der Bewegung, eine **kinetische Energie**.

Wie groß ist nun diese kinetische Energie, wenn die Geschwindigkeit v_0 vorgegeben ist? Die Frage läuft darauf hinaus, die gewinnbare Hubarbeit $W = m g h$ und somit die Höhe h aus v_0 zu berechnen. Dazu muß man die Geschwindigkeit über den Zeitraum von $t = 0$ bis $t = \tau$ integrieren, wenn die Kugel nach der Zeit τ gerade die Geschwindigkeit $v = 0$ und die Höhe h erreicht:

$$h = \int_0^\tau v \, dt$$

Da die Erdbeschleunigung g in diesem Fall die zeitliche *Abnahme* der nach oben gerichteten Geschwindigkeit v darstellt, so ist
$v = v_0 - g t$ und (wegen $t = \tau$ für $v = 0$) $v_0 = g \tau$.
Durch Einsetzen dieser Ausdrücke in das obige Integral erhält man für die Arbeitsfähigkeit der Bewegung (bitte nachrechnen!):

$$W = m g h = m v_0^2 / 2 \tag{5.2}$$

---

* Die an einem Körper verrichtete **Arbeit** W ist allgemein als das Produkt aus der angreifenden Kraft F und der vom Körper unter der Krafteinwirkung zurückgelegten Wegkomponente x in Richtung der Kraft definiert. Wenn die Kraft längs des Weges nicht überall gleich groß ist, erscheint anstelle des einfachen Produktes ein Integral: $W \equiv \int F \, dx$. Darin ist $F \, dx$ als *skalares Produkt* aufzufassen, d. h. , es ist das Produkt der *Beträge* von Kraft und Weg und dem cos des eingeschlossenen Winkels. Haben Kraft und Weg gleiche Richtung, so erhält dieser Winkel den Wert 0 und sein cos den Wert 1.

** Die „Erdfeldstärke" g ist der aus dem Gravitationsgesetz sich ergebende Proportionalitätsfaktor zwischen Gewicht ($\equiv$ Schwerkraft) und Masse m eines Körpers dicht über der Erdoberfläche. Der Proportionalitätsfaktor zwischen der auf einen Körper wirkenden Kraft F und seiner Masse m ist aber nach Gl. (5.1) durch die Beschleunigung a gegeben (Definition von m). Daher ist die Erdfeldstärke g zugleich die Beschleunigung ($\equiv$ Geschwindigkeitsänderung pro Zeit), die ein beliebiger Körper im Schwerefeld der Erde erfährt, wenn man ihn (unter Ausschaltung des Luftwiderstandes) frei fallen läßt. Diese „Erdbeschleunigung" beträgt in mittleren Breiten etwa $g = 9{,}81 \text{ m/s}^2$. – Übrigens enthält die Gleichung $F = m a$ zwar die Definition der Masse, sie ist aber selber *mehr* als eine Definition, nämlich ein *Naturgesetz*, welches besagt, daß Kraft und Beschleunigung (zumindest im Meßbereich der klassischen Mechanik) einander proportional sind.

Die kinetische Energie einer Masse m mit der Geschwindigkeit v ist allgemein mit $m\,v^2/2$ zu identifizieren.

In der Höhe h ist die kinetische Energie gleich null, dagegen besitzt die Kugel jetzt eine Arbeitsfähigkeit auf Grund ihrer Lage, eine *potentielle Energie*: Die Kugel könnte nämlich Arbeit leisten, indem sie z. B. über eine Rolle ein anderes Gewicht von gleicher Größe auf die Höhe h hebt und dabei selber zu Boden sinkt. Sie könnte aber auch ihre potentielle Energie dazu verwenden, um sich beschleunigen zu lassen, indem sie frei herunterfällt. Dann würde sie bei $h = 0$ wieder ihre ursprüngliche kinetische Energie besitzen.

Wenn die Kugel absolut elastisch ist und bei $h = 0$ auf eine elastische Unterlage trifft, dann führt die dabei auftretende Verformungsarbeit wiederum zu einer gleich großen potentiellen Energie: Die Verformung kann nämlich dazu verwendet werden, an der Kugel wieder eine Beschleunigungsarbeit zu leisten, so daß sie ihre alte kinetische Energie zurückerhält, die sich weiter in potentielle Energie im Schwerefeld verwandeln kann usw. Da die alte Hubarbeit immer wieder gewonnen werden kann, so bleibt also die Arbeitsfähigkeit, d. h. die Summe aus potentieller und kinetischer Energie, konstant, wie der mechanische Energiesatz aussagt.

Das gilt aber nur, wenn die rücktreibende Kraft davon unabhängig ist, ob die Verformung im Entstehen oder im Verschwinden begriffen ist, d. h., die Verformung muß mit gleicher Kraft wieder ,,zurückgehen'', wie sie entstanden ist (*elastische Verformung*). Eine *plastische* (d. h. ,,nicht-zurückgehende'') *Verformung* führt dagegen *nicht* zu einer potentiellen Energie, sondern nur zu einer Erwärmung der beteiligten Körper. Auch bei Vorhandensein von Luftreibung wäre die Voraussetzung des mechanischen Energiesatzes nicht erfüllt, da die **Reibungskraft** von der Größe und Richtung der Geschwindigkeit der Kugel abhängt. Daher nimmt auch bei Reibung die mechanische Energie laufend ab, wobei zugleich eine Erwärmung auftritt.

Da sich Reibung nie restlos vermeiden läßt und auch Verformungen im allgemeinen nicht völlig elastisch verlaufen, so ist der mechanische Energiesatz in der makroskopischen Mechanik nur auf idealisierte Grenzfälle anwendbar. Auch die auf eine Stahlplatte herabfallende Stahlkugel erreicht nicht wieder exakt die gleiche Höhe. Dagegen hat die Annahme dieses Ideals für den molekularen Bereich im letzten Kapitel zu so großen Erfolgen geführt, daß wir den mechanischen Energiesatz hier offenbar als streng gültig ansehen können.

5.2. Innere Energie und Wärme

Wir wollen die Summe aller kinetischen und potentiellen Energien ϵ_{kin} und ϵ_{pot}, die die Moleküle eines Systems in sich und relativ zueinander besitzen, als die *Innere Energie* U dieses Systems bezeichnen*:

$$U \equiv \Sigma(\epsilon_{kin} + \epsilon_{pot}) \qquad (5.3)$$

Für ein einatomiges ideales Gas besteht U allein aus der kinetischen Energie der ungeordneten Translationsbewegung seiner Atome. Wenn man ein solches Gas bei konstantem Volumen erwärmt, dann stellt man empirisch fest, daß seine Temperaturerhöhung der zugeführten Wärme** direkt proportional ist:

$$\Delta T \sim Q_{W=0} \qquad (5.4)$$

Als entscheidendes Merkmal der in Abschnitt 2.3 genannten einschränkenden Bedingungen für die „Erhaltung" der Wärme heben wir in Gl. (5.4) durch den Index $W=0$ hervor, daß die Wärmeübertragung mit keinerlei Arbeitsleistung verbunden sein darf. Hierdurch sind z.B. Reibung und plastische Verformung sowie Volumenausdehnung ausgeschlossen.

Nach dem Gleichverteilungssatz (4.20) ist die Temperatur aber andererseits der Inneren Energie des einatomigen idealen Gases proportional: $T \sim U$, also auch $\Delta T \sim \Delta U$.

Somit muß für dieses spezielle Gas die zugeführte Wärme der Zunahme seiner Inneren Energie proportional sein:

$$Q_{W=0} \sim \Delta U \qquad (5.5)$$

Wird das einatomige ideale Gas mit einem anderen System in thermischen Kontakt gebracht, so nimmt (unter den genannten, einschränkenden Bedingungen) dieses System genau so viel Wärme auf, wie das Gas abgibt. Gleichzeitig erwartet man aber bei Anwendung des mechanischen Energiesatzes auf die Molekularbewegung, daß das System auch genau so viel *Energie* aufnimmt, wie das Gas abgibt. Daraus folgt, daß Gl. (5.5) nicht nur für ein einatomiges ideales Gas, sondern auch für beliebige andere Systeme gelten muß. Die unter Ausschluß von Arbeit auf ein beliebiges System übertragene Wärme ist somit proportional seiner Zunahme an Innerer Energie.

---

* U enthält nicht die „*äußere*" potentielle und kinetische Energie, die der Schwerpunkt des Gesamtsystems z. B. gegenüber der Erde hat. Die äußere Energie bleibt nämlich bei chemischen Reaktionen meistens unverändert und ist dann für den Chemiker nicht von Interesse.

** Bei dieser empirischen Aussage ist als Meßvorschrift für die zugeführte Wärme zunächst noch einmal die in Abschnitt 2.3 eingeführte Definition der Kalorie zugrundegelegt.

Den Proportionalitätsfaktor in der Beziehung (5.5) kann man auch zahlenmäßig angeben, indem man den theoretischen Wert für die Energiedifferenz eines einatomigen idealen Gases zwischen zwei Temperaturen durch den entsprechenden empirischen Wert der zuzuführenden Wärmemenge dividiert. Aus Gl. (4.18) erhält man theoretisch:

$$U = N \bar{\epsilon}_{trans} = \frac{3}{2} n R T \qquad \text{und}$$

$$\Delta U = \frac{3}{2} n R \Delta T \ . \qquad (5.6)$$

Empirisch findet man $Q_{W=0} = C_V \Delta T$ mit dem Zahlenwert $C_V/n = 2,9805$ cal K^{-1} mol^{-1}. Mit $R = 8,314$ J K^{-1} mol^{-1} folgt:

$$\Delta U/Q_{W=0} = 4,184 \text{ J/cal} \qquad (5.7)$$

Die unter Ausschluß von Arbeit auf ein System übertragene Wärme kann damit als Maß für die Zunahme seiner Inneren Energie betrachtet werden.

5.3. Äquivalenz von Wärme und Arbeit

Welche experimentell nachprüfbaren Voraussagen lassen sich aus der Anwendung des mechanischen Energiesatzes und der molekularen Deutung der Wärme ableiten?

Wenn beim Wärmeübergang nichts weiter geschieht, als daß kinetische und potentielle Energie durch molekulare Stöße oder durch Strahlung übertragen wird, dann muß eine bestimmte Temperaturerhöhung statt durch Wärmezufuhr auch bei thermischer Isolierung des Systems erreicht werden können, indem man ihm mechanische Arbeit zuführt. Nach dem mechanischen Energiesatz könnte nämlich diese Arbeit dazu verwendet werden, die Moleküle durch Reibung in schnellere, ungeordnete Bewegung zu versetzen. Eine bestimmte Temperaturerhöhung eines Gases kann z. B. einmal durch Berührung mit heißem Wasser, ein andermal durch einen Propeller erzielt werden, der die Moleküle durcheinanderwirbelt. Der Unterschied zwischen diesen beiden Formen der Energieübertragung besteht darin, daß *Arbeit* durch eine zunächst *geordnete makroskopische Bewegung* (Propeller) übertragen wird, *Wärme* dagegen durch von vornherein *ungeordnete Molekularbewegung über ein Temperaturgefälle*.

Nach diesem Modell muß eine bestimmte Wärmemenge immer einer ganz bestimmten Menge an mechanischer Arbeit *äquivalent* sein (d. h. die gleiche Temperaturerhöhung bewirken), und der Proportionalitätsfaktor zwischen Wärme und Arbeit muß mit dem Proportionalitätsfaktor zwischen Wärme und Innerer Energie nach Gl. (5.7) übereinstimmen.

Diese Voraussage wird tatsächlich durch Versuche von **Joule** (1843) in vollem Umfang bestätigt: Joule verwendete mechanische oder elektrische Arbeit durch verschiedene Arten von Reibung oder plastischer Verformung zur Erwärmung von Wasser, aus dessen Temperaturänderung sich nach Definition eine bestimmte Wärmemenge ergibt. Er fand dabei immer den gleichen Proportionalitätsfaktor zwischen Wärme und Arbeit, das **mechanische Wärmeäquivalent**. Dieses beträgt nach neueren, genaueren Messungen in Übereinstimmung mit Gl. (5.7):

$$W_{Q=0}/Q_{W=0} = 4,184 \text{ J/cal} \tag{5.8}$$

Die immer wieder bestätigte Konstanz des mechanischen Wärmeäquivalentes rechtfertigt es, die übertragene Wärme nicht nur proportional, sondern *durch Definition gleich* einer übertragenen Energiemenge zu setzen:

1 cal $\equiv$ 4,184 J

Durch Einsetzen dieser Definition in die Gl. (5.8) erhält das mechanische Wärmeäquivalent den Wert 1, d. h., es wird ein reiner Umrechnungsfaktor zwischen zwei verschiedenen Maßeinheiten, der in theoretischen Gleichungen nicht mitgeschrieben zu werden braucht. Darüber hinaus wird die Einheit [cal] zum Ende des Jahres 1977 gesetzlich abgeschafft, so daß auch Wärmemengen nur noch in der Einheit [J] angegeben werden.

Bei den Jouleschen Versuchen wurde immer äußere mechanische Energie in thermische Energie eines Wasserbades verwandelt. Auch eine Umwandlung von thermischer in mechanische Energie ist bis zu gewissem Grade möglich*. Wir betrachten dazu als Beispiel ein Gedankenexperiment, mit dessen Hilfe **Julius Robert Mayer** 1842 als erster das mechanische Wärmeäquivalent bestimmte.

Ein ideales Gas sei in einem Zylinder mit beweglichem Kolben eingeschlossen (Abb.5.1). Der Kolben vom Querschnitt A drückt mit einer Kraft F auf das Gas, so daß dieses unter einem konstanten Druck

Abb.5.1. Bei Wärmezufuhr unter konstantem Druck dehnt ein Gas sich aus und verrichtet Arbeit, indem es z. B. ein Gewicht anhebt.

$$p = F/A \tag{5.9}$$

* Die Umwandlung von thermischer in mechanische Energie unterliegt allerdings gewissen Einschränkungen, die durch den 2. Hauptsatz formuliert werden (Näheres in Abschnitt 10.3).

steht*. Das Gas wird nun durch Eintauchen des Zylinders in ein heißes Wasserbad um eine Temperaturdifferenz ΔT erwärmt. Dabei wird der Kolben um die Strecke Δh verschoben, und das Gas verrichtet die Arbeit [vgl. (5.9)]

$$-W = F \cdot \Delta h = p \cdot A \cdot \Delta h = p \cdot \Delta V \qquad (5.10)$$

Analog wie bei der Wärme bezeichnet $-W$ eine *abgegebene* Arbeit, vgl. S. 14. Da bei Zunahme des Volumens Arbeit abgegeben wird, haben W und ΔV immer entgegengesetzte Vorzeichen.

Von der bei konstantem Druck p zugeführten Wärme Q_p wird ein Teil zur Erhöhung der inneren Energie um ΔU und ein anderer Teil zur Verrichtung der Volumenarbeit $p \cdot \Delta V$ verwendet:

$$Q_p = \Delta U + p \cdot \Delta V \qquad (5.11)$$

Dabei hat ΔU den gleichen Wert, wenn man den Kolben festhält und so das Gas bei *konstantem Volumen* um die gleiche Temperaturdifferenz ΔT erwärmt; denn da die Moleküle eines idealen Gases keine Kräfte aufeinander ausüben und daher keine zwischenmolekularen potentiellen Energien auftreten, ist U bei gegebener Temperatur vom mittleren Molekülabstand und damit vom Volumen unabhängig. Somit ist ΔU gleich der bei konstantem Volumen zuzuführenden Wärmemenge Q_V, und die Differenz beider Wärmemengen ist gleich der Volumenarbeit:

$$Q_p - Q_V = p \cdot \Delta V \qquad (5.12)$$

Man bezeichnet die Wärmekapazität pro Menge eines Stoffes als seine „Molwärme" (bei konstantem Druck bzw. bei konstantem Volumen, C_{pm} bzw. C_{Vm}):

$$\frac{1}{n}\left(\frac{dQ}{dT}\right)_p \equiv \frac{1}{n} C_p \equiv C_{pm} \quad \text{und} \quad \frac{1}{n}\left(\frac{dQ}{dT}\right)_V \equiv \frac{1}{n} C_V \equiv C_{Vm} \qquad (5.13)$$

Damit wird aus (5.12): $C_p \cdot \Delta T - C_V \cdot \Delta T = p \cdot \Delta V$ oder

$$C_{pm} - C_{Vm} = \frac{1}{n} p \cdot \frac{\Delta V}{\Delta T} \qquad (5.14)$$

Für die Volumenausdehnung pro Temperaturerhöhung $\Delta V/\Delta T = (\partial V/\partial T)_p$ erhält man durch Differenzieren des idealen Gasgesetzes $V = n\,R\,T/p$:

$$\left(\frac{\partial V}{\partial T}\right)_p = \frac{n\,R}{p} \qquad , \qquad (5.15)$$

---

* Wir verwenden als Symbol für die Kraft ein fettgedrucktes F, obgleich hier immer nur die *Größe* des Kraftvektors gemeint ist. (In der Physik dient Fettdruck meistens zur Kennzeichnung von Vektoren, d.h. von räumlich gerichteten Größen. In handschriftlichen Texten kann man diese durch einen darübergesetzten Pfeil oder durch deutsche Buchstaben kennzeichnen.) Vgl. auch Fußnote S. 27.

somit $C_{pm} - C_{Vm} = R$. (5.16)

Für die Differenz der Molwärmen idealer Gase ergibt sich aus Meßdaten der Literatur

$C_{pm} - C_{Vm} = 1,987$ cal/(mol K).

Durch Einsetzen in Gl. (5.16) erhält man zusammen mit dem mechanischen Wert für die Gaskonstante R wiederum das durch Gl. (5.8) gegebene mechanische Wärmeäquivalent, das von R.J. Mayer auf diese Weise zum ersten Mal bestimmt wurde.

5.4. Formulierungen des ersten Hauptsatzes

Daß man für das mechanische Wärmeäquivalent immer den gleichen Wert findet, ist eine Bestätigung für das theoretische Modell, wonach der mechanische Energiesatz im molekularen Bereich ohne Einschränkung gültig ist. Daß der mechanische Energiesatz im makroskopischen Bereich im Falle von Reibung und dgl. scheinbar nicht anwendbar ist, liegt nur daran, daß die vermehrte, ungeordnete Bewegung der Moleküle makroskopisch nicht direkt sichtbar ist. Die entsprechende Erhöhung der Inneren Energie gibt sich aber durch Veränderung der Temperatur und anderer makroskopisch meßbarer Eigenschaften zu erkennen. Vom makroskopischen Standpunkt aus erscheint daher die Innere Energie als eine neue Energieform neben den vorher bekannten Formen der mechanischen potentiellen und kinetischen Energie. Wenn man diese neue Energieform in die Betrachtung mit einbezieht, kann man den mechanischen Energiesatz folgendermaßen erweitern:

1. *Energie bleibt immer erhalten, d.h. sie kann weder erzeugt, noch vernichtet, sondern nur von einer Form in eine andere Form umgewandelt werden.*

2. *Ein Perpetuum mobile* erster Art ist unmöglich.* (Dieses wäre eine Maschine, die ohne Aufnahme von Arbeit, Wärme oder energiereichen Substanzen in beliebiger Menge Arbeit abgibt.)

3. *In einem abgeschlossenen System ist die Energie konstant.* (Ein System wird als „*abgeschlossen*" definiert, wenn ihm von außen keinerlei Arbeit, Wärme oder Materie zugeführt oder entnommen wird.)

4. Ist ein System nicht abgeschlossen, sondern nur „*geschlossen*" (in diesem Fall ist nur die Materiezufuhr oder -abfuhr unterbunden), so

---

* Perpetuum mobile (lat.) = dauernd beweglich, d.h., die Maschine kommt von selbst niemals zum Stillstand, da sie zu ihrem Betrieb keinerlei Zufuhr an Energie oder Materie benötigen soll.

ist eine *Änderung seiner Gesamtenergie,* die sich auf die Änderung seiner Inneren Energie U und seiner äußeren potentiellen und kinetischen Energie E_{pot} und E_{kin} verteilt, durch die *Summe aus zugeführter Arbeit und zugeführter Wärme* gegeben:

$$\Delta U + \Delta E_{\text{pot}} + \Delta E_{\text{kin}} = W + Q \tag{5.17}$$

Jeder dieser vier Sätze, von denen sich zwanglos einer aus dem anderen ergibt, ist eine mögliche Formulierung für den 1. **Hauptsatz der Thermodynamik.** Meistens setzt man allerdings in der Thermodynamik stillschweigend voraus, daß die einem System zugeführte Arbeit W ins *Innere* dieses Systems investiert und nicht zur Erhöhung seiner *äußeren* kinetischen oder potentiellen Energie im Schwerefeld der Erde oder dgl. verwendet wird. Dann vereinfacht sich Gl. (5.17) zu

$$\boxed{\Delta U = W + Q} \tag{5.18}$$

In Worten: *Die Änderung der Inneren Energie ist gleich der Summe aus zugeführter Arbeit und zugeführter Wärme.*

In differentieller Schreibweise wird aus Gl. (5.18):

$$dU = \delta W + \delta Q \ . \tag{5.19}$$

Das hierbei anstelle des Differentialzeichens d gelegentlich verwendete Zeichen δ soll daran erinnern, daß man im Zusammenhang mit Arbeit und Wärme *nicht* von entsprechenden *Änderungen einer Systemeigenschaft* reden kann, sondern nur von übertragenen Mengen. Wärme und Arbeit sind nur als Formen der Energie*übertra-gung* einzeln meßbar und voneinander unterscheidbar. Es handelt sich nicht um statische Energieformen, die als solche im System *enthalten* sind, wie man das von der Inneren Energie sehr wohl behaupten kann. Darum sollte man auch *nicht* vom „*Wärmeinhalt*" eines Systems reden, wie das früher üblich war. Diese Ausdrucksweise kann nämlich zu Mißverständnissen führen, da bei Erwärmung eines Gases unter konstantem Druck die aufgenommene Wärme infolge der gleichzeitig abgegebenen Volumenarbeit nicht mit der Zunahme des Energieinhalts übereinstimmt.

Bei den bisherigen Formulierungen des 1. Hauptsatzes haben wir zur Definition der Wärme ursprünglich eine bildhafte Vorstellung (Abschnitt 2.3.) und zur Definition der Inneren Energie nach Gl. (5.3) das molekulare Modell zugrundegelegt. Auf diese Weise ist das Gedankengebäude zwar anschaulich, aber unsystematisch und in seinem logischen Aufbau etwas kompliziert geworden*. Zu einer abstrakteren, aber mathematisch leichter faßbaren Formulierung des 1. Hauptsatzes gelangt man im folgenden Abschnitt, indem man die molekulare Deutung ganz beiseite läßt und nur von makroskopisch definierten Größen redet.

---

* Trotzdem erscheint eine solche Darstellung gerechtfertigt, um dem Leser zu zeigen, wie wissenschaftliche Erkenntnisse sich im Wechsel von Beobachtungen und modellmäßigen Überlegungen entwickeln können. Es wurde darauf geachtet, daß der Leser hierbei nicht mit falschen Vorstellungen belastet wird, die historisch eine Rolle gespielt haben.

5.5. Die Innere Energie als Zustandsgröße

Für den Gedankengang brauchen wir neben dem makroskopisch definierten Begriff der Arbeit (vgl. die Fußnote * S. 33) den Begriff des *„thermisch isolierten Systems".* Dieses ist ein System, das von einer *„adiabatischen"* Wand* umgeben ist, d.h. von einer Wand, die in der Lage ist, einen Temperaturausgleich zwischen zwei verschieden warmen Körpern zu verhindern**. Praktisch wird eine solche Wand näherungsweise durch eine Schicht aus Styropor oder besser (zur gleichzeitigen Unterbindung von Wärmestrahlung) durch die verspiegelte Wand eines Dewar-Gefäßes realisiert. Die im thermisch isolierten System ablaufenden Vorgänge werden ebenfalls als *„adiabatisch"* bezeichnet, und auch das System selbst wird oft *„adiabatisch"* genannt. Der Materieaustausch mit der Umgebung soll durch die Worte „thermisch isoliert" und „adiabatisch" ebenfalls ausgeschlossen sein; eine Übertragung von Arbeit ist dagegen erlaubt, d.h. die adiabatischen Wände dürfen verschiebbar sein.

Betrachtet man ein adiabatisches System in zwei verschiedenen Zuständen (z.B. eine bestimmte Wassermenge bei zwei verschiedenen Temperaturen), dann ergibt sich aus den Experimenten von Joule (vgl. Abschnitt 5.3.), daß die Überführung des Systems aus einem der beiden Zustände in den anderen immer die Zufuhr einer genau definierten Menge an Arbeit erfordert.

Der *„Zustand"* eines Systems kann dabei vom makroskopischen Standpunkt aus durch eine Reihe von *„Zustandsgrößen"* eindeutig beschrieben werden. Solche bestimmenden „Zustandsgrößen" sind z.B. die Temperatur T, das Volumen V, die Mengen n_i der einzelnen Stoffe i in den verschiedenen Phasen*** sowie evtl. die Größe der Grenzflächen des Systems. (Die äußeren Koordinaten des Systems im Schwerefeld der Erde gehören *nicht* zu den hier betrachteten Zustandsgrößen, d.h., mit dem Wort „Zustand" sind nur die Größe und die innere physikalisch-chemische Beschaffenheit des Systems gemeint, die durch alle meßbaren physikalischen Eigenschaften des Systems charakterisiert sind.)

Da die Menge der zuzuführenden Arbeit im adiabatischen System allein von dessen Anfangszustand I und Endzustand II abhängt, so kann man diese Arbeit als Differenz einer Größe U auffassen, die für jeden der beiden Zustände einen genau definierten Wert besitzt und die man

---

* adiabatisch (griech.) = undurchdringlich.

** Es ist bemerkenswert, daß man diese Definition treffen kann, ohne den Wärmebegriff zu gebrauchen.

*** Eine **„Phase"** ist die Gesamtheit von Bezirken gleicher innerer Beschaffenheit (z.B. Nebeltröpfchen), die von einer anderen Phase (z.B. dem Gasraum) durch eine Grenzfläche abgetrennt sind. Die drei „Aggregatzustände" fest, flüssig und gasförmig stellen mindestens drei verschiedene Phasen dar. Aber auch bei zwei miteinander nicht mischbaren Flüssigkeiten sowie bei allen unterschiedlich kristallisierten Festkörpern spricht man von verschiedenen „Phasen".

daher ebenfalls als „*Zustandsgröße*" bezeichnen kann*:

$$U_{II} - U_I \equiv \Delta U \equiv W_{\text{adiabat}} \, (I \rightarrow II) \tag{5.20}$$

Dieses ist die *makroskopische Definition für die* **Innere Energie** *U*. Da man im Prinzip jedes beliebige System in jedem beliebigen Zustand in eine adiabatische Hülle stecken kann und da erfahrungsgemäß jede beliebige Zustandsänderung (zumindest in *einer* Richtung) adiabatisch durchgeführt werden kann, so ist die Änderung der Inneren Energie durch Gl. (5.20) für jede beliebige Zustandsänderung definiert**. Ein Nullpunkt der Energieskala und Absolutwerte für *U* sind durch diese Definition noch nicht festgelegt. Sie werden vorläufig nicht benötigt, da man es praktisch immer nur mit Energie*differenzen* zu tun hat.

Man kann Gl. (5.20) als eine reine „*Definition*" auffassen, d.h. als eine *Namensgebung* für die adiabatische Arbeit oder eine *Meßvorschrift* für die Änderung der Inneren Energie. Allerdings wäre es sinnlos, eine solche Definition aufzustellen, wenn man bei verschiedenen adiabatischen Durchführungen ein und derselben Zustandsänderung verschiedene Werte für ΔU finden würde. Insofern setzt die Aufstellung dieser Definition die Erfahrung der Jouleschen Experimente voraus, die man mit Hilfe dieser Definition als „**1. Hauptsatz**" folgendermaßen formulieren kann: „Die durch Gl. (5.20) definierte **Innere Energie ist eine Zustandsgröße**", d.h., sie kann im Prinzip aus anderen Zustandsgrößen wie *T*, *V*, n_i eindeutig berechnet werden. In mathematischer Formelsprache drückt man das so aus, daß man die bestimmenden (unabhängig wahlbaren bzw. gemessenen) Zustandsgrößen in Klammern hinter die „abhängige" (bzw. daraus zu berechnende) Zustandsgröße setzt:

$$U = U(T, V, n_i) \tag{5.21}$$

Die Klammer wird gelesen als „hängt ab von" oder einfach als „von".

Für Zustandsgrößen gelten ganz allgemein noch einige weitere charakteristische Aussagen, und jede dieser Aussagen, angewendet auf die Innere Energie, stellt zusammen mit der Definition (5.20) eine weitere

---

* Früher bezeichnete man eine Größe, die durch die bestimmenden Zustandsgrößen eines Systems eindeutig festgelegt ist, als „Zustands*funktion*". Da man aber eine mathematische Funktionsgleichung, durch die eine Variable aus anderen Variablen berechnet werden kann, im Prinzip auch nach einer anderen Variablen auflösen kann, so ist die Unterscheidung zwischen „abhängigen" und „unabhängigen" Variablen willkürlich. Daher ist das Wort „Zustandsfunktion" entbehrlich und soll heute nicht mehr in diesem Sinne gebraucht werden. (Das Wort „Funktion" soll nur noch die mathematische Zuordnungsvorschrift zwischen verschiedenen Variablen bedeuten.)

** Wenn eine Zustandsänderung in einer bestimmten Richtung *nicht* durch einen adiabatischen Prozeß realisierbar ist, dann ist die Änderung der Inneren Energie durch den *negativen* ΔU-Wert der *umgekehrten* Zustandsänderung definiert.

Formulierung des 1. Hauptsatzes dar:

Wenn ein System in zwei Zuständen I und II existieren kann, so sind U_I und U_{II} zwei definierte Werte. Daraus folgt mit $\Delta U \equiv U_{II} - U_I$:

Die Änderung der Inneren Energie ist unabhängig vom Wege (d.h. von der Art und Weise), auf dem das System von I nach II gelangt ist (Abb. 5.2.).

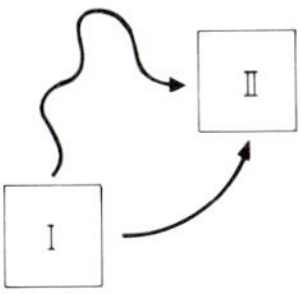

Ein Beispiel für zwei verschiedene „Wege" wäre etwa die Erwärmung einer gegebenen Wassermenge zwischen zwei bestimmten Temperaturen einmal durch die Reibung eines Propellers, ein andermal durch elektrischen Strom. Die zugeführte Arbeit und somit nach Gl. (5.20) auch die Änderung der Inneren Energie ist in beiden Fällen gleich groß. Wenn die Erwärmung durch Berührung mit einem heißeren Körper erfolgt, ist die zugeführte Arbeit dagegen *nicht* die gleiche; jedoch ist das kein Widerspruch gegen die Aussage, daß ΔU trotzdem auch in diesem Fall gleich groß ist, da es sich ja hierbei nicht um einen adiabatischen Vorgang handelt. Um die Meßvorschrift (5.20) anwenden zu können, muß man nämlich die betr. Zustandsänderung durch einen adiabatischen Prozeß herbeiführen, auch wenn sie in der Praxis durch einen nichtadiabatischen Prozeß hervorgerufen wurde.

Abb.5.2. Die Änderung einer Zustandsgröße ist unabhängig vom Wege, auf dem eine Zustandsänderung I → II realisiert wird.

Zu einer weiteren Variante des 1. Hauptsatzes gelangt man, wenn man in Abb. 5.2. den einen Weg von I nach II und den anderen Weg in umgekehrter Richtung von II wieder nach I geht. Das System hat dann einen **Kreisprozeß** durchlaufen und ist in seinen Anfangszustand zurückgekehrt. Da U eine Zustandsfunktion ist, muß es dann auch wieder seinen alten Wert annehmen. Summiert man alle differentiellen Änderungen von U über den ganzen Kreisprozeß, so muß sich also der Wert null ergeben:

$$\oint d U = 0 \qquad (5.22)$$

Dieses ist die am häufigsten benutzte mathematische Formulierung dafür, daß U eine Zustandsgröße ist. Weitere Formulierungen sind: „Die Änderung von U ist ein vollständiges Differential von Zustandsgrößen", d.h. formelmäßig*:

$$dU = \left(\frac{\partial U}{\partial T}\right)_{V,\, n_i} dT + \left(\frac{\partial U}{\partial V}\right)_{T,\, n_i} dV + \left(\frac{\partial U}{\partial n_i}\right)_{V,\, T,\, n_{j \neq i}} dn_i \qquad (5.23)$$

---

* Wenn man eine von mehreren Variablen abhängige Größe „partiell" nach einer Variablen differenziert (d.h. unter Konstanthaltung der anderen Variablen), dann schreibt man den Differentialquotienten statt mit d mit runden Differentialzeichen ∂ und mit den jeweils konstanten Variablen als Index. Wenn das System aus mehreren Stoffen 1, 2, ... i besteht, dann sind anstelle des dritten Gliedes in (5.23) entsprechend mehrere Glieder einzusetzen.

Auf Zustandsgrößen ist der **Schwarzsche Satz** anwendbar: *„Die Reihen-folge bei mehrfachem Differenzieren nach verschiedenen Variablen ist vertauschbar"*, d.h. formelmäßig:

$$\frac{\partial^2 U}{\partial T \, \partial V} \equiv \left[\frac{\partial}{\partial V}\left(\frac{\partial U}{\partial T}\right)_V\right]_T = \left[\frac{\partial}{\partial T}\left(\frac{\partial U}{\partial V}\right)_T\right]_V \equiv \frac{\partial^2 U}{\partial V \, \partial T} \qquad (5.24)$$

Wenn die Wände eines Systems nicht adiabatisch sind, sondern nur den Stoffaustausch mit der Umgebung verhindern („geschlossenes System") und wenn zwischen System und Umgebung eine Temperaturdifferenz besteht, dann finden auch ohne Arbeitsaustausch mit der Umgebung Zustandsänderungen statt, bei denen sich die Innere Energie des Systems verändert. In diesem Fall ist also

$$\Delta U \neq W \ .$$

Die Differenz von beiden wird als die dem System zugeführte **Wärme** Q definiert:

$$Q \equiv \Delta U - W \qquad (5.25)$$

Diese Gleichung stimmt inhaltlich mit Gl. (5.18) überein, jedoch ist sie in dieser Darstellung keine Aussage mehr, sondern lediglich eine Namensgebung, nämlich die Definition der Wärme.

Als *Charakteristikum eines adiabatischen Systems* folgt aus den Gln. (5.20) und (5.25):

$$Q = 0 \ .$$

Ist das System *abgeschlossen*, so ist außerdem $W = 0$ und somit nach Gl. (5.25)

$$\Delta U = 0 \ ,$$

d.h., *im abgeschlossenen System bleibt die Innere Energie konstant* (Satz von der Erhaltung der Energie). Besteht das abgeschlossene System aus zwei Körpern verschiedener Temperatur, zwischen denen keine Arbeit übertragen wird, so folgt, daß der eine Körper genau so viel Wärme abgibt, wie der andere aufnimmt (vgl. Abschnitt 2.3).

6. Volumenarbeit idealer Gase

6.1. Volumenarbeit bei konstantem Druck

Die Arbeit, die ein ideales Gas bei seiner Erwärmung unter konstantem Druck (d.h. „*isobar*") nach außen abgibt, ist nach Abb. 5.1. durch

Gl. (5.10) gegeben:

$-W = p \, \Delta V$

Die Gleichsetzung dieser Arbeit mit der entsprechenden Wärmemenge war die erste Methode zur Bestimmung des mechanischen Wärmeäquivalents (vgl. S. 37 f.). Wir wollen dieses Gedankenexperiment jetzt nochmals betrachten, weil es ein besonders instruktives Beispiel für zwei verschiedene „*Wege*" einer Zustandsänderung ist. In diesem Beispiel wer-

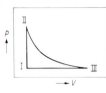

Abb. 6.1. Verschiedene Wege für eine Zustandsänderung eines idealen Gases.

den nämlich die beiden Wege für die Zustandsänderung des idealen Gases durch zwei verschiedene Linienführungen im p-V-Diagramm sichtbar (Abb. 6.1). Der erste Weg führt bei konstantem p direkt vom Zustand I in den Zustand III. Das Gas wird hierbei von T_I auf T_{III} erwärmt, wobei das Volumen sich von V_I auf V_{III} ausdehnt. Dabei ist

$W = -p \, \Delta V$ und $Q = C_p \, \Delta T$, also

$$\Delta U_{I \, \to \, III} = W + Q = -p \, \Delta V + C_p \, \Delta T \ . \tag{6.1}$$

Der zweite Weg führt zunächst durch Erwärmung um ΔT bei konstantem Volumen von I nach II und von dort durch Expansion bei konstanter Temperatur von II nach III. Auf dem Weg $I \to II$ ist $W = 0$ und $Q = C_V \, \Delta T$, also

$$\Delta U_{I \, \to \, II} = C_V \, \Delta T \ . \tag{6.2}$$

Das Wegstück $II \to III$ kann auf zweierlei Weisen zurückgelegt werden: Entweder das Gas wird in einem Zylinder mit beweglichem Kolben expandiert. Dabei gibt es Arbeit ab, und zur Konstanthaltung der Temperatur muß ihm Wärme zugeführt werden. (Die Berechnung wird im nächsten Kapitel erfolgen.) Oder man läßt das Gas durch Öffnen

Abb. 6.2. Expansion eines idealen Gases in ein evakuiertes Gefäß.

einer Klappe in ein evakuiertes Gefäß hineinströmen, so daß es hinterher gerade das richtige Gesamtvolumen besitzt (Abb. 6.2.). Bei diesem Vorgang wird keinerlei Arbeit oder Wärme mit der Umgebung ausgetauscht, also ist $\Delta U_{II \, \to \, III} = 0$. Die Temperatur bleibt dabei konstant.

Da nach dem 1. Hauptsatz ΔU unabhängig vom Weg sein muß, ist

$$\Delta U_{I \, \to \, III} = \Delta U_{I \, \to \, II} + \Delta U_{II \, \to \, III} \tag{6.3}$$

und mit den Gln. (6.1) und (6.2)

$$-p\,\Delta V + C_p\,\Delta T = C_V\,\Delta T + 0$$

oder $\qquad\qquad C_p - C_V = p\,\dfrac{\Delta V}{\Delta T}$

und mit (5.15) $\qquad C_{pm} - C_{Vm} = R$. $\qquad\qquad$ (6.4)

Daß Robert Mayer mit dieser Überlegung den gleichen Wert für das mechanische Wärmeäquivalent gefunden hat wie Joule mit seinen Versuchen, zeigt, daß ΔU tatsächlich unabhängig vom Weg ist, wie wir das hier in (6.3) vorausgesetzt haben.

Daß bei der in Abb. 6.2. dargestellten Expansion eines idealen Gases in ein evakuiertes Gefäß die Temperatur tatsächlich konstant bleibt, ist ein von Gay-Lussac experimentell gefundenes Gesetz: *„Bei der Expansion* ($dV > 0$) *eines idealen Gases ohne Austausch von Arbeit und Wärme* ($\delta W = 0$, $\delta Q = 0$, $\Rightarrow dU = 0$) *bleibt die Temperatur konstant* ($dT = 0$).*"* Man schreibt dieses **„zweite Gay-Lussacsche Gesetz"** in der Form

$$\left(\frac{\partial U}{\partial V}\right)_T = 0 \qquad \text{für ideale Gase} \qquad (6.5)$$

Daß U bei gegebener Temperatur nicht von V abhängt, also auch nicht vom mittleren Abstand zweier Gasmoleküle, ist im Modell dadurch zu erklären, daß die Moleküle eines idealen Gases keine Wechselwirkungskräfte aufeinander ausüben* [vgl. Text im Anschluß an Gl. (5.11)].

6.2. Volumenarbeit bei konstanter Temperatur

Bei der *isobaren* Expansion eines Gases (d.h. bei Erwärmung unter konstantem Druck) war es technisch nicht schwierig, die Volumenarbeit vollständig in potentielle Energie eines gehobenen Gewichtes zu verwandeln (vgl. Abb. 5.1, S. 37), weil das Gleichgewicht zwischen dem konstanten Druck des Gases und dem konstanten Druck des Gewichtes während der Expansion von selbst erhalten bleibt. Bei der *„isothermen"*

---

* Bei *realen* Gasen ist diese Voraussetzung dagegen *nicht* erfüllt: Hier haben die *Anziehungskräfte* zwischen den Molekülen bei Vergrößerung ihres mittleren Abstandes eine Erhöhung der *potentiellen zwischenmolekularen Energie* zur Folge. Wenn von außen bei der *Expansion* keine Energie zugeführt wird (vgl. Abb. 6.2.), dann geht die *Erhöhung dieser potentiellen Energie auf Kosten der kinetischen Energie* der Moleküle, was nach (4.20) zu einer *Abkühlung* des realen Gases führt (**Joule-Thomson-Effekt**). Diese Abkühlung wird bei dem Lindeschen Verfahren zur Erzeugung flüssiger Luft ausgenutzt (vgl. Lehrbücher der Physikalischen Chemie).

Expansion (d.h. bei konstanter Temperatur) nimmt dagegen der Druck des idealen Gases entsprechend dem Boyle-Mariotteschen Gesetz ab. Wenn man dabei wieder die in Abb. 5.1 gezeigte Versuchsanordnung verwenden würde, dann würde man einen Teil der vom Gase abgegebenen Arbeit verschenken, weil zu Beginn der Expansion der Druck des Gases größer als der konstante Druck des Gewichtes sein müßte, der mit dem Gasdruck am Ende der Expansion übereinstimmt. Um auch in diesem Fall die gesamte vom Gas abzugebende Arbeit in potentielle Ener-

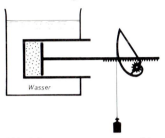

gie zu verwandeln, muß man durch eine passende mechanische Übersetzung dafür sorgen, daß der variable Druck des Gases trotzdem immer mit dem konstanten Gewicht im Gleichgewicht bleibt*. Diese Forderung wird im Prinzip durch eine von Pohl** erdachte schematische Versuchsanordnung erfüllt (Abb. 6.3).

Abb. 6.3. Apparatur zur reversiblen isothermen Expansion eines Gases nach Pohl**.

Das Gewicht hängt dabei an einer Kurvenscheibe, so daß sich sein Hebelarm bei der Expansion des Gases kontinuierlich verkleinert. Die Kurvenscheibe ist so geformt, daß das Gewicht nach dem Hebelgesetz*** in jeder Stellung des Kolbens mit dem Gasdruck *im Gleichgewicht* ist****. Nur unter dieser Voraussetzung ist die gewonnene Hubarbeit (Gewicht mal Höhendifferenz) gleich der vom Gas abgegebenen Volumenarbeit.

Bei Verschiebung des Kolbens vom Querschnitt *A* um eine differentielle Strecke dx ist die abgegebene Volumenarbeit

$$-\delta W = F\,dx = p\,A\,dx = p\,dV \qquad (6.6)$$

---

* Eine solche Anordnung, die bei einer Verschiebung trotzdem im Gleichgewicht bleibt, wird in der Physik als „im *indifferenten* Gleichgewicht befindlich" bezeichnet.

** R.W. Pohl: „Mechanik, Akustik und Wärmelehre", Springer-Verlag, 17. Aufl. (1969).

*** Das **Hebelgesetz** lautet: „*Im Gleichgewicht ist das Produkt Kraft mal Kraftarm* („Drehmoment der Kraft") *gleich dem Produkt Last mal Lastarm* („Drehmoment der Last")." In Abb. 6.3 ist die Kraft durch das Produkt Gasdruck mal Kolbenfläche gegeben. Der Kraftarm ist der Radius des Zahnrades. Die Last ist das Gewicht. Der Lastarm ist der Abstand der Schnur von der Achse des Zahnrades.

**** In diesem Fall genügt theoretisch ein unendlich kleiner Anstoß, um den Kolben in der einen oder anderen Richtung zu bewegen. Man bezeichnet dann die Expansion des Gases als „**reversibel**", d.h. „umkehrbar". Die in Abb. 6.2 dargestellte Expansion eines Gases in ein evakuiertes Gefäß ist dagegen nicht umkehrbar („**irreversibel**"). Näheres in Abschnitt 10.2.

und mit dem idealen Gasgesetz $(p = n R T / V)$:

$$-\delta W = n R T \frac{dV}{V} \qquad (6.7)$$

Durch Integration mit $dT = 0$ erhält man

$$-W = n R T \int_{V_I}^{V_{II}} \frac{dV}{V} = n R T \ln \frac{V_{II}}{V_I} \qquad (6.8)$$

oder, da nach Boyle-Mariotte $p_I V_I = p_{II} V_{II}$:

$$\boxed{-W = n R T \ln \frac{p_I}{p_{II}}} \qquad (6.9)$$

Diese *Gleichung der isothermen Expansionsarbeit idealer Gase* ist die Grundlage zur Herleitung vieler thermodynamischer Beziehungen.

Aus dem 2. Gay-Lussacschen Gesetz (6.5) folgt, daß bei der isothermen Expansion des idealen Gases seine innere Energie unverändert bleibt: $\Delta U = 0$. Mit $\Delta U = W + Q$ folgt:

$$Q = -W \qquad (6.10)$$

Bei der Expansion nimmt also das ideale Gas genau so viel Energie in Form von Wärme aus dem Wasserbad auf, wie es in Form von Arbeit abgibt.

6.3. Volumenarbeit ohne Wärmeaustausch

Ein Vorgang ohne Wärmeaustausch mit der Umgebung $(Q = 0)$ heißt „adiabatisch" (vgl. Abschnitt 5.5). Zur Gewinnung der adiabatischen Expansionsarbeit eines idealen Gases kann im Prinzip wieder die Pohlsche Anordnung Abb. 6.3 dienen, nur muß der Gaszylinder anstelle des Wasserbades jetzt von Styroporwänden umgeben sein, und die Kurvenscheibe am Zahnrad muß eine etwas andere Form haben, damit der Gasdruck immer mit dem Gewicht im Gleichgewicht bleibt.

Zur Berechnung der adiabatischen Expansionsarbeit sind wieder die Gln. (6.6) und (6.7) anwendbar:

$$-\delta W = n R T \frac{dV}{V} \qquad (6.7)$$

Die Integration ist aber jetzt etwas schwieriger, weil (im Gegensatz zur isothermen Expansion) T nicht konstant bleibt. Da nämlich bei isothermer Expansion zur Aufrechterhaltung der Temperatur eine Wärmezufuhr erforderlich war, so muß eine Expansion ohne Wärmezufuhr zu einer Abkühlung führen.

Im molekularen Modell beruht diese Abkühlung darauf, daß die abgegebene Volumenarbeit aus dem Vorrat an kinetischer Energie der Moleküle entnommen wird, und dieser ist nach dem Gleichverteilungssatz (4.20) der Temperatur proportional. Daß die kinetische Energie der Moleküle bei Expansion unter Arbeitsleistung vermindert wird, wird aus der molekularen Deutung des Gasdrucks unmittelbar anschaulich: Wenn ein Molekül senkrecht auf eine zurückweichende Kolbenwand aufprallt, so bleibt seine Geschwindigkeit *relativ zum Kolben* dem Betrage nach unverändert und wechselt nur ihr Vorzeichen. *Absolut genommen* vermindert sich dann der Geschwindigkeitsbetrag des Moleküls um $2 v_K$, wenn v_K die Geschwindigkeit des Kolbens ist.

Summiert man die daraus resultierenden kinetischen Energieverluste der Moleküle, die in einer Zeitspanne dt auf den Kolben prallen, während dieser um ein Volumen dV $(= A\ dx = A\ v_K\ dt)$ zurückweicht, so ergibt sich hierfür bis auf einen vernachlässigbaren Fehler die abgegebene Volumenarbeit $p\ dV$, sofern $v_K \ll v_x$ ist (v_x sei die Geschwindigkeitskomponente eines Moleküls senkrecht zum Kolben). Der Fehler strebt gegen null, wenn man v_K unendlich klein werden läßt („**quasistatische Expansion**").

Wer die Rechnung zur Übung selbst ausführen möchte, berechne zunächst die Differenz der kinetischen Energien $m\ v_x^2/2$ eines Moleküls vor und nach einem Aufprall, dann die Zahl dZ_1 der Aufpralle dieses einen Moleküls während der obigen Zeitspanne dt als das Verhältnis zu der Zeit Δt in Gl. (4.1), daraus die gesamte Energieabnahme dieses Moleküls in der Zeit dt unter Berücksichtigung von Gl. (4.8). Dabei wird v_K immer dort vernachlässigt, wo es additiv neben v_x steht. Der Schluß von einem Molekül auf N Moleküle erfolgt durch den Übergang von Gl. (4.9) auf Gl. (4.10).

Die Temperaturabnahme $-\Delta T$ bei adiabatisch-reversibler Expansion läßt sich formal aus der Abnahme der inneren Energie $-\Delta U$ berechnen. Dabei ist dU $(= \delta W + \delta Q)$ wegen $\delta Q = 0$ durch die Arbeit δW gegeben:

$$\delta W = dU \qquad (6.11)$$

Der Zusammenhang zwischen U und T bei konstanter Stoffmenge folgt allgemein aus Gl. (5.23):

$$dU = \left(\frac{\partial U}{\partial V}\right)_T dV + \left(\frac{\partial U}{\partial T}\right)_V dT \qquad (6.12)$$

Darin ist nach dem 2. Gay-Lussacschen Gesetz (6.5) das erste Glied für ideale Gase gleich null. Das zweite Glied entspricht einer Erwärmung bei konstantem Volumen; eine solche kann man auch ohne Arbeitsleistung allein durch Zufuhr der Wärme δQ erreichen:

$$\left(\frac{\partial U}{\partial T}\right)_V = \left(\frac{\delta Q}{d\tilde{T}}\right)_{\delta W = 0} = \left.\frac{\partial}{\partial T}\right)_V \equiv C_V \qquad (6.13)$$

Damit wird aus Gl. (6.12)

$$dU = C_V\ dT \quad . \qquad (6.14)$$

Diese Gleichung gilt für ein ideales Gas ganz allgemein, also auch dann, wenn das Volumen *nicht* konstant bleibt und die Temperaturänderung durch eine adiabatische Arbeit bewirkt wird. Zusammen mit den Gln. (6.11) und (6.7) folgt dann

$$C_V\, \mathrm{d}T \;=\; -n\,R\,T\,\frac{\mathrm{d}V}{V} \quad \text{oder, mit}\quad \frac{C_V}{n} \equiv C_{V\mathrm{m}}\ ,$$

$$C_{V\mathrm{m}}\,\frac{\mathrm{d}T}{T} \;=\; -R\,\frac{\mathrm{d}V}{V}\ . \tag{6.15}$$

Durch Integration zwischen den Zuständen I und II wird daraus:

$$C_{V\mathrm{m}}\,\ln\frac{T_\mathrm{I}}{T_\mathrm{II}} \;=\; R\,\ln\frac{V_\mathrm{II}}{V_\mathrm{I}} \tag{6.16}$$

$$\text{oder}\quad \left(\frac{T_\mathrm{I}}{T_\mathrm{II}}\right)^{C_{V\mathrm{m}}} \;=\; \left(\frac{V_\mathrm{II}}{V_\mathrm{I}}\right)^{R}$$

$$\text{und}\quad T_\mathrm{I}^{\,C_{V\mathrm{m}}}\,V_\mathrm{I}^{\,R} \;=\; T_\mathrm{II}^{\,C_{V\mathrm{m}}}\,V_\mathrm{II}^{\,R}\ . \tag{6.17}$$

$$\text{Mit}\quad C_{p\mathrm{m}} - C_{V\mathrm{m}} \;=\; R \quad\text{und}\quad \frac{C_p}{C_V} \equiv \kappa \tag{6.18}$$

$$\left(\text{also}\quad \frac{R}{C_{V\mathrm{m}}} \;=\; \frac{C_p - C_V}{C_V} \;=\; \kappa - 1\,\right)$$

kann man für (6.17) auch schreiben:

$$T_\mathrm{I}\,V_\mathrm{I}^{\,\kappa-1} \;=\; T_\mathrm{II}\,V_\mathrm{II}^{\,\kappa-1} \;=\; \text{const} \tag{6.19}$$

Setzt man darin nach dem idealen Gasgesetz $T = \dfrac{pV}{nR}$, so folgt

$$\boxed{p\,V^{\kappa} \;=\; \text{const}'} \qquad \textbf{(Poissonsche Adiabatengleichung)}. \tag{6.20}$$

Mit $V = \dfrac{n\,RT}{p}$ folgt daraus

$$T^{\kappa}\,p^{1-\kappa} \;=\; \text{const}'' \quad\text{oder}\quad T\,p^{\frac{1}{\kappa}-1} \;=\; \text{const}''' \tag{6.21}$$

Mit (6.19) oder (6.21) kann man die Endtemperatur T_II bei adiabatisch-reversibler Expansion leicht berechnen, wenn T_I und das Verhältnis $V_\mathrm{I}/V_\mathrm{II}$ oder das Verhältnis $p_\mathrm{I}/p_\mathrm{II}$ gegeben sind. Aus (6.11) und (6.14) erhält man dann für die Volumenarbeit (indem wir C_V als praktisch unabhängig von T annehmen):

$$W \;=\; C_V\,(T_\mathrm{II} - T_\mathrm{I}) \tag{6.22}$$

Zur Auswertung von (6.16) bis (6.22) muß die molare Wärmekapazität

C_{Vm} , die „Molwärme", bekannt sein. Im nächsten Kapitel wollen wir sehen, wie C_{Vm} im Prinzip aus der molekularen Struktur berechnet werden kann.

7. Molwärme und molekulare Struktur

7.1. Freiheitsgrade der Rotation und Oszillation

Aus der kinetischen Gastheorie erhält man für die Molwärme einatomiger idealer Gase mit den Gln. (5.6) und (6.13) den theoretischen Wert

$$C_{Vm} \equiv \frac{C_V}{n} = \frac{1}{n}\left(\frac{\partial U}{\partial T}\right)_V = \frac{\Delta U}{n\Delta T} = \frac{3}{2} R = 12{,}471 \ \frac{J}{mol \ K}$$

$(\approx 3 \ \frac{cal}{mol \ K})$,

dessen experimentelle Bestätigung als Beweis für die Richtigkeit des molekularen Modells gewertet werden kann.

Welche theoretischen Voraussagen lassen sich analog dazu über die Molwärme *mehr*atomiger idealer Gase machen?

Nach dem Gleichverteilungssatz (4.20) hat jeder in drei Dimensionen frei bewegliche Massenpunkt im zeitlichen Mittel eine kinetische Energie von $\frac{3}{2} k T$. Für mehratomige Moleküle ist es zweckmäßig, jede der drei voneinander unabhängigen Bewegungskomponenten eines Massenpunktes, d.h. jeden „Freiheitsgrad", für sich allein zu betrachten. Dann lautet der **Gleichverteilungssatz:** *„Im zeitlichen Mittel besitzt jeder Freiheitsgrad die kinetische Energie* $\frac{1}{2} k T$*."* Ein einzelnes Gasatom besitzt hiernach drei Freiheitsgrade der Translation.

Wir wollen ein zweiatomiges Gasmolekül im Modell zunächst als zwei nebeneinanderliegende Massenpunkte betrachten, die in definiertem Abstand starr miteinander verbunden sind: ●—●
Dann können wir den Bewegungszustand des Moleküls in einem bestimmten Zeitpunkt dadurch mathematisch beschreiben, daß wir zunächst dem linken Atom drei voneinander unabhängige Geschwindigkeitskomponenten der Translation zuordnen. Außerdem haben wir noch die mathematische Freiheit, dem rechten Atom je eine Geschwindigkeitskomponente in Richtung oben—unten und in Richtung vorn—hinten willkürlich zuzuordnen. Damit ist der Bewegungszustand des starren Moleküls vollständig beschrieben, denn die Geschwindigkeitskomponente in Richtung rechts—links muß für das rechte Atom mit der für das linke Atom übereinstimmen. Die beiden zuletzt genannten Freiheitsgrade haben jeweils eine Rotation des zweiatomigen Moleküls zur Folge. Somit besitzt das Molekül drei Freiheitsgrade der Translation

und zwei *Freiheitsgrade der Rotation:*

$f_{trans} = 3$ und $f_{rot} = 2$.

Wenn wir jetzt annehmen, daß die Verbindung zwischen den beiden Massenpunkten nicht starr, sondern weich ist, dann haben wir die Freiheit, dem rechten Atom in einem bestimmten Zeitpunkt auch in der Richtung rechts—links noch eine unabhängige Geschwindigkeitskomponente zuzuordnen. Diese hat eine Oszillation des Moleküls zur Folge, bei der die beiden Atome sich periodisch aufeinander zu und voneinander weg bewegen (,,*Valenzschwingung*"). Ein zweiatomiges ,,weiches" Molekül besitzt also einen *Freiheitsgrad der Oszillation.*

Die Zahl der Translationsfreiheitsgrade muß auch für ein Molekül aus beliebig vielen Atomen immer $f_{trans} = 3$ sein. Die Zahl der Rotationsfreiheitsgrade kann dagegen variieren: Wenn wir in einem dreiatomigen gewinkelten Molekül ●—●—● die Geschwindigkeitskomponenten der beiden äußeren Atome bereits festgelegt haben, dann können wir dem mittleren Atom noch eine davon unabhängige Geschwindigkeitskomponente in Richtung vorn—hinten zuordnen, die eine zusätzliche Rotation des Moleküls um die waagerechte Achse zur Folge hat. Somit ist $f_{rot} = 3$. Wenn dagegen alle drei Atome auf einer Geraden liegen ●—●—● , dann würde die gleiche Geschwindigkeitskomponente des mittleren Atoms lediglich eine Oszillation des Gesamtmoleküls bewirken. Eine Rotation um die Längsachse wäre in diesem Fall nicht mit einer Bewegung von Massenpunkten verbunden*, daher ist $f_{rot} = 2$.

In einem ,,weichen" Molekül aus n Atomen hat man für jedes Atom drei Freiheitsgrade. Nachdem man über die Möglichkeiten der Translation und Rotation verfügt hat, können die restlichen Freiheitsgrade des Moleküls sich nur noch in Oszillationen äußern. Somit ist die *Zahl der Oszillationsfreiheitsgrade*

$$f_{os} = 3n - f_{trans} - f_{rot} \qquad\qquad (7.1)$$

7.2. Berechnung der Molwärme aus den Freiheitsgraden

Die innere Energie von einem Mol eines idealen Gases erhält man, indem man die mittleren molekularen Energien für die Translation, Rotation, Oszillation, Elektronenanregung und chemische Bindung addiert und mit der Loschmidt-Konstante multipliziert:

---

* Daß die Rotation um die Längsachse (ebenso wie die Rotation einzelner Atome) nicht am Energieaustausch teilnimmt, wird in der Quantenchemie aufgrund des extrem kleinen Trägheitsmoments noch genauer erklärt; vgl. auch S. 57 (Molwärme von H_2).

$$U_m = N_L \left(\bar{\epsilon}_{trans} + \bar{\epsilon}_{rot} + \bar{\epsilon}_{os} + \bar{\epsilon}_{el} + \bar{\epsilon}_{chem} \right) \qquad (7.2)$$

Die Energie der Elektronen läßt sich durch eine Temperaturerhöhung praktisch nicht beeinflussen, und auch die Bindungsenergie eines chemisch stabilen Gases ist unabhängig von T. Daher ergibt sich aus (7.2) für den temperaturabhängigen Anteil von U_m

$$U_m(T) = N_L \left(\bar{\epsilon}_{trans} + \bar{\epsilon}_{rot} + \bar{\epsilon}_{os} \right) \qquad (7.3)$$

Darin können wir $\bar{\epsilon}_{trans}$, $\bar{\epsilon}_{rot}$ und für das Modell „weicher" Bindungen auch $\bar{\epsilon}_{os}$ nach dem Gleichverteilungssatz berechnen:

$$\bar{\epsilon}_{trans} = f_{trans} \cdot \frac{1}{2} k\,T \qquad (7.4)$$

$$\bar{\epsilon}_{rot} = f_{rot} \cdot \frac{1}{2} k\,T \qquad (7.5)$$

Für starre Moleküle ist $\bar{\epsilon}_{os} = 0$. Für weiche Moleküle muß berücksichtigt werden, daß die kinetische Energie der Oszillation sich periodisch in potentielle Energie umwandelt. Der Gleichverteilungssatz macht aber nur eine Aussage über den zeitlichen Mittelwert der *kinetischen* Energie eines Freiheitsgrades. Die mittlere *potentielle* Energie der Oszillation kommt *zusätzlich* hinzu. Speziell für *harmonisch* (d.h. sinusförmig) schwingende Oszillatoren kann man zeigen, daß der zeitliche Mittelwert der potentiellen Energie genau so groß ist wie der der kinetischen.* Somit ist für harmonische Oszillatoren im Modellfall weicher Bindungen

$$\bar{\epsilon}_{os} = f_{os} \cdot k\,T \;. \qquad (7.6)$$

Die Molwärme bei konstantem Volumen ist nach (6.13) gegeben durch

$$C_{Vm} = \left(\frac{\partial U_m}{\partial T} \right)_V \qquad (7.7)$$

Durch Anwendung der Gln. (7.3) bis (7.6) läßt sich die Molwärme beliebiger Gase modellmäßig berechnen. Mit $k\,N_L = R$ ergibt sich dabei für ein starres Molekül:

$$C_{Vm}\,(\text{starr}) = (f_{trans} + f_{rot}) \cdot \frac{R}{2} \qquad (7.8)$$

und für ein „weiches" Molekül, in dem die Atome gegeneinander schwingen können:

$$C_{Vm}\,(\text{weich}) = (f_{trans} + f_{rot} + 2f_{os}) \cdot \frac{R}{2} \qquad (7.9)$$

Dabei ist $\frac{R}{2} \approx 1\,\frac{cal}{mol\,K}$. Die Zahl f_{os} ergibt sich aus Gl. (7.1).

---

* Bei anharmonischen Oszillatoren wird dagegen meistens $\bar{\epsilon}_{pot} > \bar{\epsilon}_{kin}$.

In der nachfolgenden Tabelle sind die Ergebnisse aus (7.8) und (7.9) für verschiedene Molekülmodelle zusammengestellt.

	•	•—•	•ᵥ•	•—•—•
f_{trans}	3	3	3	3
f_{rot}	0	2	3	2
f_{os}	0	1	3	4
$C_{V\,m}$ (starr)	$\frac{3}{2}R$	$\frac{5}{2}R$	$\frac{6}{2}R$	$\frac{5}{2}R$
$C_{V\,m}$ (weich)	$\frac{3}{2}R$	$\frac{7}{2}R$	$\frac{12}{2}R$	$\frac{13}{2}R$

Zur Anwendung dieser Tabelle muß man wissen, ob ein dreiatomiges Molekül gewinkelt oder gestreckt ist. Diese Frage läßt sich aus der Struktur der Elektronenhüllen beantworten: Wenn sämtliche Valenzelektronen des Zentralatoms für die Bildung von Elektronenpaarbindungen mit den Liganden verbraucht werden, dann ist das Molekül gestreckt (bzw. wenn das Zentralatom drei Liganden hat, so liegen alle vier Atome in einer Ebene). Diese Form ist infolge gegenseitiger Abstoßung der Liganden energetisch am günstigsten. Wenn dagegen das Zentralatom noch Valenzelektronen übrigbehält, die nicht zur Bindungsbildung verbraucht werden, dann ist das Molekül gewinkelt (bzw. pyramidal). So sind z.B. die Moleküle

$$\langle O=C=O\rangle \quad \text{und} \quad \begin{array}{c} \diagdown F \diagdown_{B} \diagup F \diagup \\ | \\ |\underline{F}| \end{array}$$

gestreckt   bzw.   eben,

während die Moleküle

$$\begin{array}{c} \diagup O \diagdown \\ H \diagup \quad \diagdown H \end{array} \quad \text{und} \quad \begin{array}{c} \overline{N} \\ H \diagup \; | \; \diagdown H \\ H \end{array}$$

gewinkelt   bzw.   pyramidal sind.

7.3. Quantelung der Oszillationsenergie

Wir wollen nun die Tabelle der theoretischen Modellwerte für die Molwärme mit dem Experiment vergleichen. In Abb. 7.1 ist die Molwärme $C_{V\,m}$ als Funktion der Temperatur für verschiedene ideale Gase dargestellt.

In Übereinstimmung mit der Tabelle ergibt sich für einatomige Gase (He, Ar, Hg-Dampf)

$$C_{V\,m} = \frac{3}{2}R \approx 12{,}5 \; \frac{J}{mol\,K} \quad ,$$

und dieser Wert ist konstant, d.h. unabhängig von der Temperatur.

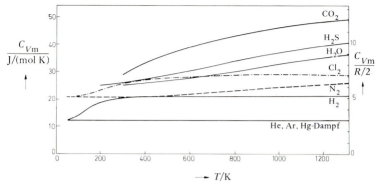

Abb. 7.1. Temperaturabhängigkeit der Molwärme von Gasen im idealen Zustand.

Für N_2 und Cl_2 findet man bei tieferen Temperaturen $C_{Vm} = \frac{5}{2} R$. Dieser Wert ist nach der Tabelle für starre, zweiatomige Moleküle zu erwarten. Die Molwärme ist aber nicht konstant, sondern nimmt bei Erwärmung zu und erreicht für Cl_2 bei Temperaturen oberhalb von 500 K einen Wert von $\frac{7}{2} R$, der bei weiterer Erwärmung etwa konstant bleibt. Dieser Wert entspricht einem „weichen" zweiatomigen Molekül mit einem Oszillationsfreiheitsgrad. Auch die Molwärme von N_2 nimmt beim Erwärmen zu, sie erreicht den Wert von $\frac{7}{2} R$ jedoch erst bei viel höheren Temperaturen.

H_2O und H_2S sind gewinkelte Moleküle, da von den 6 Valenzelektronen des O bzw. S jeweils nur 2 für die Bindungen beansprucht werden. Nach der Tabelle ist für diese Moleküle, wenn sie starr sind, eine Molwärme von $\frac{6}{2} R$ zu erwarten. Tatsächlich wird bei etwa 200 K ein solcher Wert gemessen. Auch hier beobachtet man aber mit zunehmender Temperatur eine Zunahme der Molwärme, und der Kurvenverlauf läßt vermuten, daß bei genügend hoher Temperatur der Tabellenwert von $\frac{12}{2} R$ für ein „weiches" Molekül erreicht werden würde. Ähnlich verhält es sich mit der Molwärme von CO_2, die nach der Tabelle zwischen $\frac{5}{2} R$ und $\frac{13}{2} R$ liegen sollte.

Wir kommen also zu dem überraschenden Ergebnis, daß die Moleküle sich bei tieferen Temperaturen völlig starr verhalten und daß die Oszillationsfreiheitsgrade erst bei zunehmender Temperatur allmählich „erwachen".

Das „Einfrieren" der Oszillationsfreiheitsgrade mit sinkender Temperatur kann nicht durch Gesetze der makroskopischen Mechanik erklärt werden. Der Temperaturverlauf der Molwärme läßt sich aber quantitativ durch eine mathematische Formel* beschreiben, wenn man annimmt,

---

* Man findet sie unter der Bezeichnung „**Planck-Einstein-Formel**" in Lehrbüchern der Physikalischen Chemie.

daß ein Oszillationsfreiheitsgrad nicht jeden beliebig kleinen Energiebetrag annehmen kann, sondern nur „Energiequanten" von ganz bestimmter Größe (Planck 1900). Eine solche Annahme widerspricht zwar unserer makroskopischen Anschauung; aber die Tatsache, daß der auf Grund dieser Annahme berechnete Kurvenverlauf für $C_{V\,m}$ (T) mit dem gemessenen Verlauf in Abb. 7.1 exakt übereinstimmt, rechtfertigt allein schon diese Annahme. (Daneben gibt es inzwischen noch viele weitere Beweise für die Quantelung molekularer Energien.)

Daß die Quantelung der Oszillationsenergie bei tiefen Temperaturen zum „Einfrieren" des Oszillationsfreiheitsgrades führt, beruht darauf, daß ein Oszillator bei einem Zusammenstoß mit einem anderen Gasmolekül nur dann Energie aufnehmen kann, wenn die kinetische Energie der beiden Stoßpartner relativ zum gemeinsamen Schwerpunkt größer oder gleich dem charakteristischen Energiequantum $\Delta\epsilon_{os}$ des Oszillators ist. Ist die Stoßenergie kleiner als $\Delta\epsilon_{os}$, so kann der Oszillator überhaupt keine Energie aufnehmen, d.h., er verhält sich dann bei dem Zusammenstoß völlig starr. Da die mittlere kinetische Energie nach Gl. (4.20) mit sinkender Temperatur immer mehr abnimmt, so kommen bei genügend tiefen Temperaturen praktisch keine Zusammenstöße mehr vor, die zu einer Energieaufnahme des Oszillators führen. Dann nimmt der Oszillator am Energieaustausch der Moleküle praktisch nicht mehr teil[*]. Er liefert daher auch keinen Beitrag mehr zur Molwärme.

Das charakteristische Energiequantum eines harmonischen Oszillators beträgt

$$\Delta\epsilon_{os} = h\nu \qquad (7.10)$$

worin ν die Eigenfrequenz des Oszillators und

$h = 6,6256 \cdot 10^{-34}$ J s

die Planck-Konstante ist.

In der Mechanik ist die Eigenfrequenz ν einer an einer Feder schwingenden Masse m durch die Formel

$$2\pi\nu = \sqrt{\frac{b}{m}} \qquad (7.11)$$

gegeben, wenn b die „Federkonstante" ist, d.h. die rücktreibende Kraft pro Auslenkung aus der Ruhelage. Diese Formel ist auch auf die Eigenfrequenz von zwei gegeneinander schwingenden Atomen anwend-

---

[*] Natürlich ist dann auch der Gleichverteilungssatz auf die mittlere kinetische Energie der Oszillation nicht mehr anwendbar: Die molare Energiedifferenz eines Oszillationsfreiheitsgrades zwischen dem absoluten Nullpunkt und einer nur wenig höheren Temperatur ist tatsächlich viel kleiner, als man nach dem Gleichverteilungssatz errechnen würde.

bar, wenn man unter m die Masse eines der beiden Atome und unter b die entsprechende Federkonstante für die Änderung des Abstandes dieses Atoms vom gemeinsamen Schwerpunkt versteht*. Dabei ist b um so größer, je größer die Bindungsfestigkeit und je kleiner der Abstand zwischen beiden Atomen in der Ruhelage ist.

Man kann qualitativ leicht voraussagen, daß die Federkonstante b für Stickstoff $|N{\equiv}N|$ größer sein muß als für Chlor $|\overline{Cl}-\overline{Cl}|$. Da zugleich die Masse eines N-Atoms kleiner ist als die eines Cl-Atoms, muß nach Gl. (7.11) die Eigenfrequenz ν und somit nach (7.10) auch das charakteristische Energiequantum $\Delta\epsilon_{os}$ des N_2-Oszillators wesentlich größer sein als das des Cl_2-Oszillators. Darum muß man auf viel höhere Temperaturen erwärmen, wenn die kinetische Energie der stoßenden Gasmoleküle zur Anregung des N_2-Oszillators ausreichen soll. Das erklärt den Befund aus Abb. 7.1 , daß Stickstoff den Wert $C_{V_m} = \frac{7}{2}R$ erst bei viel höheren Temperaturen erreicht als Chlor. Wasserstoff schließlich kommt wegen seiner kleinen Masse und entsprechend hohen Eigenfrequenz über den Wert von $\frac{5}{2}R$ im Temperaturbereich der Abb. 7.1 überhaupt nicht hinaus.

Die Molwärme von Wasserstoff zeigt noch eine weitere Besonderheit [Abb. 7.1]: Zu tiefen Temperaturen hin sinkt sie von $\frac{5}{2}R$ auf $\frac{3}{2}R$ ab, was der reinen Translationsenergie entspricht: Auch die Rotationsfreiheitsgrade können also bei tiefen Temperaturen einfrieren. Für die übrigen Moleküle, deren Trägheitsmoment wesentlich größer ist als das von H_2 , würde das Einfrieren der Rotation allerdings erst bei *sehr* tiefen Temperaturen eintreten (unterhalb des Meßbereichs von Abb. 7.1).

Die Aussage, daß der Energieinhalt *„gequantelt"* ist, gilt grundsätzlich für alle *periodischen* Bewegungsformen, also auch für die Rotation.**

7.4. Molwärme fester Stoffe

Als einfachstes Modell eines festen Körpers wollen wir zunächst an-

---

* Man kann auch b mit der Federkonstante für die gesamte Abstandsänderung der beiden Atome identifizieren; dann muß man aber für m die sogenannte *„reduzierte Masse"* $m = \dfrac{m_1 m_2}{m_1 + m_2}$ einsetzen.

** Die *Translations*bewegung eines Gasmoleküls in einem makroskopischen Behälter ist dagegen im allgemeinen *nicht* periodisch. Als Sonderfall kann man sich jedoch vorstellen, daß ein Gasatom sich senkrecht zu zwei parallelen Behälterwänden immer auf der gleichen Bahn hin- und herbewegt. In diesem Fall liefert die quantenmechanische Rechnung aber so extrem kleine Abstände für die Energieniveaus, daß man praktisch *doch* mit einer kontinuierlichen, nicht gequantelten Energieskala rechnen kann. Das ist wichtig, weil sonst der Gleichverteilungssatz und die Deutung der Temperatur ins Wanken geriete.

nehmen, daß die Atome unabhängig voneinander in drei Dimensionen harmonische Schwingungen um ihre Ruhelage ausführen. Dann besitzt jedes Atom drei Oszillationsfreiheitsgrade. Nach den Gln. (7.6) und (7.7) sollte dann die Molwärme*

$$C_{Vm} = 3R \approx 25 \frac{J}{mol\ K} \quad \text{betragen.}$$

Diese Erwartung wird durch die **Regel von Dulong und Petit** bestätigt: ,,*Die Molwärme fester Elemente bei genügend hohen Temperaturen beträgt in der Regel* $\quad C_{pm} \approx 26 \frac{J}{mol\ K} \quad$ ".

(Die Differenz $C_{pm} - C_{Vm}$ liegt für feste Stoffe bei Zimmertemperatur etwa bei $1 \frac{J}{mol\ K}$.) Diese Regel gilt näherungsweise auch für die (über die unterschiedlichen Atome gemittelte) Molwärme salzartiger Verbindungen (z.B. für $\frac{1}{3} CaF_2$).

In Abb. 7.2 sind die Molwärmen C_{pm} und C_{Vm} als Funktion der Temperatur für verschiedene feste Stoffe dargestellt. Auch hier beobachtet man, daß die Oszillationsfreiheitsgrade mit sinkender Temperatur allmählich ,,einfrieren", d.h., daß die Molwärme sich dem Wert null nähert.

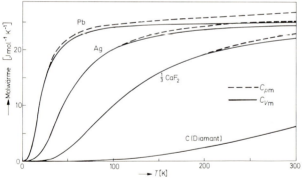

Abb. 7.2. Molwärmen einiger fester Stoffe in Abhängigkeit von der Temperatur

Die Unterschiede zwischen den verschiedenen Stoffen kann man qualitativ wiederum an Hand der Gln. (7.10) und (7.11) verstehen: Kohlenstoff in Form von Diamant ist der härteste Stoff, den wir kennen; auch besitzt Diamant einen sehr hohen Schmelzpunkt. Das läßt große Bin-

---

* Die bei jeder Verwendung des Molbegriffs gesondert anzugebende Elementareinheit (,,Teilchen") ist in diesem Fall das Atom. Früher bezeichnete man ein Mol Atome als ein ,,*Grammatom*" und dessen Wärmekapazität als ,,*Atomwärme*", vgl. Fußnote S. 19.

dungskräfte und einen hohen Wert für die Federkonstante *b* in (7.11) erwarten. Zusammen mit der relativ kleinen Atommasse *m* ergibt sich eine sehr hohe Eigenfrequenz *ν* und somit nach (7.10) eine hohe Anregungsenergie für die Oszillation, die wiederum entsprechend hohe Temperaturen erfordert. Die Molwärme von Diamant bleibt daher im Temperaturbereich des Diagramms noch weit unterhalb von dem Dulong-Petitschen Wert. Das umgekehrte Extrem bildet Blei, das sich durch besondere Weichheit, einen niedrigen Schmelzpunkt und eine große Atommasse auszeichnet. Dementsprechend erreicht die Molwärme von Blei bereits bei relativ niedrigen Temperaturen den Dulong-Petitschen Wert.

Für eine quantitative Beschreibung des Temperaturverlaufs der Molwärme fester Stoffe muß man berücksichtigen, daß die Atome in Wirklichkeit nicht unabhängig voneinander schwingen, sondern daß sie gekoppelte Schwingungen ausführen. Dieses wirkt sich vor allem bei tiefen Temperaturen aus, wo die Molwärme in Übereinstimmung mit einer **Theorie von Debye** der dritten Potenz der Temperatur proportional ist:*

$$C_p = \text{const} \cdot T^3 \quad \text{für kleine } T \tag{7.12}$$

Bei höheren Temperaturen macht sich eine andere Abweichung vom einfachen Modell bemerkbar, die darin besteht, daß die Atome nicht mehr harmonisch, sondern anharmonisch schwingen. Das hat bei sehr hohen Temperaturen eine Überschreitung des Dulong-Petitschen Wertes von $C_{p\,\text{m}} \approx 26 \text{ J mol}^{-1} \text{ K}^{-1}$ zur Folge (vgl. Fußnote S. 54).

8. Thermochemie

8.1. Enthalpie

Wir fragen nach der Wärme, die man einem System zuführen muß, um es von einem Anfangszustand I in einen Endzustand II zu bringen. Dabei soll zunächst offenbleiben, ob es sich bei dieser Zustandsänderung um eine bloße Temperaturänderung oder um eine Phasenumwandlung (Schmelzen, Verdampfen) oder auch um eine chemische Reaktion handelt. Nach der Definition (5.25) ist die Wärme für ein geschlossenes System allgemein gegeben durch

$$Q \equiv \Delta U - W . \tag{8.1}$$

---

* Für unabhängige Oszillatoren würde sich dagegen ein exponentieller Anstieg von C_p mit T ergeben.

Falls bei der Zustandsänderung der Druck konstant bleibt und falls außer Volumenarbeit keinerlei sonstige (z.B. elektrische) Arbeit verrichtet wird, so ist nach Gl. (5.10) $-W = p\,\Delta V$. Wegen $\Delta p = 0$ ist die Änderung des Produkts pV ebenfalls gleich $p\,\Delta V$. Damit wird aus Gl. (8.1):

$$Q_p = \Delta U_p + p\,\Delta V_p = \Delta U_p + \Delta\,(p\,V)_p = \Delta\,(U + p\,V)_p \qquad (8.2)$$

Die hier auftretende Summe $U + pV$ ist eine Zustandsgröße, da die Größen U, p und V durch den Zustand des Systems eindeutig festgelegt sind (sobald man für die U-Skala einen Nullpunkt wählt). Zur Berechnung von Q_p ist es zweckmäßig, für diese Zustandsgröße ein neues Symbol und einen neuen Namen einzuführen:

$$U + p\,V \equiv H \text{ (Enthalpie)} \qquad (8.3)$$

Der Name **Enthalpie** (von griechisch enthalpein = erwärmen) und das Symbol H (von englisch heat function = Wärmefunktion) bringen zum Ausdruck, daß die Enthalpieänderung eines isobaren Systems gleich der übertragenen Wärme ist (vorausgesetzt, daß $W = -p\,\Delta V$, d.h., daß außer Volumenarbeit keine sonstige Arbeit übertragen wird):

$$\Delta H_{W=-p\,\Delta V} = Q_p \qquad (8.4)$$

Die Enthalpie ist eigens dafür eingeführt worden, damit man die bei konstantem Druck übertragene Wärmemenge als Differenz einer Zustandsgröße berechnen kann.

Die Enthalpie ist primär als eine Rechengröße zu betrachten, die keine einfache molekulare Bedeutung besitzt. Anschaulich ist sie nach (8.3) hauptsächlich durch U gegeben, d.h. durch die potentielle und kinetische Energie der Atome und Moleküle. Dazu kommt als additives Glied noch die Größe $p\,V$; dieses ist die „*Verdrängungsarbeit*", die man leistet, wenn man das feste Volumen V in die Umgebung vom Druck p hineindrängt. (Man denke etwa an einen Korken, den man in Wasser untertaucht: Seine Enthalpie nimmt hierbei entsprechend dem hydrostatischen Druck zu.) Das Glied $p\,V$ ist bei normalem Druck für feste und flüssige Stoffe wegen ihres kleinen Volumens meistens vernachlässigbar. Aber bei hohen Drucken sowie für Gase ist es wesentlich.

Falls es sich bei der Zustandsänderung um eine bloße Temperaturänderung handelt, so ist die pro Temperaturspanne dT zuzuführende Wärme $\delta Q_p = dH_p$ analog zu Gl. (6.13) durch die Wärmekapazität C_p gegeben:

$$\left(\frac{\partial H}{\partial T}\right)_p = \left(\frac{dH}{dT}\right)_{dW=-p\,dV} = \left(\frac{\delta Q}{dT}\right)_p \equiv C_p \qquad (8.5)$$

oder integriert

$$\Delta H_p = \int_{T_I}^{T_{II}} C_p \; dT \qquad (8.6)$$

Da ein Integral immer gleich der Fläche unter der betr. Kurve ist, so kann man nach (8.6) die Enthalpiedifferenz ΔH_p eines Körpers zwischen zwei Temperaturen bestimmen, indem man seine Wärmekapazität C_p als Funktion von T darstellt und die Fläche unter dieser Kurve ermittelt.

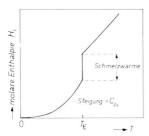

Abb. 8.1. Molare Enthalpie eines Stoffes in Abhängigkeit von der Temperatur.

Umgekehrt ist die Wärmekapazität C_p nach Gl. (8.5) gleich der Steigung in der Kurve für die Enthalpie als Funktion der Temperatur. In Abb. 8.1 ist schematisch die molare Enthalpiedifferenz H_i eines Stoffes i gegenüber dem Wert bei $T = 0$ als Funktion der Temperatur dargestellt. Die jeweilige Steigung dieser Kurve ist die Molwärme C_{pi}.

Bei der Schmelztemperatur (= Erstarrungstemperatur) T_E wird die Steigung der Kurve unendlich groß. Wenn beim Erwärmen dieser Punkt erreicht wird, dann führt weitere Wärmezufuhr zunächst nicht zu weiterer Temperaturerhöhung, sondern lediglich zum Schmelzen des Stoffes. Die zugeführte *Schmelzwärme* (Schmelzenthalpie) $\Delta H_{i(f \to fl)}$ hat also keine Erhöhung der mittleren kinetischen Energie der Atome zur Folge, sondern sie dient im wesentlichen dazu, Arbeit gegen die Anziehungskräfte zwischen den Molekülen zu leisten und so die Bindungen zwischen den Molekülen im Kristallgitter aufzulösen. Die zwischenmolekulare potentielle Energie wird hierbei erhöht.

Das gleiche gilt auch, wenn die Siedetemperatur T_S erreicht wird: Auch hier besitzt die Kurve $H_i(T)$ eine senkrechte Stufe von der Höhe der *Verdampfungswärme* (Verdampfungsenthalpie) $\Delta H_{i(fl \to g)}$. Auch diese zugeführte Wärme wird zur Erhöhung der zwischenmolekularen potentiellen Energie verwendet, zum Teil aber auch zur Verrichtung von Volumenarbeit $p \, \Delta V$.

Man bezeichnet eine bei konstantem Druck zugeführte Wärme, die keine Temperaturerhöhung zur Folge hat, als *latente* (d.h. verborgene) *Wärme*.

8.2. Reaktionswärme bei konstantem Volumen

Die bei einer isothermen chemischen Reaktion abgegebene Wärmemenge wird gemessen, indem man die Reaktion in einem geschlossenen Stahlgefäß („kalorimetrische Bombe") etwa durch elektrische Zündung

auslöst und die Wärme an ein umgebendes Wasserbad abführt. Besonders geeignet für diese Art der Messung sind Verbrennungsreaktionen
organischer Substanzen, weil diese Reaktionen praktisch vollständig ablaufen, d.h., ohne daß von der Ausgangssubstanz etwas übrigbleibt.

Als Beispiel betrachten wir die Verbrennung von flüssigem Benzol
unter erhöhtem Sauerstoffdruck:

$$C_6H_6 \ (fl) + \frac{15}{2} O_2 \ (g) \ \rightarrow \ 6 \ CO_2 \ (g) + 3 \ H_2O \ (fl) \tag{8.7}$$

Da das Volumen bei der Reaktion in der Bombe konstant bleibt, wird
keinerlei Arbeit geleistet. Somit folgt aus $\Delta U = W + Q$:

$$Q_{V,T} = \Delta U_{V,T} \tag{8.8}$$

Bei der Reaktion wird die Bombe zunächst heiß, die Temperatur bleibt also *nicht*
konstant. Die freigewordene Wärme wird aber fast vollständig an das umgebende
Wasserbad abgeführt, so daß die Endprodukte am Schluß praktisch wieder die gleiche Temperatur haben wie vorher die Ausgangsstoffe. Da U eine Zustandsfunktion
ist, muß ΔU den gleichen Wert haben, wie wenn die ganze Reaktion tatsächlich
isotherm abgelaufen wäre.

Wir wollen für die auf einen molaren Formelumsatz bezogene Energiedifferenz anstelle des einfachen Δ-Zeichens ein fettgedrucktes Δ verwenden*. Im vorliegenden Beispiel mißt man: $\Delta U_{V,T} = -3264$ kJ/mol
bei 25 °C. Die *Elementareinheit* für das mol (vgl. S. 19) ist hierbei *ein
molekularer Formelumsatz nach der angegebenen Reaktionsgleichung***.

Die aufgenommene Wärme $Q_{V,T}$ ist negativ, d.h., es wird Wärme abgegeben. $\Delta U_{V,T}$ ist negativ, d.h., die Endprodukte sind (bei gleicher
Temperatur) energieärmer als die Ausgangsstoffe. Im molekularen Bild
beruht das darauf, daß die Bindungen in den Molekülen der Endprodukte (CO_2 und H_2O) stärker sind als in den Molekülen der Ausgangsstoffe
(C_6H_6 und O_2). Daher besitzen die Atome im Zustand der Ausgangsstoffe eine höhere potentielle Energie.

Wenn die Inneren Energien der Ausgangsstoffe und der Endprodukte
(U_A bzw. U_E) bekannt sind, kann man ΔU als Differenz berechnen:

---

* Man beachte, daß ΔU ebenso wie U die Dimension [J] hat, ΔU dagegen die
Dimension [J/mol], da die nach der Reaktionsgleichung umgesetzte Stoffmenge
nach der modernen Verallgemeinerung des Molbegriffs in der Einheit [mol] gemessen wird (vgl. S. 19). Bisher pflegte man die molaren Formelumsätze einfach abzu-
zählen; daher war die Verwendung von zwei verschiedenen Symbolen Δ und Δ in
den bisherigen Lehrbüchern der Physikalischen Chemie nicht üblich. Sie erscheint
jetzt aber konsequent. Näheres S. 95.

** Man könnte die Reaktionsgleichung auch mit der doppelten Molekülzahl formulieren, um das Auftreten von halben O_2-Molekülen in der Gleichung zu vermeiden: Dann würde auch $\Delta U_{V,T}$ doppelt so groß. Derartige Zahlenangaben haben
also grundsätzlich nur im Zusammenhang mit der zugehörigen Reaktionsgleichung
einen definierten Sinn.

$$\Delta U_{V,T} = U_E - U_A$$
$$= 6\, U_{CO_2} + 3\, U_{H_2O} - U_{C_6H_6} - \frac{15}{2} U_{O_2} \equiv \Sigma\, \nu_i U_i \qquad (8.9)$$

Man bezeichnet die abgekürzte Schreibweise $\Sigma\, \nu_i\, U_i$ als *„stöchiometrische Summe"* der molaren* Energien U_i der Reaktionsteilnehmer i . Die stöchiometrische Summe bezieht sich jeweils auf eine bestimmte Reaktionsgleichung und ist so definiert, daß die stöchiometrischen Faktoren ν_i der Endprodukte mit positivem und die der Ausgangsstoffe mit negativem Vorzeichen zur Summation beitragen. So ist z.B. [vgl. (8.7)]

$$\nu_{CO_2} = +6\,, \quad \nu_{H_2O} = +3\,, \quad \nu_{C_6H_6} = -1 \text{ und } \nu_{O_2} = -\frac{15}{2}\,.$$

8.3. Reaktionswärme bei konstantem Druck

Chemische Synthesen werden in der Industrie im allgemeinen nicht bei konstantem Volumen, sondern in kontinuierlichem Durchflußverfahren bei konstantem Druck durchgeführt. Wir betrachten als Beispiel die katalytische Ammoniakverbrennung:

$$4\, NH_3 + 5\, O_2 \xrightarrow[600\,°C]{\text{Pt-Katalysator}} 4\, NO + 6\, H_2O \ (g) \qquad (8.10)$$

Diese Reaktion ist von großer technischer Bedeutung für die Darstellung von Salpetersäure, HNO_3 *(Ostwald-Verfahren).* Der Ausgangsstoff NH_3 ist nämlich durch Synthese nach der Gleichung $3\, H_2 + N_2 \rightarrow 2\, NH_3$ *(Haber-Bosch-Verfahren)* relativ billig verfügbar. Das nach (8.10) entstandene Stickoxid setzt sich bei tieferer Temperatur mit überschüssigem Sauerstoff zu Stickstoffdioxid um: $NO + \frac{1}{2} O_2 \rightarrow NO_2$. Dieses wird in Rieseltürmen durch Zufuhr von Luft und Wasser in Salpetersäure überführt: $2\, NO_2 + H_2O + \frac{1}{2} O_2 \rightarrow 2\, HNO_3$.

Für den Ablauf der Reaktion (8.10) ist es wichtig, daß das NH_3/O_2 - Gemisch nur sehr kurze Zeit ($\sim 10^{-3}$ s) mit dem Platinkatalysator in Berührung ist. Man läßt daher das Gemisch schnell durch ein dünnes Platinnetz strömen. Bei längerer Berührung mit dem Katalysator würde nämlich die unerwünschte Folgereaktion $2\, NO \rightarrow N_2 + O_2$ immer stärker ins Gewicht fallen**. Bei Einstellung des thermodynamischen Gleichgewichts wäre neben N_2 und O_2 bei 600 °C praktisch kein NO mehr vorhanden. NO ist also bei dieser Temperatur thermodynamisch nicht *stabil,* aber — bei Abwesenheit eines Katalysators — auch nicht *instabil,* sondern *metastabil.* Wir haben hier ein interessantes Beispiel dafür, wie man durch Wahl der Reaktionszeit die Zusammensetzung des Endgemisches beeinflussen kann *(kinetische Steuerung).*

* Die mit einem Stoffindex i bezeichneten Größen wie U_i und C_{pi} sollen immer *molare* Größen sein, so daß wir den bisher verwendeten Index m dabei weglassen können.

** Schon aus diesem Grunde wäre es im vorliegenden Beispiel prinzipiell nicht möglich, die Reaktionswärme der Reaktion (8.10) etwa in einer kalorimetrischen Bombe zu messen.

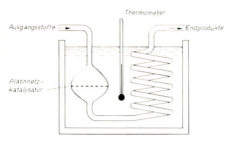

Abb. 8.2. Durchflußkalorimeter

Zur Messung der Reaktionswärme von Gasreaktionen bei konstantem Druck werden die Endprodukte in einem Durchflußkalorimeter (Abb. 8.2) auf die Temperatur der Ausgangsstoffe abgekühlt. Die so gemessene Reaktionswärme ist nach (8.4) durch die Enthalpiedifferenz gegeben:

$$Q_{p,T} = \Delta H_{p,T} \tag{8.11}$$

Für die Ammoniakverbrennung (8.10) ergibt sich bei 600 °C ein Wert von $\Delta H_{p,T} =$ −895 kJ/mol. Auch bei dieser Reaktion wird also Wärme abgegeben. Die Endprodukte sind bei gleicher Temperatur enthalpieärmer als die Ausgangssstoffe.

Um zu erreichen, daß auf der rechten wie auf der linken Seite der chemischen Gleichung nicht nur die gleiche Zahl von Atomen, sondern auch der gleiche Enthalpieinhalt steht, ist es vielfach üblich, die freigewordene Wärmemenge auf der Seite der enthalpie*ärmeren* Moleküle zu addieren:

$$4\,NH_3 + 5\,O_2 \xrightarrow[\,600\,°C\,]{Pt} 4\,NO + 6\,H_2O\ (g) + 895\ kJ$$

Die freiwerdende Wärme kann bei dieser Schreibweise als ein Reaktionsprodukt betrachtet werden, das zusammen mit den Produkten NO und H_2O den Reaktionsraum nach rechts verläßt. Der Pfeil in der Gleichung entspricht dem Reaktionsraum in Abb. 8.2 mit dem Katalysator. Von links werden die Ausgangsstoffe zugeführt. Falls eine Reaktion unter Wärme*aufnahme* verläuft ($\Delta H_{p,T} > 0$), so ist die Wärme bei dieser Betrachtungsweise einer der „Ausgangsstoffe" und erscheint daher auf der linken Seite der Gleichung, z.B.

$$130\ kJ + H_2O\ (g) + C\ (f) \xrightarrow[\,1000\,°C\,]{} H_2 + CO$$

Diese „*Wassergasreaktion*" dient in der Industrie zur Erzeugung von Wasserstoff (aus Wasserdampf und heißem Koks) für die NH_3-Produktion im Haber-Bosch-Verfahren (Näheres S. 184 ff.).

Man bezeichnet eine Reaktion, die unter Wärmeaufnahme verläuft ($\Delta H_{p,T} > 0$), als „*endotherm*" und eine Reaktion, die unter Wärmeabgabe verläuft ($\Delta H_{p,T} < 0$), als „*exotherm*".

Je nach der betrachteten Reaktion kann entweder $\Delta H_{p,T}$ oder $\Delta U_{V,T}$ leichter als Wärmemenge meßbar sein. Die andere Größe läßt sich dann jeweils daraus berechnen. Wie ist der Zusammenhang zwischen beiden Größen?

Aus der Definition $H \equiv U + pV$ folgt für eine Änderung bei konstantem p und T ganz formal:

$$\Delta H_{p,T} = \Delta U_{p,T} + p\,\Delta V_{p,T} \tag{8.12}$$

Meistens kann man die gasförmigen Reaktionsteilnehmer näherungsweise als ideal betrachten. Dann folgt aus dem 2. Gay-Lussacschen Gesetz $(\partial U/\partial V)_T = 0$, daß ΔU nicht davon abhängt, ob bei der isothermen Reaktion V oder p konstantgehalten wird*:

$$\Delta U_{p,T} = \Delta U_{V,T} \qquad (8.13)$$

Weiter folgt aus dem idealen Gasgesetz $p V = n R T$ unmittelbar

$$p \Delta V_{p,T} = \Delta n_g R T \qquad (8.14)$$

wenn Δn_g die Änderung der Stoffmenge aller gasförmigen Reaktionsteilnehmer pro Formelumsatz ist. Kondensierte ($\equiv$ flüssige oder feste) Reaktionsteilnehmer brauchen in (8.14) nicht berücksichtigt zu werden, da ihr Beitrag zu $\Delta V_{p,T}$ im Vergleich zum Beitrag der Gase vernachlässigbar ist. Somit ergibt sich aus (8.12) für die gegenseitige Umrechnung der beiden Reaktionswärmen:

$$\Delta H_{p,T} = \Delta U_{V,T} + \Delta n_g R T \qquad (8.15)$$

Als Beispiel wollen wir die Größe $\Delta H_{p,T}$ für die im vorigen Abschnitt behandelte Verbrennung von Benzol nach (8.7) berechnen. Da C_6H_6 und H_2O nicht gasförmig vorliegen, ist $\Delta n_g = 6 - \frac{15}{2} = -\frac{3}{2}$. (Die Dimension kürzt sich in Δn_g heraus.) Die Temperatur ist $T = (273 + 25) \text{ K} = 298 \text{ K}$. Somit ist

$$\Delta H_{p,T} = -3264 \text{ kJ/mol} - \frac{3}{2} \cdot 8{,}314 \frac{\text{J}}{\text{mol K}} \cdot 298 \text{ K} = -3267{,}7 \text{ kJ/mol}.$$

Wie man sieht, ist der Unterschied zwischen $\Delta H_{p,T}$ und $\Delta U_{V,T}$ nur geringfügig. Er kann für qualitative Diskussionen meistens vernachlässigt werden.

Da die Enthalpie eine Zustandsgröße ist, kann die Reaktionsenthalpie $\Delta H_{p,T}$ analog zu (8.9) als Differenz der Enthalpien von Ausgangszustand und Endzustand, d.h. als stöchiometrische Summe der molaren Enthalpien H_i der Reaktionspartner i berechnet werden:

$$\Delta H_{p,T} = H_E - H_A = \Sigma \, \nu_i H_i \qquad (8.16)$$

Zur Übung formuliere der Leser nach dem Vorbild von Gl. (8.9) die stöchiometrische Summe $\Sigma \, \nu_i H_i$ für das Beispiel der Reaktion (8.10)!

8.4. Bildungsenthalpie

Um eine Reaktionswärme nach (8.9) oder (8.16) wirklich ausrechnen zu können, müßten die Absolutwerte für die molaren Energien U_i bzw. Enthalpien H_i bekannt sein. Solche Absolutwerte sind aber erst dann überhaupt definiert, wenn entweder für die Energieskala oder für die

---

* Die Beziehung (8.13) bleibt auch dann praktisch gültig, wenn neben den idealen Gasen kondensierte Stoffe an der Reaktion teilnehmen. Sie gilt allerdings nicht mehr, wenn **ausschließlich** kondensierte Stoffe beteiligt sind, da dann die exakte Konstanthaltung des Volumens oft extrem große Druckänderungen erfordern würde. Die Größe $\Delta U_{V,T}$ besitzt dann aber keine praktische Bedeutung, da fast immer bei konstantem p gearbeitet wird.

Enthalpieskala ein Nullpunkt festgelegt worden ist. Eine solche Festlegung kann völlig willkürlich erfolgen: Was man praktisch in Form von Arbeit oder Wärme messen kann, sind nämlich immer nur Energie- oder Enthalpie*differenzen*. Solche Differenzen sind aber von der Lage des Nullpunkts unabhängig. Man veranschaulicht sich das am besten anhand der potentiellen Energie eines Körpers im Gravitationsfeld der Erde: Diese potentielle Energie ist der Höhe h des Körpers proportional. Wenn wir nun eine Höhendifferenz $\Delta h = h_E - h_A$ ausrechnen wollen, ist es natürlich ganz gleichgültig, ob die Absolutwerte h_E und h_A von der Tischplatte oder vom Fußboden oder vom Meeresspiegel aus gemessen worden sind. Man wird den Nullpunkt von Fall zu Fall so festlegen, wie es für das betreffende Problem am zweckmäßigsten ist.

In der Quantenmechanik ist es zweckmäßig und üblich, einzelnen, isolierten Teilchen im Ruhezustand die Energie null zuzuschreiben. In der Thermodynamik würde eine solche Festlegung aber zu unnötig komplizierten Rechnungen führen. Außerdem ist ein solcher Zustand für makroskopische Stoffmengen experimentell nicht realisierbar. Darum ist es zweckmäßiger, den Nullpunkt der Enthalpieskala auf diejenige Temperatur festzulegen, bei der man am bequemsten experimentieren kann, nämlich 25 °C, entsprechend 298,15 K (***Normaltemperatur***). Daher schreibt man der Materie im Zustand der reinen, stabilen *Elemente* bei Standarddruck (siehe unten) und Normaltemperatur die Enthalpie null zu. (Bei tieferen Temperaturen ergeben sich daraus negative Enthalpiewerte.) Unter ***Normalbedingungen*** (d.h. im Zustand des reinen Stoffes bei Normaltemperatur und Standarddruck) ist dann die molare Enthalpie einer *Verbindung* gleich der *Reaktionsenthalpie* $\Delta H_{p,T}$, die bei *der Bildungsreaktion von* 1 mol *der Verbindung aus den stabilen Elementen unter Normalbedingungen* als aufgenommene Wärme gemessen werden könnte. Man bezeichnet diese Enthalpie als ***Bildungsenthalpie****[*] H^B_i des betreffenden Stoffes i. So ist z.B. die Bildungsenthalpie von Ammoniak definiert als

$$H^B_{NH_3} \equiv \Delta H^\circ_{T=298\,K} \left(\tfrac{3}{2} H_2 + \tfrac{1}{2} N_2 \rightarrow NH_3 \right) \ .$$

---

[*] Meistens wird die Bildungsenthalpie (auch: „Normal-Bildungsenthalpie") mit dem Symbol ΔH^B_i bezeichnet, um daran zu erinnern, daß es sich um eine Enthalpie*differenz* gegenüber den Elementen bei 25 °C handelt. Wir wollen das Zeichen Δ aber weglassen, weil es sich ohnehin bei *jeder* Enthalpie um eine *Differenz* gegenüber einem willkürlich gewählten Nullpunkt handelt. Durch den Index [B] (Bildung aus den Elementen) ist genügend zum Ausdruck gebracht, daß wir uns in diesem Fall auf die Elemente als Nullpunkt beziehen: Wenn i ein Element im stabilen Aggregatzustand ist, ist $H^B_i \equiv 0$. Im Englischen steht anstelle von [B] ein [f] (formation).

Als „**Standarddruck**" p° bezeichnet man den Druck von 1 atm $\equiv$ 101 325 Pa $\equiv$ 1,013 25 bar. Die Druckeinheit atm (Atmosphäre) ist seit 1978 gesetzlich abgeschafft. Trotzdem sind die Tabellenwerte von thermodynamischen Zustandsgrößen auch weiterhin auf den Standarddruck von 101 325 Pa bezogen.

Die Bezeichnung „**Standardzustand**" setzt i.a. einen reinen Stoff unter Standarddruck und (im Falle eines Gases) ideales Verhalten voraus. Man kennzeichnet die Zustandsgrößen in diesem Zustand durch einen kleinen Kreis als oberen Index, z.B. H_i (rein),p = 1 atm $\equiv H_i^\circ$ (gelesen: $H_i^{Standard}$). Über die Temperatur ist hierdurch noch nichts ausgesagt. Die Bezeichnung „Normalzustand" und der Index ^{B} sollen dagegen zusätzlich eine Temperatur von 25 $^\circ$C bedeuten.

Der Bezug auf den Standarddruck ist vor allem im Zusammenhang mit den später zu besprechenden Zustandsgrößen „Gibbs-Energie" und „Entropie" von entscheidender Bedeutung. Die Enthalpie hängt dagegen nur wenig vom Druck ab (im Falle idealer Gase überhaupt nicht). Man begeht daher i.a. kaum einen Fehler, wenn man eine beliebige Reaktionsenthalpie ΔH mit ΔH° gleichsetzt.

Unter Normalbedingungen kann man also die molaren Enthalpien H_i der Stoffe mit ihren Bildungsenthalpien $H^B_{\ i}$ identifizieren. So erhält man aus Gl. (8.16) für eine Reaktionsenthalpie bei 25 $^\circ$C:

$$\Delta H^\circ_{298\ K} = \Sigma \, v_i \, H^B_{\ i} \qquad (8.17)$$

Die Bildungsenthalpien der meisten Stoffe sind in Tabellen aufgezeichnet. Mit den Werten der Tabelle auf Seite 280 erhält man aus Gl. (8.17) z.B. für die Reaktionsenthalpie der Reaktion (8.10) bei Normaltemperatur:

$$\Delta H^\circ_{298} (4\ NH_3 + 5\ O_2 \rightarrow 4\ NO + 6\ H_2O) = \Sigma \, v_i \, H^B_{\ i}$$

$$\equiv [-4 \cdot (-46,19) - 5 \cdot 0 + 4 \cdot 90,37 + 6 \cdot (-241,8)]\ kJ/mol$$

$$= -904,6\ kJ/mol \qquad (8.18)$$

Wenn der Stoff i durch eine komplizierte chemische Formel wiederzugeben ist, dann kann es technisch schwierig sein, diese in kleinerer Schrift in den Index zu setzen. Als alternative Schreibweise ist es daher auch erlaubt, die Formel für den Stoff i in Klammern in gleicher Höhe hinter das Symbol für die betreffende physikalische Größe zu setzen. Zum Beispiel kann man für die Bildungsenthalpie von Ammoniak anstelle von

$$H^B_{\ NH_3} \quad \text{auch schreiben:} \quad H^B(NH_3)\ .$$

Zur Übung berechne man die Reaktionsenthalpie für die Reaktion (8.7) unter Normalbedingungen aus den Bildungsenthalpien der Tabelle S. 280 und vergleiche mit dem im vorigen Abschnitt erhaltenen Wert!

8.5. Der Heßsche Satz

Bei der Aufstellung der Gleichungen (8.16) bis (8.18) sind wir davon ausgegangen, daß die Reaktionswärme $Q_{p,T} = \Delta H_{p,T}$ sich eindeutig als Differenz der Enthalpien von Ausgangszustand und Endzustand berechnen läßt, d.h., daß die Enthalpie eine Zustandsgröße ist. Dieses ist eine spezielle Formulierung des ersten Hauptsatzes.

Wir können auch von einer anderen Formulierung des ersten Hauptsatzes ausgehen, um zu der Gl. (8.18) zu gelangen: „Die Änderung der Enthalpie ist unabhängig vom Wege einer Zustandsänderung". Speziell für isotherme, isobare chemische Reaktionen, die entweder direkt oder über chemische Zwischenprodukte zum gleichen Endprodukt führen, kann man das auch so formulieren: „*Die Summe der Reaktionswärmen ist vom Reaktionsweg unabhängig*". Dieser Satz wurde von **Heß** schon vor der Formulierung des ersten Hauptsatzes aufgestellt.

Die Gl. (8.18) ist ein schönes Beispiel für eine Anwendung des Heßschen Satzes, d.h. für die Führung einer Zustandsänderung über zwei verschiedene *Wege:* Diese beiden Wege werden besonders anschaulich, wenn man den jeweiligen Zustand des Systems durch seine Höhe im En-

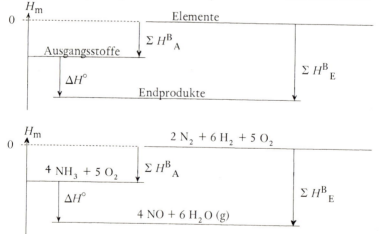

Abb. 8.3. Schema zur Berechnung einer Reaktionsenthalpie durch Führung der Reaktion auf dem Umweg über die Elemente, entsprechend dem Heßschen Satz. Oben: Allgemeine Formulierung.   Unten: Beispiel der Ammoniakverbrennung.

thalpiediagramm darstellt (Abb. 8.3). Die Höhendifferenz von den Ausgangsstoffen zu den Endprodukten ist die Reaktionsenthalpie ΔH°. Man kann diese nach Gl. (8.18) berechnen, indem man die stöchiometrische Summe der Bildungsenthalpien bildet, d.h., indem man die Bildungsenthalpien der Endprodukte $H^B{}_E$ addiert und hiervon die Bildungsenthalpien der Ausgangsstoffe $H^B{}_A$ subtrahiert:

$$\Delta H^\circ = \Sigma\, \nu_i\, H^B{}_i \equiv \Sigma\, H^B{}_E - \Sigma\, H^B{}_A \qquad (8.19)$$

Die Größe $-\Sigma\, H^B{}_A$ entspricht aber der Reaktionsenthalpie für die Überführung der Ausgangsstoffe in die Elemente (vgl. Abb. 8.3). Man kann die angegebene Rechnung also im Sinne des Heßschen Satzes auch so interpretieren, daß man anstelle der direkten Reaktion die Ausgangsstoffe zunächst in die Elemente überführt und anschließend aus den Elementen die Endprodukte bildet. Ein solcher „Reaktionsweg" hat für theoretische Berechnungen auch dann Bedeutung, wenn er in Wirklichkeit nicht realisiert werden kann.

Der Heßsche Satz ist die wichtigste Grundlage für die *Berechnung der tabellierten Bildungsenthalpien*. Die Reaktion der Bildung eines Stoffes i aus den Elementen ist nämlich meistens nicht direkt durchführbar; daher muß $H^B{}_i$ über einen indirekten Weg berechnet werden, zum Beispiel aus der *Verbrennungsenthalpie* ($\Delta H^{Verbr}{}_i$) des Stoffes i.

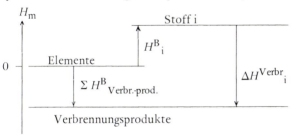

Abb. 8.4. Schema zur Berechnung der Bildungsenthalpie eines Stoffes aus seiner Verbrennungsenthalpie und den Bildungsenthalpien der Verbrennungsprodukte.

Aus dem Schema der Abb. 8.4 ergibt sich für die *Bildung* des Stoffes i aus den Elementen auf dem *Umweg über die Verbrennungsprodukte*:

$$H^B{}_i = \Sigma\, H^B{}_{Verbr.-prod.} - \Delta H^{Verbr}{}_i \qquad (8.20)$$

Die Größe $\Delta H^{Verbr}{}_i$ geht in diese Gleichung mit negativem Vorzeichen ein, weil der zugehörige Pfeil in Abb. 8.4 in die falsche Richtung zeigt. Man kann Gl. (8.20) auch formal ableiten, indem man ΔH° für die Verbrennungsreaktion des Stoffes i nach (8.19) formuliert und diese Gleichung nach $H^B{}_i$ auflöst.

Als Anwendung von (8.20) soll die Bildungsenthalpie von flüssigem Benzol aus der Verbrennungsenthalpie berechnet werden. Die Verbrennungsreaktion (8.7) lautet:

$$C_6H_6 \text{ (fl)} + \frac{15}{2} O_2 \rightarrow 6 CO_2 + 3 H_2O \text{ (fl)}$$

Damit wird aus (8.20):

$$H^B_{C_6H_6 \text{ (fl)}} = 6 H^B_{CO_2} + 3 H^B_{H_2O \text{ (fl)}} - \Delta H^{\text{Verbr}}_{C_6H_6 \text{ (fl)}} \qquad (8.21)$$

Für die Verbrennungsenthalpie hatten wir auf Seite 65 den Wert $\Delta H^{\text{Verbr}}[C_6H_6 \text{ (fl)}] = -3267{,}7$ kJ/mol gefunden. Die Bildungsenthalpien von CO_2 und H_2O entnehmen wir der Tabelle Seite 280. Damit wird

$$H^B[C_6H_6 \text{ (fl)}] = [6 \cdot (-393{,}51) + 3 \cdot (-285{,}9) - (-3267{,}7)] \text{ kJ/mol}$$
$$= 48{,}9 \text{ kJ/mol}$$

Dieser Wert stimmt mit dem in der Tabelle angegebenen innerhalb der Fehlerbreite überein.

Ein besonders einfaches Beispiel für zwei verschiedene „Wege" einer Zustandsänderung besteht in der Überführung eines reinen Stoffes aus dem festen in den gasförmigen Zustand: Diese Phasenumwandlung kann entweder direkt erfolgen (*Sublimation*) oder auf dem Umweg über den flüssigen Zustand (*Schmelzen* und *Verdampfen*). Nach dem Heßschen Satz ist die Sublimationsenthalpie gleich der Summe aus Schmelzenthalpie und Verdampfungsenthalpie:

$$\Delta H_{\text{f} \rightarrow \text{g}} = \Delta H_{\text{f} \rightarrow \text{fl}} + \Delta H_{\text{fl} \rightarrow \text{g}} \qquad (8.22)$$

8.6. Temperaturabhängigkeit der Reaktionsenthalpie

In Abschnitt 8.4 hatten wir die Reaktionsenthalpie der Ammoniakverbrennung aus den Bildungsenthalpien der Reaktionsteilnehmer berechnet. Die dort berechnete Reaktionsenthalpie bezog sich auf die Normaltemperatur von 25 °C. In Wirklichkeit wird diese Reaktion im Ostwald-Verfahren aber bei 600 °C durchgeführt, und es ist technisch wichtig, auch die bei *dieser* Temperatur freiwerdende Wärmemenge genau zu kennen. Daher stehen wir vor der Frage, wie man eine Reaktionsenthalpie von einer Temperatur auf eine andere Temperatur umrechnen kann. Wie ändert sich die Größe $\Delta H_{p,T}$ mit der Temperatur?

Um die Größe $\dfrac{\partial \Delta H_{p,T}}{\partial T}$ auszurechnen*, brauchen wir nur ΔH nach Gl. (8.16) als Differenz der Enthalpien von Ausgangsstoffen und Endstoffen auszudrücken und nach (8.5) die Wärmekapazitäten einzuführen:

$$\frac{\partial \Delta H}{\partial T} = \frac{\partial (H_{\text{E}} - H_{\text{A}})}{\partial T} = \frac{\partial H_{\text{E}}}{\partial T} - \frac{\partial H_{\text{A}}}{\partial T} = C_{\text{E}} - C_{\text{A}} \equiv \Delta C_p \qquad (8.23)$$

Die Wärmekapazitäten C_{A} und C_{E} setzen sich aber [analog zu (8.16)] aus den Molwärmen C_{pi} der beteiligten Stoffe zusammen:

$$\Delta C_p = \Sigma \, \nu_{\text{i}} \, C_{pi} \qquad (8.24)$$

Somit ist
$$\boxed{\frac{\partial \Delta H}{\partial T} = \Sigma \, \nu_{\text{i}} \, C_{pi}} \qquad (8.25)$$

Diese Gleichung wird als **Kirchhoffsches Gesetz** bezeichnet.

Um ΔH von einer Temperatur T_1 auf eine andere Temperatur T_2 umzurechnen, brauchen wir (8.25) nur zu integrieren:

$$\Delta H(T_2) = \Delta H(T_1) + \int_{T_1}^{T_2} \frac{\partial \Delta H}{\partial T} \, \mathrm{d}T = \Delta H(T_1) + \int_{T_1}^{T_2} \Sigma \, \nu_{\text{i}} \, C_{pi} \, \mathrm{d}T \qquad (8.26)$$

Falls man $\Sigma \, \nu_{\text{i}} \, C_{pi}$ in dem betr. Temperaturbereich als praktisch konstant betrachten kann, wird aus (8.26):

$$\Delta H(T_2) = \Delta H(T_1) + \Sigma \, \nu_{\text{i}} \, C_{pi} \, (T_2 - T_1) \qquad (8.27)$$

Wenn $\Sigma \, \nu_{\text{i}} \, C_{pi}$ *nicht* konstant ist, dann kann man (8.27) formal trotzdem aufrechterhalten, indem man für die C_{pi} die Mittelwerte $\bar{C}_{pi}$ in dem betr. Temperaturbereich einführt.

Auch der Kirchhoffsche Satz folgt unmittelbar aus der Formulierung des ersten Hauptsatzes, daß die Änderung der Enthalpie unabhängig vom Wege einer Zustandsänderung sein muß. Die zwei verschiedenen Wege, die beide von der Enthalpie der Ausgangsstoffe $H_{\text{A}}(T_2)$ zur En-

---

* Der Anfänger denkt manchmal, diese Schreibweise sei ein Widerspruch, denn der Index T bedeutet, daß man die Temperatur konstant hält, während man beim Differenzieren nach T die Temperatur variiert. Es kommt aber hier darauf an, daß die verschiedenen Veränderungen *getrennt* ausgeführt werden: Einerseits wird bei konstanter Temperatur eine chemische Reaktion durchgeführt und ΔH bestimmt. Andererseits wird bei konstanter chemischer Zusammensetzung die Temperatur um $\mathrm{d}T$ erhöht. (Wir denken uns $\mathrm{d}T$ zunächst als endliche Temperaturspanne, die wir erst bei der Bildung des Differentialquotienten unendlich klein werden lassen.) Dann wird — bei der wiederum konstanten Temperatur $T + \mathrm{d}T$ — die chemische Reaktion nochmals durchgeführt, die Differenz $\mathrm{d}\Delta H$ der beiden ΔH-Werte gebildet und diese durch $\mathrm{d}T$ dividiert. — Wenn wir in Zukunft die Indizes weglassen, ist mit ΔH immer $\Delta H_{p,T}$ gemeint.

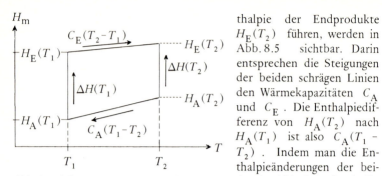

Abb. 8.5. Schema zur Berechnung einer Reaktionsenthalpie bei der Temperatur T_2 durch Führung der Zustandsänderung auf dem Umweg über die Temperatur T_1 (Ableitung des Kirchhoffschen Gesetzes).

thalpie der Endprodukte $H_E(T_2)$ führen, werden in Abb. 8.5 sichtbar. Darin entsprechen die Steigungen der beiden schrägen Linien den Wärmekapazitäten C_A und C_E. Die Enthalpiedifferenz von $H_A(T_2)$ nach $H_A(T_1)$ ist also $C_A(T_1 - T_2)$. Indem man die Enthalpieänderungen der beiden in Abb. 8.5 durch die Pfeile angegebenen Wege einander gleichsetzt, ergibt sich

$$\Delta H(T_2) = C_A(T_1 - T_2) + \Delta H(T_1) + C_E(T_2 - T_1)$$

$$= \Delta H(T_1) + \Delta C_p(T_2 - T_1)$$

in Übereinstimmung mit Gl. (8.27). Durch Übergang zu differentiell kleinen Temperaturdifferenzen kann man daraus auch wieder das Kirchhoffsche Gesetz (8.25) erhalten.

Damit können wir die Reaktionsenthalpie der Reaktion (8.10)

$$4\,NH_3 + 5\,O_2 \rightarrow 4\,NO + 6\,H_2O\,(g)$$

von 25 °C auf 600 °C umrechnen. Die mittleren Molwärmen in diesem Temperaturbereich betragen ungefähr

$$\bar{C}_{p\,NH_3} \approx 42\,J/(mol\,K), \quad \bar{C}_{p\,O_2} \approx 29\,J/(mol\,K),$$

$$\bar{C}_{p\,NO} \approx 29\,J/(mol\,K), \quad \bar{C}_{p\,H_2O} \approx 36\,J/(mol\,K).$$

Somit ist

$$\Sigma \nu_i\,\bar{C}_{p\,i} = 4\,\bar{C}_{p\,NO} + 6\,\bar{C}_{p\,H_2O} - 4\,\bar{C}_{p\,NH_3} - 5\,\bar{C}_{p\,O_2} = 19\,J/(mol\,K).$$

Zusammen mit

$$\Delta H(T_1) = \Delta H^{\circ}_{298} = -904{,}6\,kJ/mol \quad \text{aus Gl. (8.18) und}$$

$$T_2 - T_1 = \vartheta_2 - \vartheta_1 = 600\,°C - 25\,°C = 575\,K$$

erhält man aus (8.27):

$$\Delta H(600\,°C) = -904{,}6\,kJ/mol + 19 \cdot 575\,J/mol = -894\,kJ/mol.$$

9. Bindungsstärke

9.1. Atomare Bildungsenthalpie

Daß ein Molekül stabil ist, setzt voraus, daß Anziehungskräfte (,,Bindungskräfte") zwischen den Atomen wirksam sind. Ohne solche Anziehungskräfte würden die Atome des Moleküls aufgrund der Wärmebewegung auseinanderfliegen.

Wenn im Gedankenexperiment die einzelnen Atome – ihren gegenseitigen Anziehungskräften folgend – zu einem Molekül zusammentreten, dann muß die potentielle Energie des Systems hierbei abnehmen. Die Energiedifferenz zwischen dem Zustand der einzelnen Atome und dem Zustand der Verbindung ist daher (bei konstanter Temperatur) stets *negativ*. Die Größe dieser Energiedifferenz ist ein Maß für die Stabilität des Moleküls, d.h. für die Stärke der Bindungen zwischen den Atomen. Die entsprechende *Enthalpie*differenz ist von der Energiedifferenz nur wenig verschieden und daher ebenfalls als Maß für die Bindungsstärke geeignet.

Die Reaktionsenthalpie für die Bildung eines gasförmigen Stoffes i aus den einzelnen gasförmigen Atomen bei 25 °C heißt *atomare Bildungsenthalpie* $H^{B\,at}_i$.

Die atomare Bildungsenthalpie wird in der Literatur meist mit $\Delta H^{B\,at}$ bezeichnet. Man kann das Δ-Zeichen aber auch weglassen, indem man die atomare Bildungsenthalpie als eine Enthalpie auffaßt, deren Nullpunkt auf den Zustand der gasförmigen Atome bei 25 °C festgelegt ist. Bei einer theoretischen Berechnung muß beachtet werden, daß in $H^{B\,at}$ neben der atomaren Bildungsenergie bei $T = 0$ (die sich aus der negativen Arbeit der atomaren Wechselwirkungskräfte und der positiven Nullpunktsschwingungsenergie zusammensetzt) auch die Differenz der Enthalpieinhalte zwischen dem absoluten Nullpunkt und 25 °C (für die Verbindung mit positivem, für die Atome mit negativem Vorzeichen) enthalten ist. Näheres in der Quantenchemie.

Aus der Tabelle der Bildungsenthalpien (S. 315) ersieht man, daß es durchaus stabile Stoffe mit positiver Bildungsenthalpie H^B gibt (z.B. die Gase C_2H_4, HJ und NO). H^B ist also *kein* eindeutiges Kriterium für die Stabilität eines Stoffes. Im Gegensatz dazu ist aber die *atomare* Bildungsenthalpie $H^{B\,at}$ für alle überhaupt existenzfähigen Moleküle negativ. $H^{B\,at}$ ist also ein *Maß für die Stabilität eines Stoffes* und insofern von großem Interesse.

Die atomaren Bildungsenthalpien $H^{B\,at}$ können nach dem Heßschen Satz aus den tabellierten Bildungsenthalpien H^B berechnet werden. Dabei werden die Atome gemäß dem Schema von Abb. 9.1 zunächst in die stabilen Elemente überführt ($-\Sigma\,H^B_{Atome}$) und hieraus anschließend der Stoff i im Gaszustand gebildet ($+H^B_i$). Das entspricht der For-

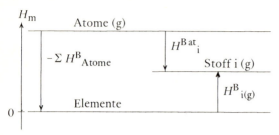

Abb. 9.1. Schema zur Berechnung der atomaren Bildungsenthalpie eines Stoffes durch Führung der Zustandsänderung auf dem Umweg über den stabilen Aggregatzustand der Elemente.

mel*

$$H^{B\,at}_{i} = H^{B}_{i(g)} - \Sigma\, H^{B}_{Atome} \qquad (9.1)$$

So ergibt sich für das Beispiel des Jodwasserstoffs mit den Werten der Tabelle S. 280:

$$H^{B\,at}_{HJ} = H^{B}_{HJ} - H^{B}_{H} - H^{B}_{J}$$

$$= (25,94 - 217,94 - 106,6)\ kJ/mol\ = -298,6\ kJ/mol$$

Analog ergibt sich z.B. für Wasserdampf:

$$H^{B\,at}(H_2O) = H^{B}[H_2O\ (g)] - 2\,H^{B}(H) - H^{B}(O)$$

$$= (-241,8 - 2 \cdot 217,94 - 247,52)\ kJ/mol$$

$$= -925,2\ kJ/mol$$

Zur Übung berechne der Leser aus den Werten der Tabelle S. 280 auch die atomaren Bildungsenthalpien für Methan, Äthan und Äthylen!
Ergebnisse:

$$H^{B\,at}(CH_4) \quad = -1664,9\ kJ/mol$$

$$H^{B\,at}(C_2H_6) \quad = -2829,1\ kJ/mol\ ,\quad H^{B\,at}(C_2H_4) = -2256,2\ kJ/mol\ .$$

9.2. Bindungsenthalpien

Für zweiatomige Moleküle wie HJ kann man die Enthalpieänderung für die Bindungsknüpfung zwischen den beiden Atomen, die *Bindungsenthalpie*, direkt mit der atomaren Bildungsenthalpie des Stoffes identifizieren, die sich nach Gl. (9.1) aus den Werten der Tabelle S. 280 berechnen läßt:

---

* Man kann die Formel (9.1) auch durch Anwendung von Gl. (8.19) auf die atomare Bildungsreaktion erhalten, indem man die Atome mit den Ausgangsstoffen und den Stoff i mit dem Endprodukt identifiziert.

$H_{H-J} \equiv H^{Bat}_{HJ} = -298,6$ kJ/mol

Bei einem Molekül mit mehreren gleichartigen Bindungen setzt man die Bindungsenthalpie für die einzelne Bindung gleich dem entsprechenden Bruchteil der atomaren Bildungsenthalpie des Gesamtmoleküls, z.B.

$H_{O-H} \equiv \frac{1}{2} H^{Bat}_{H_2O} \approx -462,6$ kJ/mol ,

$H_{C-H} \equiv \frac{1}{4} H^{Bat}_{CH_4} \approx -416,2$ kJ/mol .

Wenn man den einzelnen C—H-Bindungen im Äthanmolekül jeweils den gleichen Enthalpiewert zuordnet wie im Methanmolekül, dann kann man die Enthalpien der C—C-Bindung erhalten, indem man von der atomaren Bildungsenthalpie des Äthanmoleküls die Enthalpie der sechs C—H-Bindungen subtrahiert:

$H_{C-C} = H^{Bat}_{C_2H_6} - 6\,H_{C-H} = -331,9$ kJ/mol

Zur Übung berechne man analog über die atomaren Bildungsenthalpien von Ammoniak, Äthylen und Acethylen die Bindungsenthalpien der N—H-Bindung, der C=C-Doppelbindung und der C≡C-Dreifachbindung!
Ergebnisse:

$H_{N-H} = -390,2$ kJ/mol ; $H_{C=C} = -591,4$ kJ/mol ; $H_{C\equiv C} = -813,2$ kJ/mol .

Auf diese Weise kann man aus atomaren Bildungsenthalpien und bekannten Bindungsenthalpien immer neue Bindungsenthalpien berechnen. Eine Auswahl mittlerer Werte ist in Tabelle 9.1 wiedergegeben[*].

Tabelle 9.1. Bindungsenthalpien [kJ/mol]

H—H	-436	N—H	-390	C—O—	-340
Cl—Cl	-242	C—H	-416	C=O [1]	-685
Br—Br	-162	C—C	-340	C=O [2]	-718
J—J	-151	C=C	-615	C=O [3]	-750
H—Cl	-431	C≡C	-815	C=O [4]	-803
H—Br	-351	C—Cl	-327	C—N	-296
H—J	-299	C—Br	-264	C=N	-615
O—H	-463	C—J	-210	C≡N	-885

[1] in Formaldehyd   [2] in anderen Aldehyden   [3] in Ketonen   [4] in CO_2

Die absoluten *Beträge* der hier tabellierten Bindungsenthalpien (ohne das negative Vorzeichen) werden in der Literatur als *Bindungsstärke*

---

[*] Es handelt sich hier um *mittlere* Werte, da die Stärke einer Bindung von der Molekülstruktur nicht ganz unabhängig ist (vgl. den nächsten Abschnitt). Daher stimmen die für die C—C-Bindung und die C=C-Doppelbindung angegebenen Werte nicht genau mit den oben für Äthan und Äthylen berechneten überein. Sie entsprechen mehr den Werten, die man aus den Bildungsenthalpien von n-Hexan und cis-2-Buten erhält.

(oder, ungenauer, als *Bindungsenergie* oder *Valenzenergie*) bezeichnet.

Die tabellierten Bindungsenthalpien sind nützlich, um die atomare Bildungsenthalpie eines gasförmigen Stoffes i von bekannter Struktur als Summe der Bindungsenthalpien überschlagsmäßig zu berechnen:

$$H^{B\,at}_i = \Sigma\, H_{Bindung} \qquad\qquad (9.2)$$

So ist z.B. die atomare Bildungsenthalpie von Äthanol

$$
\begin{array}{c}
\text{H} \quad \text{H}\\
|\quad\;\; |\\
\text{H--C--C--O--H}\\
|\quad\;\; |\\
\text{H} \quad \text{H}
\end{array}
$$

$$H^{B\,at}_{C_2H_5OH} = 5\,H_{C-H} + H_{C-C} + H_{O-H} \qquad\qquad (9.3)$$

Man berechne die atomaren Bildungsenthalpien von Äthanol und von Dimethyläther aus Tabelle 9.1 und vergleiche die Ergebnisse mit den Werten, die man nach Gl. (9.1) aus der Tabelle S. 280 erhält!

Durch Kombination von (9.1) und (9.2) kann man die Bindungsenthalpien auch zur Abschätzung von Bildungsenthalpien benutzen:

$$H^B_{i(g)} = \Sigma\, H^B_{Atome} + \Sigma\, H_{Bindung} \qquad\qquad (9.4)$$

9.3. Bindungsstärke und Molekülstruktur

Die Berechnungen mit Hilfe von individuellen Bindungsenthalpien liefern grundsätzlich nur *näherungsweise* richtige Ergebnisse. Darum sind auch die Zahlenwerte in Tabelle 9.1 nur abgerundet angegeben. Genau genommen ist es nämlich nicht widerspruchsfrei möglich, der Bindungsstärke zwischen zwei Atomen in verschiedenen Molekülen immer den gleichen Wert zuzuordnen. Das wird besonders deutlich am Beispiel der drei isomeren Pentane, von denen jedes 4 C—C-Bindungen und 12 C—H-Bindungen besitzt:

$$
\begin{array}{lll}
\begin{array}{l}
\text{CH}_3\\
|\\
\text{CH}_2\\
|\\
\text{CH}_2 \quad \text{n-Pentan}\\
|\\
\text{CH}_2\\
|\\
\text{CH}_3
\end{array}
&
\begin{array}{l}
\\
\text{CH}_3\\
|\\
\text{CH}_2 \quad \text{Isopentan}\\
|\\
\text{H}_3\text{C--C--CH}_3\\
|\\
\text{H}
\end{array}
&
\begin{array}{l}
\\
\\
\text{CH}_3 \quad \text{Neopentan}\\
|\\
\text{H}_3\text{C--C--CH}_3\\
|\\
\text{CH}_3
\end{array}
\end{array}
$$

Wenn die individuellen Bindungsenthalpien unabhängig von der strukturellen Umgebung wären, dann müßten die atomaren Bildungsenthalpien für diese drei Isomeren gleich groß sein, und dasselbe müßte daher auch für die Verbrennungswärmen gelten. In Wirklichkeit sind die Verbrennungswärmen aber verschieden:

-3536 kJ/mol (n-Pentan), -3528 kJ/mol (Isopentan) und -3517 kJ/mol (Neopentan).

Immerhin sind die Unterschiede aber relativ so klein, daß die Berechnungen mit Hilfe von Bindungsenthalpien hier und in vielen ähnlichen Fällen eine brauchbare Näherung darstellen. In anderen Fällen treten dagegen charakteristische Unterschiede zwischen den aus Bindungsenthalpien berechneten und den aus direkten Messungen erhaltenen Enthalpieänderungen auf. Die tabellierten Bindungsenthalpien sind dann aber keineswegs wertlos: Man kann nämlich aus diesen Unterschieden auf Besonderheiten in der Elektronenverteilung des Moleküls schließen. In den folgenden Abschnitten wird das näher ausgeführt.

9.4. Dissoziationsenthalpien

Die zur Spaltung einer einzelnen Bindung erforderliche Dissoziationsenthalpie unterscheidet sich von der tabellierten Bindungsstärke, wenn an dieser Reaktion mehratomige *Radikale* beteiligt sind*. So beträgt die Dissoziationsenthalpie für die Spaltung eines Wassermoleküls in ein H-Atom und ein OH-Radikal

$$\Delta H \, (H_2O \rightarrow H + OH) \; = \; 498 \; kJ$$

Dieser Wert ist größer als die tabellierte Bindungsstärke der O−H-Bindung (463 kJ), weil das OH-Radikal, das keine abgeschlossene Edelgasschale mehr besitzt, relativ energiereicher ist. Zum Ausgleich dafür geht die Spaltung des OH-Radikals entsprechend leichter vor sich:

$$\Delta H \, (OH \rightarrow H + O) \; = \; 427 \; kJ$$

Als Mittelwert aus beiden Reaktionen resultiert die tabellierte Bindungsstärke der O−H-Bindung. Die tabellierten Bindungsstärken sind von der Berechnung her also grundsätzlich *Mittelwerte*, die einer *gleichzeitigen* Knüpfung oder Spaltung *aller Bindungen* im Molekül entsprechen.

In Tabelle 9.2 sind einige Dissoziationsenthalpien für die Spaltung einzelner Bindungen zusammengestellt.

Tabelle 9.2. Dissoziationsenthalpien einzelner Bindungen [kJ/mol]

H−OH	498	Cl_3C-CCl_3	259
O−H	427	$(C_6H_5)_3C-C_6H_5C(C_6H_5)_2$	46
H−CH$_3$	431	CH_3-NH_2	335
H$_3$C−CH$_3$	362	CH_3-NO_2	238

Wie der Vergleich mit der tabellierten Enthalpie der C−H-Bindung (−416 kJ/mol) zeigt, erfordert die Abspaltung des ersten H-Atoms aus dem CH_4 eine um 15 kJ/mol höhere Energie. Das CH_3-Radikal muß also um 15 kJ/mol energiereicher sein, als dem Mittelwert der C−H-Bindungen entsprechen würde. Daher ist auch die Dissoziationsenthalpie von Äthan um $2 \cdot 15$ kJ/mol = 30 kJ/mol größer, als der auf S. 75 für das Äthanmolekül berechneten speziellen C−C-Bindungsstärke (332 kJ/mol) entspricht.

Daß die Spaltung der ersten Bindung *nicht immer* eine höhere Enthalpie erfordert, als der mittleren (tabellierten) Bindungsstärke entspricht, zeigen die weiteren oben aufgeführten Beispiele: *Durch Einführung geeigneter Substituenten* können nämlich die bei der Dissoziation entstehenden *Radikale* so weit *stabilisiert* werden,

---

* *Radikale* sind Molekül*bruchstücke* mit ungepaarten Elektronen. Der Eigendrehimpuls (*spin*) eines solchen Elektrons ist nicht durch Paarbildung mit einem anderen Elektron magnetisch kompensiert. Radikale sind darum energiereicher als die neutralen Moleküle, aus denen sie entstanden sind.

daß die spezielle Dissoziationsenthalpie *kleiner* als die mittlere Bindungsstärke ist. Bei der Spaltung des Hexachloräthans wird z.b. die Stabilisierung der beiden Trichlormethylradikale dadurch erreicht, daß die Chloratome das übriggebliebene radikalische Elektron zu sich herüberziehen. Im Triphenylmethylradikal beruht die Stabilisierung auf einer *Delokalisierung* des radikalischen Elektrons über alle drei Phenylreste. Die Spaltung des entsprechenden Dimeren* kann daher viel leichter erfolgen, als der mittleren Bindungsstärke der C−C-Bindung entspricht.

Die Delokalisierung von Elektronen ist die häufigste und wichtigste Ursache für die Stabilisierung eines Moleküls und damit für strukturell bedingte Abweichungen von den mittleren Bindungsenthalpien. Diese Abweichungen sollen im folgenden Abschnitt besprochen werden. Weitere strukturell bedingte Abweichungen (*Ringspannung*) werden in Abschnitt 16.3 behandelt.

9.5. Delokalisierungsenergie**

Bewegte Elektronen besitzen in mancher Beziehung Welleneigenschaften. Speziell die Aufenthaltswahrscheinlichkeit eines Elektrons an den verschiedenen Stellen des Raumes wird durch das Wellenbild beschrieben***. Der Zusammenhang zwischen der *Materiewellenlänge* λ und dem *Impuls* mv eines Elektrons ist dabei durch die *de Broglie-Beziehung* gegeben:

$$\lambda = \frac{h}{mv} \qquad\qquad (9.5)$$

worin h die Plancksche Konstante ist.

In Atomen und Molekülen bilden die Elektronen *stehende* Materiewellen. Im untersten Energiezustand ist dabei die Materiewellenlänge mit der Länge des Weges zu identifizieren, den das Elektron bei einer Umlaufsperiode im Molekül zurücklegt. (In höheren Energiezuständen ist λ gleich 1/2, 1/3 oder 1/n dieses Weges.) *Je kleiner der Raum ist, in dem sich das Elektron bewegt,* um so kleiner ist seine größtmögliche Wellenlänge λ und *um so größer muß* nach Gl. (9.5) sein Impuls mv und damit zugleich *seine kinetische Energie* $mv^2/2$ *sein*.

In organischen Molekülen wird die Bindung zwischen zwei Atomen im allgemeinen dadurch bewirkt, daß das für diese Bindung verantwortliche Elektronenpaar *zwischen* beiden Atomen eine erhöhte Aufenthaltswahrscheinlichkeitsdichte hat. Der negative Ladungsschwerpunkt der Elektronen übt dann auf die positiv geladenen Atomkerne elektrostatische Anziehungskräfte aus.

Ähnlich ist es auch, wenn noch ein zweites Elektronenpaar zur Bindung zwischen zwei Atomen beiträgt (*Doppelbindung*). Allerdings befinden sich die Aufenthaltswahrscheinlichkeitsschwerpunkte des zweiten Elektronenpaares nicht auf der Kern-

---

* Aus zwei Triphenylmethylradikalen (erkennbar an ihrer gelben Farbe in benzolischer Lösung) bildet sich leicht ein farbloses Dimeres, das man lange für Hexaphenyläthan hielt. 1968 wurde jedoch gezeigt, daß diesem Dimeren die nebenstehende Struktur zukommt.

** Die hier folgenden Aussagen aus der Quantenchemie können erst in einer späteren Vorlesung vertieft behandelt und voll verstanden werden. Trotzdem erscheint ihre Erwähnung für die Diskussion von Zusammenhängen zwischen thermodynamischen Eigenschaften und molekularer Struktur im Rahmen der Allgemeinen Chemie schon jetzt gerechtfertigt.

*** Die *Aufenthaltswahrscheinlichkeitsdichte* ist gleich dem Quadrat der Amplitude der Welle an dem betreffenden Ort.

verbindungslinie der beiden Atome, sondern symmetrisch zu beiden Seiten davon. Daher ist ihr Beitrag zur Bindungsstärke erheblicher kleiner als der des ersten Paares. Die Bindungsstärke der C=C-Doppelbindung ist also nicht doppelt so groß wie die der C−C-Einfachbindung (vgl. Tabelle 9.1). Man bezeichnet die Elektronen des ersten Paares als „σ-Elektronen", die des zweiten als „π-Elektronen" (Näheres S. 208).

Befinden sich in der Nähe einer C=C-Doppelbindung keine weiteren Doppelbindungen, dann ist der Aufenthaltsort der beiden π-Elektronen auf die Umgebung der betreffenden beiden C-Atome beschränkt. Ganz anders ist es, wenn zwei C=C-Doppelbindungen nur durch *eine* C−C-Einfachbindung voneinander getrennt sind. Man spricht dann von „*konjugierten Doppelbindungen*".

Wir betrachten als Beispiel das Benzol C_6H_6. In diesem Fall besitzt jedes der 6 C-Atome ein π-Elektron. Dieses kann ebensogut mit dem π-Elektron des einen wie des anderen Nachbaratoms ein Paar bilden, d.h., die beiden folgenden Strukturformeln des Benzols sind gleichberechtigt:

Man bezeichnet diese beiden Formeln als „*mesomere Grenzstrukturen*"*. Jede einzelne dieser Grenzstrukturen gibt die tatsächlichen Bindungsverhältnisse nur unvollkommen wieder, denn in Wirklichkeit sind alle 6 C−C-Bindungen im Benzol gleichberechtigt und haben die gleiche Länge, und die 6 π-Elektronen verteilen sich gleichmäßig über den ganzen Umfang des Benzolringes.

Anhand von Gl. (9.5) wird qualitativ verständlich, daß die Energie der π-Elektronen infolge ihrer Verteilung über einen größeren Raum („Delokalisation", Vergrößerung der Materiewellenlänge λ) kleiner ist, als wenn sie jeweils auf den Bereich einer bestimmten Doppelbindung lokalisiert wären**. Man bezeichnet die Energiedifferenz als „*Delokalisierungsenergie*", „*Mesomerie-Stabilisierungsenergie*" oder auch als „*Resonanzenergie*".

Wenn man unter den „Bindungsenthalpien" weiterhin die tabellierten Enthalpiewerte der einzelnen, lokalisiert gedachten Bindungen versteht, dann entsteht durch die Delokalisation der π-Elektronen jetzt − im Gegensatz zu Gl. (9.2) − eine *Differenz* zwischen der Summe der Bindungsenthalpien und der atomaren Bildungsenthalpie, nämlich die Resonanzenergie des Stoffes i:

$$U^{\mathrm{Res}}_i = H^{\mathrm{Bat}}_i - \Sigma H_{\mathrm{Bindung}} \qquad (9.6)$$

oder zusammen mit Gl. (9.1)

$$U^{\mathrm{Res}}_i = H^{\mathrm{B}}_{i(g)} - \Sigma H^{\mathrm{B}}_{\mathrm{Atome}} - \Sigma H_{\mathrm{Bindung}} \cdot \qquad (9.7)$$

Speziell für Benzol wird daraus:

---

* Es ist üblich, die Beziehung zwischen zwei in Resonanz stehenden mesomeren Grenzformeln durch einen Doppelpfeil ⟷ zu kennzeichnen. Dieser bedeutet also kein Gleichgewicht zwischen zwei unterscheidbaren Molekülen, sondern charakterisiert nur den Zustand der delokalisierten Elektronen.

** Bei einer quantitativen Rechnung muß allerdings unter anderem beachtet werden, daß die Delokalisation nicht für alle 6 π-Elektronen die gleiche Energieerniedrigung verursacht, weil sich nicht mehr als jeweils zwei Elektronen im gleichen Energieniveau des Moleküls befinden dürfen (**Pauli-Prinzip**), so daß zur Unterbringung der 6 π-Elektronen auch *höhere* Energieniveaus mit besetzt werden müssen. Näheres in der Quantenchemie.

$$U^{Res}(C_6H_6) = H^B[C_6H_6\ (g)] - 6\ H^B[C\ (g)] - 6\ H^B[H\ (g)]$$

$$- 3\ H_{C-C} - 3\ H_{C=C} - 6\ H_{C-H} \tag{9.8}$$

Mit den Werten der Tabellen 9.1 und S. 280 ergibt sich $U^{Res}(C_6H_6) = -174$ kJ/mol. Eine solche Rechnung ist aber nur als grobe Näherung zu betrachten, da die verwendeten mittleren Bindungsenthalpien den Verhältnissen in einem speziellen Molekül meist nicht genau entsprechen.

Genauere Werte für die Resonanzenergie erhält man, wenn man die *Hydrierungs-enthalpie* (d.h. die Reaktionsenthalpie bei der Anlagerung von Wasserstoff) der *konjugierten* Doppelbindungen mit der Hydrierungsenthalpie einer gleichen Zahl von *isolierten* Doppelbindungen vergleicht, die im übrigen von gleichen Nachbaratomen umgeben sind. Eine isoliert gedachte Doppelbindung des Benzols läßt sich mit der Doppelbindung des cis-2-Butens vergleichen. Da die Hydrierungsenthalpie einfach durch die Differenz der Bildungsenthalpien von Hydrierungsprodukt (Cyclohexan bzw. n-Butan) und Ausgangsstoff (Benzol bzw. cis-2-Buten) gegeben ist (denn die Bildungsenthalpie von Wasserstoff ist ja = 0), so erhält man für die Resonanzenergie von den 3 Doppelbindungen des Benzols:

$$U^{Res}\ (\text{Benzol}) = H^B\ [\text{Benzol}(g)] - H^B[\text{Cyclohexan}(g)]$$

$$- 3 \cdot [H^B\ (\text{cis-2-Buten}) - H^B\ (\text{n-Butan})] \tag{9.9}$$

Mit den Werten der Tabelle S. 280 ergibt sich daraus:

$$U^{Res}\ (\text{Benzol}) = -151\ \text{kJ/mol}.$$

Das einfachste Molekül mit zwei konjugierten Doppelbindungen ist das 1,3-Butadien. Auch hierfür kann man verschiedene mesomere Grenzstrukturen formulieren, die in Resonanz stehen:

Auch hier sind also die π-Elektronen delokalisiert, d.h. über die ganze Kohlenstoff-kette verteilt. Allerdings ist die Verteilung nicht so gleichmäßig wie beim Benzol, sondern die mittlere der angegebenen Strukturen besitzt stärkeres Gewicht. Das äußert sich darin, daß der Abstand der beiden mittleren C-Atome voneinander etwas größer ist als die äußeren C=C-Abstände. Immerhin besitzt auch die mittlere C—C-Bindung ein wenig Doppelbindungscharakter: Das äußert sich darin, daß die Rotation der beiden Molekülhälften gegeneinander etwas erschwert ist (wenn auch lange nicht so stark wie bei einer echten Doppelbindung).

Man berechne, analog wie beim Benzol, die Resonanzenergie von 1,3-Butadien, indem man seine Hydrierungsenthalpie mit derjenigen von 1-Buten vergleicht*! Die Bildungsenthalpien von 1,3-Butadien, 1-Buten und n-Butan findet man auf S. 280.

Ergebnis: $U^{Res}(\text{1,3-Butadien}) = -15,2\ \text{kJ/mol}$.

---

* Eine Berechnung der Resonanzenergie nach Gl. (9.7) führt in diesem Fall nur dann zum richtigen Ergebnis, wenn man für die Bindungsenthalpie der C=C-Doppelbindung einen Wert von -609 kJ/mol einsetzt, wie man ihn nach dem Vorbild von Abschnitt 9.2 aus der atomaren Bildungsenthalpie von 1-Buten erhält.

Für 1,2-Butadien würde man nach dem gleichen Berechnungsschema einen stark *positiven* Wert für U^{Res} erhalten (+38 kJ/mol). Durch die Kumulation der Doppelbindungen in diesem Molekül ist die Energie also nicht erniedrigt, sondern sogar *erhöht*, und zwar etwa ebenso stark wie für eine Dreifachbindung, wie ein Vergleich der Bildungsenthalpien von 1,2-Butadien und 1-Butin lehrt (vgl. S. 280). Daß die Energie von *kumulierten* (d.h. vom gleichen Atom ausgehenden) Doppelbindungen nicht erniedrigt ist, beruht darauf, daß die π-Elektronen in diesem Fall nicht delokalisiert sind, weil die Schwerpunkte der Elektronenwolken der beiden π-Bindungen in zwei zueinander senkrechten Ebenen liegen und die Wolken sich daher nicht überlappen.

10. Der zweite Hauptsatz

10.1. Messung der Triebkraft* chemischer Reaktionen

Als wichtigstes Ziel der Thermodynamik war in der Einleitung die Berechnung chemischer *Gleichgewichtskonstanten* ins Auge gefaßt worden. Die Gleichgewichtskonstante ist die zahlenmäßige Beschreibung des von einem chemischen System angestrebten Gleichgewichtszustandes, dessen Kenntnis für die Planung chemischer Synthesen notwendig ist.

Für jede chemische Reaktion, an der Stoffe mit variabler Konzentration teilnehmen**, existiert bei gegebener Temperatur im Prinzip eine Gleichgewichtskonstante. Falls eine Reaktion so „vollständig" abläuft, daß die Konzentrationen der Ausgangsstoffe am Ende unmeßbar klein werden, so ist die Gleichgewichtskonstante K extrem groß, aber sie hat im Prinzip doch immer noch eine definierte Größe. (In K stehen die Konzentrationen der Endprodukte im Zähler, die der Ausgangsstoffe im Nenner.)

Der *Gleichgewichtszustand* ist der *Endzustand*, dem ein System von chemisch ungehemmt reagierenden Stoffen zustrebt und in dem das Reaktionsgeschehen (makroskopisch betrachtet) zum Stillstand kommt. Die *Triebkraft* der Reaktion wird hier also *gleich null.*

---

* Als Synonym für „Triebkraft" findet man oft das Wort „*Affinität*" (lat.: Verwandtschaft durch Heirat, verbindende Kraft).

** Diese Einschränkung ist nötig, da man bei Reaktionen zwischen reinen kondensierten Stoffen (insbesondere bei Phasenumwandlungen ohne Teilnahme der Gasphase) nicht mehr von einer Gleichgewichtskonstante reden kann. Solche Reaktionen verlaufen je nach Temperatur und Druck vollständig in der einen oder der anderen Richtung.

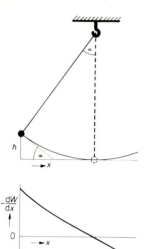

Abb. 10.1. Zur Analogie zwischen mechanischem und chemischem Gleichgewicht. Der Gleichgewichtszustand ist durch ein Minimum an potentieller Energie charakterisiert. Die Triebkraft entspricht dem Differentialquotienten aus abzugebender Arbeit pro Wegstrecke. Beim Durchgang durch den Gleichgewichtszustand kehrt die Triebkraft ihr Vorzeichen um.

Wir wollen uns zunächst auf die makroskopische Betrachtungsweise beschränken. Dann kann man die Einstellung eines chemischen Gleichgewichts mit der Einstellung des *mechanischen Gleichgewichts* vergleichen, dem z.B. ein aus seiner Ruhelage ausgelenktes Pendel zustrebt (Abb. 10.1). Um den Vergleich möglichst treffend zu machen, sei die Pendelbewegung etwa durch Eintauchen in eine zähe Flüssigkeit oder durch eine Vorrichtung zur Speicherung mechanischer Energie gedämpft*. Die *Gleichgewichtslage* ist durch ein *Minimum an potentieller Energie* charakterisiert. Die *Triebkraft in Richtung der Gleichgewichtslage* hängt damit zusammen, daß das *Pendel bei Annäherung an die Gleichgewichtslage Arbeit abgeben kann.*

Ändert sich die Höhe des Pendelkörpers um $-dh$, so ist die abzugebende Arbeit

$$-\delta W = mg \cdot (-dh) \qquad (10.1)$$

wenn m die Masse des Pendelkörpers und g die Erdbeschleunigung ist. Wir wollen die Triebkraft als die abzugebende Arbeit pro zurückgelegter differentieller Wegstrecke des Pendelkörpers in x-Richtung definieren** (Abb. 10.1 oben):

$$\text{Triebkraft} \equiv \frac{-\delta W}{dx} = mg \frac{-dh}{dx} = mg \cdot tg\alpha \qquad (10.2)$$

Die Triebkraft für die Pendelbewegung von links nach rechts wird im Gleichgewichtszustand gleich null und wechselt bei Überschreiten des Gleichgewichtszustandes das Vorzeichen (Abb. 10.1 unten).

Als Beispiel für ein *chemisch reagierendes System* betrachten wir wieder das in der Einleitung ausführlich diskutierte System der Stoffe H_2, J_2 und HJ. Wir gehen von einer stöchiometrischen Mischung von Wasserstoff und Jod aus, die sich bis zur Einstellung des Gleichgewichts

---

* Ein ungedämpftes Pendel würde Schwingungen um seine Gleichgewichtslage ausführen, was ein chemisch reagierendes System nicht tut.

** Nach dieser Definition wird die Triebkraft z.B. gleich der Kraft in [N], mit der das Pendel einen Bremsklotz auf horizontaler Ebene vor sich herschieben könnte.

nach der Gleichung

$$H_2 + J_2 \rightleftarrows 2\,HJ \qquad (10.3)$$

umsetzt.

Als Analogon zu der zurückgelegten Wegstrecke x des Pendels führen wir den „*Reaktionsstand*" ξ[mol] ein*. Dieser gibt an, wieviele molare Formelumsätze nach der angegebenen Reaktionsgleichung stattgefunden haben. Ist im Anfang (bei $\xi = 0$) kein HJ vorhanden, so ist nach *einem* Formelumsatz ($\xi = 1$ mol) die Menge an gebildetem Jodwasserstoff nach Gl. (10.3) $n_{HJ} = 2$ mol. Allgemein erhält man die Zunahme von ξ, indem man die Zunahme von n_{HJ} durch 2 dividiert:

$$d\xi = dn_{HJ}/2 \qquad (10.4)$$

Für eine beliebige Reaktionsgleichung

$$\nu_A A + \nu_B B \rightarrow \nu_E E$$

ist die Reaktionslaufzahl ξ definiert durch

$$d\xi \equiv dn_E/\nu_E = -dn_A/\nu_A = -dn_B/\nu_B \qquad (10.5)$$

Um den Vergleich mit dem Pendel weiterzuführen, ergibt sich nun die *Frage,* ob das Bestreben des chemischen Systems, sich bei einer vorgegebenen Temperatur ins Gleichgewicht zu versetzen, analog wie beim Pendel zur *Leistung einer mechanischen Arbeit* ausgenutzt werden kann. Wenn man H_2 und J_2 im homogenen Gasraum miteinander reagieren läßt, wird ja keinerlei Arbeit gewonnen (ebensowenig, wie wenn man die mechanische Energie des Pendels durch Reibung in Wärme verwandelt). Die Gewinnung einer mechanischen Arbeit aus einem reaktionsfähigen chemischen System bei einer vorgegebenen Temperatur ist aber im Prinzip möglich. Die einfachste Möglichkeit besteht in der *Führung der chemischen Reaktion über eine galvanische Kette.* Das ist allerdings im vorliegenden Beispiel nur so realisierbar, daß man den Jodwasserstoff in wäßriger Lösung entstehen läßt, wo er in H^+ und J^- dissoziiert ist:

$$H_2(g) + J_2(g) \rightleftarrows 2\,H^+(aq) + 2\,J^-(aq) \qquad (10.6)$$

Die galvanische Kette besteht dann aus einer wäßrigen HJ-Lösung, die mit je einem Gasraum von Wasserstoff und von Joddampf in Berührung steht (Abb. 10.2). Aus jedem der beiden Gasräume taucht ein Platinblech als Elektrode in die Lösung. Die beiden Elektroden sind mit

---

* Der *Reaktionsstand* ξ (engl. „extent of reaction") wurde früher als reine Zahl betrachtet und bisher allgemein als „*Reaktionslaufzahl*" bezeichnet. Da man ξ heute als dimensionsbehaftete Größe [mol] ansieht (ebenso wie die Stoffmenge, früher „Molzahl"), so muß man konsequenterweise auch hier die Bezeichnung ändern.

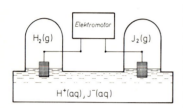

Abb. 10.2. Galvanische Kette zur Gewinnung einer Arbeit aus der Triebkraft einer chemischen Reaktion. Die Reaktion von Wasserstoff mit Jod kann hier nur um den Preis einer gleichzeitigen Arbeitsleistung der Elektronen im Elektromotor stattfinden.

einem Elektromotor verbunden, von dem wir die idealisierte Annahme machen wollen, daß er die ihm zugeführte Energie vollständig in mechanische Energie umwandelt. An den beiden Elektroden spielen sich folgende Teilreaktionen ab:

links:

$$H_2(g) \rightarrow 2\,H^+(aq) + 2\,e^- \qquad (10.7)$$

rechts:

$$2\,e^- + J_2(g) \rightarrow 2\,J^-(aq) \qquad (10.8)$$

Die Summe der beiden Teilreaktionen ergibt die Gesamtreaktion (10.6). Diese *Reaktion* kann aber jetzt *nur dadurch* ablaufen, *daß die Elektronen* im Draht von der linken zur rechten Elektrode fließen und dabei im Elektromotor *Arbeit leisten.*

Die geleistete *Arbeit* ist das Produkt aus *Spannung und geflossener elektrischer Ladung.* Die Spannung bei verschwindend kleiner Stromstärke* bezeichnen wir als **elektromotorische Kraft** E der Kette.

Die Zahl der umgesetzten Elektronen bei einem *molekularen* Formelumsatz nach den Gln. (10.7) und (10.8) ist $\nu_e = 2$. Die *Stoffmenge* an umgesetzten Elektronen bei einem Reaktionsfortschritt $d\xi$ ist analog Gl. (10.5) gegeben durch $dn_e = \nu_e\,d\xi$. Die Ladung von einem Mol Elementarladungen** ist durch die Faraday-Konstante F gegeben:

$$N_L\,e = F = 96\,487\ \text{C/mol}\,,$$

worin die Einheit der elektrischen Ladung, das *Coulomb* (Einheitenzeichen: C), als Produkt aus der Stromstärkeneinheit *Ampere* (Einheitenzeichen: A) und der Zeiteinheit *Sekunde* (s) definiert ist. Die geflossene Ladung bei einem Reaktionsfortschritt $d\xi$ beträgt also

$$F\,dn_e = \nu_e F\,d\xi\,,$$

und Multiplikation mit der EMK ergibt die elektrische Arbeit:

$$-\delta W_{el} = \nu_e F E\,d\xi$$

oder als Differentialquotient:

$$\frac{-\delta W_{el}}{d\xi} = \nu_e F E \qquad (10.9)$$

* Mit wachsender Stromstärke wird die Spannung zwischen den Polen der Kette kleiner. Um die *maximale Arbeit* pro Formelumsatz aus der Kette herauszuholen, muß man daher mit *verschwindend kleiner Stromstärke* arbeiten.

** Die Elementarladung e ist die elektrische Ladung eines einwertigen *positiven* Ions. Das Elektron (chemisches Symbol: e^-) hat somit die Ladung $-e$.

Diese *maximal abzugebende Arbeit pro Formelumsatz* ist, analog der mechanischen Definition (10.2), die *Triebkraft* der isothermen chemischen Reaktion*. Diese Triebkraft kann durch Messung der elektromotorischen Kraft (EMK) für viele chemische Reaktionen experimentell leicht bestimmt werden (ohne daß man die Reaktion *tatsächlich* über einen Elektromotor ablaufen lassen muß).

Im Verlauf der chemischen Reaktion (10.6) nehmen die Konzentrationen an $H_2(g)$ und $J_2(g)$ immer mehr ab und die Konzentrationen an $H^+(aq)$ und $J^-(aq)$ immer mehr zu, bis schließlich der Gleichgewichtszustand des Systems erreicht ist. In diesem Zustand würde die EMK in Abb. 10.2 gleich null werden. Durch künstliche Zufuhr von elektrischer Arbeit ist es im Prinzip auch möglich, das System — analog einem Pendel — über den Gleichgewichtszustand hinauszuschieben, wobei die EMK ihr Vorzeichen umkehrt**.

Da die *Triebkraft* chemischer Reaktionen entscheidend *von den Konzentrationen abhängt* und bei Erreichen der Gleichgewichtskonzentrationen verschwindet, so ist klar, daß die Triebkraft grundsätzlich *nicht* mit der Abnahme der *Inneren Energie* oder der *Enthalpie* des Systems identisch sein kann: Die Größen ΔU und ΔH sind nämlich in ideal verdünnten Systemen im Verlauf einer Reaktion konstant, d.h. von den sich ändernden Konzentrationen bzw. Partialdrucken unabhängig [vgl. Gl. (6.5)]. Im Gegensatz zur Triebkraft ändern ΔU und ΔH also auch nicht ihr Vorzeichen, wenn das chemische System durch Zufuhr von elektrischer Arbeit über seinen Gleichgewichtszustand hinausgeschoben wird. — Im übrigen können auch *solche* Reaktionen ablaufen (d.h. besitzen Triebkraft), deren ΔU und ΔH gleich null oder sogar positiv sind (endotherme Reaktionen).

10.2. Spontane Prozesse und reversible Ersatzprozesse

Läßt man eine beliebige chemische Reaktion *spontan**** ablaufen, so kommt das System am Ende in seinem Gleichgewichtszustand zur

---

* Sie hat allerdings nicht die Dimension einer Kraft, sondern die einer Energie pro Stoffmenge, da der Fortschritt der Reaktion nicht wie beim Pendel durch eine Länge, sondern durch eine Stoffmenge gegeben ist.

** Dabei würde man allerdings nicht mehr mit der einfachen Anordnung von Abb. 10.2 auskommen, da z.B. der Zutritt von J_2 zur H_2-Elektrode Störungen verursachen würde. Es gibt aber technische Kunstgriffe, um diese Störungen einigermaßen auszuschalten.

*** „*Spontan*" heißt „von selbst", ohne aktive Einwirkung von außen, insbesondere ohne Austausch von Arbeit mit der Umgebung. Wir gebrauchen das Wort „spontan" hier im Sinne von „*arbeitsfrei* ($\delta W = 0$) *und mit endlicher Geschwindigkeit ablaufend*". Vgl. aber die Fußnote S. 94.

Ruhe; es kehrt erfahrungsgemäß nicht von selbst wieder in seinen Ausgangszustand zurück. Man bezeichnet den Ablauf der Reaktion daher
als „*nicht umkehrbar*" oder „*irreversibel*".

Spontane Prozesse sind immer irreversibel*. Zwar kann man durch
Zufuhr von äußerer Arbeit den Ausgangszustand des Systems wieder-
herstellen, aber damit ist nicht alles so, wie es vorher war: Die Zufuhr
von äußerer Arbeit bedingt nämlich eine Veränderung in der *Umgebung* des Systems, z.B. das Absenken eines Gewichtes oder die Entladung einer elektrischen Batterie.

Wenn man dagegen die chemische Reaktion ganz langsam unter Gewinnung der maximal möglichen Arbeit über eine galvanische Kette
„*führt*", dann ist dieser Prozeß im Prinzip **reversibel**, d.h. *umkehrbar*:
Man kann dann nämlich den Ausgangszustand des Systems wiederher-
stellen, indem man die gespeicherte elektrische Arbeit wieder in das
System hineinsteckt. Am Schluß ist auch in der Umgebung des Systems
alles so, wie es vorher war.

Die Führung der Reaktion über eine galvanische Kette stellt einen *reversiblen Ersatzprozeß* für den spontanen, irreversiblen Ablauf der Reaktion dar.

Ein besonders wichtiges, rein physikalisches **Beispiel** eines spontanen
Prozesses ist die Expansion eines idealen Gases in ein evakuiertes Gefäß
(vgl. Abb. 6.2 S. 45). Die Gasmoleküle kehren von selbst niemals wieder alle gleichzeitig in ihr Ausgangsvolumen zurück. Auch diese Zustandsänderung kann man aber im Prinzip durch einen reversiblen Ersatzprozeß herbeiführen, indem man sich der Pohlschen Versuchsanordnung Abb. 6.3 S. 47 bedient. In diesem Fall wird bei der Expansion des
Gases eine Arbeit gewonnen und als potentielle Energie gespeichert.
Dieser Vorgang ist im Prinzip umkehrbar, da man das Gas auf sein altes
Volumen komprimieren kann, indem man ihm die Arbeit wieder zuführt.

Das **Charakteristikum eines reversiblen Ersatzprozesses** besteht darin, daß bei der
festgelegten Zustandsänderung des Systems die **maximal** mögliche Menge an **Arbeit**
abgegeben und in einem Hilfssystem als potentielle Energie „**konserviert**" wird. Am
Beispiel der reversiblen Expansion eines Gases wird besonders deutlich, welche technischen Vorbedingungen erfüllt sein müssen, um einen solchen reversiblen Prozeß zu
realisieren:

1. Das Hilfssystem zur Konservierung der Arbeit (hier: das Gewicht mit Kurvenscheibe, Zahnrad und Zahnstange) muß dem eigentlichen System (hier: dem Gas im
Expansionszylinder) so gut angepaßt sein, daß dauernd ein **indifferentes Gleichgewicht** zwischen System und Hilfssystem besteht.

2. Es muß jegliche **Reibung und plastische Verformung vermieden** werden.

---

* Irreversible Prozesse verlaufen aber nicht immer spontan!

3. Der **Wärmeaustausch** zwischen dem Gas und dem Wasserbad muß **ohne** ein nennenswertes **Temperaturgefälle** erfolgen, denn ein Wärmefluß zwischen zwei verschiedenen Temperaturen würde nicht reversibel sein. Analoges gilt z.B. in galvanischen Ketten für den **Stofftransport**: Dieser muß **ohne** ein nennenswertes **Konzentrationsgefälle** erfolgen, denn auch der Ausgleich von Konzentrationsunterschieden durch Diffusion wäre irreversibel.

Ein Transport ohne antreibendes Gefälle geht aber unendlich langsam, und auch zur Vermeidung von Reibung und Wirbelbildung müssen die Bewegungen langsam („quasistatisch") erfolgen. Dem Ideal des reversiblen Prozesses kann man daher praktisch nur durch ziemlich **langsame Versuchsführung** einigermaßen nahekommen*.

Weitere Beispiele für spontane Prozesse sind die Vermischung zweier idealer Gase, das Einschwingen eines gedämpften Pendels in seine Ruhelage (Reibung), das Herabfallen einer Knetekugel unter plastischer Verformung und die Abkühlung eines heißen Körpers durch Wärmeübertragung an die Umgebung. Alle vier Vorgänge lassen sich im Prinzip durch reversible Vorgänge ersetzen: Das Problem der reversiblen Vermischung läßt sich auf das vorher besprochene Problem der reversiblen Expansion zurückführen, wenn man passende semipermeable Wände besitzt; Näheres in Abschnitt 11.3. Um das Einschwingen des Pendels und das Herabfallen der Knetekugel reversibel zu gestalten, muß die Reibung bzw. plastische Verformung verhindert werden, indem die potentielle Energie nicht als Wärme, sondern als Arbeit abgeführt und in Form einer anderen mechanischen Energie in der Umgebung gespeichert wird. Auch die Abkühlung eines heißen Körpers läßt sich reversibel gestalten, indem ein Teil der abzugebenden Wärme in Arbeit verwandelt wird; Näheres in Abschnitt 12.3.

Der jeweilige reversible *Ersatzprozeß* führt das betrachtete System immer aus dem *gleichen Anfangszustand* in den *gleichen Endzustand,* wie der spontane, irreversible Prozeß. Der charakteristische *Unterschied* zwischen beiden Prozessen besteht immer darin, daß der *spontane Prozeß arbeitsfrei* verläuft, während bei dem reversiblen Ersatzprozeß eine möglichst große Menge an Arbeit abgegeben wird. Diese *Arbeit, die man* bei reversibler Führung *hätte speichern können,* stellt (bezogen auf die Änderung des Reaktionsstandes oder dgl.) die *Triebkraft des spontanen Prozesses* dar.

Irreversibel ist ein Prozeß auch dann, wenn dabei zwar Arbeit gespeichert wird, aber nicht die maximal mögliche Menge an Arbeit. Da ein irreversibler Prozeß und sein reversibler Ersatzprozeß die gleiche Zustandsänderung des Systems bewirken, muß nach dem ersten Hauptsatz ΔU für beide Prozesse gleich groß sein. Da im reversiblen Fall von dem System mehr *Arbeit* abgegeben wird als im irreversiblen Fall, muß (wegen $\Delta U = W + Q$) zum Ausgleich dafür im irreversiblen Fall mehr

---

* Damit ist aber *nicht* gesagt, daß *jeder* sehr langsame Prozeß annähernd reversibel ist.

Wärme abgegeben (oder weniger Wärme zugeführt) werden*. Das *Charakteristikum eines irreversiblen Prozesses* besteht also in der *Vergeudung von Arbeitsfähigkeit zugunsten von Wärme*.

10.3. Die Unmöglichkeit eines Perpetuum mobile zweiter Art

Eine „Umwandlung von Arbeit durch Reibung in Wärme" ** ist unbegrenzt möglich, aber irreversibel, d.h. nicht umkehrbar: Eine Umwandlung von Wärme in Arbeit ist nämlich nur begrenzt möglich, weil dabei zusätzliche Veränderungen entstehen müssen, z.B. die Vergrößerung eines Gasvolumens (vgl. Abb. 6.3). Diese allgemeine Erfahrung wird im **zweiten Hauptsatz der Thermodynamik** folgendermaßen formuliert: „*Es ist unmöglich, eine periodisch arbeitende Maschine zu bauen, die nichts weiter bewirkt als Abkühlung ihrer Umgebung und Hebung einer Last*". (Eine solche Maschine, deren Bau nach dem zweiten Hauptsatz unmöglich ist, heißt „*Perpetuum mobile zweiter Art*".)

Mit dem Wort „periodisch" ist gesagt, daß die Maschine regelmäßig in ihren Anfangszustand zurückkehren soll, also einen *Kreisprozeß* durchläuft. Diese Forderung erfüllt die Pohlsche Anordnung Abb. 6.3 z.B. nicht.

Mit den Worten „... nichts weiter..." ist auch der Wärmetransport von einer höheren zu einer tieferen Temperatur ausgeschlossen. Ein solcher Wärmetransport kann z.B. dadurch ausgeschlossen werden, daß man für die Umgebung der Maschine *einheitliche Temperatur* annimmt. Daher folgt aus dem 2. Hauptsatz unmittelbar: „Es ist unmöglich, daß eine Maschine bei Durchlaufen eines *isothermen Kreisprozesses* insgesamt*** Arbeit abgibt" oder auch: „Bei Durchlaufen eines isothermen Kreisprozesses kann das Integral über die zugeführte Arbeit nicht

---

* Bei der irreversiblen Expansion eines Gases wird zwar keine Wärme abgegeben, aber es wird auf die (bei reversibler Führung mögliche) Zufuhr von Wärme (unter Abgabe von Arbeit) verzichtet.

** Diese allgemein übliche Formulierung erscheint insofern mißverständlich, als Arbeit und Wärme keine statischen Energieformen, sondern nur Formen der Energie*übertragung* sind. Gemeint ist hier, daß man einem isothermen System Arbeit zuführt und dafür Wärme herausbekommt.

*** „Insgesamt" heißt: „summiert über alle (positiven und negativen) Arbeitsbeträge". Würde insgesamt Arbeit abgegeben (die nach dem 1. Hauptsatz durch zugeführte Wärme kompensiert sein müßte), dann besäße man damit ein Perpetuum mobile zweiter Art.

negativ sein" oder in mathematischer Formelsprache:

$$\oint \delta W_T \geq 0 \qquad (10.10)$$

Das $>$-Zeichen in dieser Formel entspricht einem nicht umkehrbaren Prozeß*:

$$\oint \delta W_{T,\text{irrev}} > 0 \qquad (10.11)$$

Somit bleibt für den Fall eines umkehrbaren Kreisprozesses aus (10.10) nur das Gleichheitszeichen übrig:

$$\oint \delta W_{T,\text{rev}} = 0 \qquad (10.12)$$

Dieses ist die mathematische Formulierung dafür, daß die **Arbeit eines isothermen, reversiblen Prozesses** der Änderung einer **Zustandsgröße** entspricht [vgl. Gl. (5.20)]. Das bedeutet: Wird ein System auf zwei verschiedenen isothermen, reversiblen Wegen 1 und 2 aus einem Zustand I in einen Zustand II gebracht, so sind die beiden Arbeitsbeträge immer gleich groß**:

$$(W_{T,\text{rev},\text{I}\rightarrow\text{II}})_1 = (W_{T,\text{rev},\text{I}\rightarrow\text{II}})_2 \qquad (10.13)$$

Abb. 10.3. Zusammensetzung der Arbeit bei einem isothermen Kreisprozeß aus den Beiträgen verschiedener Wege zwischen zwei Zuständen I und II eines Systems.

Wir zerlegen jetzt den isothermen, reversiblen Kreisprozeß von Formel (10.12) in einen Hinweg von I nach II mit der Arbeit W_{rev} und einen reversiblen Rückweg von II nach I mit der Arbeit $W_{\text{rück}}$ (vgl. Abb. 10.3):

$$\oint \delta W_{T,\text{rev}} = W_{\text{rev}} + W_{\text{rück}} = 0$$

Analog sei der irreversible Kreisprozeß von Formel (10.11) durch einen Hinweg mit der Arbeit W_{irrev} und den gleichen reversiblen Rückweg wie im vorhergehenden, reversiblen Kreisprozeß realisiert:

$$\oint \delta W_{T,\text{irrev}} = W_{\text{irrev}} + W_{\text{rück}} > 0$$

Durch Subtraktion der vorhergehenden Gleichung folgt:

$$W_{\text{irrev}} - W_{\text{rev}} > 0$$

---

* Denn bei einer Umkehrung des Prozesses müßte sich auch das $>$-Zeichen umkehren, und das ist nach dem oben Gesagten unmöglich.

** Man kann diese Aussage auch ohne Formeln direkt aus der Überlegung gewinnen, daß man anderenfalls durch geeignete Kombination der verschiedenen Wege bzw. deren Umkehrung ein Perpetuum mobile zweiter Art bauen könnte. Der Leser führe diese Überlegung selbst aus!

oder (mit ausführlichen Indices):

$$-W_{T,\text{rev},I\to II} > -W_{T,\text{irrev},I\to II} \qquad (10.14)$$

In Worten: Für einen *reversiblen,* isothermen Weg von I nach II ist die abgegebene Arbeit größer (bzw. die aufgenommene Arbeit kleiner) als für einen *irreversiblen,* isothermen Weg. Also ist *die reversibel abgegebene Arbeit bei einer isothermen Zustandsänderung zugleich die maximal abzugebende Arbeit.* (Bei irreversibler Durchführung der Zustandsänderung geht nämlich ein Teil der abzugebenden Arbeit als Wärme verloren.)

10.4. Helmholtz-Energie (Freie Energie)

Für die Zustandsgröße, deren Änderung bei einer isothermen Zustandsänderung durch die reversible Arbeit gegeben ist, wird die Bezeichnung *„Helmholtz-Energie"* (bisher*: *„Freie Energie"*) mit dem Symbol A eingeführt**):

$$\boxed{\Delta A_T \equiv W_{T,\text{rev}}} \qquad (10.15)$$

Da die Helmholtz-Energie (im Gegensatz zur Arbeit) eine meßbare *Eigenschaft* jedes Systems ist, läßt sich der Begriff der *Triebkraft* einer isothermen chemischen Reaktion jetzt noch besser veranschaulichen: Als Maß für die Triebkraft einer arbeitsfrei verlaufenden isothermen Reaktion hatten wir in Abschnitt 10.1 die Arbeit pro Formelumsatz eingeführt, die man in einem reversiblen Ersatzprozeß hätte gewinnen können [vgl. Gl. (10.9)]. Diese ist nun nach Gl. (10.15) mit der *Abnahme der Helmholtz-Energie pro Formelumsatz,* $-\partial A/\partial\xi$, identisch.

Für jeden spontanen (d.h. arbeitsfreien und irreversiblen) isothermen Prozeß ist in (10.14) $W_{T,\text{irrev}} = 0$ zu setzen. Zusammen mit (10.15) wird dann für jeden

$$\boxed{\text{spontanen isothermen Prozeß: } -\Delta A_T > 0} \qquad (10.16)$$

---

* Die Bezeichnung „Helmholtz-Energie" mit dem Symbol A (wie das deutsche Wort „Arbeit") entspricht den Empfehlungen der IUPAC. Bisher wird hierfür in den meisten deutschen Lehrbüchern aber noch die Bezeichnung „Freie Energie" mit dem Symbol F verwendet.

** Durch diese Definition sind zunächst nur *solche* Differenzen von A festgelegt, die sich auf *konstante Temperatur* beziehen. Später werden wir sehen, wie man ΔA_T von einer Temperatur auf eine andere umrechnen kann, und im Anschluß daran eine *allgemeinere Definition für A* aufstellen, die mit Gl. (10.15) im Einklang steht. Die Differenz von A zwischen zwei verschiedenen Temperaturen ist aber eine rein formale Rechengröße und hat nicht die physikalische Bedeutung einer „Triebkraft". Näheres in Abschnitt 14.1.

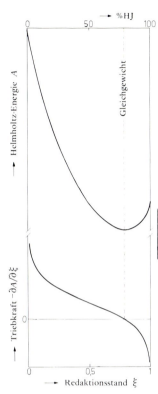

Abb. 10.4. Helmholtz-Energie (oben) und Triebkraft der Reaktion (unten) im Jod-Wasserstoff-System in Abhängigkeit vom Reaktionsstand bei Konstanz von Volumen und Temperatur. Bei der Gleichgewichtszusammensetzung des Systems hat die Helmholtz-Energie ein Minimum und die Triebkraft einen Nulldurchgang.

Die Helmholtz-Energie nimmt also bei isothermen, arbeitsfreien, irreversiblen Prozessen immer ab*. (Dieser Satz ist eine besonders wichtige Aussage des zweiten Hauptsatzes.) Allein aus diesem Satz ergibt sich unmittelbar, daß ein isothermer, arbeitsfreier Prozeß an derjenigen Stelle des Reaktionsstandes zum Stillstand kommen muß, wo eine Fortsetzung der Reaktion nicht mehr mit einer weiteren Abnahme von A verbunden wäre, wo also $(\partial A/\partial \xi)_T = 0$ ist. Dieses ist daher die charakteristische Bedingung für ein

chemisches Gleichgewicht:

$$\left(\frac{\partial A}{\partial \xi}\right)_{T,\delta W=0} = 0 \qquad (10.17)$$

Jenseits des Gleichgewichtszustandes stellt die *Gegenreaktion* einen spontanen isothermen Prozeß dar, d.h., für die Reaktion selbst würde sich dort das Vorzeichen der Ungleichung (10.16) umkehren: $-\Delta A_T < 0$. Die Reaktion ist also dort *nicht spontan* möglich**. Dieses kommt darin zum Ausdruck, daß ihre Triebkraft $-(\partial A/\partial \xi)_{T,\delta W=0}$ negativ ist.

In Abb. 10.4 ist die Helmholtz-Energie eines Systems zusammen mit der Triebkraft einer chemischen Reaktion analog zu Abb. 10.1 dargestellt. Im Beispiel der HJ-Bildung nach Gl. (10.3) ist der Reaktionsstand ξ dem Prozentsatz an HJ-Molekülen proportional. Bei der Gleichgewichtszusammensetzung hat die Helmholtz-Energie ein Minimum.***

---

* Man kann diesen Satz auch umkehren: Wenn A isotherm und arbeitsfrei abnimmt, dann ist der betr. Prozeß irreversibel. Frage: Läßt sich die entsprechende Zustandsänderung auch auf *reversible* Weise herbeiführen? Antwort: Nicht mit der obigen Nebenbedingung „arbeitsfrei", sondern nur, wenn man Arbeit abführt.

** Sie ist aber möglich durch Zufuhr von elektrischer Arbeit.

*** Zur Diskussion der Kurven in Abb. 10.4 vgl. S. 197.

Wenn die Abnahme der Helmholtz-Energie mit der reversiblen elektrischen Arbeit einer galvanischen Kette übereinstimmen soll, dann dürfen außer der elektrischen Arbeit keine sonstigen Arbeitsbeträge auftreten, insbesondere keine Volumenarbeit. Dazu muß das Volumen des Gesamtsystems konstant bleiben, wie das in der Versuchsanordnung in Abb. 10.2 der Fall ist. Dann wird aus Gl. (10.9):

$$-\left(\frac{\partial A}{\partial \xi}\right)_{V,T} = \nu_e F E \tag{10.18}$$

10.5. Gibbs-Energie (Freie Enthalpie)

Wir betrachten ein System, das sich im chemischen Gleichgewicht befindet, z.B. eine Mischung der Gase N_2, H_2 und NH_3 in einem bestimmten Volumen bei bestimmter Temperatur. Wenn das Volumen konstant gehalten wird, haben wir ein arbeitsfreies System vor uns ($\delta W = 0$), für das die Gleichgewichtsbedingung (10.17) zutrifft: Bei einem differentiell kleinen Stoffumsatz $d\xi$ würde also $dA = 0$ sein. Wir wollen jetzt den Außendruck in der Umgebung genauso groß machen wie den Druck p im Reaktionsgefäß. Dann können wir die Gefäßwand beweglich machen, *ohne daß das Gleichgewicht gestört wird.* Bei einem differentiellen Stoffumsatz $d\xi$ *bei konstantem p* und T würde sich aber jetzt das Volumen um $dV_{p,T}$ verändern, und die Änderung der Helmholtz-Energie wäre daher *nicht* mehr $dA = 0$, sondern nach (10.15) gleich der reversibel* zugeführten Volumenarbeit:

$$dA_{p,T} = \delta W_{rev,p,T} = -p\,dV_{p,T} \tag{10.19}$$

oder $dA_{p,T} + p\,dV_{p,T} = 0$

oder $d(A + pV)_{p,T} = 0 \tag{10.20}$

Um ein einfaches *Gleichgewichtskriterium für isotherme, isobare Systeme* zu haben, wird für die Summe $A + pV$ ein neues Symbol und ein neuer Name eingeführt:

$$\boxed{A + pV \equiv G} \qquad \text{(\textit{Gibbs-Energie} oder \textbf{Freie Enthalpie})} \tag{10.21}$$

Da A, p und V durch den thermodynamischen Zustand eines Systems eindeutig festgelegt sind, ist auch G eine *Zustandsgröße.*

Wenn ein isothermes isobares System außer der Volumenarbeit gegen den konstanten Außendruck p keinerlei sonstige Arbeit mit seiner Umgebung austauscht, so ist der Gleichgewichtszustand nach (10.20) und

---

* Da Druckgleichgewicht zwischen System und Umgebung angenommen wurde, ist der Arbeitsaustausch reversibel, vgl. S. 86.

(10.21) durch die Bedingung gegeben, daß die Gibbs-Energie sich bei einem differentiellen Formelumsatz dξ nicht verändert:

$$\left(\frac{\partial G}{\partial \xi}\right)_{p,T} = 0 \quad \text{(Gleichgewicht)} \tag{10.22}$$

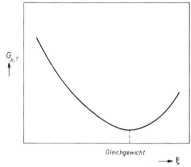

Abb. 10.5. Gibbs-Energie in Abhängigkeit vom Reaktionsstand ξ bei Konstanz von Druck und Temperatur. Die negative Tangentensteigung an einem beliebigen Punkt der Kurve ist gleich der Triebkraft der isobaren, isothermen Reaktion bei der jeweiligen Zusammensetzung des Systems.

Analog wie die Helmholtz-Energie bei konstantem Volumen, so erreicht die Gibbs-Energie *bei konstantem Druck* für isotherme Reaktionen im Gleichgewichtszustand ein Minimum* (Abb. 10.5). Eine Verschiebung aus diesem Zustand heraus ist nur durch Zufuhr von sonstiger Arbeit (außer der Volumenarbeit gegen den konstanten Außendruck) möglich.

Als Beispiel für ein System, das mit seiner Umgebung außer der reversiblen Volumenarbeit W_{Vol} gegen den konstanten Außendruck noch reversible elektrische Arbeit W_{el} austauscht, betrachten wir in Abb. 10.6 die galvanische Kette

Pt, H_2 (g) / H^+(aq), Cl^-(aq) / Pt, Cl_2 (g) .

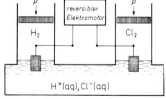

Abb. 10.6. Schematische Versuchsanordnung zur reversiblen Führung der Reaktion von Wasserstoff mit Chlor bei konstantem Druck.

Die Gase H_2 und Cl_2, welche die in die wäßrige HCl-Lösung eintauchenden Platinelektroden umspülen, sind durch bewegliche, gewichtslose Stempel gegen die Umgebung abgeschlossen, auf denen der Außendruck p lastet. Bei Stromdurchgang von 2 *F* läuft folgende Reaktion ab:

H_2 (g) + Cl_2 (g) →
2 H^+(aq) + 2 Cl^-(aq) $\quad$ (10.23)

Da beide Arbeitsbeträge reversibel sein sollen, ist nach Gl. (10.15)

$$dA_{T,p} = \delta W_{T,\text{rev}} = \delta W_{el} + \delta W_{Vol} = \delta W_{el} - p\, dV_{T,p} \tag{10.24}$$

---

* Da sich im Beispiel der HJ-Bildung nach Gl. (10.3) die *Teilchenzahl nicht verändert*, bleibt *in diesem Fall* bei konstantem Volumen *zugleich auch der Druck* konstant. Daher kann man für dieses spezielle Beispiel in Abb. 10.4 $(\partial A/\partial \xi)_{T,\delta W=0} = (\partial G/\partial \xi)_{p,T}$ setzen.

Die *Volumenarbeit gegen den konstanten Außendruck* kann nicht zum
Heben von Gewichten oder dgl. verwendet werden. Sie ist prinzipiell
nicht nutzbar. (Falls sie — wie hier — negativ ist, braucht sie auch nicht
durch Absenken von Gewichten aufgebracht zu werden, da sie von der
Atmosphäre kostenlos geleistet wird.) Im Unterschied dazu bezeichnet
man alle sonstige Arbeit (außer der Volumenarbeit gegen die Atmosphäre) als „*Nutzarbeit*" W_{Nutz} . Damit wird aus (10.24) (reversibler Fall,
$W_{\text{Nutz,rev}}$):

$$\delta W_{\text{Nutz,rev}} = \delta W_{\text{el}} = \mathrm{d}A_{T,p} + p\,\mathrm{d}V_{T,p} = \mathrm{d}(A + p\,V)_{T,p} \equiv \mathrm{d}G_{T,p}$$

(10.25)

Die reversibel zugeführte Nutzarbeit ist hiernach für isotherme, isobare
Systeme gleich der Zunahme der Gibbs-Energie. Meistens handelt es
sich dabei — wie in Abb. 10.6 — um elektrische Arbeit. Die elektrische
Arbeit pro Formelumsatz ist durch (10.9) gegeben.

Somit wird $\quad \left(\dfrac{\partial G}{\partial \xi}\right)_{p,T} = \nu_e F E$. (10.26)

Die Größe $-(\partial G/\partial \xi)_{p,T}$ ist die negative *Tangentensteigung* der Kurve
$G_{p,T}(\xi)$ in Abb. 10.5. Sie ist proportional der EMK der entsprechenden
galvanischen Kette und als **Triebkraft** (Affinität) *der isothermen, isobaren, nutzarbeitsfreien* Reaktion anzusprechen. Die Triebkraft dieses
nutzarbeitsfreien Prozesses ist also gleich der *Nutzarbeit pro molarem
Formelumsatz, die das System in einem reversiblen Ersatzprozeß hätte
abgeben können.*

Die Gleichgewichtsbedingung (10.22) ist an die Voraussetzung
$\delta W_{\text{Nutz}} = 0$ *insofern* gebunden, als durch Zufuhr von Nutzarbeit eine
Verschiebung aus diesem Zustand heraus durchaus möglich ist. Jedoch
durch einen *nutzarbeitsfreien, isothermen, isobaren Prozeß* ist dieses
nicht möglich, da hierbei die *Gibbs-Energie G nur abnehmen kann, bis*
schließlich ein *Minimum* erreicht ist. (Diese *spezielle Formulierung des
2. Hauptsatzes* ist für den Chemiker besonders nützlich.)

Die Triebkraft, d.h. die negative Tangentensteigung $-\partial G/\partial \xi$ der
Kurve $G(\xi)$ in Abb. 10.5, nimmt im Verlauf der Reaktion ab und erreicht im Minimum der Kurve den Wert null. *Bei gegebenen Konzentrationen* der reagierenden Stoffe hat $\partial G/\partial \xi$ einen bestimmten Wert, der
von der *Größe* des Systems (d.h. vom Volumen und damit von den
Mengen der Stoffe) *unabhängig* ist. Im Gegensatz dazu hängt die Sekantensteigung $\Delta G/\Delta \xi$ für $\Delta \xi = 1$ mol außer von den Anfangskonzentrationen auch noch von der Größe des Systems ab, weil der Stoffumsatz
$\Delta \xi = 1$ mol in einem *kleinen* System eine *stärkere Änderung der Kon-*

---

* Auch für „nutzarbeitsfrei" wird manchmal das Wort „spontan" verwendet.

zentrationen verursacht als in einem größeren System. Nur wenn das System so groß ist, daß die Änderung der Konzentrationen für $\Delta\xi = 1$ mol vernachlässigbar ist*, dann ist praktisch die Sekantensteigung gleich der Tangentensteigung (d.h. der Differenzenquotient gleich dem Differentialquotient):

$$\frac{\Delta G}{\Delta\xi} = \frac{\partial G}{\partial\xi} .$$

Entsprechend diesem Grenzfall ist mit dem Symbol $\Delta G_{p,T}$ im allgemeinen der *Differentialquotient* gemeint, der (mit umgekehrtem Vorzeichen) die *Triebkraft* (,,*Affinität*'') der chemischen Reaktion darstellt. Durch diese Definition ist $\Delta G_{p,T}$ von der Größe des Systems unabhängig, d.h., es ist allein durch die Konzentrationen der Stoffe sowie durch Druck und Temperatur eindeutig festgelegt. Die Indizes p und T werden übrigens meistens weggelassen. Wenn nichts anderes vermerkt ist, so gilt also die Definition

$$\Delta G \equiv \left(\frac{\partial G}{\partial\xi}\right)_{p,T} \tag{10.27}$$

Dabei gebraucht man das Zeichen Δ im Sinne eines mathematischen Operators:

$$\Delta \equiv \left(\frac{\partial}{\partial\xi}\right)_{p,T} .$$

Man beachte, daß dieser Operator (im Gegensatz zum einfachen Δ-Zeichen) die *Dimension* einer Größe verändert, da der Reaktionsstand ξ (die ,,Reaktionslaufzahl'') nach der heutigen Definition keine dimensionslose Zahl mehr ist, sondern in der Einheit [mol] gemessen wird (vgl. Fußnote* S. 62).

Die Definition von Δ als Operator ist auch auf die Enthalpieänderung ΔH anwendbar; jedoch besteht für die Funktionen U und H auch in kleinen Systemen kein wesentlicher Unterschied zwischen Differentialquotient und Differenzenquotient, weil $\partial U/\partial\xi$ und $\partial H/\partial\xi$ bei idealer Verdünnung von den Konzentrationen unabhängig sind (im Gegensatz zu $\partial A/\partial\xi$ und $\partial G/\partial\xi$). Darum brauchte dieses Problem bei der Einführung des Zeichens Δ auf S. 62 noch nicht behandelt zu werden.

---

* Ein extremes Beispiel hierfür ist die *Zersetzung eines Hydrates* an der (praktisch unendlich großen) freien Atmosphäre: Wenn der Wasserdampfpartialdruck kleiner als der Gleichgewichtspartialdruck des Hydrates ist, dann zersetzt sich dieses vollständig, ohne daß der Wasserdampfpartialdruck in der Atmosphäre dadurch merklich zunimmt, d.h., ohne daß das Gleichgewicht erreicht wird.

11. Das chemische Potential

11.1. Die Triebkraft für Phasenumwandlungen

Als besonders einfachen Sonderfall einer „chemischen Reaktion" wollen wir die Phasenumwandlung eines reinen Stoffes betrachten, und zwar speziell die Verdampfung von Wasser. Die „Reaktionsgleichung" lautet in diesem Fall

$$H_2O(fl) \rightarrow H_2O(g) \tag{11.1}$$

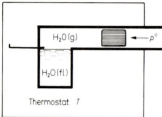

Abb. 11.1. Nutzarbeitsfreie Verdampfung von Wasser bei Konstanz von Druck und Temperatur als Sonderfall einer „chemischen Reaktion".

Das System aus flüssigem Wasser und reinem Wasserdampf sei von einem Thermostaten umgeben und durch einen frei beweglichen Kolben gegen die äußere Atmosphäre vom Druck p° abgedichtet* (Abb. 11.1). Die „Reaktion" (11.1) verläuft also isotherm und isobar, so daß ihre Triebkraft nach (10.25) durch die Abnahme der Gibbs-Energie pro Formelumsatz gegeben ist:

$$\frac{-\delta W_{\text{Nutz,rev}}}{d\xi} = -\Delta G \equiv -\left(\frac{\partial G}{\partial \xi}\right)_{p,T} \tag{11.2}$$

Dabei ist der *Reaktionsfortschritt* $d\xi$ durch die Zunahme der Stoffmenge [mol] an gasförmigem H_2O definiert:

$$d\xi \equiv dn_{H_2O(g)} = -dn_{H_2O(fl)} \tag{11.3}$$

Wir wollen zunächst annehmen, das System sei im **Gleichgewicht**. Der Druck des Wasserdampfes, der in Abb. 11.1 durch den Atmosphärendruck p° vorgegeben ist, soll also mit dem Dampfdruck p^D des flüssigen Wassers übereinstimmen. Die Temperatur T des Thermostaten muß dann gleich dem Siedepunkt T_S des Wassers sein ($\widehat{=} 100\,^\circ C$); denn der Siedepunkt ist ja dadurch definiert, daß der Dampfdruck gleich dem Standarddruck wird, so daß sich im Inneren der Flüssigkeit Dampfblasen bilden können.

In diesem Gleichgewichtszustand sollte nun die Triebkraft $-\Delta G = 0$ sein. Tatsächlich kann das System jetzt keinerlei Nutzarbeit leisten; denn wenn Wasser verdampft, wird nur Arbeit gegen die Atmosphäre geleistet, und diese Arbeit läßt sich nicht zum Heben von Gewichten oder zum Antreiben einer Lokomotive nutzbar machen.

---

* Der Standarddruck p° (vgl. S. 67) ist so definiert, daß er mit dem äußeren Luftdruck in Meereshöhe im Mittel übereinstimmt.

Anders ist das im **Nichtgleichgewichtszustand**, d.h., wenn $T > T_S$ ist. Das flüssige Wasser ist dann *überhitzt**, und sein Dampfdruck p^D ist größer als der tatsächliche Druck des Wasserdampfes** (dieser ist in Abb. 11.1 durch $p°$ vorgegeben). In diesem Fall findet im Schema der Abb. 11.1 bei konstantem p und T eine irreversible, nutzarbeitsfreie Verdampfung statt, wobei G abnimmt. Nachdem die Menge n_{H_2O} verdampft ist, wollen wir den Prozeß durch Absperren der Wasseroberfläche mit Hilfe des Schiebers in Abb. 11.1 beenden***.

Läßt sich auch für dieses Beispiel ein **reversibler Ersatzprozeß** angeben, durch den man aus der Triebkraft $-\Delta G$ eine Nutzarbeit gewinnen kann?

Eine galvanische Kette läßt sich für das vorliegende Beispiel nicht konstruieren. Es gibt aber noch eine andere Möglichkeit, die isotherme Umwandlung von $H_2O(fl)$ in $H_2O(g)$ im Prinzip reversibel durchzuführen und dabei die maximale Nutzarbeit zu gewinnen, und zwar als **Expansionsarbeit** des Wasserdampfes, vgl. Abb. 11.2.

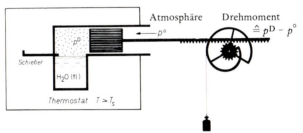

Abb. 11.2. Apparatur zur Durchführung eines reversiblen Ersatzprozesses. Die Triebkraft $-\Delta G$ der irreversiblen Verdampfung in Abb. 11.1 wird jetzt zur Hebung eines Gewichts ausgenutzt. Nutzbar ist dafür nur die Druckdifferenz $p - p°$.

Dazu soll der bewegliche Kolben in Abb. 11.2 zunächst den freien Raum über dem flüssigen Wasser fast ganz ausfüllen (Gasvolumen praktisch gleich null). Wenn jetzt die Menge n_{H_2O} reversibel (also im indifferenten Gleichgewicht) verdampfen soll, dann muß der Druck des neu entstehenden Wasserdampfes mit dem Dampfdruck p^D übereinstim-

---

* Geringe Überschreitungen der Siedetemperatur können leicht auftreten, sofern keine Keime für die Bildung von Dampfblasen in der Flüssigkeit vorhanden sind (*Siedeverzug*).

** Das Wort „*Dampfdruck*" ist für denjenigen Partialdruck reserviert, der mit einer kondensierten Phase *im Gleichgewicht* ist. Darum dürfen wir den Druck des Wasserdampfes in diesem Falle nicht als „Wasserdampfdruck" bezeichnen.

*** Ohne den Schieber würde der Prozeß weiterlaufen, bis die flüssige Phase aufgebraucht wäre.

men, der zu der Temperatur $T > T_S$ gehört. Die von dem Kolben auf das Zahnrad ausgeübte Kraft entspricht dann der Druckdifferenz $p^D - p^\circ$. Daher kann während dieser Verdampfung durch Heben eines Gewichtes eine Nutzarbeit von der Größe $(p^D - p^\circ) \cdot V(p^D)$ gewonnen werden (vgl. Abb. 11.2), wenn $V(p^D)$ das Volumen der Substanzmenge $n_{H_2O(g)}$ unter dem Druck p^D ist (das Flüssigkeitsvolumen wird vernachlässigt). Der Hebelarm des Gewichts in Abb. 11.2 bleibt während dieser Arbeitsphase konstant. Anschließend wird die Flüssigkeitsoberfläche durch einen Schieber abgeschlossen (Abb. 11.2) und der Wasserdampf nach dem Vorbild der Pohlschen Anordnung (Abb. 6.3, S. 47) isotherm und reversibel von p^D auf p° expandiert. Die das Gewicht tragende Kurvenscheibe muß dabei so konstruiert sein, daß der Hebelarm des Gewichts gleich null wird, wenn der Druck des Wasserdampfes gleich dem Atmosphärendruck p° wird.

Die bei diesem reversiblen Ersatzprozeß umgesetzten Arbeitsbeträge sind im p-V-Diagramm Abb. 11.3 dargestellt.

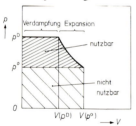

Abb. 11.3. Die beim reversiblen Ersatzprozeß in Abb. 11.2 umgesetzten Arbeitsbeträge als Flächen im p-V-Diagramm. Die gesamte reversible Arbeit setzt sich aus der Verdampfungsarbeit und der Expansionsarbeit zusammen. Die Verdampfungsarbeit $p^D \cdot V(p^D)$ ist genauso groß wie der gegen die Atmosphäre geleistete, nicht nutzbare Arbeitsanteil $p^\circ \cdot V(p^\circ)$. Der nutzbare Arbeitsanteil, die Nutzarbeit $\int V \, dp$, ist daher genauso groß wie die Expansionsarbeit $\int p \, dV$.

Die Gesamtfläche unter der Kurve entspricht der isothermen reversiblen Arbeit

$$-W_{T,\mathrm{rev}} = \underbrace{p^D \cdot V(p^D)}_{\text{Verdampfung}} + \underbrace{n_{H_2O(g)} R T \ln \frac{p^D}{p^\circ}}_{\text{Expansion, vgl. Gl. (6.9)}} \qquad (11.4)$$

Von dieser gesamten Arbeit ist der Anteil $p^\circ \cdot V(p^\circ)$ gegen die Atmosphäre geleistet worden und daher nicht nutzbar. Dieser Anteil entspricht der Fläche des unteren Rechtecks in Abb. 11.3.

Die reversible Nutzarbeit erhält man, indem man von der gesamten Arbeit den nicht nutzbaren Anteil subtrahiert:

$$-W_{\mathrm{Nutz,rev}} = p^D \cdot V(p^D) + n_{H_2O(g)} R T \ln \frac{p^D}{p^\circ} - p^\circ \cdot V(p^\circ) \qquad (11.5)$$

Nach dem idealen Gasgesetz ist nun aber

$$p^D \cdot V(p^D) = n_{H_2O(g)} R T = p^\circ \cdot V(p^\circ) , \qquad (11.6)$$

und somit bleibt von (11.5) nur übrig:

$$-\Delta G \cdot \xi = -W_{\text{Nutz,rev}} = n_{\text{H}_2\text{O}\,(g)}\, R\,T \ln \frac{p^{\text{D}}}{p^{\circ}} \qquad (11.7)$$

Die reversibel abzugebende **Nutzarbeit** ist also **gleich** der isothermen, reversiblen ***Expansionsarbeit vom Anfangspartialdruck*** (hier p^{D}) ***auf den vorgegebenen Gleichgewichtsdruck*** (in diesem Falle p°, d.h. Druckgleichgewicht mit der Atmosphäre).

Die Ausnutzung der Triebkraft $-\Delta G$ von reaktionsfähigen chemischen Systemen als Expansionsarbeit von Gasen ist im Prinzip (zumindest im Gedankenexperiment) immer möglich, auch wenn sich keine passende galvanische Kette konstruieren läßt. Das ist besonders für die theoretische Berechnung der Triebkraft von großer Bedeutung.

11.2. Die chemische Potentialdifferenz eines Stoffes zwischen zwei Phasen

Wir haben im vorigen Abschnitt die Triebkraft für eine Phasenumwandlung berechnet, speziell für die Umwandlung von flüssigem in gasförmiges Wasser. Wir wollen die dortigen Überlegungen jetzt etwas umformulieren und verallgemeinern. Anstelle von H_2O betrachten wir

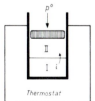

einen beliebigen Stoff i, anstelle der flüssigen und der gasförmigen Phase betrachten wir zwei beliebige Phasen I und II (Abb. 11.4). Dann wird aus der „Reaktionsgleichung" (11.1):

$$i(I) \rightarrow i(II) \qquad (11.8)$$

Statt „Phasenumwandlung" kann man auch „Phasenübergang" oder „Transport über die Phasengrenze" sagen.

Abb. 11.4. Übergang des Stoffes i aus der Phase I in die Phase II bei Konstanz von Druck und Temperatur. Die Triebkraft für diesen Vorgang ist die chemische Potentialdifferenz des Stoffes zwischen den beiden Phasen.

Gefragt ist also nach der Triebkraft für den Transport des Stoffes i von I nach II:

$$-\Delta G \equiv -\left(\frac{\partial G}{\partial \xi}\right)_{p,T} \qquad (11.9)$$

worin

$$d\xi \equiv dn_{i(II)} = -dn_{i(I)} \qquad (11.10)$$

Die Gibbs-Energie des Gesamtsystems setzt sich zusammen aus den Gibbs-Energien der beiden Teilsysteme I und II:

$$G_{\text{Gesamtsystem}} = G_{\text{I}} + G_{\text{II}} \qquad (11.11)$$

Entsprechendes gilt auch für die *Änderung* von G:

$$\frac{\partial G}{\partial \xi} = \frac{\partial G_{\mathrm{I}}}{\partial \xi} + \frac{\partial G_{\mathrm{II}}}{\partial \xi}$$

Mit (11.10) wird daraus

$$-\frac{\partial G}{\partial \xi} = \left(\frac{\partial G}{\partial n_i}\right)_{\mathrm{I}} - \left(\frac{\partial G}{\partial n_i}\right)_{\mathrm{II}} \qquad (11.12)$$

Man bezeichnet die *Änderung der Gibbs-Energie einer Phase pro differentieller Änderung der Menge des Stoffes* i als „*partielle molare Gibbs-Energie*" von i oder als „*chemisches Potential*" des Stoffes i in dieser Phase*:

$$\left(\frac{\partial G}{\partial n_i}\right)_{p,T} \equiv \bar{G}_i \equiv \mu_i \qquad (11.13)$$

Damit ergibt sich aus Gl. (11.12) als *Triebkraft für den Phasenübergang* des Stoffes i die *Differenz der chemischen Potentiale* des Stoffes i zwischen beiden Phasen:

$$-\Delta G = \bar{G}_{i(\mathrm{I})} - \bar{G}_{i(\mathrm{II})} \qquad (11.14)$$

Die Bezeichnung „Potential" ist analog zum elektrischen Potential gewählt worden: Die elektrische Potentialdifferenz $\varphi_{\mathrm{I}} - \varphi_{\mathrm{II}}$ zwischen zwei Punkten eines Leiters (die Spannung) ist nämlich gleich der gewinnbaren elektrischen Arbeit pro differentieller elektrischer Ladung dq, die von I nach II hinabfließt. Analog dazu ist die chemische Potentialdifferenz die gewinnbare Nutzarbeit pro transportierter Substanzmenge dn_i.

Für das chemische Einzelpotential in der Phase I kann man eine Formel erhalten, wenn man die Gl. (11.14) nach $\bar{G}_{i(\mathrm{I})}$ auflöst, für die Triebkraft $-\Delta G$ die Gl. (11.7) einsetzt und für die Phase II einen Standardzustand wählt, dessen chemisches Einzelpotential $\bar{G}_{i(\mathrm{II})}$ man als bekannt voraussetzt. Dazu wollen wir annehmen, daß es sich bei der Phase II in Abb. 11.4 (ebenso wie bei der oberen Phase in Abb. 11.1

---

* Das chemische Potential wird in den meisten Büchern mit dem Symbol μ_i bezeichnet. Daneben existiert die systematische Bezeichnung $\bar{G}_i$ (gelesen: G—quer—i), die an die Definition als partielle molare Gibbs-Energie erinnert. Allgemein verwendet man nämlich den Querstrich auch als Operator gemäß der Definition $\bar{X}_i \equiv (\partial X/\partial n_i)_{p,T,n_{j \neq i}}$, worin man für X auch das Volumen, die Enthalpie oder die Entropie einsetzen kann. Diese Schreibweise hat den Vorteil, daß man das chemische Potential $\bar{G}_i$ des Stoffes i in einer Mischphase unter beliebigem Druck p einerseits von dem Potential G_i des reinen Stoffes beim Druck p und andererseits von dem Potential G_i° des reinen Stoffes beim Standarddruck p° unterscheiden kann.

Wie bei den Größen V_i, U_i, H_i und $C_{p\,i}$ soll auch hier durch das i im Index zum Ausdruck gebracht sein, daß es sich um eine molare Größe des Stoffes i mit der Dimension [J/mol] handelt, während G ohne Stoffindex eine der Stoffmenge proportionale („kapazitive") Größe der Dimension [J] ist.

S. 96) um den reinen Stoff i im idealen Gaszustand unter dem Standarddruck $p^\circ \equiv 101\,325$ Pa ($\equiv 1$ atm) handelt. Das chemische Potential des Stoffes i in diesem Zustand bezeichnen wir als „**Standardpotential**" $G_{i(g)}^{\;\circ}$ (gelesen: „G_i-Standard"):

$$\bar{G}_{i(II)} = \bar{G}_{i(g)}(p_i = p^\circ) \equiv G_{i(g)}^{\;\circ} \qquad (11.15)$$

Dividiert man Gl. (11.7) durch die umgesetzte Stoffmenge $\xi = n_{H_2O(g)}$, so erhält man zusammen mit (11.15) durch Einsetzen in (11.14) und Auflösen nach $\bar{G}_{i(I)}$, indem man den Zusatz (I) wegläßt und den Dampfdruck p^D über der Phase I jetzt mit p_i bezeichnet:

$$\boxed{\bar{G}_i = G_{i(g)}^{\;\circ} + R\,T\ln\frac{p_i}{p^\circ}} \qquad (11.16)$$

Diese Gleichung gibt das chemische Potential des Stoffes i in einer Phase an, wenn p_i der Gleichgewichtspartialdruck (Dampfdruck) des Stoffes i *über* dieser Phase ist.

Als abgekürzte Schreibweise für die Division des Partialdrucks p_i durch den Standdarddruck p° kann man in Gl. (11.16) geschweifte Klammern einführen:

$$\bar{G}_i = G_{i(g)}^{\;\circ} + R\,T\ln\{p_i\} \qquad (11.17)$$

mit $\quad \{p_i\} \equiv p_i/p^\circ \qquad (11.18)$

Da man einen Logarithmus nur von einer dimensionslosen Zahl bilden kann, so muß jede hinter einem ln-Zeichen stehende physikalische Größe durch eine entsprechende Standardgröße dividiert werden, so daß ein reines Zahlenverhältnis entsteht. Diese Operation wird durch die geschweiften Klammern angedeutet*.

---

* Es ist im allgemeinen zweckmäßig, als Standardgröße jeweils die verwendete Maßeinheit der betr. Größe zu wählen, weil in diesem Falle die geschweiften Klammern praktisch bedeuten, daß man nur den **Zahlenwert** der betr. physikalischen Größe zu nehmen und die Maßeinheit wegzulassen hat. Dementsprechend hatte man den Standarddruck auf 1 atm festgelegt. Nachdem die Einheit [atm] zum 1.1.1978 in Westdeutschland gesetzlich abgeschafft ist, läßt sich jedoch der Standarddruck nicht ohne weiteres auf die SI-Einheit 1 Pa umdefinieren, weil umfangreiche Tabellenwerke auf den bisherigen Standarddruck $p^\circ \equiv 101\,325$ Pa ($\equiv 1$ atm) bezogen sind.

Wenn man nun bei physikalisch-chemischen Berechnungen jeden einzelnen Partialdruck entsprechend Gl. (11.18) durch p° dividiert, so läuft das auf dasselbe hinaus, wie wenn man die Drucke auch weiterhin in die verbotene Einheit [atm] umrechnet und diese Einheit dann hinter dem ln-Zeichen wegläßt.

11.3. Das chemische Potential eines Stoffes in einer Mischphase

Bei der Herleitung von Gl. (11.16) mit Hilfe von Abb. 11.2 waren wir von dem Spezialfall ausgegangen, daß es sich bei der Phase I um reines, flüssiges Wasser handelt. Die Herleitung bleibt aber im Prinzip auch gültig, wenn es sich um eine **Mischphase**, z.B. um eine **wäßrige Salzlösung** handelt. Eine solche besitzt allerdings (wie wir im Abschnitt 11.6 sehen werden) einen verminderten Wasserdampfdruck, der von der Salzkonzentration abhängt. Darum ändert sich während der Verdampfung von Wasser aus der Salzlösung zusammen mit der Salzkonzentration auch der Dampfdruck und das chemische Potential des Wassers in der Lösung, wohingegen diese Größen bei der Verdampfung von *reinem* Wasser konstant blieben. Trotzdem bleibt die Herleitung von (11.16) auch für eine Salzlösung anwendbar: Allerdings dürfen wir dabei (im Gedankenexperiment) nur differentiell kleine Mengen dn_i verdampfen lassen, so daß sich die Konzentrationen hierbei praktisch nicht verändern. Bei der Definition des chemischen Potentials als Differentialquotient nach (11.13) wurde dieser Einschränkung bereits Rechnung getragen: Für den Sonderfall des reinen Stoffes i hätten wir das chemische Potential nämlich auch als Differenzenquotient einführen können: Das chemische Potential oder die *partielle* molare Gibbs-Energie $\bar{G}_i$ ist dann nämlich gleich der *molaren Gibbs-Energie* G_i:

$$\mu_i \equiv \bar{G}_i \equiv \left(\frac{\partial G}{\partial n_i}\right)_{p,T,n_{j \neq i}} - \frac{G}{n_i} \equiv G_i \qquad (11.19)$$

Dieses gilt aber nur für einen *reinen* Stoff i, d.h., falls keine anderen Stoffe j in der Phase vorhanden sind. Für *Mischphasen* ist dagegen der Querstrich über dem G_i von entscheidender Bedeutung.

Die Herleitung von (11.17) bleibt ebenso gültig, wenn es sich bei der Phase mit dem Dampfdruck p_i um eine **feste Phase** handelt, z.B. um ein hydratisiertes, kristallisiertes Salz, das Hydratwasser abgeben kann.

Schließlich ist noch der Fall zu betrachten, daß es sich bei der Phase I (ebenso wie bei der Phase II) um eine **Gasphase** handelt. Auch dann bleiben die angestellten Überlegungen im Prinzip anwendbar, nur muß dann die „Phasengrenze" in Abb. 11.4 durch eine künstliche, feste Trennwand markiert werden, da sich zwei Gase bei *direkter* Berührung immer sofort miteinander vermischen. Falls es sich bei der Phase I − ebenso wie bei der Phase II − um *reines* Gas i handelt, das nur unter einem anderen Druck als in II steht (p_i statt $p°$), dann ist die Gültigkeit von (11.16) von vornherein selbstverständlich, denn die pro Mol abzugebende, reversible Nutzarbeit beim Übertritt des Stoffes i von I nach II ist dann natürlich durch die Expansionsarbeit nach Gl. (6.9) gegeben.

Wie groß ist aber der „Dampfdruck" des Stoffes i, der mit einer Gas-*mischung* im Gleichgewicht steht?

Zur experimentellen Beantwortung dieser Frage benötigen wir eine **semipermeable Membran**, das ist eine Trennwand, die für den Stoff i durchlässig, für die übrigen Stoffe in der Mischung aber undurchlässig ist. Eine solche Membran ist z.B. für Wasserstoff durch ein glühendes Platinblech gegeben*. Bringt man einen mit Argon vom Druck p_{Ar} = 1 bar ($\equiv 10^5$ Pa) gefüllten glühenden Platinkolben in eine reine Wasser-stoffatmosphäre vom Druck p_{H_2} = 1 bar (Abb. 11.5), so diffundiert Wasserstoff ins Innere des Platinkolbens, bis dort der Gesamtdruck auf 2 bar angestiegen ist. Der Partialdruck (vgl. S. 31) des Wasserstoffes in der Mischung beträgt also auch 1 bar. Im Gleichgewicht ist somit der reine Wasserstoffdruck außen gleich dem Partialdruck des Wasserstoffes in der Gasmischung.

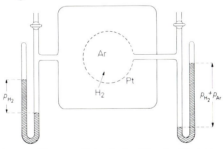

Abb. 11.5. Diffusion von Wasserstoff durch ein glühendes Platinblech (eine semiper-meable Membran). Im Gleichgewicht herrscht auf beiden Seiten der Membran der gleiche Wasserstoffpartialdruck, unabhängig von der Anwesenheit sonstiger Gase.

Für ideale Gasmischungen ist daher der „Dampfdruck" p_i in (11.16) mit dem **Partialdruck** des Stoffes i in der Gasmischung zu identifizieren.

Der Partialdruck ist durch das Produkt aus dem Gesamtdruck p des Gases und dem Molenbruch

$$x_i \equiv \frac{n_i}{\Sigma n_i} \tag{11.20}$$

des Stoffes i in der Gasphase gegeben:

$$p_i = p \cdot x_i \tag{11.21}$$

Falls der Gesamtdruck der Gasmischung $p = p^{\circ}$ ist, wird aus (11.16) mit (11.21) für das chemische Potential des Stoffes i in der Gasmi-schung:

---

* Der Wasserstoff löst sich in atomarer Form in dem Platinmetall und kann so zwischen den Gitterbausteinen hindurchdiffundieren.

$$\bar{G}_{i(g)} = G_{i(g)}{}^{\circ} + RT \ln x_i \qquad (11.22)$$

Als Anwendung von Gl. (11.16) wollen wir die Triebkraft für die Diffusion von H_2 aus einem Raum mit $p_{H_2\,(I)} = 1$ bar in eine Gasmischung II von H_2 und Ar (Molverhältnis 1:9) mit dem Gesamtdruck $p = 1$ bar bei 25 °C berechnen:

$$H_2(I) \rightarrow H_2(II) \qquad (11.23)$$

Der Molenbruch in der Phase II beträgt $x_{H_2} = 1/(1 + 9) = 0,1$, der Partialdruck also $p_{H_2\,(II)} = 0,1\,p = 0,1$ bar.

Die „Triebkraft" für die „Reaktion" (11.23) ist nach (11.14)

$$-\Delta G = \bar{G}_{H_2\,(I)} - \bar{G}_{H_2\,(II)} \ .$$

Durch Einsetzen von (11.16) wird daraus

$$-\Delta G = RT \ln \frac{p_{H_2\,(I)}}{p^{\ominus}} - RT \ln \frac{p_{H_2\,(II)}}{p^{\ominus}} = RT \ln \frac{p_{H_2\,(I)}}{p_{H_2\,(II)}} \qquad (11.24)$$

$$= RT \ln \frac{1}{0,1} = RT \ln 10 = 2,3\,RT$$

Bei 25 °C $\hat{=}$ $T = 298$ K wird $-\Delta G = 5,7 \cdot 10^3$ J/mol .

Um diese Triebkraft als Nutzarbeit zu gewinnen und zu messen, könnte man im Prinzip eine Expansionsanordnung in der Art von Abb. 11.2 mit einem semipermeablen Platinblech als „Phasengrenze" verwenden. Erheblich einfacher läßt sich aber die Messung der Triebkraft in einer galvanischen Kette realisieren (Abb. 11.6):

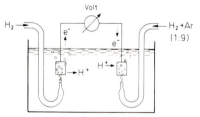

Abb. 11.6. Galvanische Kette zur Messung der Triebkraft für die Diffusion von Wasserstoff aus einer Gasphase mit größerem Wasserstoffpartialdruck in eine Gasphase mit kleinerem Wasserstoffpartialdruck. (Elektrochemische Messung der isothermen reversiblen Expansionsarbeit eines idealen Gases.)

In eine beliebige Säurelösung tauchen zwei Platinbleche, die von zwei Wasserstoffströmen umspült werden. Der rechte Wasserstoffstrom ist mit Hilfe einer Gasmischpumpe im Verhältnis 1:9 mit Argon verdünnt worden. Verbindet man die Elektroden durch einen Draht, so spielen sich bei Ablauf der „Reaktion" (11.23) an den Elektroden folgende Teilprozesse ab:

links: $H_2(I) \rightarrow 2 H^+ + 2 e^-$

rechts: $2 H^+ + 2 e^- \rightarrow H_2(II)$

Bei einem molaren Formelumsatz fließen also $2 F$ durch die Kette. Somit ist nach (10.26)

$$-\Delta G = 2 FE \qquad (11.25)$$

Für die meßbare EMK folgt aus (11.25) und (11.24):

$$E = \frac{R T}{2 F} \ln \frac{p_{H_2(I)}}{p_{H_2(II)}} \qquad (11.26)$$

$$= \frac{5{,}7 \cdot 10^3 \text{ J}}{2 \cdot 96\,500 \text{ C}} = 0{,}029 \text{ V}$$

Dieser Wert wird tatsächlich gemessen. Die bei der Rechnung zugrundegelegten, technisch kaum realisierbaren Gedankenexperimente (reversible Expansion, semipermeable Wände) werden durch diese Übereinstimmung glänzend gerechtfertigt.

11.4. Das Massenwirkungsgesetz für Gase

Die für den Chemiker interessanteste Frage in der Thermodynamik lautet: „Wie berechnet man die Lage eines chemischen Gleichgewichts?" Die Antwort ergibt sich im Prinzip aus der Abb. 10.5 Seite 93: Das Gleichgewicht bei vorgegebenem p und T liegt nämlich dort, wo die Gibbs-Energie $G(\xi)$ ein Minimum erreicht, d.h., wo die Triebkraft $-(\partial G/\partial \xi)_{p,T} \equiv -\Delta G$ gleich null wird. Es kommt also darauf an, zunächst einen mathematischen Ausdruck für ΔG als Funktion der Stoffkonzentrationen aufzustellen und diesen dann gleich null zu setzen.

Der gesuchte Ausdruck für ΔG läßt sich mit Hilfe der chemischen Potentiale leicht formulieren. Wir betrachten als Beispiel eine Mischung der Gase NH_3, H_2 und N_2. Wenn wir bei konstantem p und T die Stoffmengen verändern, so ist die Änderung von G gegeben durch

$$dG_{p,T} = \frac{\partial G}{\partial n_{NH_3}} dn_{NH_3} + \frac{\partial G}{\partial n_{H_2}} dn_{H_2} + \frac{\partial G}{\partial n_{N_2}} dn_{N_2} . \qquad (11.27)$$

Wenn die Änderungen der Stoffmengen im geschlossenen System durch die Reaktion

$$3 H_2 + N_2 \rightarrow 2 NH_3 \qquad (11.28)$$

zustandekommen, dann sind sie bei Zunahme des Reaktionsstandes um $d\xi$ gegeben durch

$$dn_{NH_3} = 2 d\xi , \quad dn_{H_2} = -3 d\xi \text{ und } dn_{N_2} = -d\xi .$$

Einsetzen in (11.27) ergibt bei Einführung der chemischen Potentiale nach (11.13):

$$dG_{p,T} = (2\,\bar{G}_{NH_3} - 3\,\bar{G}_{H_2} - \bar{G}_{N_2})\,d\xi \qquad (11.29)$$

Der in Klammern stehende Ausdruck ist die *stöchiometrische Summe* der chemischen Potentiale für die Reaktion (11.28) [vgl. Gl. (8.9) Seite 63]. Damit wird aus (11.29):

$$\left(\frac{\partial G}{\partial \xi}\right)_{p,T} \equiv \boxed{\Delta G = \Sigma\,\nu_i\bar{G}_i} \equiv \Sigma\,\nu_i\mu_i \qquad (11.30)$$

Diese Formel für ΔG ist der Formel (8.16) für ΔH analog.* Die Triebkraft $-\Delta G$ einer chemischen Reaktion ist also gleich der negativen stöchiometrischen Summe der chemischen Potentiale, d.h. gleich der chemischen Potentialdifferenz zwischen Ausgangsstoffen und Endprodukten.

Einsetzen von (11.17) in (11.30) ergibt

$$\Delta G = \Sigma\,\nu_i G_i^{\circ} + R\,T\,\Sigma\,\nu_i \ln\{p_i\} \qquad (11.31)$$

Denjenigen Wert, den die Gibbs-Reaktionsenergie ΔG annimmt, wenn alle Reaktionsteilnehmer im Standardzustand vorliegen**, bezeichnet man als „*Gibbs-Standardreaktionsenergie*" ΔG° (gelesen: „Delta-*G*-Standard"). Da in diesem Fall für alle teilnehmenden Gase $p_i = p^{\circ}$, also $\{p_i\} = 1$ wird, so verschwindet wegen $\ln 1 = 0$ in Gl. (11.31) das zweite Glied, und man erhält:

$$\boxed{\Delta G^{\circ} = \Sigma\,\nu_i G_i^{\circ}} \qquad (11.32)$$

Da eine Summe von Logarithmen gleich dem Logarithmus des entsprechenden Produkts ist, kann man anstelle der stöchiometrischen Summe der Logarithmen in Gl. (11.31) auch ein „*stöchiometrisches Produkt*" einführen. Darin werden die stöchiometrischen Faktoren ν_i zu Exponenten, und zwar besitzen die ν_i der Ausgangsstoffe (ebenso wie in der stöchiometrischen Summe) negatives Vorzeichen. Für das Beispiel der Reaktionsgleichung (11.28) ist das stöchiometrische Produkt definiert durch

---

* Ein Unterschied besteht darin, daß ΔG und $\bar{G}_i$ als Differentialquotienten definiert sind, während wir ΔH bzw. H_i bisher nur als Differenzenquotienten (mit $\Delta\xi = 1$ mol) bzw. als einfache molare Größen betrachtet haben. Für ideal verdünnte Systeme ist das erlaubt, da hier die Größen ΔH und H_i von den Konzentrationen praktisch unabhängig sind (im Gegensatz zu ΔG und $\bar{G}_i$). Für nichtideale Systeme müßte man dagegen ΔH analog zu ΔG definieren und die H_i in (8.16) analog zu $\bar{G}_i$ mit Querstrichen versehen.

** Man beachte, daß sich unter dieser Bedingung die meisten Systeme *weit entfernt vom Gleichgewicht* befinden, also weit entfernt von dem Minimum der Kurve in Abb. 10.5 (S. 93), in welchem $\Delta G = 0$ wird.

$$\Pi p_i^{\nu_i} \equiv \frac{p_{NH_3}^{2}}{p_{H_2}^{3} \cdot p_{N_2}} \qquad (11.33)$$

Damit wird aus (11.31):

$$\Delta G = \Delta G^\circ + R T \ln \left\{ \Pi p_i^{\nu_i} \right\} \qquad (11.34)$$

Im *Gleichgewicht* wird $\Delta G = 0$. Kennzeichnen wir das im Gleichgewicht erreichte stöchiometrische Produkt durch ein Gleichheitszeichen als Index, so wird aus (11.34)

$$0 = \Delta G^\circ + R T \ln \left\{ \Pi p_i^{\nu_i} \right\}_= \qquad (11.35)$$

oder $\left\{ \Pi p_i^{\nu_i} \right\}_= = e^{-\Delta G^\circ/(R T)}$ $\qquad (11.36)$

Da die Größe ΔG° für eine gegebene Reaktionsgleichung bei einer bestimmten Temperatur T einen genau definierten Wert besitzt, so muß das im Gleichgewicht erreichte stöchiometrische Produkt eine **Konstante** K sein, die *von den Einzelwerten der Partialdrucke unabhängig* ist:

$$\left(\frac{p_{NH_3}^{2}}{p_{H_2}^{3} \cdot p_{N_2}} \right)_= \equiv \left(\Pi p_i^{\nu_i} \right)_= = K \qquad (11.37)$$

Damit haben wir das **Massenwirkungsgesetz** (MWG) für Reaktionen zwischen idealen Gasen abgeleitet. Zur Berechnung der Massenwirkungskonstante K erhält man aus (11.35) die wichtige Gleichung

$$\boxed{\Delta G^\circ = -R T \ln \{K\}} \qquad (11.38)$$

Allerdings liefert diese Gleichung nur den *Zahlenwert* von K, wobei alle in K enthaltenen Partialdrucke auf den Standarddruck $p^\circ \equiv 101325$ Pa ($\equiv 1$ atm) als Einheit bezogen sind. Zur Berechnung von K in einer der heute vorgeschriebenen Druckeinheiten [Pa] oder [bar] muß man den Zahlenwert $\{K\}$ noch mit $\Pi p^{\circ \nu_i} = p^{\circ(\Sigma \nu_i)}$ multiplizieren. Dabei ist im Beispiel der Ammoniakbildung nach Gl. (11.18) die Summe der stöchiometrischen Faktoren $\Sigma \nu_i = 2 - 3 - 1 = -2$, also $K = \{K\} \cdot p^{\circ -2}$. Man beachte, daß K grundsätzlich eine Dimension besitzt, die von der jeweiligen Reaktionsgleichung abhängt.

Die Berechnung von K nach Gl. (11.38) bzw. (11.36) führt über die Standardtriebkraft $-\Delta G^\circ$. Eine Methode zur Bestimmung dieser Größe wird im folgenden Abschnitt behandelt.

11.5. Beispiel zur Berechnung einer Gleichgewichtskonstante

Es soll die Massenwirkungskonstante für die „Knallgasreaktion"
$$2\,H_2 + O_2 \;\rightarrow\; 2\,H_2O(g) \tag{11.39}$$
bei 25 °C berechnet werden. Diese Reaktion ist so stark gehemmt, daß sie bei Zimmertemperatur normalerweise überhaupt nicht abläuft. Bei Zugabe eines Platinkatalysators läuft sie andererseits so vollständig ab, daß die Ausgangsstoffe im Gleichgewicht chemisch nicht mehr nachweisbar sind. Daher kommt eine direkte Bestimmung der Gleichgewichtskonstante durch manometrische Messung der Gleichgewichtspartialdrucke in diesem Falle nicht in Frage. Man ist also auf eine theoretische Berechnung nach Gl. (11.38) angewiesen, was auf eine Bestimmung der Größe ΔG° hinausläuft.

$-\Delta G^{\circ}$ ist die Triebkraft der Reaktion (11.39) für den speziellen Fall, daß alle drei Reaktionsteilnehmer mit einem Partialdruck von je 101325 Pa vorliegen. Eine Triebkraft läßt sich im Prinzip in einer galvanischen Kette nach der Gleichung

$$\Delta G = -\nu_e F E \tag{11.40}$$

bestimmen [vgl. (10.26)], und ΔG läßt sich nach Gl. (11.34) auf ΔG° umrechnen.

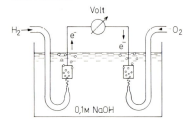

Abb. 11.7. Galvanische Kette zur Messung der Triebkraft der Knallgasreaktion.

Es kommt also darauf an, eine galvanische Kette zu konstruieren, in der sich bei Stromfluß die Reaktion (11.39) auf prinzipiell reversible Weise abspielt. Eine solche Kette ist in Abb. 11.7 dargestellt: Zwei Platinbleche, die von H_2 bzw. O_2 umspült werden, tauchen in eine wäßrige 0,1-molare NaOH-Lösung. An den Elektroden laufen bei Stromfluß folgende Reaktionen ab[*]:

links: $2\,H_2 + 4\,OH^- \;\rightarrow\; 4\,H_2O(fl) + 4\,e^-$

rechts: $4\,e^- + O_2 + 2\,H_2O(fl) \;\rightarrow\; 4\,OH^-$

_____

Summe: $2\,H_2 + O_2 \;\rightarrow\; 2\,H_2O(fl)$ (11.41)

Die Summe der Reaktionen unterscheidet sich von (11.39) nur dadurch, daß H_2O in flüssiger statt in gasförmiger Form entsteht. Wenn

_____

[*] Die Anwendung galvanischer Ketten zur Messung der Triebkraft einer Reaktion setzt die Beteiligung von Ionen voraus. Wie das vorliegende Beispiel zeigt, ist es aber nicht nötig, daß die Ionen in der Bruttoumsatzgleichung explizit auftreten.

wir aber annehmen, daß die Atmosphäre über der Lösung mit Wasserdampf gesättigt ist, so schließt sich die Gleichgewichtsreaktion

$$H_2O(fl) \; \rightleftharpoons \; H_2O(g) \tag{11.42}$$

automatisch mit an, ohne daß sich an der Triebkraft und damit an der gemessenen EMK etwas ändert.*

Wir messen eine EMK von $E = 1,23\ V$. Die Zahl der in Gl. (11.41) umgesetzten Ladungen ist $\nu_e = 4$. Somit wird aus (11.40):
$\Delta G = -4,75 \cdot 10^5$ J/mol. Dieser Wert ist nun mit ΔG in (11.34) zu identifizieren. Für die Reaktion (11.39) lautet (11.34) explizit:

$$\Delta G \;=\; \Delta G^\circ + R\,T \ln \left(\frac{p_{H_2O}^{\;2}}{p_{H_2}^{\;2} \cdot p_{O_2}} \right) \tag{11.43}$$

Dabei sind die Partialdrucke p_{H_2} und p_{O_2} in Abb. 11.7 beide praktisch gleich dem Außendruck p° vorgegeben, und p_{H_2O} ist der Wasserdampfdruck im Gleichgewicht über der wäßrigen Lösung. Mit einem einfachen Quecksilbermanometer mißt man: $p_{H_2O} = 22$ mmHg. Zur Umrechnung in die heute vorgeschriebene Einheit [Pa] wäre mit dem Faktor $101325/760$ zu multiplizieren (vgl. die Umrechnungstabelle S. 316. Da es hier aber nur auf die Größe $\{p_{H_2O}\} \equiv p_{H_2O}/p^\circ$ ankommt, genügt die Division durch $p^\circ \equiv 760$ mmHg (was einer Umrechnung in die bisherige Einheit [atm] entspricht). Somit ist $\{p_{H_2O}\} = 2,9 \cdot 10^{-2}$. Mit $T = 298$ K erhalten wir** aus Gl. (11.43):

$$\Delta G^\circ \;=\; \Delta G - R\,T \ln \{p_{H_2O}^{\;2}\} \tag{11.44}$$

$$= -4,75 \cdot 10^5\ \text{J/mol} - R\,T \cdot 2 \cdot \ln(2,9 \cdot 10^{-2}) = -4,57 \cdot 10^5\ \text{J/mol}$$

und aus Gl. (11.38)

$$\ln\{K\} = \frac{-\Delta G^\circ}{R\,T} \;=\; +184,5 \; . \tag{11.45}$$

Die Gleichgewichtskonstante beträgt also

$$\left(\frac{p_{H_2O}^{\;2}}{p_{H_2}^{\;2} \cdot p_{O_2}} \right)_{=} \equiv K \;=\; e^{184,5} \cdot p^{\circ -1} \;=\; 1,4 \cdot 10^{75}\ p^{\circ -1} \; .$$

Im Gleichgewicht mit dem Sauerstoffpartialdruck in der freien Atmosphäre von $p_{O_2} = 0,2\ p^\circ$ ergibt sich daraus für das Gleichgewichtsverhältnis von H_2O-Molekülen zu H_2-Molekülen:

---

* Der ΔG-Wert der Teilreaktion (11.42) ist ja gleich null, da diese Reaktion im indifferenten Gleichgewicht verläuft. Wir dürfen also bei der Berechnung von ΔG zu der Gl. (11.41) nach Belieben noch zweimal (11.42) addieren, um (11.39) zu erhalten. Näheres zu dieser Berechnungsweise S. 123 f.

** Zur Ausrechnung genügt ein Taschenrechner mit den Funktionstasten $\ln x$ und e^x (bzw. INV $\ln x$).

$$\frac{p_{H_2O}}{p_{H_2}} = \sqrt{K \cdot p_{O_2}} \approx 5 \cdot 10^{39} \;.$$

Zum Vergleich: Die Zahl der auf der Erde vorhandenen Wassermoleküle liegt in der Größenordnung von 10^{46}.

11.6. Die Abhängigkeit des Lösungsmitteldampfdrucks vom Molenbruch der Lösung

Zur Ableitung des MWG für Gase wurde die Formel (11.17) für das chemische Potential, $\bar{G}_i = G_{i(g)}{}^\circ + R T \ln \{p_i\}$, in die allgemeine Formel (11.30) eingesetzt und $\Delta G = 0$ gesetzt. Die gleiche Herleitung ist auch auf kondensierte (d.h. flüssige oder feste) Systeme anwendbar, denn die Formel (11.17) beschreibt ja auch das chemische Potential in kondensierten Systemen. In diesem Fall bedeutet p_i den Partialdruck des Stoffes i in einer *Gasphase,* die sich *mit dem kondensierten System im Gleichgewicht* befindet. Um das MWG auf kondensierte Systeme auszudehnen, muß man wissen, wie dieser *Gleichgewichtspartialdruck* (auch: *,,Dampfdruck''*) *von der Zusammensetzung der kondensierten Phase abhängt.*

Besteht die kondensierte Phase aus dem *reinen Stoff* i, so kann man den Querstrich über dem G_i weglassen [vgl. Gl. (11.19)]. Wenn der auf dem kondensierten Stoff lastende *Außendruck* gerade gleich p° ist*, so bezeichnet man sein chemisches Potential als **Standardpotential** $G_{i(fl)}{}^\circ$ bzw. $G_{i(f)}{}^\circ$ *des Stoffes* i *im flüssigen bzw. festen Zustand***:

$$G_{i(fl)} \, (p = p^\circ) \equiv G_{i(fl)}{}^\circ \qquad\qquad (11.46)$$

Wir wollen den zugehörigen Dampfdruck des reinen, kondensierten Stoffes i mit $p_i{}^\circ$ bezeichnen. Dann wird aus (11.16):

$$G_{i(fl)}{}^\circ = G_{i(g)}{}^\circ + R T \ln \frac{p_i{}^\circ}{p^\circ} \qquad\qquad (11.47)$$

Wenn ein Stoff an einer Reaktion als kondensierter Stoff teilnimmt, ist es unpraktisch, als Standardzustand für diesen Stoff den idealen Gaszu-

---

* Diese Einschränkung ist nötig, weil — wie wir im nächsten Abschnitt sehen werden — das chemische Potential in kondensierten Systemen grundsätzlich auch vom Außendruck abhängt. Allerdings bewirken große Änderungen des Außendrucks nur relativ kleine Änderungen des chemischen Potentials.

** Wenn ein Stoff bei gegebener Temperatur in mehreren Aggregatzuständen auftritt, so kann man ihm — zumindest rein rechnerisch — auch entsprechend mehrere Standardpotentiale zuordnen, auch wenn die entsprechenden Standardzustände praktisch nicht realisierbar sind.

stand zu wählen. Man wird dann $G_{i(g)}{}^{\circ}$ eliminieren, indem man Gl. (11.47) nach $G_{i(g)}{}^{\circ}$ auflöst und in (11.16) einsetzt:

$$\bar{G}_i = G_{i(fl)}{}^{\circ} + R T \ln \frac{p_i}{p^{\circ}} - R T \ln \frac{p_i{}^{\circ}}{p^{\circ}} =$$

$$\bar{G}_i = G_{i(fl)}{}^{\circ} + R T \ln \frac{p_i}{p_i{}^{\circ}} \qquad (11.48)$$

In welcher Weise hängt nun der Quotient $p_i/p_i{}^{\circ}$ von der Zusammensetzung der kondensierten Phase ab?

Wenn in einem Lösungsmittel 1 (z.B. Wasser) ein Stoff 2 (z.B. Zucker) aufgelöst wird, dann nimmt der Gleichgewichtspartialdruck p_1 (der „Dampfdruck des Lösungsmittels") hierbei ab. *Im Idealfall ist der Partialdruck* von 1 *dem Molenbruch* von 1 *in der Lösung direkt proportional**:

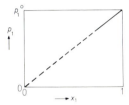

$$p_1 = p_1{}^{\circ} \cdot x_1 \qquad (11.49)$$

Der *Gültigkeitsbereich* dieses *1. Raoultschen Gesetzes* ist im allgemeinen auf *ideal verdünnte Lösungen* beschränkt**, d.h. auf nur geringe Abweichungen des Molenbruchs x_1 vom Werte 1 (vgl. Abb. 11.8)***. Die *Extrapolation* dieses *idealen linearen Bereichs* in Abb. 11.8 *verläuft durch den Nullpunkt.*

Abb. 11.8. Abhängigkeit des Lösungsmitteldampfdrucks vom Molenbruch der Lösung (1. Raoultsches Gesetz).

Man kann das 1. Raoultsche Gesetz noch etwas anders formulieren, indem man nach der Dampfdruck*differenz* fragt:

$$\frac{p_1{}^{\circ} - p_1}{p_1{}^{\circ}} = 1 - \frac{p_1}{p_1{}^{\circ}} = 1 - x_1 = x_2 \qquad (11.50)$$

---

* Wenn die Moleküle des gelösten Stoffes 2 beim Auflösen in kleinere Bruchstücke dissoziieren, so muß man bei der Berechnung des *Molenbruchs* $x_1 \equiv n_1/\Sigma n_i$ die Bruchstücke wie selbständige Moleküle betrachten.

** Im molekularen Modell sind *ideale Lösungen* analog zu idealen Gasen dadurch charakterisiert, daß die gelösten Teilchen so weit voneinander entfernt sind, daß ihre artspezifischen Wechselwirkungskräfte vernachlässigbar sind. Die Innere Energie hängt dann nicht mehr vom gegenseitigen Abstand der gelösten Teilchen ab, d.h., bei Verdünnung treten keinerlei Wärmeeffekte auf.

*** Es gibt aber auch ideale Stoffpaare, bei denen die Wechselwirkungskräfte zwischen gleichartigen und verschiedenartigen Molekülen sich praktisch nicht unterscheiden: Solche Stoffe sind im gesamten Molenbruchbereich von $x_1 = 0$ bis $x_1 = 1$ miteinander mischbar, und jeder der beiden Partialdrucke gehorcht im ganzen Molenbruchbereich dem Raoultschen Gesetz. Ein Beispiel ist das System Benzol/Toluol.

In Worten: *Die relative Dampfdruckerniedrigung des Lösungsmittels ist gleich dem Molenbruch x_2 des gelösten Stoffes.*

Man kann sich das Raoultsche Gesetz folgendermaßen plausibel machen: Die Teilchenflußdichte [Zahl pro Flächen- und Zeiteinheit] der auf der Lösungsoberfläche kondensierenden Moleküle des Stoffes 1 ist ihrem Partialdruck in der Gasphase proportional. Im dynamischen Gleichgewicht wird dieser Partialdruck gleich dem Dampfdruck p_1, und die Teilchenflußdichte der Kondensation wird dann gleich der Teilchenflußdichte der Verdampfung. Letztere sollte aber der Zahl der verdampfungsfähigen Moleküle 1 pro Oberflächeneinheit proportional sein. Wenn zunächst reiner Stoff 1 vorliegt und dann ein gewisser Bruchteil der Moleküle 1 durch Moleküle 2 ersetzt wird, so sinkt im gleichen Verhältnis die Zahl der verfügbaren Moleküle 1 in der Oberfläche, und proportional damit sinken im Gleichgewicht die Teilchenflußdichten der Verdampfung und der Kondensation sowie der Dampfdruck p_1^*.

Durch Einsetzen des Raoultschen Gesetzes (11.49) in (11.48) erhält man für das chemische Potential eines Stoffes i in einer idealen kondensierten Mischung (d.h. für nicht zu große Abweichungen von dem Wert $x_i = 1$) unter einem Außendruck $p°$:

$$\overline{G}_{i(fl)} = G_{i(fl)}° + RT \ln x_i \qquad (11.51)$$

Bei *Abweichungen vom idealen Verhalten* erhält man diese Gleichung formal trotzdem aufrecht, indem man x_i mit einem passenden Korrekturfaktor (*Aktivitätskoeffizient*) multipliziert, d.h., indem man x_i durch die *Aktivität* a_i ersetzt. Näheres in späteren Vorlesungen der Physikalischen Chemie.

11.7. Osmose

Ein ca. 5 cm weites und 8 cm langes Rohr wird am unteren Ende mit einem Stück von einer Schweinsblase abgeschlossen und mit einer wäßrigen Zuckerlösung gefüllt. Am oberen Ende wird ein durchbohrter Gummistopfen aufgesetzt und ein dünnes Glasrohr hineingesteckt (Abb. 11.9). Das Ganze wird in reines Wasser eingetaucht. Man beobachtet, wie die Zuckerlösung im Glasrohr hochsteigt.

Die Schweinsblase ist eine *semipermeable* (= halbdurchlässige) *Membran*: Die Wassermoleküle können durch ihre Poren hindurchtreten, die Zuckermoleküle aber nicht. Das Experiment zeigt, daß offenbar mehr Wassermoleküle aus dem Wasser in die Lösung diffundieren als in umgekehrter Richtung. Die Lösung wird dabei verdünnt und steigt im Rohr hoch, und der hydrostatische Druck in der Lösung nimmt entsprechend zu.

---

* Wegen einer allgemeingültigen quantitativen Ableitung des Raoultschen Gesetzes muß auf spätere Vorlesungen verwiesen werden.

≙ π

Zucker-
lösung

Wasser

Abb. 11.9. Zur De-
monstration der Os-
mose. Der im Gleich-
gewicht erreichte hy-
drostatische Über-
druck heißt „osmoti-
scher Druck".

Man bezeichnet die Druckerhöhung in einer Lösung infolge Verdünnung mit reinem Lösungsmittel
durch eine semipermeable Membran hindurch als
„*Osmose*".

Man kann das Eindiffundieren von Wasser in die
Lösung dadurch erklären, daß von der Seite des
reinen Wassers her pro Zeiteinheit mehr Wassermoleküle auf die Membran auftreffen als von der anderen Seite her. Im Laufe der Verdünnung steigt aber
der hydrostatische Überdruck in der Lösung. Dadurch wirkt auf die Wassermoleküle in den Poren
der Membran eine Kraft, die die Rückdiffusion beschleunigt. Die Osmose geht nun so lange weiter,
bis in beiden Richtungen pro Zeiteinheit gleich viele Wassermoleküle durch die Membran diffundieren. Den zugehörigen Gleichgewichtsüberdruck
nennt man „*osmotischen Druck*" π.

Zur Berechnung des osmotischen Druckes gehen
wir von der üblichen Gleichgewichtsbedingung aus,
daß ΔG für den Durchtritt der Wassermoleküle
durch die Membran gleich null sein muß. Nach Gl. (11.14) muß dann
das chemische Potential des Wassers in der Lösung bei einem Überdruck
π gleich dem chemischen Potential des reinen Wassers unter Standarddruck sein:

$$\overline{G}_{H_2O} \ (p = p^{\circ} + \pi) \ = \ G_{H_2O(fl)}^{\circ} \tag{11.52}$$

Solange die Zuckerlösung nur unter dem Druck p° steht, ist darin das
chemische Potential des Wassers im Idealfall durch Gl. (11.51) gegeben:

$$\overline{G}_{H_2O} \ (p = p^{\circ}) \ = \ G_{H_2O(fl)}^{\circ} + R\,T \ln x_{H_2O} \tag{11.53}$$

Wenn der hydrostatische Druck auf $p = p^{\circ} + \pi$ erhöht wird, so erhöht
sich das chemische Potential des Wassers um diejenige Arbeit pro mol,
die beim Übertritt von $H_2O(fl)$ aus einer Phase vom Druck $p^{\circ} + \pi$ in
eine Phase gleicher Zusammensetzung vom Druck p° abgegeben werden könnte. Diese Arbeit pro mol ist durch das Produkt $\pi \cdot V_{H_2O(fl)}$ gegeben*, wenn $V_{H_2O(fl)}$ das (vom äußeren Druck praktisch unabhängi-

---

* Man stelle sich dabei etwa vor, daß reines flüssiges Wasser mit einem Überdruck
π durch eine Turbine gepreßt wird und darin Arbeit leistet. Es handelt sich im Prinzip um eine Art von *Volumenarbeit*, die durch das Produkt „Überdruck mal Kolbenfläche mal Weg des Kolbens" gegeben ist. Jedoch ist die Kolbenbewegung in diesem Falle nicht mit einer Kompression (Verdichtung), sondern mit einem Durch-
pressen des Wassers von praktisch konstanter Dichte verbunden.

ge) Molvolumen des flüssigen Wassers ist*. Somit ist das chemische Potential des Wassers in der Lösung nach Einstellung des Überdrucks π:

$$\overline{G}_{H_2O} \, (p = p^\circ + \pi) = G_{H_2O\,(fl)}^{\,\circ} + R\,T \ln x_{H_2O} + \pi V_{H_2O\,(fl)} \qquad (11.54)$$

Zusammen mit Gl. (11.52) folgt:

$$R\,T \ln x_{H_2O} + \pi V_{H_2O\,(fl)} = 0 \qquad (11.55)$$

Da $x_{H_2O} < 1$, ist $R\,T \ln x_{H_2O}$ ein *negativer* Energiebetrag. Die Gl. (11.55) sagt in Worten: ,,Die durch den gelösten Stoff bedingte Verminderung ($R\,T \ln x_{H_2O}$) und die durch den osmotischen Druck bedingte Erhöhung (πV_{H_2O}) des chemischen Potentials von H_2O kompensieren sich im Gleichgewicht zu null.''

Zur Abkürzung wollen wir für das Lösungsmittel anstelle der Formel H_2O den allgemeinen Stoffindex 1, für den gelösten Stoff (Zucker) den Stoffindex 2 einführen. Dann wird aus (11.55):

$$\pi V_1 = -R\,T \ln x_1 = -R\,T \ln(1-x_2) \qquad (11.56)$$

Für sehr verdünnte Lösungen ist $x_2 \ll 1$, daher gilt die Näherungsformel $\ln(1-x_2) \approx -x_2$. Somit ist

$$\pi V_1 = x_2 R\,T \equiv \frac{n_2}{n_1 + n_2} R\,T \qquad (11.57)$$

Für $n_2 \ll n_1$ ist das Produkt aus dem Molvolumen V_1 und der Gesamt-Stoffmenge $n_1 + n_2$ näherungsweise gleich dem Gesamtvolumen V der Lösung:

$$V_1 \, (n_1 + n_2) \approx V$$

Damit erhält man das **van't Hoffsche Gesetz**:

$$\boxed{\pi V = n_2 R\,T} \qquad (11.58)$$

Man kann das van't Hoffsche Gesetz noch etwas anders formulieren, indem man die Konzentration (Stoffmenge pro Volumen) des Stoffes 2 einführt:

$$c_2 \equiv \frac{n_2}{V} \qquad (11.59)$$

Damit wird aus (11.58):

$$\pi = c_2 R\,T \qquad (11.60)$$

Die Ähnlichkeit des van't Hoffschen Gesetzes (11.58) mit dem idealen Gasgesetz legt es nahe, den auf eine semipermeable Membran ausgeübten osmotischen Druck allein den thermischen Stößen der gelösten

---

* Eigentlich müßte man über das V noch einen Querstrich setzen, d.h., man müßte das *partielle* Molvolumen von H_2O in der Zuckerlösung betrachten; doch ist dieser Fehler meist vernachlässigbar, besonders bei verdünnten Lösungen.

Zuckermoleküle zuzuschreiben. Diese Modellvorstellung ist insofern angreifbar, als die Wassermoleküle an der Ausübung des hydrostatischen Überdrucks auf die Membran sicher mitbeteiligt sind, zumindest wenn sie nicht gerade auf eine durchlässige Pore auftreffen. Trotzdem läßt sich analog wie bei der Expansion eines idealen Gases so auch bei der Verdünnung einer idealen Lösung im Prinzip eine osmotische Volumenarbeit gewinnen. Zur Gewinnung dieser Volumenarbeit könnte man im Gedankenexperiment die in Abb. 11.10 gezeigte schematische Versuchsanordnung verwenden. Der auf den semipermeablen Kolben wir-

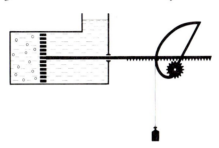

Abb. 11.10. Gedankenexperiment zur Gewinnung der osmotischen Expansionsarbeit eines gelösten Stoffes analog der Expansionsarbeit eines Gases auf S. 47.

kende einseitige Druck ist im Gleichgewicht durch den osmotischen Druck π gegeben. Bei einer langsamen Verschiebung des Kolbens wird die Lösung auf der linken Seite um ein entsprechendes Lösungsmittelvolumen verdünnt, wobei der Druck π nach Gl. (11.58) abnimmt.

Bei einer isothermen Expansion von π_I auf π_{II} ist die maximal abzugebende Arbeit analog zu Gl. (6.9) S. 48 gegeben durch

$$-W = n_2 \, R \, T \ln \frac{\pi_I}{\pi_{II}} \qquad (11.61)$$

Die pro Mol des gelösten Stoffes 2 abzugebende Arbeit $-W/n_2$ entspricht der chemischen Potentialdifferenz des Stoffes 2 zwischen zwei Phasen I und II:

$$\bar{G}_{2\,(I)} - \bar{G}_{2\,(II)} = R \, T \ln \frac{\pi_I}{\pi_{II}} \qquad (11.62)$$

oder mit (11.60):

$$\bar{G}_{2\,(I)} - \bar{G}_{2\,(II)} = R \, T \ln \frac{c_{2\,(I)}}{c_{2\,(II)}} \qquad (11.63)$$

Ebenso wie das van't Hoffsche Gesetz ist diese Gleichung eigentlich nur für sehr verdünnte Lösungen gültig. Analog zu (11.51) erhält man sie aber formal auch für höher konzentrierte Lösungen aufrecht, indem man anstelle der Konzentration wiederum eine „*Aktivität*" [anderer Art als die Aktivität in (11.51)] einführt. Wir wollen aber die Abweichungen vom idealen Verhalten hier vernachlässigen, indem wir in den Formeln die Konzentrationen bzw. Molenbrüche stehen lassen.

Man bezeichnet das chemische Potential eines gelösten Stoffes i in einer bestimmten Lösung von einer bestimmten **Standardkonzentration*** $c^\circ \equiv 1$ M wiederum als Standardpotential $G_{i(gel)}^\circ$. (Dabei ist [M] das von der IUPAC empfohlene Einheitenzeichen für die SI-Einheit der Konzentration: 1 M $\equiv$ 1 mol/l $\equiv$ 1000 mol/m^3 .) Damit wird aus Gl. (11.63), falls $c_{i(II)} = c^\circ$, indem wir den Index I weglassen:

$$\bar{G}_i = G_{i(gel)}^\circ + RT \ln \frac{c_i}{c^\circ} \qquad\qquad (11.64)$$

oder analog zu (11.18)

$$\boxed{\bar{G}_{i(gel)} = G_{i(gel)}^\circ + RT \ln \{c_i\}} \quad \text{mit } \{c_i\} \equiv \frac{c_i}{c^\circ} . \qquad (11.65)$$

Diese Formel beschreibt das chemische Potential eines gelösten Stoffes i in Abhängigkeit von dessen Konzentration. Dabei braucht es sich keineswegs um einen elektrisch neutralen Stoff zu handeln, sondern die Formel ist im Prinzip auch auf einzelne Ionenarten i in einer Elektrolytlösung anwendbar.

11.8. Das Massenwirkungsgesetz für beliebige Reaktionen

In Abschnitt 11.4 wurde das MWG zunächst nur für Gase abgeleitet. Wir können die Herleitung jetzt auch auf Reaktionen ausdehnen, an denen neben oder anstelle von Gasen beliebige feste oder flüssige Stoffe (oder einzelne Ionenarten) in reiner oder gemischter Form teilnehmen. Die Herleitung ist dabei völlig analog der in Abschnitt 11.4: In Gl. (11.30) $\Delta G = \Sigma \nu_i \bar{G}_i$ wird für jeden einzelnen Stoff i in seinem in der Reaktionsgleichung angegebenen Aggregatzustand** die passende Formel für sein chemisches Potential eingesetzt, und zwar für Gase (11.17) $\bar{G}_i = G_{i(g)}^\circ + RT \ln \{p_i\}$, für gelöste Stoffe bzw. Ionen (11.65) $\bar{G}_i = G_{i(gel)}^\circ + RT \ln \{c_i\}$, und für kondensierte Stoffe, die als Lösungsmittel vorliegen, Gl. (11.51) $\bar{G}_i = G_{i(fl \text{ oder } f)}^\circ + RT \ln x_i$. (Die letztere Formel schließt als Grenzfall mit $x_i = 1$ auch *reine* kondensierte Stoffe mit ein.) Dabei ergibt sich anstelle von Gl. (11.31) jetzt all-

---

* eigentlich „Standard*aktivität*" $a^\circ \equiv 1$ M

** Sind an einer Reaktion mehrere Phasen (vgl. Fußnote*** S. 41) beteiligt („*Heterogenreaktion*"), dann tritt ein Stoff meistens gleichzeitig in verschiedenen Phasen auf, so daß man mehrere verschiedene Reaktionsgleichungen formulieren kann [z.B. für die Knallgasreaktion (S. 114 f.) einerseits die Gl. (11.39) mit $H_2O(g)$ und andererseits die Gl. (11.41) mit $H_2O(fl)$], für die sich ganz unterschiedliche Gleichgewichtskonstanten ergeben. *Formal behandelt man dabei zwei verschiedene Aggregatzustände eines Stoffes wie zwei verschiedene Stoffe.* Näheres S. 123 f.

gemein:

$$\Delta G = \Delta G^\circ + R T \Sigma v_i \ln \{a_i\} \tag{11.66}$$

$$\text{mit } a_i \begin{cases} = c_i & \text{für } i = \text{ideal gelöster Stoff} \\ = x_i & \text{für } i = \text{ideales Lösungsmittel} \\ = p_i & \text{für } i = \text{ideales Gas} \end{cases} \tag{11.67}$$

Ist die den Stoff i enthaltende Phase *nicht* ideal, so ist in a_i neben c_i bzw. x_i bzw. p_i noch ein Korrekturfaktor (*Aktivitätskoeffizient*) enthalten. Dieser ist nach Definition so zu wählen, daß (11.66) allgemeingültig ist.

In der Größe

$$\Delta G^\circ = \Sigma v_i G_i^\circ \tag{11.68}$$

ist jeder Stoff mit dem Standardpotential seines in der Reaktionsgleichung angegebenen Aggregatzustandes enthalten (vgl. ** S. 116).

Mit der Gleichgewichtsbedingung $\Delta G = 0$ folgt aus (11.66) analog zu (11.35) bis (11.38):

$$\Delta G^\circ = -R T \ln \{K\} \tag{11.69}$$

$$\text{mit } K = \left(\Pi a_i^{v_i} \right)_= \tag{11.70}$$

Hiernach ist im Gleichgewicht in idealen Systemen das stöchiometrische Produkt der Konzentrationen bzw. Molenbrüche bzw. Partialdrucke eine Konstante (MWG für beliebige Reaktionen).

Anwendungsbeispiele

11.8.1. Dissoziation von Essigsäure

Wir betrachten in homogener wäßriger Lösung die Gleichgewichtsreaktion

$$CH_3C{\overset{\nearrow O}{\underset{\searrow OH}{}}} \rightleftharpoons CH_3C{\overset{\nearrow O}{\underset{\searrow O^-}{}}} + H^+$$

als spezielles Beispiel für die Dissoziation einer beliebigen Säure HA:

$$HA \rightleftharpoons A^- + H^+ \tag{11.71}$$

Die Gl. (11.70) lautet in diesem Fall explizit [mit (11.67)]:

$$\boxed{K = \frac{c_{A^-} \cdot c_{H^+}}{c_{HA}}} \tag{11.72}$$

Man bezeichnet K hier als *Dissoziationskonstante*. Abweichungen vom Gleichgewicht kommen in homogener Lösung praktisch nicht vor, da sich dieses Gleichgewicht extrem schnell (in etwa 10^{-10} s) einstellt. Daher haben wir das Gleichheitszeichen im Index von Gl. (11.70) in (11.72) weggelassen.

Wir bezeichnen die *Gesamt*konzentration an Essigsäure mit

$$c \equiv c_{HA} + c_{A^-} \; .$$

Der Bruchteil der *dissoziierten* Essigsäuremoleküle ist der **Dissoziationsgrad**

$$\alpha \equiv \frac{c_{A^-}}{c} \; .$$

Dann ist bei Abwesenheit von sonstigen Säuren und Basen

$$c_{H^+} = c_{A^-} = \alpha\, c$$

und $c_{HA} = c\,(1 - \alpha)$

Damit folgt aus (11.72) das „**Ostwaldsche Verdünnungsgesetz**":

$$\boxed{K = \frac{c\,\alpha^2}{1-\alpha}} \tag{11.73}$$

Der Dissoziationsgrad α kann z.B. aus Messungen der elektrischen Leitfähigkeit ermittelt und so aus (11.73) die Dissoziationskonstante bestimmt werden. Sie beträgt für Essigsäure bei Normaltemperatur $K = 1,8 \cdot 10^{-5}$ mol/l .

Für $c \to 0$ muß nach (11.73) $\alpha \to 1$ gehen, d.h., *mit wachsender Verdünnung nimmt die Dissoziation zu.*

Für höhere Konzentrationen wird aber der Dissoziationsgrad von Essigsäure sehr klein, d.h., das Gleichgewicht liegt ganz auf der linken Seite von Gl. (11.71), so daß die Lösung relativ wenige Wasserstoffionen enthält und daher relativ wenig aggressiv ist. Man nennt solche Säuren „*schwache Säuren*".

Für $c_{HA} = 0,1$ mol/l folgt aus (11.72) bei Normaltemperatur

$$c_{H^+} = c_{A^-} = \sqrt{K\, c_{HA}} = 1,34 \cdot 10^{-3} \frac{\text{mol}}{\text{l}} \ll c_{HA} \; ,$$

somit ist $c = c_{HA} + c_{A^-} \approx c_{HA}$, d.h., *fast die gesamte Essigsäure liegt undissoziiert vor* $(\alpha = 1,32\ \%)$. Der negative Logarithmus der Wasserstoffionenkonzentration, der pH-Wert, beträgt dann $-\log\{c_{H^+}\} \equiv pH = 2,87$.

Wir wollen zu der 0,1 M Essigsäure jetzt Natriumhydroxid hinzufügen, das in der Lösung vollständig in Na^+ und OH^- dissoziiert. Die zugesetzte Menge an NaOH pro Volumen ist also gleich der Konzentration c_{Na^+} . Die OH^--Ionen fangen entsprechend der *Neutralisationsreaktion*

$$H^+ + OH^- \rightleftharpoons H_2O$$

H^+-Ionen weg, was ein weiteres Dissoziieren von HA nach Gl. (11.71) zur Folge hat. Auf diese Weise werden die OH^--Ionen nach der Gesamtreaktion

$$HA + OH^- \rightleftharpoons A^- + H_2O \tag{11.74}$$

zunächst praktisch vollständig zu A^--Ionen umgesetzt, solange c_{HA} nicht zu klein wird (siehe unten).

Die *exakte* Berechnung des pH-Wertes ist wegen des Zusammenwirkens von zwei Gleichgewichten ziemlich kompliziert. Sobald aber die zugesetzte Menge an NaOH mehr als ca. 10% der ursprünglich vorhandenen Essigsäure beträgt (d.h. $c_{Na^+} > 0,1\ c$), kann man die ursprünglich vorhandenen A^--Ionen neben den neugebildeten vernachlässigen, indem man näherungsweise $c_{A^-} \approx c_{Na^+}$ setzt. Dann braucht man zur Berechnung des pH-Wertes in Abhängigkeit von der zugesetzten Menge an NaOH lediglich die Massenwirkungsgleichung (11.72) zu logarithmieren:

$$\log\{K\} = \log\{c_{H^+}\} + \log \frac{c_{A^-}}{c_{HA}} \ .$$

Mit $pH \equiv -\log\{c_{H^+}\}$ und $pK \equiv -\log\{K\}$

wird daraus die sogenannte *Henderson-Hasselbalch-Gleichung*:

$$pH = pK + \log \frac{c_{A^-}}{c_{HA}} \ , \tag{11.75}$$

worin in guter Näherung $c_{A^-} \approx c_{Na^+}$ für $c_{Na^+} \geqslant 0,1\ c$ und $c_{HA} \approx c - c_{Na^+}$ für $c_{Na^+} \leqslant 0,99\ c$ (siehe unten) gesetzt werden kann.

Wenn die zugesetzte Menge an NaOH mehr als 99 % der ursprünglich vorhandenen Essigsäure beträgt, so ist die durch *Hydrolyse*, d.h. durch Umkehrung der Reaktion (11.74) gebildete Menge an HA nicht mehr vernachlässigbar, so daß c_{HA} etwas *größer* als $c - c_{Na^+}$ wird, was die exakte pH-Berechnung schwierig macht. Am *Äquivalenzpunkt* ist die Berechnung aber wieder recht einfach, weil hier nur noch vollständig dissoziiertes, reines Natriumacetat der Konzentration $c_{A^-} = 0,1$ M vorliegt und weil die (daneben vernachlässigbar kleine) Konzentration an HA aus der Umkehrung der Reaktion (11.74) gleich der Konzentration an OH^--Ionen ist[*]. Daher ist $c_{HA} = c_{OH^-} = K_W/c_{H^+}$, worin $K_W \equiv c_{H^+} \cdot c_{OH^-} = 10^{-14}$ M^2 das *Ionenprodukt des Wassers* ist. (Dieses kann man bei gegebener Temperatur als praktisch konstant betrachten, da der Molenbruch des undissoziierten H_2O sich bei der Titration nur relativ wenig verändert.) Durch Einsetzen in die Massenwirkungsgleichung (11.72) erhält man für die reine, 0,1-molare Natriumacetatlösung:

$$K = \frac{c_{A^-} \cdot c_{H^+}^{\ 2}}{K_W} \ , \text{ also } c_{H^+} = (K K_W/c_{A^-})^{1/2} \text{ und}$$

$$pH \equiv -\log\{c_{H^+}\} = \tfrac{1}{2}(\log\{c_{A^-}\} - \log\{K\} - \log\{K_W\}) = 8,87 \ .$$

Insgesamt ergibt sich daraus für die Abhängigkeit des pH-Wertes von der zugesetzten Menge an NaOH bei der Titration von 0,1 M Essigsäure die in Abb. 11.11 dargestellte Kurve.

Die Kurve hat ihre geringste Steigung (Wendepunkt) dort, wo gerade die *Hälfte der Essigsäure neutralisiert* ist ($c_{Na^+}/c = 0,5$). Hier ist $c_{A^-} = c_{HA}$, also nach Gl. (11.72) $K = c_{H^+}$ oder nach Gl. (11.75) pH = pK . Da sich der pH-Wert der Lösung mit Hilfe einer Glaselektrode[**] leicht messen läßt, ergibt sich daraus ein weiteres, bequemes Verfahren zur *Bestimmung der Dissoziationskonstante* einer schwachen Säure. Für an-

---

[*] Die Konzentration an H^+- und entsprechenden, *zusätzlichen* OH^--Ionen ist wiederum neben c_{OH^-} vernachlässigbar.

[**] Näheres S. 257 ff.

11. Das chemische Potential

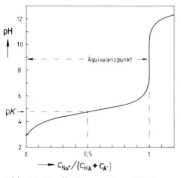

Abb. 11.11. Änderung des pH-Wertes bei der Titration von 0,1 M Essigsäure mit NaOH bei 298 K.

dere schwache Säuren ist der Kurvenverlauf im mittleren Bereich ähnlich, aber parallel zu anderen pK-Werten verschoben.

Die geringe Steigung der Titrationskurve bei halber Neutralisation einer schwachen Säure bietet außerdem die Möglichkeit, entsprechend kleine Wasserstoffionenkonzentrationen zu stabilisieren (zu „*puffern*"). In einer 10^{-5}-molaren Lösung von HCl würden nämlich Spuren von Alkali aus dem Glas genügen, um c_{H^+} um einige Zehnerpotenzen zu verändern. Wenn dagegen die Lösung in etwa gleicher Konzentration Acetationen und undissoziierte Essigsäure enthält, dann ist sie gepuffert, d.h., c_{H^+} bleibt bei etwa 10^{-5} M stehen, auch wenn die neu hinzukommenden Mengen an Säure oder Base pro Volumen viel größer als 10^{-5} M sind. (Sie müssen nur klein gegen c_{HA} und c_{A^-} sein.)

Am *Äquivalenzpunkt* der Titrationskurve ändert sich der pH-Wert bei Zugabe kleinster Mengen an NaOH *sprunghaft* um einige Einheiten (vgl. Abb. 11.11).

Im flachen Kurvenbereich in Abb. 11.11 stimmt die Abszisse $c_{Na^+}/(c_{HA} + c_{A^-})$ mit dem Bruchteil $c_{A^-}/(c_{HA} + c_{A^-})$ der unprotonisierten Säureform überein. Wenn dieser Bruchteil von 10 % auf 90 % zunimmt, ändert sich der pH-Wert um etwa zwei Einheiten in der Umgebung des pK-Wertes (vgl. Abb. 11.11). Wenn in einer Lösung ein pH-Sprung auftritt, der diesen pH-Bereich überdeckt, so verwandelt sich also der überwiegende Teil der Säure von der protonisierten (HA) in die unprotonisierte Form (A^-). Besitzen beide Formen verschiedene Farbe, so schlägt die Farbe der Lösung um. Die bei der Säure-Basen-Titration zur Anzeige des Äquivalenzpunktes verwendeten *Farbindikatoren* sind derartige schwache Säuren mit unterschiedlicher Farbe von HA und A^-. Dabei ist wesentlich, daß 1.) der pK-Wert des gewählten Indikators im pH-Sprung-Bereich des Äquivalenzpunktes des Säure-Basen-Systems liegt und daß 2.) die verwendete Indikatorkonzentration sehr klein gegen die Konzentration der zu titrierenden Säure ist, so daß eine vernachlässigbar kleine Menge an Titerlösung genügt, um den Indikator zu neutralisieren und so den Farbumschlag hervorzurufen. (Andernfalls würde der Indikator als Puffer wirken.)

11.8.2. Das Löslichkeitsprodukt von Silberchlorid

Die beiden Salze Silbernitrat ($AgNO_3$) und Natriumchlorid (NaCl) sind in Wasser leicht löslich und praktisch vollständig in Ionen dissoziiert. Wenn man zwei solche Lösungen miteinander vermischt, dann treten die Silberionen* $Ag^+(aq)$ mit den Chloridionen $Cl^-(aq)$ zu einem Niederschlag von festem Silberchlorid AgCl(f) zusammen:

$$Ag^+(aq) + Cl^-(aq) \rightleftharpoons AgCl(f) \qquad (11.76)$$

An dieser Reaktion sind *mehrere Phasen* beteiligt, nämlich eine flüssige und eine feste Phase. Man bezeichnet eine solche Reaktion und das dabei erreichte Gleichgewicht als „*heterogen*". (Ein Gleichgewicht *innerhalb einer Phase* bezeichnet man dagegen als „*homogen*".) Da das entstehende AgCl ein *reiner kondensierter Stoff* ist, so ist sein Molenbruch gleich 1 (vgl. S. 116). Daher liefert sein chemisches Potential nur zu der Größe ΔG° in Gl. (11.66) einen Beitrag, nicht aber zu dem konzentrationsabhängigen Restglied $R T \Sigma \nu_i \ln\{a_i\}$. Das hat zur Folge, daß das feste AgCl *in der Gleichgewichtskonstante der Heterogenreaktion* (11.76) *gar nicht in Erscheinung tritt*. Für diese Gleichgewichtskonstante erhält man durch Anwendung der Gln. (11.70) und (11.67) auf (11.76):

$$K = \left(\frac{1}{c_{Ag^+} \cdot c_{Cl^-}} \right)_= \qquad (11.77)$$

Hiernach ist bei Anwesenheit von AgCl als Bodenkörper nach Einstellung des Kristallisationsgleichgewichts das Produkt der Ionenkonzentrationen $c_{Ag^+} \cdot c_{Cl^-}$ gleich einer Konstanten $1/K$. Man nennt es „*Löslichkeitsprodukt*". Bei 20 °C hat es den Wert**: $(c_{Ag^+} \cdot c_{Cl^-})_S = 1{,}1 \cdot 10^{-10} \text{ M}^2$.

Wenn außer AgCl keine weiteren Salze in einer Lösung anwesend sind, so muß $c_{Ag^+} = c_{Cl^-}$ sein. Da das gelöste AgCl praktisch vollständig dissoziiert ist***, so läßt sich die *Sättigungskonzentration* von AgCl in Wasser bei 20 °C aus dem Löslichkeitsprodukt berechnen als $c_S = \sqrt{c_{Ag^+} c_{Cl^-}} = 1{,}05 \cdot 10^{-5}$ M. Dieser Wert ist recht klein, d.h., AgCl ist sehr schwer löslich.

Die Konstanz des Löslichkeitsprodukts wurde früher damit begründet, daß im Gleichgewicht mit dem festen AgCl die (unmeßbar kleine) Konzentration an undis-

---

* Man kennzeichnet den „Aggregatzustand" der in Wasser gelösten Ionen in Klammern durch den Zusatz „aq" (lat. aqua = Wasser).

** Der Index S zur Kennzeichnung des Löslichkeitsprodukts bedeutet „Sättigung", d.h. Gleichgewicht mit Bodenkörper.

*** Die Konzentration an *undissoziierten* gelösten AgCl-Molekülen ist unmeßbar klein.

soziierten gelösten AgCl-Molekülen bei gegebener Temperatur konstant sein muß und daher mit der Konstante des homogenen Dissoziationsgleichgewichts (zwischen gelösten AgCl-Molekülen und Ag^+- und Cl^--Ionen) zu einer neuen Konstante (dem Löslichkeitsprodukt) zusammengefaßt werden kann*. Diese Argumentation ist thermodynamisch nicht falsch, aber doch insofern irreführend, als dabei der Eindruck erweckt wird, daß der Zusammentritt der Ionen zu neutralen gelösten Molekülen ein notwendiger Zwischenschritt beim *Kristallwachstum* sei, während in Wirklichkeit ein *direkter Einbau der einzelnen Ionen ins Kristallgitter* entsprechend der Heterogenreaktion (11.76) erfolgt.

11.8.3. Zersetzung von Ammoniumcarbaminat

Ein *heterogenes Gleichgewicht* zwischen einer festen Phase und der *Gasphase* liegt bei der Zersetzung des im Hirschhornsalz enthaltenen Ammoniumcarbaminats vor:

$$NH_2 - \overset{\overset{\textstyle O}{\|}}{C} - ONH_4 \,(f) \;\rightleftharpoons\; CO_2\,(g) + 2\,NH_3\,(g) \tag{11.78}$$

Von dieser Reaktion macht man in der Bäckerei bei der Verwendung von Hirschhornsalz als Treibmittel (Backpulver) Gebrauch.

Da die Ammoniumcarbaminatkristalle in reiner Form vorliegen, lautet die Gleichgewichtskonstante nach Gl. (11.70) mit (11.67):

$$K = \left(p_{CO_2} \cdot p_{NH_3}^{\,2} \right)_= \tag{11.79}$$

Diese Konstante wächst mit zunehmender Temperatur. Ein spontaner Zerfall des gesamten Backpulvers tritt bei derjenigen Temperatur ein, bei der die Summe der Partialdrucke der entstehenden Gase größer als der Außendruck wird.

11.8.4. Kalkbrennen

Bei der Zersetzung von Kalkstein nach der Formel

$$CaCO_3\,(f) \;\rightleftharpoons\; CaO\,(f) + CO_2\,(g) \tag{11.80}$$

liegt ein heterogenes Gleichgewicht zwischen zwei festen Phasen und der Gasphase vor. Da die beiden festen Stoffe keine Mischkristalle miteinander bilden und insofern als „reine Stoffe" vorliegen (auch wenn sie heterogen miteinander vermengt sind), so lautet die Gleichgewichtskonstante dieser Reaktion einfach:

$$K = p_{CO_2\,=} \tag{11.81}$$

Über einem Gemisch von $CaCO_3$ und CaO herrscht also *im Gleichge-*

---

* Vgl. hierzu auch die Kombination von Gleichgewichten S. 123 f.

wicht bei gegebener Temperatur ein ganz bestimmter CO_2-Partialdruck. Ist p_{CO_2} in der Atmosphäre größer als dieser Gleichgewichtspartialdruck, so wandelt sich mit der Zeit das gesamte CaO in $CaCO_3$ um. Anderenfalls läuft die Reaktion langsam aber vollständig in der umgekehrten Richtung. Eine *schnelle* Zersetzung wird (analog wie im vorigen Beispiel) bei derjenigen Temperatur erreicht, bei der p_{CO_2} größer als der Außendruck wird und daher in der Lage ist, die $CaCO_3$-Körner von innen her aufzubrechen und wegzuschieben. Durch Erhitzen von Kalkstein (,,Kalkbrennen") erhält man daher CaO (,,gebrannter Kalk"), das nach Umsetzung mit Wasser [Bildung von $Ca(OH)_2$, ,,gelöschter" Kalk] und Mischen mit Sand als Mörtel Verwendung findet: Beim ,,Abbinden" des Mörtels entsteht unter Zutritt von CO_2 aus der Luft und Wasserabgabe langsam wieder $CaCO_3$.

11.8.5. Verdampfung von Wasser

Auch diese kann als Sonderfall einer ,,chemischen Reaktion" nach der Formel

$$H_2O(fl) \rightleftharpoons H_2O(g) \qquad (11.82)$$

aufgefaßt werden. Wenn das Wasser rein vorliegt, besteht die ,,Gleichgewichtskonstante" dieser ,,Reaktion" nur noch im Dampfdruck des Wassers bei der betreffenden Temperatur:

$$K = p_{H_2O_=} = p_{H_2O}^{\circ} \qquad (11.83)$$

Wenn dagegen eine wäßrige Lösung mit dem Molenbruch x_{H_2O} und dem Gleichgewichtspartialdruck p_{H_2O} vorliegt, so wird aus (11.70) $K = (p_{H_2O}/x_{H_2O})_=$. Da beide K übereinstimmen müssen, erhalten wir wieder das Raoultsche Gesetz $p_{H_2O} = p_{H_2O}^{\circ} \cdot x_{H_2O}$, von dem wir bei der Aufstellung der Gln. (11.66) bis (11.70) ausgegangen waren.

11.8.6. Kombination von Gleichgewichten

In Abschnitt 11.5 hatten wir die Gleichgewichtskonstante der Reaktion

$$2\,H_2 + O_2 \rightleftharpoons 2\,H_2O(g) \qquad (1)$$

im Prinzip dadurch berechnet, daß wir die ΔG°-Werte der beiden Reaktionen

$$2\,H_2 + O_2 \rightleftharpoons 2\,H_2O(fl) \qquad (2)$$

und $\quad 2\,H_2O(fl) \rightleftharpoons 2\,H_2O(g) \qquad (3)$

addiert hatten. Die Addition der Gln. (2) und (3) liefert (1), und da G eine Zustandsgröße ist, kann man (analog zu ΔH nach dem Heßschen Satz) $\Delta G°$ einer Reaktion als Summe der $\Delta G°$-Werte von Teilreaktionen erhalten:

$$\Delta G°(1) = \Delta G°(2) + \Delta G°(3)$$

Nun erhält man eine MWG-Konstante aus $\Delta G°$ nach den Gln. (11.66) bis (11.70) dadurch, daß man für die stöchiometrische *Summe der Logarithmen* der a_i den *Logarithmus des* stöchiometrischen *Produkts* der a_i einführt. Daher entspricht die *Addition* der $\Delta G°$-Werte einer *Multiplikation* der MWG-Konstanten:

$$K(1) = K(2) \cdot K(3) \tag{11.84}$$

Wenn wir für die Konstanten der Reaktionen (1) bis (3) die Formel (11.70) mit (11.67) anwenden, so lautet Gl. (11.84) explizit:

$$\left(\frac{p_{H_2O}{}^2}{p_{H_2}{}^2 \cdot p_{O_2}} \right)_= = \left(\frac{1}{p_{H_2}{}^2 \cdot p_{O_2}} \right)_= \cdot p_{H_2O_=}{}^2$$

Diese Gleichung ist trivial und insofern keine neue Aussage, sondern nur eine Bestätigung von (11.84). Die Betrachtung soll deutlich machen, warum der Dampfdruck des reinen kondensierten Stoffes $H_2O(fl)$ in der Gleichgewichtskonstante der Heterogenreaktion (2) nicht vorkommt: Er ist nämlich konstant und konnte darum in die Konstante $K(2)$ mit „hineingenommen" werden, indem $K(1)$ durch $K(3)$ dividiert wurde.

11.8.7. Fällung von Sulfiden

Um aus zwei bekannten Gleichgewichtskonstanten eine neue Gleichgewichtskonstante zu berechnen, braucht man selbstverständlich nicht den Umweg über die $\Delta G°$-Werte zu gehen, sondern man kann sofort nach Gl. (11.84) das Produkt bilden. Ein Beispiel bietet die Dissoziationskonstante einer *zweibasischen* Säure, d.h. einer Säure, von der ein Molekül zwei H^+ abgeben und so zwei Basenäquivalente neutralisieren kann.

Wir betrachten hierzu die Dissoziation von Schwefelwasserstoff H_2S in wäßriger Lösung bei 25 °C. (H_2S ist unter Normalbedingungen gasförmig, aber in Wasser ganz gut löslich.) Die Dissoziation verläuft in zwei Stufen, von denen jede ihre eigene Dissoziationskonstante hat:

$$H_2S(aq) \rightleftharpoons H^+(aq) + HS^-(aq); \quad K_1 \equiv \left(\frac{c_{H^+} \cdot c_{HS^-}}{c_{H_2S}} \right)_= = 10^{-7} \text{ M} \tag{11.85}$$

$$HS^-(aq) \;\rightleftharpoons\; H^+(aq) + S^{2-}(aq); \quad K_2 \equiv \left(\frac{c_{H^+} \cdot c_{S^{2-}}}{c_{HS^-}}\right)_{=} = 10^{-15} \text{ M}$$

(11.86)

Die Addition der beiden Teilreaktionen ergibt die Gesamtreaktion:

$$H_2S(aq) \;\rightleftharpoons\; 2\,H^+(aq) + S^{2-}(aq)$$

Übungsaufgabe: Man berechne die Gleichgewichtskonstante der genannten Gesamtreaktion und benutze sie zur Entscheidung der Frage, ob die S^{2-}-Ionenkonzentration in H_2S-Wasser der Konzentration* $c_{H_2S} = 0{,}1$ M bei pH = 1 ausreicht, um Cd^{2+}-Ionen und Zn^{2+}-Ionen aus der Lösung quantitativ auszufällen. (Wir wollen die Fällung als praktisch „quantitativ" bezeichnen, wenn die in der Lösung verbleibende Metallionenkonzentration kleiner als 10^{-5} M ist.) Die Löslichkeitsprodukte bei 25 °C betragen (vgl. Fußnote ** S. 121)

$$(c_{Cd^{2+}} \cdot c_{S^{2-}})_S = 10^{-28} \text{ M}^2 \quad \text{und} \quad (c_{Zn^{2+}} \cdot c_{S^{2-}})_S = 10^{-25} \text{ M}^2 \;.$$

Ergebnis: In saurer Lösung (pH = 1) lassen sich Cd^{2+}-Ionen mit H_2S-Wasser quantitativ ausfällen, Zn^{2+}-Ionen dagegen nicht. Man macht hiervon in der Analytischen Chemie Gebrauch, um Cd und Zn voneinander zu trennen.

11.8.8. Bildung von Salzsäure

Die Bildungsreaktion von wäßriger Salzsäure aus den Elementen lautet:

$$H_2(g) + Cl_2(g) \;\rightleftharpoons\; 2\,H^+(aq) + 2\,Cl^-(aq)$$

(11.87)

Die Gleichgewichtskonstante dieser Heterogenreaktion ist nach Gl. (11.70) mit (11.67) gegeben durch

$$K = \left(\frac{c_{H^+}^2 \cdot c_{Cl^-}^2}{p_{H_2} \cdot p_{Cl_2}}\right)_{=}$$

(11.88)

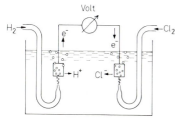

Abb. 11.12. Galvanische Kette zur Bestimmung der Gleichgewichtskonstante für die Bildung von wäßriger Salzsäure aus den Elementen.

Diese Konstante läßt sich nach (11.69) leicht bestimmen, indem man $\Delta G°$ aus der gemessenen EMK einer galvanischen Kette berechnet. Die Kette ist in Abb. 11.12 dargestellt: Zwei von H_2 bzw. Cl_2 umspülte Platinbleche tauchen in eine wäßrige HCl-Lösung. An den Elektroden laufen bei Stromfluß folgende Reaktionen ab:

links: $H_2(g) \rightarrow 2\,H^+(aq) + 2\,e^-$

---

* Aus dem Zahlenwert der Gleichgewichtskonstante in Gl. (11.85) ergibt sich, daß die Konzentration an undissoziiertem H_2S bei pH = 1 praktisch mit der Gesamtkonzentration des H_2S übereinstimmt.

rechts: Cl_2 (g) + 2 e^- → 2 Cl^-(aq)

Die Summe beider Teilreaktionen ist gleich der angegebenen Gesamt-reaktion. Die gemessene EMK ist nach (11.40) und (11.66) gegeben durch

$$-2\,FE \;=\; \Delta G \;=\; \Delta G^\circ + R\,T \ln \left\{ \frac{c_{H^+}{}^2 \cdot c_{Cl^-}{}^2}{p_{H_2} \cdot p_{Cl_2}} \right\} \;. \tag{11.89}$$

Nach Messung von E bei bekannten Werten von p_{H_2} , p_{Cl_2} und $c_{H^+} = c_{Cl^-} = c$ * errechnet man aus (11.89) leicht ΔG° und damit K. Wählt man die Drucke $p_{H_2} = p_{Cl_2} = p^\circ$ und die Konzentration c (eigentlich Aktivität) der Salzsäure gleich $c^\circ (\equiv 1\ M \equiv 1\ mol/l)$, so wird das Zusatzglied in (11.89) gleich null, also $\Delta G = \Delta G^\circ$. Die gemessene EMK entspricht dann direkt der Standard-EMK E° , die ohne weitere Umrechnung die Größe ΔG° liefert:

$$\Delta G^\circ \;=\; -2\,FE^\circ \tag{11.90}$$

Übungsaufgabe: In der galvanischen Kette der Abb. 11.12 wird bei 25 °C eine EMK von $E = 1,595$ V gemessen. Die Konzentration der wäßrigen Salzsäure ist $c = 0,01$ M , die Partialdrucke p_{H_2} und p_{Cl_2} sind jeweils gleich p° . Man berechne die Gleichgewichtskonstante für die Bildung von wäßriger Salzsäure!
Ergebnis: $K = 8,19 \cdot 10^{45}\ M^4\ p^{\circ -2} = 7,98 \cdot 10^{35}\ M^4\ Pa^{-2}$.

12. Die Entropie

12.1. Molekulare Ursachen der Triebkraft

Bisher wurde die Frage nach der Triebkraft chemischer Reaktionen nur vom *makroskopischen Standpunkt* aus behandelt und mit Hilfe empirischer Prinzipien (Unmöglichkeit eines Perpetuum mobile, 2. Hauptsatz) beantwortet: Die Triebkraft einer isothermen, arbeitsfreien Reaktion ist gleich der Abnahme der Helmholtz-Energie $-\Delta A_{V,T}$. Die Triebkraft einer isothermen, isobaren, nutzarbeitsfreien Reaktion ist gleich der Abnahme der Gibbs-Energie $-\Delta G_{p,T}$. Dabei ist $-\Delta A$ bzw. $-\Delta G$ gleich der Arbeit bzw. Nutzarbeit pro Formelumsatz, die man in einem isothermen reversiblen Ersatzprozeß (z.B. über eine galvanische Kette) hätte gewinnen können.

---

* Die Salzsäure ist bei nicht zu hohen Konzentrationen praktisch vollständig dissoziiert.

Um die Triebkraft isothermer arbeitsfreier Prozesse für beliebige Temperaturen theoretisch vorausberechnen zu können, müssen wir deren *molekulare Ursachen* ergründen. Zu diesem Zweck betrachten wir einige charakteristische Beispiele. Wir beginnen mit rein physikalischen Beispielen, weil dabei die verschiedenen Ursachen am deutlichsten sichtbar sind.

Charakteristische Beispiele isothermer*, spontaner Prozesse

12.1.1. Entspannung einer Feder

Die potentielle Energie einer aufgezogenen Uhrfeder kann als Teil der Inneren Energie dieses Systems betrachtet werden. Wenn die Uhrfeder sich entspannt, wird ihre potentielle Energie als Reibungswärme an die Umgebung abgegeben. Diese Reibungswärme ist genauso groß wie die Arbeit, die man in einem reversiblen Ersatzprozeß hätte gewinnen können. Somit ist in diesem Fall die Triebkraft oder die Abnahme der Helmholtz-Energie gleich der Abnahme der Inneren Energie des Systems:

$$-\Delta A = -\Delta U$$

Der vom System angestrebte Endzustand ist also ein Zustand minimaler Energie. Dieses „*Prinzip minimaler Energie*" gilt für alle isothermen mechanischen Vorgänge, bei denen potentielle Energie durch *Reibung oder plastische Verformung* vollständig als Wärme abgeführt wird (gedämpftes Pendel, Herunterfallen einer Knetekugel usw.). Die beweglichen Teile des Systems folgen dabei den wirksamen *Anziehungs- und Abstoßungskräften,* die als eigentliche *Ursache der Vorgänge* betrachtet werden können.

Das Prinzip minimaler Energie ist für *chemische* Reaktionen gleichbedeutend mit dem sogenannten **Berthelotschen Prinzip**. Berthelot nahm an, daß — analog wie in der Mechanik — die bei einer isothermen chemischen Reaktion abgegebene Wärme $-\Delta U$ bzw. $-\Delta H$ ein Maß für deren Triebkraft sei. Wenn dieses Prinzip jedoch immer die alleinige Ursache der Triebkraft wäre, dann dürfte es nur exotherme, aber keine endothermen Reaktionen geben.

---

* Im Hinblick auf das Ziel der Berechnung chemischer Gleichgewichte *bei vorgegebenen Temperaturen* beschränken wir uns hier auf Beispiele *isothermer* Prozesse. Das fundamentale Beispiel einer spontanen Wärmeübertragung zwischen Körpern *verschiedener Temperatur* wird unter anderen Gesichtspunkten behandelt (Abschnitte 12.3 und 12.5.3).

12.1.2. Diffusion

Zwei ideale Gase von gleichem Druck und gleicher Temperatur diffundieren ineinander und vermischen sich. Da die Moleküle idealer Gase
keinerlei Kräfte aufeinander ausüben, bleibt die Innere Energie bei diesem Vorgang unverändert: $\Delta U = 0$. Warum vermischen sich dann die
verschiedenen Molekülsorten? Warum trennen sie sich nicht von selbst
wieder?

Es ist das gleiche Prinzip, nach dem mechanisch gleiche, aber ver-
schiedenfarbige Kugeln beim Durcheinanderschütteln sich mischen, aber
nicht wieder entmischen. Wir können es als ,,*Prinzip maximaler Unordnung*" bezeichnen; das Sortieren nach verschiedenen Farben würde dagegen einem Ordnungsvorgang entsprechen, der nicht von selbst vor sich
geht. Aber *warum* nicht?

Wenn wir nur ganz wenige Kugeln haben, etwa 2 rote und 2 blaue,
dann kommt es durchaus vor, daß nach dem Schütteln die beiden roten
und die beiden blauen zusammenliegen. Aber je mehr Kugeln vorhanden sind, desto *unwahrscheinlicher* ist es, daß zufällig alle roten und alle
blauen gleichzeitig jeweils zusammenliegen. Wird die Zahl der Kugeln
extrem groß (etwa gleich der Loschmidtschen Zahl), dann wird eine
spontane Entmischung extrem unwahrscheinlich und darum praktisch
unmöglich. Das Prinzip maximaler Unordnung beruht also auf einer *Zunahme der Wahrscheinlichkeit mit abnehmender Ordnung* (Näheres in
Abschnitt 12.5).

12.1.3. Expansion ins Vakuum

Stellt man einem idealen Gas durch Öffnen einer Klappe zu einem
evakuierten Nachbarraum ein vergrößertes Volumen zur Verfügung
(Abb. 6.2, S. 45), so verteilen sich die Moleküle gleichmäßig über den
ganzen Raum. Auch hierbei ist bei konstanter Temperatur $\Delta U = 0$
[vgl. Gl. (6.5)]. Die Ursache für den Vorgang ist also nicht in irgendwelchen Kräften zu suchen, sondern allein in einer *Zunahme der Unordnung*, d.h. der *Wahrscheinlichkeit*: Es wäre extrem unwahrscheinlich,
daß zufällig einmal alle Gasmoleküle gleichzeitig wieder in ihr Ausgangsvolumen zurückkehren würden. Die Vereinigung der Moleküle im Ausgangsvolumen entspricht einem Zustand von höherer Ordnung als die
Verteilung der Moleküle auf das Gesamtvolumen.

12.1.4. Verdampfung und Kondensation

In einem geschlossenen, thermostatierten Gefäß befinde sich Wasser und darüber Luft. Ist der Wasserdampfpartialdruck p_{H_2O} im Luftraum kleiner als der Dampfdruck $p^D_{H_2O}$, so findet Verdampfung des Wassers statt, im umgekehrten Falle Kondensation. Das Gleichgewicht ist erreicht, wenn $p_{H_2O} = p^D_{H_2O}$ geworden ist. Dann ist $\Delta A_{V,T} = 0$.

Bei diesem Beispiel tragen *beide Prinzipien* zur Triebkraft $-\Delta A$ bei, und zwar wirken beide *in entgegengesetzter Richtung*: Das Prinzip minimaler Energie wirkt im Sinne der Kondensation, denn bei diesem Vorgang wird die Verdampfungswärme abgegeben, die Innere Energie nimmt ab. Das Prinzip maximaler Unordnung wirkt im Sinne der Verdampfung, denn dieser Vorgang entspricht einer Zunahme der molekularen Unordnung: Im Gasraum fliegen die Moleküle ungeordnet durcheinander, im flüssigen Wasser liegen dagegen alle Wassermoleküle ordentlich beisammen und besitzen darüber hinaus durch Ausbildung von Wasserstoffbrückenbindungen ein gewisses Maß an struktureller Ordnung.

Der energetische Beitrag zur Triebkraft (die Verdampfungswärme) ist unabhängig vom Wasserdampfpartialdruck. Die Zunahme der räumlichen Unordnung pro verdampfende Stoffmenge wird dagegen mit abnehmendem mittleren Molekülabstand im Gasraum (d.h. mit zunehmendem Wasserdampfpartialdruck) immer geringer. Bei *Erreichen des Gleichgewichtsdampfdrucks halten sich beide Prinzipien die Waage.*

Der energetische Beitrag zur Triebkraft (die Verdampfungswärme) ändert sich *mit steigender Temperatur* nur wenig. Der Gleichgewichtsdampfdruck nimmt dagegen mit steigender Temperatur stark zu. *Das Gleichgewicht verschiebt sich also zugunsten des Prinzips maximaler Unordnung.* Dieses Prinzip wirkt sich also um so stärker auf die Triebkraft aus, je höher die Temperatur ist.

Die Verwirklichung des Prinzips maximaler Unordnung setzt offensichtlich Wärmebewegung voraus, d.h. kinetische Energie der Moleküle. Wenn man die *Molekularkräfte als Ursache für das Anstreben eines Zustandes minimaler Energie* ansieht, dann könnte man analog die Bewegung oder die *kinetische Energie der Moleküle* als die *Ursache* dafür ansehen, daß andererseits auch eine *Zunahme der Unordnung* (der Wahrscheinlichkeit) vom isothermen System angestrebt wird.

Wir wollen jetzt **chemische Beispiele** zur Triebkraft betrachten. Diese sind insofern weniger durchsichtig als manche physikalischen Beispiele, weil hier grundsätzlich immer sowohl das Prinzip minimaler Energie als auch das Prinzip maximaler Unordnung einen Beitrag zur Triebkraft einer isothermen Reaktion liefern. Immerhin gibt es aber auch hier Beispiele, bei denen jeweils der eine Beitrag stark überwiegt, während der andere fast vernachlässigbar ist.

12.1.5. Reduktion von Kupferionen durch Zink

Bei der isothermen Reaktion

$$Cu^{2+}(aq) + Zn \;\rightarrow\; Cu + Zn^{2+}(aq) \qquad\qquad (12.1)$$

ändert sich der Ordnungsgrad des Systems nur wenig. Der Energieinhalt nimmt jedoch stark ab, weil die Kupferatome im Kristallgitter des Metalls viel fester gebunden sind als die Zinkatome. Dementsprechend wird die *Triebkraft dieser Reaktion im wesentlichen durch den energetischen Anteil bestimmt.* Tatsächlich findet man im Experiment, daß die aus kalorimetrischen Messungen bestimmte Reaktionsenthalpie ΔH * sich von der aus EMK-Messungen erhaltenen Gibbs-Reaktionsenergie ΔG nicht sehr wesentlich unterscheidet. Für derartige Reaktionen, bei denen das Unordnungsprinzip relativ wenig zur Triebkraft beiträgt, ist charakteristisch, daß das Gleichgewicht extrem weit auf der exothermen Seite der Reaktionsgleichung liegt. (Im Gleichgewicht sind neben metallischem Zink praktisch überhaupt keine Kupferionen mehr nachweisbar.)

12.1.6. Mutarotation

D-Glucose (Traubenzucker $C_6H_{12}O_6$) existiert in zwei isomeren Formen, die sich in wäßriger Lösung ineinander umwandeln können** (*Tautomerie*):

$$(12.2)$$

α – Glucose   β – Glucose

---

* ΔH ist praktisch der „energetische Anteil". Der Unterschied zwischen ΔU und ΔH ist hier vernachlässigbar, weil ΔV sehr klein ist (vgl. S. 60).

** Näheres zu dieser Umwandlung S. 219. Stichwort „Isomerie": S. 234.

In der α-Glucose steht die OH-Gruppe am C-Atom 1 auf der gleichen Seite der Ringebene wie die am C-Atom 2, in der β-Glucose steht sie dagegen auf der anderen Seite. Da das C-Atom 1 ein ,,asymmetrisches C-Atom" ist*, so stellen α- und β-Glucose zugleich *optische Isomeren* dar, d.h., ihre wäßrigen Lösungen drehen die Schwingungsebene eines polarisierten Lichtstrahls verschieden stark.** Löst man reine α-Glucose oder reine β-Glucose in Wasser auf, so verändert sich der Anfangswert der optischen Drehung mit der Zeit, bis in beiden Fällen der gleiche Endwert erreicht ist. Man nennt diese Erscheinung ,,*Mutarotation*". Da der durch eine Substanz hervorgerufene Drehungswinkel deren Konzentration in der Lösung proportional ist und da die Drehungswinkel verschiedener gelöster Substanzen sich additiv überlagern, so kann man mit Hilfe eines Polarimeters leicht das jeweilige Konzentrationsverhältnis beider Stoffe bestimmen.

Eine Lösung mit der Konzentration von 100 mg Glucose pro cm^3 dreht die Ebene des polarisierten Lichtes pro Länge des Lichtweges von 10 cm im Falle reiner α-Glucose um einen Winkel von $+11{,}12°$, im Falle reiner β-Glucose um $+1{,}75°$ und im Falle des Gleichgewichtsgemisches um $+5{,}25°$ nach rechts (vom Beobachter aus gesehen, d.h. entgegen der Lichtrichtung).

Da sich der Drehwinkel zwischen $1{,}75°$ ($x_\alpha = 0$) und $11{,}12°$ ($x_\alpha = 1$) linear mit dem Molenbruch der Lösung verändert, ist im Gleichgewicht bei $5{,}25°$

$$x_\alpha = \frac{5{,}25 - 1{,}75}{11{,}12 - 1{,}75} \quad \text{und analog} \quad x_\beta = \frac{11{,}12 - 5{,}25}{11{,}12 - 1{,}75} \ .$$

Daraus ergibt sich für die Gleichgewichtskonstante der Reaktion (12.2):

$$K = \left(\frac{c_\beta}{c_\alpha}\right)_= = \left(\frac{x_\beta}{x_\alpha}\right)_= = \frac{11{,}12 - 5{,}25}{5{,}25 - 1{,}75} = 1{,}68 \qquad (12.3)$$

Die Konzentrationen c_α und c_β sind also im Gleichgewicht ungefähr gleich groß (jedenfalls wenn man andere Gleichgewichte damit vergleicht, wo sich die Konzentrationen oft um viele Zehnerpotenzen unterscheiden, wie etwa im vorigen Beispiel die Konzentrationen von Cu^{2+} und Zn^{2+}).

---

* Man nennt ein C-Atom ,,asymmetrisch", wenn es mit seinen 4 Valenzen an 4 verschiedene Nachbaratome (oder -atomgruppen) gebunden ist, weil das räumliche Gebilde dieser 5 Atome dann keine Symmetrieebene enthält. Dagegen kann man dann eine andere Anordnung dieser 5 Atome angeben, die ein Spiegelbild der ersten Anordnung darstellt. Die beiden Anordnungen drehen die Schwingungsebene eines polarisierten Lichtstrahls in entgegengesetzter Richtung.

** Wenn 1 das einzige asymmetrische C-Atom wäre, dann wären beide Drehungen entgegengesetzt gleich (,,*optische Antipoden*"). Da aber die asymmetrischen C-Atome 2, 3, 4 und 5 ebenfalls zur optischen Drehung beitragen, ist das nicht der Fall.

Der energetische Unterschied zwischen α-Glucose und β-Glucose ist sehr klein. Auch im Ordnungsgrad der einzelnen Moleküle ist von der Struktur her kein wesentlicher Unterschied zu erwarten. Worin besteht dann die Triebkraft, die die Reaktion von reiner α-Glucose bis zum Gleichgewichtsgemisch fortschreiten läßt?

Antwort: Es ist die Zunahme der Unordnung des *Gesamtsystems* beim Übergang von der reinen α-Form zu einem Gemisch von α und β, analog wie im Abschnitt 12.1.2 bei der Bildung einer Gasmischung. Die maximale Unordnung ist *dann* erreicht, wenn sich die beiden Konzentrationen wie 1 : 1 verhalten. Die geringfügige Abweichung des Konzentrationsverhältnisses vom Werte 1 könnte daher kommen, daß α-Glucose (wegen der Abstoßung der beiden OH-Gruppen) doch ein wenig energiereicher ist als β-Glucose.

12.1.7. Kristallisation und Auflösung

Kleine Mengen von Bleinitrat, $Pb(NO_3)_2$, und Kaliumjodid, KJ, werden in je 100 ml Wasser aufgelöst. Die Salze sind leicht löslich und dissoziieren dabei vollständig in ihre Ionen. Beim Zusammengießen beider Lösungen entsteht ein gelber Niederschlag von Bleijodid, da dieses Salz bei Zimmertemperatur nur wenig löslich ist:

$$Pb^{2+} + 2\,J^- \rightleftharpoons PbJ_2 \qquad\qquad (12.4)$$

Bei dieser Fällungsreaktion wird Wärme frei. Der Leser berechne aus den Bildungsenthalpien S. 280 die Reaktionsenthalpie ΔH für diese Reaktion!

Die *Triebkraft dieser Fällungsreaktion* beruht auf den starken Anziehungskräften zwischen Pb^{2+}-Ionen und J^--Ionen im Kristallgitter, d.h. auf dem *Prinzip der minimalen Energie* bzw. Enthalpie. Gleichzeitig nimmt aber beim Aufbau des Kristallgitters die molekulare Ordnung stark zu; das *Prinzip der maximalen Unordnung* liefert also einen *negativen* Beitrag zur Triebkraft der Fällungsreaktion, d.h., es *wirkt in Richtung der Auflösung.*

Wir erwärmen jetzt die Suspension. Wenn die Ausgangslösungen nicht zu konzentriert waren, löst der Niederschlag sich dabei vollständig auf. Bei langsamem Erkalten der Lösung kristallisiert dann das PbJ_2 in prächtig glitzernden Blättchen wieder aus. **Offensichtlich gewinnt bei steigender Temperatur das Prinzip der maximalen Unordnung die Oberhand, bei sinkender Temperatur dagegen das Prinzip der minimalen Energie.**

Vom **molekularen Modell** her ist dieser Sachverhalt qualitativ leicht verständlich: Steigende Temperatur bedeutet ja eine Erhöhung der mittleren kinetischen Energie der Atome bzw. Ionen. Je mehr solche Energie vorhanden ist, desto leichter können die Ionen die ordnend wirkenden Kräfte des Kristallgitters überwinden und in Lösung gehen. Daher verschiebt sich das Gleichgewicht bei Erwärmung zugunsten wachsender Unordnung. Die Energie zur Überwindung der Gitterkräfte geht zunächst auf Kosten der kinetischen Energie der Ionen und muß durch zugeführte Wärme ersetzt werden; der Vorgang ist also endotherm.

Umgekehrt ist klar, daß mit sinkender Temperatur das Prinzip der minimalen Energie immer mehr die Oberhand gewinnen muß. In der Nähe des absoluten Nullpunkts ist überhaupt keine molekulare kinetische Energie mehr vorhanden, die für eine endotherme Reaktion verwendet werden könnte. Daher sind dort nur noch exotherme Reaktionen möglich. Das Berthelotsche Prinzip der minimalen Energie wird hier allein bestimmend für die Richtung einer arbeitsfreien Reaktion, und es wird $\Delta G = \Delta H$.

Die Reaktionsenthalpie ΔH ändert sich mit steigender Temperatur nur relativ wenig. Wenn wir bei festgehaltener Konzentration die Temperatur erhöhen, dann bleibt der Unterschied in der räumlichen Unordnung zwischen kristallisiertem und gelöstem Zustand ebenfalls unverändert. Da trotzdem mit steigender Temperatur das Prinzip der maximalen Unordnung immer mehr die Oberhand gewinnt, schließen wir, daß *eine bestimmte Änderung der Unordnung sich um so stärker auf die Triebkraft* $-\Delta G$ *auswirkt, je höher die Temperatur ist* (vgl. auch S. 129).

Daß die Prinzipien der minimalen Energie und der maximalen Unordnung einander entgegenwirken wie im vorliegenden Beispiel, ist bei isothermen chemischen Reaktionen die Regel. Es gibt aber auch Ausnahmen, bei denen beide Prinzipien in der gleichen Richtung wirken. In diesem Falle kann sich natürlich kein Gleichgewicht einstellen. Immer wenn ein System sich im Zustand eines chemischen Gleichgewichts befindet, dann müssen der energetische Beitrag und der Unordnungsbeitrag zur Triebkraft einander entgegenwirken und sich zu null kompensieren.

12.2. Die reversible Wärme

Im Abschnitt 12.1 wurde der Beitrag des Prinzips der maximalen Unordnung zur Triebkraft isothermer Reaktionen an Hand von Beispielen nur qualitativ betrachtet. Wir wollen jetzt quantitative Formeln dazu aufstellen.

Entsprechend der Gleichung $\Delta U = W + Q$ kann man die Triebkraft eines isothermen Prozesses nach Gl. (10.15) folgendermaßen zerlegen:

$$-\Delta A_T \equiv -W_{\mathrm{rev}\,T} = -\Delta U_T + Q_{\mathrm{rev}\,T} \tag{12.5}$$

Bei konstantem Außendruck wird daraus durch Subtraktion von $p\,\Delta V$:

$$-\Delta G_{p,T} = -W_{\mathrm{Nutz,rev}\,p,T} = -\Delta H_{p,T} + Q_{\mathrm{rev}\,p,T} \tag{12.6}$$

Der Beitrag des Prinzips der minimalen Energie zur Triebkraft einer isothermen arbeitsfreien Reaktion besteht in der Größe $-\Delta U$ bzw. $-\Delta H$. Die additiv danebenstehende Größe $Q_{\mathrm{rev}\,T}$ muß dann mit dem *Beitrag* identifiziert werden, *den das Prinzip der maximalen Unordnung zur Triebkraft leistet.* Dieser Beitrag ist also *gleich der Wärmemenge, die man dem System in einem isothermen, reversiblen* **Ersatzprozeß** *zuführen müßte.*

Wie wir in den Abschnitten 12.1.4 und 12.1.7 qualitativ festgestellt hatten, wird der Unordnungsbeitrag $Q_{\mathrm{rev}\,T}$ zur Triebkraft mit steigender Temperatur immer größer, auch wenn es sich um ein und dieselbe Änderung des Ordnungszustandes handelt. Um die Abhängigkeit der Größe $Q_{\mathrm{rev}\,T}$ von der Temperatur genauer zu untersuchen, betrachten wir wieder das Beispiel der Expansion eines idealen Gases ins Vakuum: Dieses Beispiel ist besonders einfach, da der energetische Beitrag $\Delta U = 0$ ist und somit der Unordnungsbeitrag $Q_{\mathrm{rev}\,T}$ *allein* die Triebkraft des arbeitsfreien Prozesses liefert. Zur Durchführung des reversiblen Ersatzprozesses bedienen wir uns wieder der Pohlschen Anordnung Abb. 6.3 S. 47. Die bei der Expansion eines idealen Gases von V_I auf V_{II} zugeführte reversible Wärme ist gleich der abgegebenen Arbeit und beträgt nach Gl. (6.8):

$$Q_{\mathrm{rev}\,T} = n\,R\,T \ln \frac{V_{II}}{V_I} \tag{12.7}$$

Wir kommen zu dem Ergebnis, daß der Unordnungsbeitrag zur Triebkraft, die reversible Wärme $Q_{\mathrm{rev}\,T}$, in diesem Fall der absoluten Temperatur einfach proportional ist.

Die Zunahme der räumlichen Unordnung selbst ist dagegen im molekularen Modell *unabhängig* von der Temperatur; sie ist anschaulich für das Beispiel des idealen Gases allein durch die beiden Volumina V_I und V_{II} festgelegt. Es erscheint daher sinnvoll, als makroskopische Definition für die Zunahme der Unordnung versuchsweise den Quotienten $Q_{\mathrm{rev}\,T}/T$ zu wählen, da dieser Quotient im vorliegenden Beispiel von T unabhängig ist:

$$\frac{Q_{\mathrm{rev}\,T}}{T} = n\,R \ln \frac{V_{II}}{V_I} \tag{12.8}$$

Man führt für die Unordnung das Symbol S und den Namen ,,*Entropie*`` ein. Dann gilt für isotherme Prozesse die Definition:

$$\Delta S \equiv \frac{Q_{rev}}{T} \tag{12.9}$$

Der praktische Nutzen des Entropiebegriffs beruht darauf, daß S sich (im Gegensatz zu W_{rev} und Q_{rev}) *auch bei nichtisothermen Zustandsänderungen wie eine Zustandsgröße* verhält, wie im übernächsten Abschnitt noch allgemein gezeigt wird. *Daher läßt sich* ΔS_T *leicht von einer Temperatur auf eine andere Temperatur umrechnen.* Man kann auf diese Weise die Triebkraft $-\Delta G(T)$ einer isothermen isobaren Reaktion für beliebige Temperaturen ausrechnen, indem man anstelle von Gl. (12.6) schreibt:

$$-\Delta G_{p,T} = -\Delta H_{p,T} + T\Delta S_{p,T} \tag{12.10}$$

Wie man weiter aus der Triebkraft die zugehörige Gleichgewichtskonstante erhält, wurde schon in den Abschnitten 11.4 und 11.7 besprochen. Damit ist dann das wesentlichste Ziel der Thermodynamik erreicht.

Die Größe $T\Delta S$ in Gl. (12.10) ist der Beitrag, den das Prinzip der maximalen Unordnung zur Triebkraft $-\Delta G$ einer isothermen, isobaren Reaktion beisteuert. Wir werden diese Größe von jetzt an als ,,*entropischen" Beitrag zur Triebkraft* bezeichnen, im Unterschied zum ,,*energetischen*`` (eigentlich ,,enthalpischen") Beitrag $-\Delta H$.

Wenn ein System sich im chemischen Gleichgewicht befindet, dann kompensieren sich beide Beiträge zu null. Wenn man jetzt die Temperatur senkt, dann wird der entropische Beitrag $T\Delta S$ wegen des Faktors T schwächer als der energetische; das Gleichgewicht verschiebt sich also in der Richtung, die dem energetischen Beitrag entspricht, d.h. im Sinne einer Abnahme der Enthalpie, also zur exothermen Seite der Reaktionsgleichung. Umgekehrt bewirkt eine *Temperaturerhöhung* eine *Verschiebung des Gleichgewichts zur endothermen Seite der Reaktionsgleichung.*

12.3. Der Carnotsche Kreisprozeß

Im 10. Kapitel wurde die Irreversibilität der verschiedensten Prozesse auf die Unmöglichkeit eines Perpetuum mobile zweiter Art zurückgeführt. Das bedeutet, daß die Irreversibilität in der Vergeudung von Arbeitsfähigkeit zugunsten von Wärme besteht. Wir wollen jetzt zeigen, daß diese Aussage auch für das irreversible Herabfließen von Wärme von einem Körper höherer Temperatur zu einem Körper tieferer Temperatur zutrifft. (Abb. 12.1).

Abb. 12.1. Das Herabfließen von Wärme von einem heißeren zu einem kälteren Körper ohne Arbeitsleistung ist irreversibel.

Auch für diesen irreversiblen Prozeß läßt sich nämlich im Prinzip ein *reversibler Ersatzprozeß* angeben, bei dem ein genau definierter Bruchteil der transportierten Wärme in Arbeit verwandelt werden könnte. Das Hilfssystem zur Gewinnung dieser reversiblen Arbeit ist die sogenannte „*Carnot-Maschine*".

Eine Carnot-Maschine (Abb. 12.2) entnimmt also aus einem Wärmespeicher der Temperatur T_1 eine Wärmemenge $|Q_1|$ und verwandelt einen Teil davon in Arbeit $|\Delta W_{rev}|$, die an einen Arbeitsspeicher (z.B. an ein gehobenes Gewicht abgegeben wird*. Die restliche Wärme $|Q_2|$ wird an einen anderen Wärmespeicher von tieferer Temperatur T_2 abgegeben.

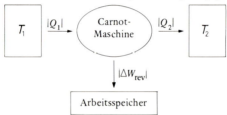

Abb. 12.2. Eine Carnot-Maschine macht die Wärmeübertragung von einem heißeren auf einen kälteren Körper *reversibel,* indem sie einen Teil der als Wärme aufgenommenen Energie als Arbeit abgibt.

Die Carnot-Maschine selbst verändert sich hierbei insgesamt nicht, d.h., sie kehrt nach Durchlaufen eines Kreisprozesses in ihren Anfangszustand zurück. Sie muß also insgesamt genau so viel Energie aufnehmen, wie sie abgibt (1. Hauptsatz):

$$|Q_1| = |\Delta W_{rev}| + |Q_2| \qquad (12.11)$$

Wenn man die *von der Maschine* aufgenommenen Wärme- und Arbeitsbeträge jeweils positiv wertet, kann man anstelle von (12.11) auch ohne Betragstriche schreiben:

$$Q_1 + Q_2 + \Delta W_{rev} = 0 \qquad (12.12)$$

Da die Carnot-Maschine *reversibel* arbeitet, kann sie ihren Kreisprozeß auch *in umgekehrter Richtung* durchlaufen: Die Pfeile in Abb. 12.2 kehren sich dann um, d.h., die Maschine nimmt die Arbeit $|\Delta W_{rev}|$ auf und benutzt sie dazu, um die Wärmemenge $|Q_2|$ von der Temperatur T_2 auf die Temperatur T_1 *hinaufzupumpen.* Nach (12.11) wird dabei

---

* Um Mißverständnisse bezüglich des Vorzeichens zu vermeiden, betrachten wir in Abb. 12.2 nur die *absoluten Beträge* von Wärme und Arbeit, indem wir Q_1, Q_2 und ΔW_{rev} in senkrechte Striche einschließen.

die Arbeit $|\Delta W_{rev}|$ zusammen mit $|Q_2|$ in Form der Wärme $|Q_1|$ an den heißeren Wärmespeicher abgegeben.

Man bezeichnet den Bruchteil der Wärme $|Q_1|$, der in Arbeit verwandelt wird, als „*Wirkungsgrad*" η der Maschine:

$$\eta \equiv \frac{|\Delta W|}{|Q_1|} \qquad\qquad (12.13)$$

Um den Wirkungsgrad der Carnot-Maschine auszurechnen, wollen wir jetzt ihren genauen Mechanismus betrachten.

Eine Carnot-Maschine besteht im wesentlichen aus der bekannten Anordnung zur reversiblen Gewinnung der Expansionsarbeit eines idealen Gases. Der wärmeleitende Gaszylinder soll aber jetzt (mit Hilfe von zwei teils wärmeleitenden, teils isolierenden Schiebern, vgl. Abb. 12.3) wahlweise mit einem Wärmespeicher der Temperatur T_1 oder einem Wärmespeicher der Temperatur T_2 verbunden oder auch thermisch isoliert werden können. Außerdem soll die Schnur mit dem Gewicht wahlweise über verschiedene Kurvenscheiben gelegt werden können, die nebeneinander an dem Zahnrad montiert sind (Abb. 12.3). Diese Kur-

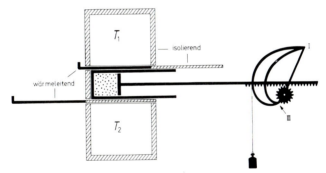

Abb. 12.3. Eine Carnot-Maschine kann im Prinzip durch ein ideales Gas in einem Expansionszylinder realisiert werden, der durch passende Schieber wahlweise mit dem heißeren oder dem kälteren Wärmespeicher leitend verbunden oder auch thermisch isoliert werden kann. Als Arbeitsspeicher dient ein gehobenes Gewicht.

venscheiben müssen so geformt sein, daß das Gewicht bei isothermer Expansion oder Kompression des Gases bei zwei verschiedenen Temperaturen sowie auch bei adiabatischer Expansion und Kompression immer mit dem Gasdruck im indifferenten Gleichgewicht bleibt. Wir wollen annehmen, daß die Wärmespeicher so groß sind, daß ihre Temperatur sich bei dem Wärmeaustausch mit dem Gas praktisch nicht verändert.

Wir lassen nun die Maschine einen „*Carnotschen Kreisprozeß*" durchlaufen. Dieser besteht aus zwei Isothermen und zwei Adiabaten und ist

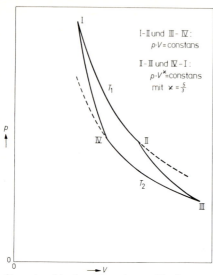

I-II und III-IV:
$p \cdot V$ = constans

II-III und IV-I:
$p \cdot V^{\varkappa}$ = constans
mit $\varkappa = \frac{5}{3}$

Abb. 12.4. Zustandsdiagramm eines idealen Gases, das einen Carnotschen Kreisprozeß durchläuft. Die umschlossene Fläche entspricht dem Reingewinn an Arbeit im Arbeitsspeicher.

für ein ideales Gas im p-V-Diagramm in Abb. 12.4 dargestellt.

Der erste Schritt besteht in einer isothermen Expansion bei der Temperatur T_1 aus dem Zustand I in den Zustand II. Die dabei abgegebene Arbeit $-W_{\text{I-II}}$ ist gleich der aufgenommenen Wärme Q_1 und beträgt nach Gl. (6.8):

$$-W_{\text{I-II}} = n R T_1 \ln \frac{V_{\text{II}}}{V_{\text{I}}} = Q_1 \qquad (12.14)$$

Für den zweiten Schritt wird das Gas vom Wärmespeicher der Temperatur T_1 getrennt und thermisch isoliert. Bei der nun folgenden adiabatischen Expansion von II nach III sinkt die Temperatur des Gases infolge der Arbeitsabgabe von T_1 auf T_2 (vgl. Abb. 12.4). Die abgegebene Arbeit ist gleich der Abnahme der Inneren Energie des Gases und beträgt nach Gl. (6.22)*:

$$-W_{\text{II-III}} = C_V (T_1 - T_2) \qquad (12.15)$$

Die Schnur mit dem Gewicht wird jetzt im Punkt III der Kurvenscheibe (Abb. 12.3) festgehalten und das obere Ende der Schnur über den kürzeren Kurvenscheibenbogen zum Punkte I zurückgespannt. (Das dabei überstehende Schnurstück ist gleich der am Ende des Kreisprozesses gewonnenen Höhendifferenz des Gewichtes.) Dann wird durch Hereinschieben des unteren Schiebers das Gas mit dem Wärmespeicher der Temperatur T_2 verbunden und isotherm bis zum Punkte IV der

---

* Genau genommen muß in der Wärmekapazität C_V auch die Wärmekapazität der Zylinderwand mit enthalten sein.

Abb. 12.4 komprimiert. Die dabei zugeführte Arbeit beträgt

$$W_{\text{III-IV}} = nRT_2 \ln \frac{V_{\text{III}}}{V_{\text{IV}}} = -Q_2 \qquad (12.16)$$

Dabei haben wir es so eingerichtet, daß das Volumen V_{IV} mit V_{I} auf der gleichen Adiabaten liegt, so daß wir das Gas in einem vierten Schritt durch adiabatische Kompression unter Zufuhr der Arbeit

$$W_{\text{IV-I}} = C_V (T_2 - T_1) \qquad (12.17)$$

in den Zustand I zurückbringen können.

Eine reversibel abgegebene Volumenarbeit ist durch das Integral $\int p \, dV$ gegeben. Daher entsprechen die vier Arbeitsbeträge (12.14) bis (12.17) den Flächen unter den zugehörigen Kurvenabschnitten im p-V-Diagramm Abb. 12.4. Die Differenz aus abgegebenen und aufgenommenen Arbeitsbeträgen entspricht der von den vier Kurvenabschnitten umschlossenen Fläche. Sie beträgt*

$$-\Delta W_{\text{rev}} = -W_{\text{I-II}} - W_{\text{II-III}} - W_{\text{III-IV}} - W_{\text{IV-I}} \qquad (12.18)$$

oder durch Einsetzen von (12.14) bis (12.17):

$$-\Delta W_{\text{rev}} = nRT_1 \ln \frac{V_{\text{II}}}{V_{\text{I}}} - nRT_2 \ln \frac{V_{\text{III}}}{V_{\text{IV}}} \qquad (12.19)$$

Diese Gleichung läßt sich mit Hilfe der Poissonschen Adiabatengleichung noch weiter vereinfachen. Nach Gl. (6.19) ist

$$T = \frac{\text{const}}{V^{\varkappa - 1}} \qquad (12.20)$$

Da nun die Zustände II und III sowie die Zustände I und IV jeweils auf der gleichen Adiabate liegen (vgl. Abb. 12.4), so folgt aus (12.20)

$$\left(\frac{V_{\text{III}}}{V_{\text{II}}}\right)^{\kappa - 1} = \frac{T_1}{T_2} = \left(\frac{V_{\text{IV}}}{V_{\text{I}}}\right)^{\kappa - 1} ,$$

also $\dfrac{V_{\text{III}}}{V_{\text{II}}} = \dfrac{V_{\text{IV}}}{V_{\text{I}}}$ und somit $\dfrac{V_{\text{III}}}{V_{\text{IV}}} = \dfrac{V_{\text{II}}}{V_{\text{I}}}$. $\qquad (12.21)$

Einsetzen in (12.19) ergibt

$$-\Delta W_{\text{rev}} = (T_1 - T_2) nR \ln \frac{V_{\text{II}}}{V_{\text{I}}} . \qquad (12.22)$$

Nach (12.14) ist aber $\qquad nR \ln \dfrac{V_{\text{II}}}{V_{\text{I}}} = \dfrac{Q_1}{T_1} \qquad (12.23)$

---

* Man erhält diese Differenz formal in Gl. (12.18) einfach als *Summe* aller abgegebenen Arbeiten, wobei sich beim Einsetzen der Zahlenwerte automatisch ergibt, daß die Arbeiten teils positives, teils negatives Vorzeichen haben.

und somit $-\Delta W_{rev} = \dfrac{Q_1}{T_1}(T_1 - T_2)$.   (12.24)

Der nach (12.13) definierte Wirkungsgrad beträgt also für einen Carnotschen Kreisprozeß: $\eta = \dfrac{-\Delta W_{rev}}{Q_1} = \dfrac{T_1 - T_2}{T_1}$ (12.25)

Die wichtige Gleichung (12.24) läßt sich formal leichter im Gedächtnis behalten, wenn man die Vorzeichen umkehrt:

$$\boxed{\Delta W_{rev} = \dfrac{Q_1}{T_1}\,\Delta T}$$ (12.26)

mit* $\Delta T \equiv T_2 - T_1$.

Falls $T_1 > T_2$, so müssen ΔW_{rev} und Q_1 nach Gl. (12.26) entgegengesetzte Vorzeichen besitzen. Ist $Q_1 > 0$, so ist $\Delta W_{rev} < 0$, d.h., die Maschine nimmt bei der höheren Temperatur Wärme auf und gibt einen Teil davon als Arbeit ab. Ist dagegen $Q_1 < 0$, so ist $\Delta W_{rev} > 0$, d.h., die Maschine nimmt Arbeit auf und benutzt sie dazu, um *Wärme zur höheren Temperatur* T_1 *hinaufzupumpen.* Der Kreisprozeß wird dann in umgekehrter Richtung durchlaufen, also im p-V-Diagramm der Abb. 12.4 gegen den Uhrzeigersinn.

Bei der Ableitung der Formel für den Wirkungsgrad eines Carnotschen Kreisprozesses wurde speziell ein *ideales Gas* als Überträgersystem vorausgesetzt. Wäre es denkbar, daß man mit einem *anderen Überträgersystem* einen *besseren Wirkungsgrad* erhalten könnte?

Aus der Unmöglichkeit eines Perpetuum mobile kann man ableiten, daß es für gegebene Temperaturen T_1 und T_2 keine „*Über-Carnot-Maschine*" mit einem besseren Wirkungsgrad $\eta_{\ddot{U}}$ als dem durch (12.25) gegebenen Wirkungsgrad η_C einer Carnot-Maschine geben kann: Anderenfalls könnte man nämlich durch Kombination der Über-Carnot-Maschine mit einer als Wärmepumpe eingesetzten Carnot-Maschine ein Perpetuum mobile bauen.

Dazu würde man zunächst aus der Wärmemenge $|Q_1|$ die Arbeit $|Q_1| \cdot \eta_{\ddot{U}}$ gewinnen. Anschließend würde man die Arbeit $|Q_1| \cdot \eta_C$ aufwenden, um die Wärmemenge $|Q_1|$ in den heißeren Wärmespeicher zurückzupumpen. Wäre nun $\eta_{\ddot{U}} > \eta_C$, so wäre die gewonnene Arbeit größer als die verbrauchte, d.h., man hätte insgesamt einen Arbeitsgewinn erzielt. Dieser Arbeitsgewinn müßte auf Kosten der Wärmeenergie des kälteren Wärmespeichers gehen. Man hätte also ohne sonstige Veränderungen Wärme aus diesem Speicher (z.B. aus dem Meerwasser) in Arbeit verwandelt, im Widerspruch zum zweiten Hauptsatz.

Umgekehrt kann man schließen, daß ein reversibler Kreisprozeß auch niemals einen *schlechteren* Wirkungsgrad haben darf, als durch (12.25) angegeben ist: An-

---

* Das Zeichen Δ bedeutet im allgemeinen, daß man von dem zeitlich späteren Wert (hier T_2) den zeitlich früheren subtrahiert.

derenfalls brauchte man diesen Kreisprozeß nämlich nur als Wärmepumpe laufen zu lassen und könnte dann durch Kombination mit einem normalen Carnot-Prozeß auch wieder ein Perpetuum mobile bauen.

Wir kommen also zu dem Ergebnis, daß die Formeln (12.24) bis (12.26) *nicht an das ideale Gas als Überträgersystem gebunden* sind, sondern daß sie *für jeden beliebigen „Carnot-Prozeß" gültig* sein müssen, d.h. für jeden reversiblen Kreisprozeß, der aus zwei adiabatischen und zwei isothermen Teilprozessen besteht.

Ein Carnotscher Kreisprozeß entspricht einem *Idealfall*: Der Wirkungsgrad eines *realen* Kreisprozesses (Dampfmaschine) ist *schlechter*, d.h., die abgegebene Arbeit ist kleiner als $-\Delta W_{rev}$ in (12.24). Da ein kleinerer Arbeitsbetrag aber nicht ausreicht, um die geflossene Wärmemenge Q_1 wieder nach T_1 zurückzupumpen, so ist ein realer Kreisprozeß mehr oder weniger *irreversibel*. Bei völlig irreversiblem Ablauf fließt die gesamte Wärme Q_1 von T_1 nach T_2 hinunter, ohne daß Arbeit gewonnen wird.

Wir fassen zusammen: Eine zwischen zwei Temperaturen übertragbare Wärmemenge enthält eine definierte Menge an Arbeitsfähigkeit (d.h. Möglichkeit, Wärme in Arbeit umzuwandeln). Die *Irreversibilität des Wärmeflusses* beruht auf der *Vergeudung* dieser *Arbeitsfähigkeit*.

Wie groß der ideale Wirkungsgrad tatsächlich ist, hängt nach (12.25) von den beiden Temperaturen ab: Für $T_2 \ll T_1$ wird $\eta \approx 1$. Wenn also die tiefere Temperatur nahe am absoluten Nullpunkt liegt, ist im Prinzip nahezu die gesamte Wärme in Arbeit umwandelbar.

Übungsaufgaben

a) Wie groß ist der ideale Wirkungsgrad einer Wärmekraftmaschine, die zwischen den Temperaturen 27 °C und 127 °C arbeitet?

b) Der elektrische Stromverbrauch eines Kühlschranks sei so bemessen, daß er bei idealem Wirkungsgrad und bei einer Umgebungstemperatur von 25 °C in einer Stunde 1 kg Wasser von 0 °C in Eis verwandeln könnte. (Die molare Schmelzwärme von Eis beträgt 6,0 kJ/mol.) Der Besitzer möchte diesen Kühlschrank zur Kühlung seines Zimmers verwenden. Er stellt ihn in die Mitte des Raumes und läßt die Kühlschranktür offen. Die Wärmekapazität des Zimmers sei 100 kJ/K, die Anfangstemperatur sei $\vartheta_A = 25,0$ °C. Wie groß ist die Endtemperatur ϑ_E, wenn der Kühlschrank drei Stunden in Betrieb war?

Lösungen: a) $\eta = 0,25$ b) $\vartheta_E = 25,9$ °C.

12.4. Die Entropie als Zustandsgröße

Bisher wurde der Carnotsche Kreisprozeß nur zum Zweck der Arbeitsgewinnung aus einem Temperaturgefälle betrachtet. Dabei standen die Zustandsänderungen der *Wärmespeicher* im Vordergrund. Noch größere Bedeutung gewinnt aber der Carnotsche Kreisprozeß, wenn man die Zustandsänderungen des *Überträgersystems* betrachtet: Damit läßt sich nämlich zeigen, daß die in Abschnitt 12.2 eingeführte Entropie eine Zustandsgröße ist.

Die reversible Wärme Q_{rev} ist — ebenso wie die reversible Arbeit W_{rev} — nur für *isotherme* Prozesse die Änderung einer Zustandsgröße. Bei einem Kreisprozeß mit *verschiedenen* Temperaturen ist dagegen ΔW_{rev} nach der Carnot-Formel (12.26) von null verschieden, d.h., W_{rev} ist jetzt nicht mehr vom Wege unabhängig, entspricht also keiner Zustandsgröße. Daher muß auch die beim Kreisprozeß ausgetauschte Summe der reversiblen Wärmen nach (12.12) von null verschieden sein:

$$Q_1 + Q_2 = -\Delta W_{rev} \neq 0 \qquad (12.27)$$

Wenn aber die reversiblen Wärmen $|Q_1|$ und $|Q_2|$ der jeweiligen Temperatur proportional sind (vgl. Abschnitt 12.2), dann sind $|Q_1|/T_1$ und $|Q_2|/T_2$ gleich groß, d.h., bei Beachtung des Vorzeichens muß die Summe der beiden Quotienten Q_{rev}/T gleich null werden. Tatsächlich erhält man durch Einsetzen von (12.27) in (12.25):

$$\eta = \frac{Q_1 + Q_2}{Q_1} = \frac{T_1 - T_2}{T_1} \qquad (12.28)$$

und durch Ausmultiplizieren

$$Q_1 T_1 + Q_2 T_1 = Q_1 T_1 - Q_1 T_2 \text{ , also } Q_2 T_1 + Q_1 T_2 = 0 \text{ und}$$

$$\frac{Q_1}{T_1} + \frac{Q_2}{T_2} \equiv \sum \frac{Q_{rev}}{T} = 0 \qquad (12.29)$$

Die Größe $\delta Q_{rev}/T$ verhält sich also speziell bei Carnot-Prozessen wie die Änderung einer *Zustandsgröße* [vgl. Gl. (5.22)]. Im folgenden wird bewiesen, daß diese Aussage auch für einen *beliebigen* Kreisprozeß zutrifft*.

In Abb. 12.5 sind die vom System bei dem beliebigen Kreisprozeß durchlaufenen Zustände durch die geschlossene Linie im p-V-Diagramm dargestellt**. Wir ersetzen nun diesen Kreisprozeß näherungsweise durch eine Summe von Carnot-Prozessen

---

* Während bei einem Carnot-Prozeß der Wärmeaustausch nur bei zwei praktisch konstanten Temperaturen erfolgt, muß man bei einem *beliebigen* Kreisprozeß davon ausgehen, daß die Temperatur sich auch während des Wärmeaustausches kontinuierlich verändern kann.

** Um die Beweisführung allgemeiner zu machen, können statt Druck p und Volumen V auch irgendwelche anderen Zustandsgrößen y und x zur Beschreibung der vom System durchlaufenen Zustände verwendet werden. Für den nachfolgenden Gedankengang ist aber wesentlich, daß y und x so gewählt sind, daß das Integral $\int y \, dx$ der reversibel gewinnbaren Arbeit proportional ist. Wenn man z.B. eine chemische Reaktion reversibel über eine galvanische Kette führt, dann könnte y die EMK und x die geflossene Ladung sein. Durch passende Zusatzbedingungen müßten die übrigen Zustandsgrößen, namentlich die Temperatur, durch y und x eindeutig festgelegt sein.

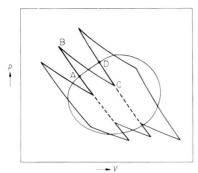

Abb. 12.5. Annäherung der Zustandsfolge eines beliebigen Kreisprozesses durch eine Summe von Carnot-Prozessen.

aus Adiabaten und Isothermen, und zwar so, daß die Summe der Carnot-Prozesse im p-V-Diagramm eine gleich große Fläche wie der Kreisprozeß umschließt (vgl. Abb. 12.5). Dann ist die aus dem Kreisprozeß bei reversibler Führung gewinnbare Arbeit gleich der Summe der Arbeiten aus den Carnot-Prozessen.

Wenn man die Adiabaten und Isothermen passend legt, ist in Abb. 12.5 auf dem Kurvenstück AD und auf dem Zickzackweg ABCD die reversible Arbeit δW_{rev} gleich groß. Da U eine Zustandsgröße ist, muß auch dU auf beiden Wegen gleich groß sein, und dasselbe gilt dann auch für $\delta Q_{rev} = dU - \delta W_{rev}$.

Die Integrale $\int \delta Q_{rev}/T$ sind auf den beiden angegebenen Wegabschnitten *nicht* exakt gleich groß, da die Temperaturen nicht genau übereinstimmen. (Auf dem Weg AD ist die Temperatur zuerst kleiner, dann größer als auf dem isothermen Wegabschnitt BC.) Man kann nun aber beliebig viele Carnot-Prozesse für die Näherung verwenden, indem man die Adiabaten beliebig dicht nebeneinander legt. Dabei werden dann die entsprechenden Strecken AB und CD beliebig kurz, so daß die Temperaturen auf den Wegen AD und BC sich nur noch beliebig wenig unterscheiden. Im Grenzfall kann man die Quotienten $\delta Q_{rev}/T$ auf den beiden Wegabschnitten AD und ABCD einander gleich setzen. Entsprechend wird auch das Integral $\oint \delta Q_{rev}/T$ über den gesamten Kreisprozeß gleich dem Integral über den Zickzackweg, der alle Carnot-Prozesse umschließt.

Nun ist aber für jeden *einzelnen* Carnot-Prozeß nach (12.29) $\delta Q_1/T_1 + \delta Q_2/T_2 = 0$, und entsprechend gilt für die Summe über *alle* Carnot-Prozesse:

$$\sum \frac{\delta Q_{rev}}{T} = 0 \qquad (12.30)$$

Diese Formel gilt zugleich für die Summe über den geschlossenen Zickzackweg, da ja auf den in Abb. 12.5 gestrichelten Adiabatenausschnitten sowieso keine Wärme ausgetauscht wird. Im Grenzfall unendlich dicht liegender Adiabaten ergibt sich daraus für das Integral über den beliebigen Kreisprozeß:

$$\oint \frac{\delta Q_{rev}}{T} = 0 \qquad (12.31)$$

Hier könnte man einwenden, die Überlegung würde ja nur für einen *reversiblen*, nicht aber wirklich für einen **beliebigen** Kreisprozeß gelten. Dieser Einwand beruht aber auf einem Mißverständnis: Durch Angabe der geschlossenen Linie im p-V-Diagramm ist tatsächlich eine *beliebige* Folge von Zuständen festgelegt, die das System durchläuft. Dabei ist zunächst nichts darüber ausgesagt, ob diese Zustandsfolge (durch geeignete Hilfsvorrichtungen der Umgebung) auf reversible Weise herbeigeführt wird oder nicht. Die Größen δW_{rev}, δQ_{rev} und $\delta Q_{rev}/T$ sind dann für definierte Wegabschnitte auch eindeutig definiert, nämlich als diejenigen Beträge von δW, δQ und $\delta Q/T$, die man umsetzen *würde, wenn* man das System auf diesem

Wegabschnitt *reversibel* führen würde. Die Gl. (12.31) hat also auch für beliebige Kreisprozesse einen Sinn.

Die Größe $\delta Q_{rev}/T$ ist somit das Differential einer Zustandsgröße, für die das Symbol S und die Bezeichnung „*Entropie*" eingeführt wurde:

$$\boxed{dS \equiv \frac{\delta Q_{rev}}{T}} \tag{12.32}$$

Dabei ist nach (12.31)

$$\boxed{\oint dS = 0} \tag{12.33}$$

Ein Nullpunkt für die Entropieskala ist durch die Definition (12.32) noch nicht festgelegt, jedoch liefert diese Gleichung eine Meßvorschrift (bzw. eine Berechnungsvorschrift) für die Entropie*änderung* eines Systems bei beliebigen Zustandsänderungen.

Als **Anwendung der Berechnungsvorschrift** (12.32) betrachten wir einige **Beispiele**:

1.) Wie ändert sich die **Entropie eines idealen Gases,** dem durch Öffnen einer Klappe die **Vergrößerung seines Volumens** von V_I auf V_{II} ermöglicht wird (vgl. Abb. 6.2 Seite 45)?

Die umgesetzte Wärme ist bei diesem Prozeß gleich null. Diese ist aber für die Berechnung von ΔS ganz uninteressant: Vielmehr müssen wir für die Berechnung von ΔS nach (12.32) die Wärme Q_{rev} zugrundelegen, die wir dem System zuführen müßten, wenn wir *die gleiche Zustandsänderung durch einen reversiblen Ersatzprozeß* herbeiführen würden*. Da Anfangszustand und Endzustand in diesem Fall die gleiche Temperatur haben [zweites Gay-Lussacsches Gesetz, Gl. (6.5)], so ist Q_{rev} also durch die bei *isothermer* reversibler Expansion zuzuführende Wärme gegeben, wie in Abschnitt 12.2 bereits diskutiert wurde. Aus (12.32) und (12.7) ergibt sich daher für die Entropiezunahme bei der Expansion eines idealen Gases in ein evakuiertes Gefäß:

$$\Delta S = nR \ln \frac{V_{II}}{V_I} \tag{12.34}$$

2.) Wie ändert sich die **Entropie eines Systems,** das bei konstantem Druck von T_1 auf T_2 **erwärmt** wird?

Im vorhergehenden Beispiel sahen wir, wie wichtig es sein kann, daß man bei der Berechnung der Entropiezunahme in Gl. (12.32) den Index „rev" beachtet. Der Fluß von Wärme über ein Temperaturgefälle ist aber immer irreversibel. Was bedeutet dann eine „*reversible Erwärmung*"?

---

* Da S eine Zustandsgröße ist, kommt es nicht darauf an, daß bei dem reversiblen Ersatzprozeß die gleichen Zwischenzustände wie beim eigentlichen irreversiblen Prozeß durchlaufen werden: Es genügt, wenn jeweils Anfangs- und Endzustand übereinstimmen.

Man könnte sich vorstellen, daß man eine solche durch Wärmezufuhr über ein unendlich kleines Temperaturgefälle unter Gewinnung von Arbeit als Grenzfall realisiert*. Das Wesentliche bei der Berechnung der Entropiezunahme *des Systems* ist jedoch nur, daß sich *innerhalb des Systems* keine irreversiblen Veränderungen abspielen, durch die sich seine Entropie *zusätzlich* verändern würde. Für die Zustandsänderung eines Systems **durch reine Wärmeübertragung von außen** ist es dagegen unwichtig, ob diese Wärme über ein großes oder ein unendlich kleines Temperaturgefälle fließt und wie stark sich dabei die Entropie der Umgebung verändert. Insofern ist dem Index „rev" in diesem Fall schon dadurch Genüge getan, daß der Prozeß *für das System* nur in einer Wärmeübertragung von außen besteht.

Um das System von T auf $T + dT$ zu erwärmen, muß man ihm die Wärme

$$\delta Q = C_p\, dT \qquad (12.35)$$

zuführen (C_p = Wärmekapazität). Somit ist nach Gl. (12.32)

$$\Delta S_{T_1 \to T_2} = \int_{T_1}^{T_2} \frac{C_p}{T}\, dT \qquad (12.36)$$

oder allgemein bei der Erwärmung eines Stoffes i mit der Molwärme C_{pi}

$$\Delta S_{T_1 \to T_2} = n_i \int_{T_1}^{T_2} \frac{C_{pi}}{T}\, dT \qquad (12.37)$$

Falls man C_{pi} als praktisch unabhängig von T betrachten kann, so kann man es als konstanten Faktor vor das Integral ziehen und die Integration ausführen:

$$\Delta S_{T_1 \to T_2} = n_i\, C_{pi} \ln \frac{T_2}{T_1} \qquad (12.38)$$

3.) Die Integration der Gl. (12.32) wird besonders einfach, wenn es sich um die Berechnung der Entropieänderung bei einer **Phasenumwandlung** handelt (Schmelzentropie, Verdampfungsentropie), sofern diese Phasenumwandlung reversibel erfolgt, d.h. bei der Gleichgewichtstemperatur $T_=$ (Schmelzpunkt bzw. Siedepunkt). In diesem Fall bleibt nämlich die Temperatur während der Wärmezufuhr konstant, so daß der Faktor $1/T$ vor das Integral gezogen werden kann. Die reversible Wärme $\int \delta Q_{rev} = Q_{rev}$ ist aber in diesem Fall ohne weiteres mit der Phasenumwandlungsenthalpie $\Delta H(T_=)$ (Schmelzwärme bzw. Verdampfungswärme) zu identifizieren. Somit erhält man für die Phasenumwandlungsentropie:

---

* Als Beispiel könnte man die Erwärmung des Wasserbades in Abb. 6.3 S. 47 betrachten. Bisher haben wir dieses Wasserbad als so groß angenommen, daß sich seine Temperatur bei der Kompression des Gases praktisch nicht verändert. Wenn wir aber jetzt annehmen, daß dieses Wasserbad nur eine begrenzte Wärmekapazität hat, so muß seine Temperatur bei Kompression des Gases zunehmen. Wird die Kompression so langsam ausgeführt, daß zwischen Gas und Wasserbad praktisch keine Temperaturdifferenz entsteht, so ist die Erwärmung des Wasserbades „reversibel".

$$\Delta S = \frac{\Delta H(T_=)}{T_=} \tag{12.39}$$

Zur Übung berechne man die Entropiezunahme von 1 g Wasser bei der Erwärmung von 0 °C auf 100 °C sowie bei der Verdampfung bei 100 °C ! Die Verdampfungsenthalpie beträgt bei dieser Temperatur $\Delta H_{H_2O(fl \rightarrow g)} = 41$ kJ/mol .

Ergebnisse: $\Delta S(0\ °C \rightarrow 100\ °C) = 1,3$ J/K; $\Delta S_{fl \rightarrow g}(100\ °C) = 6,1$ J/K .

12.5. Molekulare Deutung der Entropie

12.5.1. Wahrscheinlichkeit

In Abschnitt 12.2 wurde die Entropie als Maß für die molekulare Unordnung eingeführt. Genauer: Die Änderung der Entropie wurde in (12.9) durch denjenigen makroskopisch meßbaren Beitrag zur Triebkraft isothermer Reaktionen definiert, der nach unseren qualitativen Beobachtungen in Abschnitt 12.1 irgendwie mit einer Zunahme der molekularen Unordnung zusammenhängt. Wie dort bereits angedeutet wurde, beruht die Zunahme der Unordnung auf einer Zunahme der Wahrscheinlichkeit. Um das voll zu verstehen, muß man einen formelmäßigen Zusammenhang zwischen der (makroskopisch definierten) *Änderung der Entropie* und der (mikroskopisch, d.h. durch die molekularen Verteilungen definierten) *Änderung der Wahrscheinlichkeit* herstellen.

Wir betrachten dazu als durchsichtigstes Beispiel wieder die **Expansion eines idealen Gases** in ein evakuiertes Gefäß. Die Entropieänderung für diesen Vorgang wurde im vorigen Abschnitt berechnet.

Wie groß ist die Änderung der Wahrscheinlichkeit?

Das im Anfangszustand vom Gas eingenommene Volumen V_I ist ein bestimmter Bruchteil des Gesamtvolumens V_{II} , das dem Gas nach Öffnen des Schiebers in Abb. 12.6 zur Verfügung steht. Wenn sich nur ein einziges Molekül im Volumen V_{II} befindet, dann kann dieses mit der Wahrscheinlichkeit V_I/V_{II} im Teilvolumen V_I angetroffen werden.* Kommt ein zweites Molekül hinzu, so wird man dieses ebenfalls im Bruchteil V_I/V_{II} aller Experimente in V_I antreffen. Der Bruchteil der Experimente, in denen man *sowohl* das erste *als auch* das zweite

---

* Die *Wahrscheinlichkeit* ist definiert als der Bruchteil von sehr vielen Experimenten, bei denen das betreffende Ereignis eintritt. Ist z.B. V_I gerade halb so groß wie V_{II} , dann wird man das Molekül in 50 % der Experimente in V_I antreffen, d.h., die Wahrscheinlichkeit hierfür ist $w = 1/2$. Dagegen wird man das Molekül in *allen* Experimenten irgendwo in V_{II} antreffen, die Wahrscheinlichkeit hierfür ist also $w = 1$.

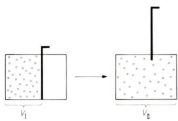

Abb. 12.6. Zur Änderung der Wahrscheinlichkeit bei der Ausbreitung eines idealen Gases von einem Teilvolumen V_I auf ein Gesamtvolumen V_{II}.

Molekül in V_I antrifft, ist also der Bruchteil V_I/V_{II} vom Bruchteil V_I/V_{II}, d.h. $(V_I/V_{II})^2$.

Die Wahrscheinlichkeit, noch ein drittes Molekül gleichzeitig in V_I anzutreffen, ist nochmals um den Faktor V_I/V_{II} verkleinert.* Entsprechend ist die Wahrscheinlichkeit, daß N Moleküle sich gleichzeitig in V_I befinden:

$$w_I = (V_I/V_{II})^N \qquad (12.40)$$

Dagegen befinden sich mit Sicherheit alle N Moleküle im Volumen V_{II}:

$$w_{II} = 1 \qquad (12.41)$$

Wenn sich also die Moleküle nach Öffnen des Schiebers über das ganze Volumen V_{II} ausbreiten, so ändert sich die Wahrscheinlichkeit im Verhältnis

$$w_{II}/w_I = (V_{II}/V_I)^N , \qquad (12.42)$$

oder logarithmiert $\quad \ln \dfrac{w_{II}}{w_I} = N \ln \dfrac{V_{II}}{V_I} = n N_L \ln \dfrac{V_{II}}{V_I}$. $\qquad (12.43)$

Die zugehörige Entropieänderung beträgt nach Gl. (12.34)

$$\Delta S = n R \ln \frac{V_{II}}{V_I} .$$

Durch Einsetzen von $n \ln (V_{II}/V_I)$ aus (12.43) wird daraus

$$\Delta S = \frac{R}{N_L} \ln \frac{w_{II}}{w_I} \equiv k \ln \frac{w_{II}}{w_I} \qquad (12.44)$$

Die Entropieänderung ist hiernach proportional dem Logarithmus des Wahrscheinlichkeitsverhältnisses.

12.5.2. Mikro- und Makrozustände

Als weiteres Beispiel für die Zunahme der molekularen Wahrscheinlichkeit wollen wir die **Bildung einer idealen Flüssigkeitsmischung** betrachten.

Wenn man eine Trennwand zwischen zwei ideal mischbaren Flüssigkeiten, z.B. Benzol und Toluol, herauszieht, dann tritt eine spontane

---

* Bei dieser Betrachtung ist angenommen, daß die Moleküle in ihren Bewegungen voneinander unabhängig und im Prinzip als Individuen unterscheidbar sind.

Vermischung ein. Da sich die Wechselwirkungskräfte zwischen gleichen und ungleichen Molekülen praktisch nicht unterscheiden, so tritt bei diesem Vorgang *keine Energieänderung* und keine Mischungswärme auf. Die Triebkraft dieses isothermen Vorgangs beruht also wiederum *allein* auf der *Zunahme der räumlichen Unordnung,* d.h. der Wahrscheinlichkeit.

Um die Wahrscheinlichkeit berechnen zu können, ersetzen wir die Moleküle im Modell durch schwarze und weiße Kugeln, die sich auf definierten Plätzen befinden. Dann soll der jeweilige „*Mikrozustand*" der Flüssigkeitsmischung dadurch definiert sein, daß von jedem *Platz* angegeben wird, ob sich eine schwarze oder eine weiße Kugel darauf befindet. Als „*Makrozustand*" wollen wir dagegen die Festlegung der *Zahlen* an schwarzen und weißen Kugeln definieren, die sich rechts und links von der ursprünglich vorhandenen Trennwand befinden.

Als einfachstes Beispiel ist in Abb. 12.7 der Fall dargestellt, daß es sich bei dem ganzen System nur um zwei schwarze und zwei weiße Kugeln auf zwei mal zwei Plätzen handelt.

Abb. 12.7. Der *Makrozustand* II (nämlich die gleichmäßige Verteilung von schwarzen und weißen Kugeln auf beide Raumhälften) kann durch die größte Zahl von *Mikrozuständen* (nämlich vier) realisiert werden und besitzt daher die größte *Wahrscheinlichkeit.*

In diesem Fall sind überhaupt nur drei Makrozustände I, II und III möglich. Der Ausgangszustand I ist der Zustand der „reinen Flüssigkeiten": Links von der Trennwand befinden sich alle „Benzolmoleküle" (schwarze Kugeln), rechts alle „Toluolmoleküle" (weiße Kugeln). Der Makrozustand II ist der Zustand der gleichmäßigen Durchmischung, der sich nach Herausziehen der Trennwand einstellt: Auf jeder Seite der ehemaligen Trennwand befinden sich ebenso viele schwarze wie weiße Kugeln (nämlich je eine schwarze und eine weiße). Wie man aus der Abbildung unmittelbar erkennt, kann der Makrozustand II durch 4 verschiedene Mikrozustände realisiert werden, der Makrozustand I dagegen nur durch einen einzigen Mikrozustand. Der Vollständigkeit halber ist noch der Makrozustand III mit aufgeführt, bei dem sich links 2 weiße und 0 schwarze, rechts 2 schwarze und 0 weiße Kugeln befinden. Dieser Makrozustand kann wieder nur durch *einen* Mikrozustand realisiert werden.

Insgesamt sind nach Herausziehen der Trennwand also 6 Mikrozustände möglich. Wenn wir voraussetzen, daß die schwarzen und weißen Kugeln sich mechanisch völlig gleich verhalten, dann müssen alle 6 Mikrozustände die gleiche Wahrscheinlichkeit besitzen, denn es gibt keinen Grund, weshalb einer bevorzugt sein sollte. Das bedeutet, daß bei genügend vielen Beobachtungen jeder der Mikrozustände im Mittel gleich oft vorkommt. Dann muß aber der Makrozustand II viermal so oft vorkommen wie der Makrozustand I, weil er viermal so viele Mikrozustände umfaßt. Seine *Wahrscheinlichkeit* beträgt also $w_{II} = 4/6$, die Wahrscheinlichkeiten der Zustände I und III betragen $w_I = w_{III} = 1/6$.

Man bezeichnet die Zahl der Mikrozustände, durch die ein Makrozustand realisiert werden kann, als die „*thermodynamische Wahrscheinlichkeit*" W dieses Makrozustandes. Ist W_Σ die Zahl aller unter den äußeren Bedingungen überhaupt möglichen Mikrozustände, so ist die mathematische Wahrscheinlichkeit des Makrozustandes

$$w = \frac{W}{W_\Sigma} \qquad (12.45)$$

Mit Hilfe dieser Gleichung kann man das Verhältnis der *mathematischen* Wahrscheinlichkeiten zweier Makrozustände in Gl. (12.44) durch das Verhältnis der *thermodynamischen* Wahrscheinlichkeiten ersetzen:

$$\Delta S = k \ln \frac{W_{II}}{W_I} \qquad (12.46)$$

Während die mathematische Wahrscheinlichkeit w immer eine Zahl zwischen 0 und 1 ist, ist die thermodynamische Wahrscheinlichkeit W eine Zahl, die mit wachsender Teilchenzahl des Systems unvorstellbar groß wird.

Mit wachsender Teilchenzahl nimmt auch das Wahrscheinlichkeitsverhältnis vom Gleichgewichtszustand zum Ausgangszustand eines Systems immer mehr zu. Zur Veranschaulichung ist in Abb. 12.8 die Zahl der Benzol- und Toluol-Moleküle gegenüber der Abb. 12.7 verdoppelt. In diesem Fall sind insgesamt 70 Mikrozustände möglich, von denen der Makrozustand III der gleichmäßigen Durchmischung bereits 36 Mikrozustände umfaßt und somit um den Faktor 36 wahrscheinlicher ist als der Ausgangszustand, der nur durch einen einzigen Mikrozustand realisiert werden kann.

Geht man zu Teilchenzahlen in der Größenordnung der Loschmidt-Zahl über, so stimmt die aus dem Verhältnis der thermodynamischen Wahrscheinlichkeiten von Ausgangszustand und Zustand der gleichmäßigen Durchmischung nach (12.46) berechnete Änderung der Entropie mit der *Mischungsentropie* überein, die man aufgrund der Definition (12.32) errechnet. Für die Durchführung dieser Rechnung muß auf spätere Vorlesungen verwiesen werden.

Die hier gegebenen Definitionen der Begriffe „Mikrozustand" und „Makrozustand" sind in dieser speziellen Form nicht allgemein verwendbar. Man kann diese Begriffe bis zu gewissem Grade für jedes Problem passend definieren. Allgemein versteht man unter dem „Mikrozustand" jeweils die genaueste Beschreibung des molekularen Zustandes eines Systems, die bei der angewendeten Betrachtungsweise prinzipiell möglich ist. Hierzu gehören im allgemeinen auch Angaben über die *Energiezustände* der einzelnen Moleküle. — Ein „Makrozustand" muß immer so definiert

I   II   III   IV   V

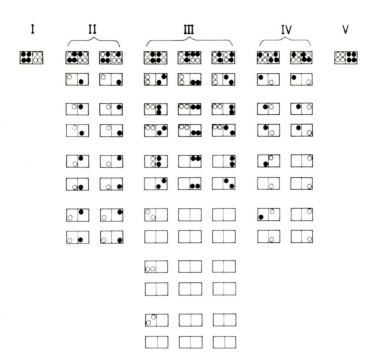

Abb. 12.8. Bei der Verteilung von 4 schwarzen und 4 weißen Kugeln auf zwei Raumhälften mit je 4 definierten Plätzen kann man fünf verschiedene Makrozustände angeben, die durch die jeweilige Anzahl der weißen Kugeln in der linken Raumhälfte (0, 1, 2, 3 oder 4) festgelegt sind. (Die Zahlen der übrigen Kugeln in jeder Raumhälfte ergeben sich daraus automatisch). Die Makrozustände I und V sind jeweils nur durch einen einzigen Mikrozustand realisierbar. Die $4 \cdot 4 = 16$ verschiedenen Mikrozustände des Makrozustands II erhält man, indem man für jede der 4 möglichen Lagen der einzigen weißen Kugel in der linken Raumhälfte die jeweils 4 möglichen Lagen der einzigen schwarzen Kugel in der rechten Raumhälfte durchspielt. (Die restlichen Plätze in jeder Raumhälfte sind jeweils mit Kugeln der anderen Farbe zu besetzen; diese Kugeln sind hier nicht alle mit eingezeichnet.) Die $6 \cdot 6 = 36$ verschiedenen Mikrozustände des Makrozustands III erhält man, indem man für jede der 6 möglichen Anordnungen der 2 weißen Kugeln in der linken Raumhälfte die jeweils 6 möglichen Anordnungen der 2 schwarzen Kugeln in der rechten Raumhälfte durchspielt. (Der Leser mag die fehlenden Kugeln zur Übung selbst ergänzen.) Der Makrozustand IV ist analog dem Makrozustand II zu behandeln, nur mit umgekehrten Farben.

werden, daß er eine ganz bestimmte Zahl von Mikrozuständen umfaßt, damit man seine Wahrscheinlichkeit nach (12.45) berechnen kann. Auch für ein ideales Gas läßt sich aufgrund der Quantentheorie merkwürdigerweise eine ganz bestimmte Zahl von unterscheidbaren Mikrozuständen angeben, wenn das Volumen und die Gesamtenergie vorgegeben sind; Näheres in der Statistischen Thermodynamik.

    Bei den bisher betrachteten Beispielen der Expansion eines idealen Gases und der Bildung einer idealen Mischung beruhte die Zunahme der Wahrscheinlichkeit allein auf einer Veränderung der *räumlichen Vertei-*

lung der Moleküle. Die Temperatur und die *Verteilung der Energie* auf die Moleküle blieben dabei unverändert. Aufgrund der Quantentheorie kann man nun auch für die Verteilung einer bestimmten Energiemenge auf die Moleküle eines Systems eine genau definierte Zahl W von Mikrozuständen angeben. Auf diese Weise kann man die bei der Erwärmung von T_I auf T_{II} entstehende Zunahme der thermodynamischen Wahrscheinlichkeit W mit der nach (12.36)

$$\Delta S_{T_I \to T_{II}} = \int_{T_I}^{T_{II}} \frac{C_p}{T} \, dT$$

berechneten Zunahme der Entropie vergleichen. Man kommt zu dem überraschenden Ergebnis, daß auch hierbei die Formel (12.46)

$$\Delta S = k \ln \frac{W_{II}}{W_I} \quad \text{gültig ist.}^*$$

12.5.3. Der zweite Hauptsatz

Wir betrachten ein abgeschlossenes System. Für die Triebkraft der darin ablaufenden Vorgänge kann das Prinzip der minimalen Energie — *von außen betrachtet* — keinen Beitrag leisten, da ja die Gesamtenergie im abgeschlossenen System konstant bleibt. Bei dieser Betrachtungsweise wird daher die Richtung aller Vorgänge *allein* durch die Zunahme der thermodynamischen Wahrscheinlichkeit des Gesamtsystems bestimmt, wobei dieses Prinzip auch die Verteilung der vorhandenen Energie innerhalb des Systems mit einschließt. Derjenige Zustand wird sich zum Schluß einstellen, der die größte thermodynamische Wahrscheinlichkeit und damit nach (12.46) die größte Entropie besitzt:

Im abgeschlossenen System kann die Entropie (die molekulare Unordnung) *nur zunehmen oder konstant bleiben, aber nicht abnehmen.*** Dieses ist die kürzeste, allgemein anwendbare Formulierung des **zweiten Hauptsatzes**. Sie ist insofern *allgemein anwendbar,* weil man *jeden beliebigen* Vorgang als einen Vorgang im abgeschlossenen System auffassen kann: Man braucht dazu nur alle Körper, die am Energieaustausch teilnehmen, mit zu dem Gesamtsystem hinzuzurechnen.

---

* Zur Durchführung dieser Rechnung muß wiederum auf die Statistische Thermodynamik verwiesen werden.

** Die Voraussetzung eines „*abgeschlossenen*" Systems ist übrigens unnötig stark: Die obige Formulierung des 2. Hauptsatzes läßt sich *auch dann* aufrecht erhalten, wenn das System *nicht völlig abgeschlossen, sondern nur adiabatisch* ist: Ein Arbeitsaustausch mit der Umgebung kann also zugelassen werden, denn hierdurch wird die Entropie des Systems im reversiblen Fall nach Gl. (12.32) nicht verändert, im irreversiblen Fall sogar erhöht, aber keinesfalls erniedrigt.

Als **Anwendungsbeispiel** betrachten wir den **irreversiblen Fluß der Wärme** $|\delta Q|$ von einem heißeren (T_1) zu einem kälteren Körper (T_2):

$$\delta Q_2 = -\delta Q_1 = |\delta Q| \tag{12.47}$$

Die Entropieänderung dS des abgeschlossenen Gesamtsystems setzt sich aus den Entropieänderungen der Körper 1 und 2 zusammen:

$$dS = dS_1 + dS_2 = \delta Q_1/T_1 + \delta Q_2/T_2 = -|\delta Q|/T_1 + |\delta Q|/T_2 \tag{12.48}$$

Mit $T_1 > T_2$ folgt $dS > 0$.

Die Entropie des abgeschlossenen Gesamtsystems nimmt also zu.

Als weiteres Beispiel sei die **Erstarrung von unterkühltem Wasser** betrachtet. Da Eis einen höheren Ordnungsgrad als flüssiges Wasser besitzt, muß die Entropie des Systems hierbei *abnehmen.* Andererseits muß die Gesamtentropie nach dem 2. Hauptsatz aber *zunehmen,* da es sich ja um einen spontanen und somit irreversiblen Vorgang handelt.

Um diese beiden Aussagen nachzuprüfen, soll zunächst die Entropieänderung von 1 mol erstarrenden Wassers bei $-10\ ^{\circ}$C berechnet werden. Um die Berechnungsvorschrift (12.32) anwenden zu können, muß die angegebene Zustandsänderung durch einen *reversiblen Ersatzprozeß* herbeigeführt werden. Eine reversible Eisbildung kann aber nur bei der Gleichgewichtstemperatur von $0\ ^{\circ}$C $(\hat{=} 273,15$ K$)$ erfolgen. Daher muß der Ersatzprozeß aus drei Schritten bestehen: 1.) Erwärmung des flüssigen Wassers von 263 K auf 273 K, 2.) Erstarrung bei 273 K und 3.) Abkühlung des Eises von 273 K auf 263 K. Mit den Gln. (12.36) und (12.39) ergibt sich als Summe dieser drei Schritte:

$$\Delta S_{\text{System}} = \int_{263}^{273} \frac{C_{p\,\text{fl}}}{T}\ dT + \frac{\Delta H_{\text{fl}\rightarrow f}(273)}{273\ \text{K}} + \int_{273}^{263} \frac{C_{p\,f}}{T}\ dT$$

Für das zweite und dritte Glied dieser Gleichung kehrt sich das Vorzeichen um, wenn man die Pfeilrichtung fl→f und die Integrationsgrenzen umkehrt:

$$\Delta S_{\text{System}} = \int_{263}^{273} \frac{C_{p\,\text{fl}} - C_{p\,f}}{T}\ dT - \frac{\Delta H_{f\rightarrow\text{fl}}(273)}{273\ \text{K}}$$

Die Wärmekapazitäten können in dem engen Temperaturbereich näherungsweise als konstant betrachtet werden und betragen im Mittel für 1 mol H_2O: $C_{p\,\text{fl}} = 75,3$ J/K und $C_{p\,f} = 35,9$ J/K . Die Schmelzwärme beträgt für 1 mol H_2O: $\Delta H_{f\rightarrow\text{fl}}(273) = 6,0$ kJ . Damit ergibt sich

$$\Delta S_{\text{System}} = (C_{p\,\text{fl}} - C_{p\,f})\cdot\ln\frac{273}{263} - \frac{\Delta H_{f\rightarrow\text{fl}}(273)}{273\ \text{K}} = -20,5\ \text{J/K}\ .$$

Die Entropieänderung des *Systems* ist also negativ, d.h., *bei der Kristallisation nimmt die Entropie ab und die Ordnung zu.*

Da der irreversible Prozeß für die *Umgebung* des Systems in einer *reinen Wärmeübertragung von außen* besteht, so erhält man die Entropieänderung der Umgebung, indem man die vom System abgegebene Erstarrungswärme $|\Delta H_{\text{fl}\rightarrow f}(263)| = \Delta H_{f\rightarrow\text{fl}}(263)$ durch die Temperatur der Umgebung dividiert (vgl. S. 145):

$$\Delta S_{\text{Umgebung}} = \frac{\Delta H_{f\rightarrow\text{fl}}(263)}{263\ \text{K}}$$

Darin kann die Enthalpieänderung bei 263 K aus den oben angegebenen Zahlenwerten nach Gl. (8.27) berechnet werden:

$\Delta H_{\text{f} \rightarrow \text{fl}}(263) = \Delta H_{\text{f} \rightarrow \text{fl}}(273) + (263 - 273)\text{K} \cdot (C_{p\,\text{fl}} - C_{p\,f}) = 5,6 \text{ kJ}$.

Durch Einsetzen in die vorhergehende Gleichung erhält man:

$\Delta S_{\text{Umgebung}} = +21,3 \text{ J/K}$.

Die Entropie*zunahme* der Umgebung ist somit *größer* als die Entropie*abnahme* des Systems so daß sich **insgesamt** (d.h. „im abgeschlossenen System") eine *Entropiezunahme bei dem irreversiblen Prozeß* ergibt:

$\Delta S_{\text{Gesamt}} = \Delta S_{\text{System}} + \Delta S_{\text{Umgebung}} = +0,8 \text{ J/K}$.

Die Änderung der Gesamtentropie ist relativ klein, weil das System bei $-10\,^{\circ}\text{C}$ nicht allzuweit vom Gleichgewichtszustand entfernt ist. Bei $0\,^{\circ}\text{C}$ würde der Vorgang im indifferenten Gleichgewicht, also reversibel ablaufen, und die Änderung der Gesamtentropie wäre dabei gleich null.

Daß die Entropie bei irreversiblen Prozessen im abgeschlossenen System *immer* zunimmt, läßt sich aus der Unmöglichkeit eines Perpetuum mobile zweiter Art allgemein herleiten. Wir verzichten aber auf diese Herleitung ebenso wie auf die zitierten statistischen Herleitungen, weil diese Formulierung des 2. Hauptsatzes zur praktischen Berechnung chemischer Gleichgewichte kaum benutzt wird. Meistens ist nämlich nicht die Gesamtenergie vorgegeben (abgeschlossenes System), sondern die Temperatur (isothermes System) und außerdem der Druck, und in diesem Fall genügen zur Gleichgewichtsberechnung die beiden Folgerungen aus dem 2. Hauptsatz, daß die Gibbs-Energie im isothermen, isobaren System ohne Zufuhr von Nutzarbeit nicht zunehmen kann und daß die Entropie eine Zustandsgröße ist.

12.5.4. Der dritte Hauptsatz

Man kann die Formel (12.46) $\Delta S = k \ln (W_{\text{II}}/W_{\text{I}})$ in ihre einzelnen Glieder auflösen:

$$S_{\text{II}} - S_{\text{I}} = k \ln W_{\text{II}} - k \ln W_{\text{I}} \tag{12.49}$$

Danach liegt es nahe, für die Entropie einfach zu schreiben:

$\boxed{S \equiv k \ln W}$ (*Boltzmannsche Entropieformel*)   (12.50)

Bei dieser Schreibweise ist eine möglicherweise noch vorhandene additive Konstante, die sich in (12.49) herauskürzen würde, durch Definition gleich null gesetzt.* Mit dieser Definition ist ein Absolutwert für die Entropie und damit ein Nullpunkt für die Entropieskala festgelegt: Es wird

$$S = 0 \quad \text{für} \quad W = 1 \tag{12.51}$$

Die Entropie eines Systems wird also null, wenn der Makrozustand des Systems nur noch durch einen einzigen Mikrozustand realisiert werden kann. Unter welchen Bedingungen ist das der Fall?

---

* Eine solche Definition ist *deshalb* erlaubt, weil sie prinzipiell nicht zu irgendwelchen Widersprüchen mit Experimenten führen kann: Nach (12.32) sind nämlich nur Entropie*differenzen* aus Experimenten zu erhalten!

Erstens dürfen die Atome des Systems keinerlei kinetische Energie mehr abgeben können, denn überschüssige kinetische Energie ließe sich immer auf verschiedene Art und Weise auf die Atome verteilen, so daß dann verschiedene Mikrozustände möglich wären. Das System muß sich daher *am absoluten Nullpunkt* befinden ($T = 0$) .

Zweitens muß bereits der Makrozustand für jeden Punkt des Raumes genau vorschreiben, ob und was für ein Atom sich dort befinden soll. Das ist aber genau dann* der Fall, wenn es sich um ein *geordnetes Kristallgitter eines reinen Stoffes* handelt.** Daraus folgt:

„*Die Entropie reiner kristallisierter Stoffe ohne Fehlordnung wird am absoluten Nullpunkt gleich null*" (dritter Hauptsatz):

$$\boxed{S_i(T=0) \; = \; 0 \quad \text{für i (rein, kristallin)}} \tag{12.52}$$

Obgleich aus Experimenten nur Entropie*differenzen* erhalten werden können, hat der dritte Hauptsatz eine experimentell nachprüfbare Konsequenz: Die auf $T = 0$ extrapolierte Reaktionsentropie (Entropiedifferenz zwischen Ausgangsstoffen und Endprodukten) für isotherme, isobare Reaktionen zwischen reinen kristallisierten Stoffen ohne Fehlordnung muß nämlich null werden:

$$\lim_{T \to 0} \Delta S_{p,T} \; = \; 0 \tag{12.53}$$

Diese Aussage wird tatsächlich experimentell bestätigt***, was zugleich eine Rechtfertigung der Boltzmannschen Entropieformel darstellt.

Der dritte Hauptsatz hat große **praktische Bedeutung** für die Berechnung von chemischen Gleichgewichten:

Um die molare Standard-Entropie S_i° eines reinen Stoffes i bei einer beliebigen Temperatur T berechnen zu können, genügt es nämlich jetzt, den Temperaturverlauf seiner Molwärme vom absoluten Nullpunkt an zu messen. Mit dem dritten Hauptsatz wird dann aus (12.37) für einen reinen, kristallisierten Stoff i:

$$S_i^\circ(T) \; = \; \int_0^T \frac{C_{pi}}{T} \, dT \tag{12.54}$$

Wenn der Stoff bei der Temperatur T flüssig oder gasförmig vorliegt, muß für die Berechnung zusätzlich die Schmelzwärme $\Delta H_{i(f \to fl)}$ am Schmelzpunkt T_E und gegebenenfalls die Verdampfungswärme

---

* „Genau dann" heißt: „dann und nur dann".

** Die Vertauschung von zwei völlig gleichen Atomen ergibt nach Definition keinen anderen Mikrozustand. Gleiche Atome sind *ununterscheidbar.*

*** Wo sie scheinbar *nicht* bestätigt wird, liegt es immer daran, daß einer der kristallisierten Reaktionspartner auch bei $T = 0$ noch eine gewisse *Fehlordnung* besitzt.

$\Delta H_{i(fl\rightarrow g)}$ beim Siedepunkt T_S gemessen werden. Dann ist mit (12.39):

$$S_i^{\circ}(T) = \int_0^{T_E} \frac{C_{pi(f)}}{T} dT + \frac{\Delta H_{i(f\rightarrow fl)}}{T_E} + \int_{T_E}^{T_S} \frac{C_{pi(fl)}}{T} dT$$

$$+ \frac{\Delta H_{i(fl\rightarrow g)}}{T_S} + \int_{T_S}^{T} \frac{C_{pi(g)}}{T} dT \qquad (12.55)$$

Hat man auf diese Weise die Standardentropien $S_i^{\circ}(T)$ aller an einer chemischen Reaktion teilnehmenden Stoffe bestimmt, so erhält man analog zu (8.16) und (11.32) die **Standardreaktionsentropie**

$$\Delta S^{\circ}(T) = \Sigma \, \nu_i S_i^{\circ}(T) \qquad (12.56)$$

Aus (12.10) folgt aber

$$\Delta G^{\circ}(T) = \Delta H^{\circ}(T) - T \Delta S^{\circ}(T) \qquad (12.57)$$

Durch Einsetzen von (12.56) kann man diese Gleichung jetzt auswerten und mit dem so ermittelten $\Delta G^{\circ}(T)$ nach (11.69) die *Gleichgewichtskonstante bei der gewünschten Temperatur* berechnen.

Zur Erleichterung dieser Rechnung ist die Integration der Gl. (12.55) bis zu der Normaltemperatur $T_o = 298$ K für alle möglichen Stoffe bereits ausgeführt worden: Die erhaltenen „*Normalentropien*" $S_i^{\circ}(T_o)$ sind in Tabellen aufgezeichnet. Die Tabelle auf Seite 280 bringt hiervon eine Auswahl.

Nicht alle tabellierten Normalentropien sind auf die hier geschilderte Weise berechnet worden: Auf manche Stoffe ist der 3. Hauptsatz nicht anwendbar, weil sie bei 0 K noch eine gewisse Fehlordnung besitzen. Es ist daher von besonderer praktischer Bedeutung, daß außer der thermodynamischen Bestimmungsmethode der Entropie aufgrund des 3. Hauptsatzes noch eine statistische Berechnungsmöglichkeit aufgrund der Boltzmannschen Entropieformel (12.50) existiert. Mit Hilfe der Quantentheorie läßt sich nämlich für die Zahl W der Mikrozustände eines idealen Gases bei gegebenen Werten von V und T ein definierter Wert angeben, falls man die Verteilungsmöglichkeiten der Moleküle über den gegebenen Raum und die Verteilungsmöglichkeiten der Energie über die Moleküle *gleichzeitig* betrachtet. Damit erhält man aus (12.50) für die Entropie pro Mol eines idealen Gases, dessen Moleküle nur *Translationsbewegungen* ausführen können:

$$S_{trans} = \frac{5}{2} R + R \ln \frac{(2\pi m k T)^{3/2} V_i}{b^3 N_L} \qquad (12.58)$$

Setzt man darin für die Molekülmasse $m = M/N_L$ und für das Molvolumen $V_i = RT/p_i$, so erhält man mit den Zahlenwerten der Naturkonstanten:

$$S_{trans} = R \cdot (\frac{3}{2} \ln\{M\} + \frac{5}{2} \ln\{T\} - \ln\{p_i\} - 1{,}166) \qquad (12.59)$$

mit $\{M\} \equiv M/\frac{g}{mol}$, $\{T\} \equiv T/K$ und $\{p_i\} \equiv p_i/p^{\circ}$.

Können die Gasmoleküle außer ihrer Translationsbewegung auch Rotationen und Oszillationen ausführen, so setzt sich die Entropie des Gases additiv aus dem obigen Beitrag der Translation und *zusätzlichen Beiträgen der Rotation und Oszillation* zusammen. Für zweiatomige Moleküle mit einem Trägheitsmoment J ist z.B. die molare Rotationsentropie

$$S_{rot} = R + R \ln \frac{8\pi^2 JkT}{h^2 \sigma} \quad , \tag{12.60}$$

worin die „Symmetriezahl" σ für homonukleare Moleküle (wie N_2) den Wert 2 und für heteronukleare Moleküle (wie CO) den Wert 1 hat.

Der molare Entropiebeitrag eines Oszillationsfreiheitsgrades mit der Eigenfrequenz ν beträgt:

$$S_{os} = R \frac{h\nu/kT}{e^{h\nu/kT} - 1} - R \ln(1 - e^{-h\nu/kT}) \tag{12.61}$$

An individuellen Stoffkonstanten treten in diesen drei Gleichungen außer der Molmasse M nur das Trägheitsmoment J und die Eigenfrequenz ν auf. Diese Daten können aus spektroskopischen Meßwerten bestimmt werden. Für eine Herleitung und ausführlichere Diskussion dieser Gleichungen muß auf spätere Vorlesungen in Physikalischer Chemie verwiesen werden.

Wie es die Boltzmannsche Entropieformel und der dritte Hauptsatz verlangen, gibt es *keine negativen Entropiewerte*. Im Gegensatz zu den Bildungsenthalpien sind die in der Tabelle angegebenen Normalentropien daher alle positiv*.

---

* Eine Ausnahme bilden einzelne *Ionen* in wäßriger Lösung: Deren Entropie ist durch die bisher angegebenen Definitionen noch nicht festgelegt, da eine einzelne Ionenart nicht allein (ohne Gegenion) existiert und man daher prinzipiell nur an elektroneutralen Systemen Wärmemessungen und dgl. vornehmen kann. Die angegebenen Werte beruhen auf der *zusätzlichen Definition* $S_{H^+(aq)}^\circ \equiv 0$. Analoges gilt für die *Bildungsenthalpien* von Ionen. Näheres in den Abschnitten 15.1.3 und 18.1.

13. Bestimmung von Gleichgewichtskonstanten

13.1. Die zentrale Bedeutung von ΔG°

In Abschnitt 11.5 wurde bereits eine Gleichgewichtskonstante ausgerechnet. Die Rechnung nach Gl. (11.38) führte über die Größe ΔG°:

$$\Delta G^\circ = - R T \ln \{K\}$$

Zur Gewinnung von ΔG° wurde zunächst nach Gl. (11.40)

$$\Delta G = -\nu_e F E$$

die Größe ΔG aus der EMK einer galvanischen Kette bestimmt und dann nach (11.34) bzw. nach Gl. (11.66)

$$\Delta G = \Delta G^\circ + R T \Sigma \nu_i \ln \{a_i\}$$

ΔG auf ΔG° umgerechnet. Das entspricht folgendem Rechenschema:

$$-\nu_e F E - R T \Sigma \nu_i \ln \{a_i\} = \Delta G^\circ = -R T \ln \{K\} \qquad (13.1)$$

Dieses Schema bietet also die Möglichkeit, durch Messung der EMK bei vorgegebenen a_i (Konzentrationen bzw. Molenbrüchen bzw. Partialdrucken) die Gleichgewichtskonstante K zu bestimmen. Umgekehrt kann man auch durch direkte analytische Bestimmung der in K enthaltenen Gleichgewichtskonzentrationen nach (13.1) eine EMK vorausberechnen.

Damit sind aber nicht alle Möglichkeiten ausgeschöpft: Von ganz besonderer Bedeutung ist die Berechnung von ΔG° aus kalorimetrischen und theoretischen Tabellenwerten nach Gl. (12.57), auf die schon im vorigen Abschnitt hingewiesen wurde. Mit (12.57) kann man (13.1) folgendermaßen erweitern:

$$\Delta H^\circ - T\Delta S^\circ = \Delta G^\circ \quad \begin{cases} = -\nu_e F E - R T \Sigma \nu_i \ln \{a_i\} \\ = -R T \ln \{K\} \end{cases} \qquad (13.2)$$

Eine vierte Möglichkeit zur Bestimmung von ΔG° einer bestimmten chemischen Reaktion besteht schließlich in der Kombination von ΔG°-Werten anderer Reaktionen, deren Addition die gewünschte Reaktion ergibt[*]: Manchmal ist nämlich ein ΔG°-Wert einer Reaktion bei einer bestimmten Temperatur nur schwer oder ungenau aus direkten Gleichgewichtsmessungen, EMK-Messungen oder kalorimetrischen Messungen zu erhalten, während die ΔG°-Werte von Teilreaktionen leichter zugänglich sind. Da G ebenso wie H eine Zustandsgröße ist, kann man analoge Gesetzmäßigkeiten wie den Heßschen Satz auch für G formulieren. Analog wie dort kann man eine Gibbs-Bildungsenergie G^B_i defi-

---

[*] Vgl. hierzu die Abschnitte 11.8.6 und 11.8.7 (S. 123 f.).

nieren, und zwar als den Wert von ΔG° für die Bildungsreaktion des Stoffes i aus den stabilen Elementen:

$$G^B_i \equiv \Delta G^\circ \text{ (Elemente } \rightarrow \text{ i)} \tag{13.3}$$

Auch für die Gibbs-Bildungsenergien gibt es Tabellen* (für manche Stoffe sogar über weite Temperaturbereiche, nicht nur für Normaltemperatur**), so daß man ΔG° einer Reaktion auch [analog zu Gl. (8.17), jedoch nicht auf 298 K beschränkt] als stöchiometrische Summe der G^B_i der Reaktionspartner berechnen kann. Damit läßt sich das Berechnungsschema (13.2) noch mehr erweitern:

$$\left.\begin{array}{l} \Delta H^\circ - T\Delta S^\circ = \\ \Sigma\, \nu_i\, G^B_i = \end{array}\right\} \Delta G^\circ \left\{\begin{array}{l} = -\nu_e FE - RT\, \Sigma\, \nu_i \ln\{a_i\} \\ = -RT \ln \{K\} \end{array}\right. \tag{13.4}$$

Aus dieser Zusammenstellung geht die zentrale Bedeutung der Größe ΔG° für die gegenseitige Umrechnung von kalorimetrischen Meßwerten, Gleichgewichtskonzentrationen und EMK-Werten hervor. Neben den bereits erwähnten Möglichkeiten kann man z.B. auch ΔH° berechnen, wenn ΔS° und ΔG° durch andere Messungen bekannt sind (Näheres in Abschnitt 14.2).

Als erstes **Anwendungsbeispiel** von (13.4) soll der im Abschnitt 11.5 aus einer EMK-Messung berechnete Wert einer Gleichgewichtskonstante jetzt mit Hilfe der tabellierten Bildungsenthalpien und Normalentropien verifiziert werden. Zur übersichtlichen Durchführung einer solchen Rechnung ist es zweckmäßig, die Reaktionsgleichung [hier Gl. (11.39)] als Kopf einer Tabelle zu schreiben und unter jedem Stoff i zusammen mit dem stöchiometrischen Faktor ν_i die Werte von H^B_i und S_i° aufzuführen, die man der Tabelle S. 280 entnimmt. Am Ende jeder Zeile bildet man dann die stöchiometrische Summe und erhält für die Temperatur $T = T_\circ \equiv 298,15$ K nach Gl. (8.17) $\Delta H^\circ = \Sigma\, \nu_i H^B_i$ und nach Gl. (12.56) $\Delta S^\circ = \Sigma\, \nu_i S_i^\circ$:

(11.39)	2 H$_2$	+ O$_2$	$\rightleftharpoons$ 2 H$_2$O(g)	$\Sigma\, \nu_i X_i$
$\nu_i H^B_i/(\text{kJ mol}^{-1})$	$-2 \cdot 0$	$- 0$	$+2 \cdot (-241,8)$	$-483,6$
$\nu_i S^\circ/(\text{J mol}^{-1}\text{K}^{-1})$	$-2 \cdot 130,6$	$- 205,0$	$+2 \cdot 188,65$	$- 88,9$

Mit $T = 298,15$ K wird daraus nach Gl. (13.4)

$\Delta G^\circ = \Delta H^\circ - T\Delta S^\circ = -483,6$ kJ/mol $- 298,15 \cdot (-88,9)$J/mol $= -457,1$ kJ/mol .

Dieser Wert stimmt mit dem auf S. 109 aus EMK-Messungen erhaltenen Wert überein. Die daraus nach (11.45) resultierende Gleichgewichtskonstante wurde dort bereits berechnet, so daß wir an dieser Stelle auf die weitere Rechnung verzichten können.

---

* Landolt-Börnstein: „Zahlenwerte und Funktionen", II. Band, 4. Teil, Springer Verlag, Berlin-Göttingen-Heidelberg 1960, und „Handbook of Chemistry and Physics", The Chemical Rubber Co, Cleveland, Ohio, 1973.

** J.P. Coughlin: „Contributions to the Data on Theoretical Metallurgy XII. (Heats and Free Energies of Formation of Inorganic Oxides)", Bureau of Mines Bulletin 542, U.S. Government Printing Office, Washington D.C. 1954.

Übungsaufgaben

a) Aus den Bildungsenthalpien und Normalentropien der Tabelle Seite 280 berechne man die Gleichgewichtskonstanten der folgenden Reaktionen bei 25 °C:

$$H_2 + CO_2 \quad\rightleftharpoons\quad H_2O(g) + CO \qquad (1)$$

$$H_2O(fl) \quad\rightleftharpoons\quad H_2O(g) \qquad (2)$$

$$H_2 + CO_2 \quad\rightleftharpoons\quad H_2O(fl) + CO \qquad (3)$$

$$H_2 + S(rhomb) \quad\rightleftharpoons\quad H_2S(g) \qquad (4)$$

$$2\,H_2 + C(Graphit) \quad\rightleftharpoons\quad CH_4 \qquad (5)$$

b) Aufgrund der ΔG°-Werte der Reaktionen (4) und (5) entscheide man, ob bei 25 °C und bei Partialdrucken der Gase von je $1p^\circ$ die folgende Reaktion nach rechts oder nach links hin ablaufen würde:

$$2\,H_2S(g) + C(Graphit) \quad\rightleftharpoons\quad CH_4 + 2\,S(rhomb) \qquad (6)$$

c) Wie groß ist die Triebkraft der Reaktion (5) bei 25 °C und konstantem Druck, wenn $p_{H_2} = p_{CH_4} = 0{,}1\,p^\circ$?

d) Welche Bedeutung hat die „Gleichgewichtskonstante" der „Reaktion" (2)?

Lösungen:

a) $K(1) = 1{,}0 \cdot 10^{-5}$, $K(2) = 3140$ Pa, $K(3) = 3{,}18 \cdot 10^{-9}$ Pa^{-1},
$K(4) = 6{,}1 \cdot 10^5$, $K(5) = 7{,}8 \cdot 10^3$ Pa^{-1}.

b) $\Delta G^\circ(6) = \Delta G^\circ(5) - 2 \cdot \Delta G^\circ(4) = +15{,}3$ kJ/mol. Da $\Delta G^\circ > 0$, würde die Reaktion (6) unter Standardbedingungen nach links hin ablaufen. Durch die Kombination mit Reaktion (4) wird dabei auch die Reaktion (5) [als Teilreaktion von (6)] nach links verschoben, obwohl sie für sich allein nach rechts hin ablaufen würde.

c) Bei den angegebenen Drucken ist $-\Delta G(5) = +45{,}0$ kJ/mol.

d) $K(2)$ ist identisch mit dem Dampfdruck des reinen Wassers bei 25 °C.

13.2. Gleichgewichtsberechnung für beliebige Temperaturen

Das Schema (13.4) zur Berechnung von K über die Größe ΔG° ist auf beliebige Temperaturen anwendbar. Die aus den Tabellenwerten für $H^B{}_i$ und $S_i{}^\circ$ nach (8.17) und (12.56) berechneten Größen ΔH° und ΔS° beziehen sich aber zunächst auf Normaltemperatur ($T_o \equiv 298{,}15$ K) und müssen daher noch auf die gewünschte Temperatur T umgerechnet werden.

Für eine Reihe von Stoffen sind die Enthalpiedifferenzen und Entropiedifferenzen zwischen Normaltemperatur und beliebigen anderen Temperaturen in amerikanischen Tabellenwerken verzeichnet*. Wenn

---

* K.K. Kelley, Contribution to the Data on Theoretical Metallurgy XII, (High Temperature Heat-Content, Heat-Capacity, and Entropy Data for the Elements and Inorganic Compounds), Bureau of Mines Bulletin 584 (U.S. Government Printing Office, Washington D.C. 1960).

das für alle Reaktionsteilnehmer der Fall ist, wird die Berechnung von $\Delta H^\circ(T)$ und $\Delta S^\circ(T)$ sehr einfach: Man braucht dann nur zu jedem einzelnen H^B_i bzw. $S_i^\circ(T_\circ)$* die entsprechende Differenz** $\Delta H_{i(T_\circ \to T)}$ bzw. $\Delta S_{i(T_\circ \to T)}$ zu addieren und erhält anstelle von (8.17) bzw. (12.56):

$$\Delta H^\circ(T) = \Sigma \, \nu_i \, (H^B_i + \Delta H_{i(T_\circ \to T)}) \tag{13.5}$$

bzw.
$$\Delta S^\circ(T) = \Sigma \, \nu_i \, (S_{i(T_\circ)}^\circ + \Delta S_{i(T_\circ \to T)}) \tag{13.6}$$

Wenn die Enthalpie- und Entropiedifferenzen zwischen $T_\circ$ und T für die einzelnen Reaktionsteilnehmer nicht aus Tabellen verfügbar sind, dann kann man sie durch Integration aus den Molwärmen C_{pi} berechnen [vgl. (8.6) und (12.38)]:

$$\Delta H_{i(T_\circ \to T)} = \int_{T_\circ}^{T} C_{pi} \, dT \tag{13.7}$$

$$\Delta S_{i(T_\circ \to T)} = \int_{T_\circ}^{T} \frac{C_{pi}}{T} \, dT \tag{13.8}$$

Damit wird aus (13.5) und (13.6):

$$\Delta H^\circ(T) = \Delta H^\circ(T_\circ) + \int_{T_\circ}^{T} \Sigma \, \nu_i \, C_{pi} \, dT \tag{13.9}$$

$$\Delta S^\circ(T) = \Delta S^\circ(T_\circ) + \int_{T_\circ}^{T} \frac{\Sigma \, \nu_i \, C_{pi}}{T} \, dT \tag{13.10}$$

Durch Einsetzen dieser beiden Gleichungen in (12.57)
$$\Delta G^\circ(T) = \Delta H^\circ(T) - T\Delta S^\circ(T)$$
erhält man

$$\Delta G^\circ(T) = \Delta H^\circ(T_\circ) - T\Delta S^\circ(T_\circ)$$
$$+ \int_{T_\circ}^{T} \Sigma \, \nu_i \, C_{pi} \, dT - T \int_{T_\circ}^{T} \Sigma \, \nu_i \, C_{pi} \, \frac{dT}{T} \tag{13.11}$$

Um diese Gleichung zahlenmäßig auswerten zu können, müssen die einzelnen Molwärmen C_{pi} als Funktion von T bekannt sein. Der Temperaturverlauf der Molwärmen läßt sich formal durch eine mathematische Reihenentwicklung beschreiben:

$$C_{pi} = a_i + b_i T + c_i T^2 + \dots . \tag{13.12}$$

---

* H^B_i soll sich grundsätzlich immer auf $T = 298$ K beziehen. Bei S_i ist das dagegen nicht der Fall, darum wird im Zweifelsfall die Temperatur in Klammern dahintergeschrieben.

** Im Unterschied zur Differenz pro molarem Formelumsatz (Δ) verwenden wir für andere Differenzen das Zeichen $\triangle$. Der Stoffindex i deutet an, daß diese Differenz sich auf ein Mol des Stoffes i bezieht, der von $T_\circ$ auf T erwärmt wird.

Die empirisch bestimmten Konstanten a_i , b_i und c_i sind für viele Stoffe in Tabellen aufgezeichnet. Man kann sie in (13.11) einsetzen und die Integrale ausrechnen.

Wenn die Temperatur T nicht gar zu weit von T_o entfernt liegt, dann kann man für Überschlagsrechnungen meistens die beiden Integrale in (13.11) vernachlässigen, indem man $\Sigma \nu_i C_{pi} \approx 0$ setzt. Dann ergibt sich aus (13.11) die „*Ulichsche Näherung*":

$$\boxed{\Delta G^{\circ}(T) \approx \Delta H^{\circ}(T_o) - T \Delta S^{\circ}(T_o)} \qquad (13.13)$$

Für viele Reaktionen ist die Differenz der Wärmekapazitäten $\Delta C_p = \Sigma \nu_i C_{pi}$ tatsächlich ziemlich klein, so daß (13.13) eine recht gute Näherung darstellt. Die Größen ΔH° und ΔS° hängen dann kaum von T ab, während die Temperaturabhängigkeit von ΔG° nach (13.13) immer noch beträchtlich ist. Aber auch wenn ΔC_p von null verschieden ist, erhält man mit der Ulichschen Näherung (13.13) oft noch annähernd richtige Ergebnisse, weil die beiden Integrale in (13.11) sich teilweise kompensieren.

Für eine zahlenmäßige Auswertung von (13.13) sind $\Delta H^{\circ}(T_o)$ und $\Delta S^{\circ}(T_o)$ nach den Gleichungen (8.17) und (12.56) aus den Werten der Tabelle S. 280 zu berechnen:

$$\Delta G^{\circ}(T) \approx \Sigma \nu_i H_i^{B} - T \Sigma \nu_i S_i^{\circ}(T_o) \qquad (13.14)$$

Beispiele

13.2.1. Umwandlungstemperatur

Als einfachstes Anwendungsbeispiel von Gleichung (13.14) betrachten wir die Umwandlung von weißem in graues Zinn unter einem Außendruck von 1 p°:

$$Sn \text{ (weiß)} \rightleftharpoons Sn \text{ (grau)} \qquad (13.15)$$

Da es sich beim Ausgangsstoff und beim Endprodukt dieser „Reaktion" jeweils um einen festen, reinen Stoff handelt und somit *keinerlei variable Konzentrationen* auftreten, die sich dem Wert von ΔG° anpassen könnten, so existiert in diesem Fall auch *keine Gleichgewichtskonstante*. Die Reaktion läuft daher — je nach dem Vorzeichen von ΔG° bei der jeweiligen Temperatur — *vollständig* in der einen oder in der anderen Richtung ab.

Es gibt aber eine Temperatur, bei der beide Phasen nebeneinander im Gleichgewicht existieren können: Diese „*Umwandlungstemperatur*" T_U ist durch die Gleichgewichtsbedingung $\Delta G = \Delta G^{\circ} = 0$ charakterisiert*. Damit ergibt sich aus der Ulichschen Näherung (13.13):

$$T_U \approx \frac{\Delta H^\circ(T_o)}{\Delta S^\circ(T_o)} \qquad (13.16)$$

Aus der Tabelle S. 280 entnehmen wir für die „Reaktion" (13.15):

$\Delta H^\circ = -2,19$ kJ/mol , $\Delta S^\circ = (44,1 - 51,5 = -7,4)$ J/(mol K)

Somit ist $T_U \approx (2190/7,4)$K $= 296$ K , also mit Gl. (2.2):

$\vartheta_U/^\circ$C $= T_U/$K $- 273 \approx 23$.

13.2.2. Dampfdruck und Siedepunkt

Als nächstes Beispiel sei die Verdampfung einer reinen Flüssigkeit betrachtet, etwa Benzol:

$$C_6H_6(\text{fl}) \rightleftharpoons C_6H_6(\text{g}) \qquad (13.17)$$

Die „Gleichgewichtskonstante" dieser „Heterogenreaktion" ist mit dem **Dampfdruck** p^D des Benzols bei der jeweiligen Temperatur identisch. Aus den Daten der Tabelle S. 280 kann man auf die übliche Weise die Gleichgewichtskonstante von (13.17) für $T = T_o$ errechnen:

$\Delta H^\circ(T_o) = (82,93 - 49,03 = 33,9)$kJ/mol ,

$\Delta S^\circ(T_o) = (269,2 - 172,8 = 96,4)$J/(mol K) , also

$T_o \cdot \Delta S^\circ = 28,74$ kJ/mol .

Damit wird $\Delta G^\circ = \Delta H^\circ - T\Delta S^\circ = (33,9 - 28,74 = 5,16)$kJ/mol

und $\{K\} = \{p^D\} = e^{-\Delta G^\circ/(RT)} \qquad (13.18)$

$= e^{-5160/(8,314 \cdot 298)} = 0,125$.

Daraus ergibt sich für den Dampfdruck des Benzols bei 25 °C:

$$p^D_{C_6H_6} = 0,125 \, p^\circ = 12700 \text{ Pa} .$$

Wir wollen nun den **Siedepunkt** des Benzols abschätzen. Die Siedetemperatur einer Flüssigkeit ist dadurch charakterisiert, daß der Dampfdruck gleich dem Außendruck wird, so daß die Verdampfung nicht nur aus der Flüssigkeitsoberfläche heraus erfolgt („*Verdunstung*"), sondern daß sich auch im Inneren der Flüssigkeit Dampfblasen bilden können. Beim normalen Siedepunkt T_S ist der Außendruck gleich p°. Mit $p^D_{C_6H_6}(T_S) = p^\circ (\equiv 1 \text{ atm})$ wird aus (13.18):

$$\{p^D\} = 1 \quad \text{und} \quad \Delta G^\circ(T_S) = 0 \qquad (13.19)$$

---

* Es ist $\Delta G = \Delta G^\circ$, weil die Stoffe in reiner Form vorliegen und weil der Außendruck $p = p^\circ (\equiv 1 \text{ atm} \equiv 101325 \text{ Pa})$ ist.

Damit erhält man aus der Ulichschen Näherung (13.13) analog (13.16):

$$T_S \approx \frac{\Delta H^°(T_o)}{\Delta S^°(T_o)} \qquad (13.20)$$

Mit den oben ausgerechneten Zahlenwerten ergibt sich daraus

$$T_S \approx \frac{33900}{96,4} = 352 \text{ K}, \text{ also}$$

$$\vartheta_S \approx (352 - 273)\,°C = 79\,°C.$$

13.2.3. Gleichgewichtspartialdruck und Zersetzungstemperatur

Wir wollen jetzt das Beispiel der Zersetzung von Kalkstein nach Gl. (11.80) wieder aufgreifen:

$$CaCO_3(f) \rightleftharpoons CaO(f) + CO_2(g)$$

Wir stellen uns zuerst die Frage, ob diese Reaktion bei 25 °C an der freien Atmosphäre nach rechts oder nach links hin abläuft. Zur Entscheidung dieser Frage müssen wir ausrechnen, ob der **Gleichgewichtspartialdruck** nach Gl. (11.81)

$$K = p_{CO_2=}$$

größer oder kleiner als der Partialdruck des CO_2 in der Atmosphäre ist. Letzterer beträgt etwa $p_{CO_2} = 3 \cdot 10^{-4}\,p^°$. Aus den Werten der Tabelle S. 280 berechnen wir mit den Formeln (8.17) und (12.56) für die Reaktion (11.80):

$$\Delta H^°(T_o) = [-(-1206,9) - 635,5 - 393,5 = 177,9]\,\text{kJ/mol}$$

und $\quad \Delta S^°(T_o) = (-92,9 + 39,7 + 213,6 = 160,4)\,\text{J/(mol K)}$

also $\quad T_o \cdot \Delta S^°(T_o) = 47,8\,\text{kJ/mol}$

und $\quad \Delta G^°(T_o) = \Delta H^°(T_o) - T_o \cdot \Delta S^°(T_o) = 130,1\,\text{kJ/mol}.$

Analog (13.18) ergibt sich so:

$$\{p_{CO_2=}\} = \{K\} = e^{-\Delta G^°/(R\,T)} \qquad (13.21)$$

$$= e^{-130100/(8,314 \cdot 298)} = 1,6 \cdot 10^{-23}.$$

Der Gleichgewichtspartialdruck beträgt demnach

$$p_{CO_2=} = 1,6 \cdot 10^{-23}\,p^° = 1,6 \cdot 10^{-18}\,\text{Pa}.$$

Dieser Wert liegt um viele Zehnerpotenzen unter dem Partialdruck des CO_2 in der Atmosphäre. Die Reaktion (11.80) wird daher von rechts nach links ablaufen, indem das CO_2 der Atmosphäre mit dem CaO reagiert.

Da die Atmosphäre praktisch unendlich groß ist, so hat die Reaktion keine Abnahme des Partialdrucks p_{CO_2} zur Folge. Da andererseits der Gleichgewichtspartialdruck $p_{CO_2=}$ unabhängig vom Mengenverhältnis der beiden festen Phasen CaO und $CaCO_3$ ist, so bleibt auch $p_{CO_2=}$ so lange konstant, bis der letzte Rest an CaO aufgebraucht ist. Die Reaktion läuft also *vollständig* ab.

Wir wollen jetzt die **Zersetzungstemperatur** T_Z abschätzen, bei der der Gleichgewichtspartialdruck $p_{CO_2=}$ gleich dem äußeren Luftdruck p° wird und daher in der Lage ist, die $CaCO_3$-Körner von innen her aufzubrechen und wegzuschieben. Dieser Vorgang ist dem Sieden einer Flüssigkeit analog, und es gelten praktisch die gleichen Formeln wie im vorigen Beispiel:

Aus (13.21) folgt mit $p_{CO_2=}(T_Z) = p^\circ$:

$$\Delta G^\circ(T_Z) = 0 \tag{13.22}$$

und mit (13.13):

$$T_Z \approx \frac{\Delta H^\circ(T_o)}{\Delta S^\circ(T_o)} \tag{13.23}$$

Mit den oben ausgerechneten Zahlenwerten wird daraus

$$T_Z \approx \frac{177900}{160,4} \text{ K} = 1\,109 \text{ K} ,$$

also $\vartheta_Z = (1\,109 - 273)\,^\circ C = 836\,^\circ C$.

Diese Temperatur muß also beim Brennen von Kalkstein überschritten werden. Technisch arbeitet man bei etwa 900 bis 1 000 °C.

Analog der Zersetzung von Kalkstein können alle Reaktionen behandelt werden, bei denen durch Erhitzen fester Stoffe ein Gas abgespalten wird. Als weiteres derartiges Beispiel sei die Erzeugung von Aceton (CH_3COCH_3, Dimethylketon) durch „trockene Destillation" von Calciumacetat angeführt:

$Ca(CH_3COO)_2 \rightarrow CaCO_3 + CH_3COCH_3\,(g)$.

13.3. Gleichgewichte mit Kohlenmonoxid

13.3.1. Verwendung von CO

Kohlenmonoxid hat großtechnische Bedeutung, und zwar 1.) für Heizzwecke, 2.) als Reduktionsmittel und 3.) für Synthesen.

Zu 1.): Die Verbrennung von CO nach der Gleichung

$$CO + \tfrac{1}{2}O_2 \rightleftharpoons CO_2 \tag{13.24}$$

verläuft unter starker **Wärmeentwicklung**: Aus den Daten der Tabelle S. 280 erhält man für die Reaktionsenthalpie von (13.24) den Wert

$$\Delta H^{o}_{298} = [-(-110,52) - \frac{1}{2} \cdot 0 + (-393,51) = -282,99] \text{ kJ/mol} .$$

Das Gleichgewicht von (13.24) liegt auch bei sehr hohen Temperaturen noch ganz auf der rechten Seite, sofern überschüssiger Sauerstoff vorhanden ist.

Zu 2.) Die Verwendung als **Reduktionsmittel** beruht auf dem starken Bestreben von CO zur Vereinigung mit Sauerstoff nach (13.24). Daher dient CO zur Reduktion von Metalloxiden (Fe_2O_3, CuO) zu Metallen. *Palladium* wird durch CO schon bei Zimmertemperatur aus wäßriger Salzlösung als Metall ausgefällt:

$$Pd^{2+} + H_2O + CO \rightarrow Pd + 2 H^+ + CO_2 \qquad (13.25)$$

Diese Reaktion dient als empfindlicher *Nachweis* für CO.

Von besonderer technischer Bedeutung ist die *Reduktion von Wasserdampf* durch Kohlenmonoxid im sogenannten „*Wassergasgleichgewicht*":

$$CO + H_2O(g) \rightleftharpoons CO_2 + H_2 \qquad (13.26)$$

Diese Reaktion wird im Abschnitt 13.3.3 noch näher besprochen.

Zu 3.) Als Beispiel für eine **Synthese** aus CO sei die Umsetzung mit Wasserstoff zu **Methylalkohol** angeführt, die bei 350 °C unter hohem Druck mit chromoxidhaltigem Zinkoxid als Katalysator durchgeführt wird:

$$CO + 2 H_2 \rightleftharpoons CH_3OH(g) \qquad (13.27)$$

Durch Abkühlen des Gasgemisches wird der Methylalkohol in flüssiger Form daraus gewonnen.

Bei 180 °C ohne erhöhten Druck und mit anderen Katalysatoren führt die Umsetzung von Kohlenmonoxid mit Wasserstoff anstelle von (13.27) zu einem Gemisch von gesättigten (C_nH_{2n+2}) und ungesättigten (C_nH_{2n}) aliphatischen Kohlenwasserstoffen (*Benzinsynthese* nach *Fischer* und *Tropsch*):

$$n \, CO + (2n+1) \, H_2 \rightarrow C_nH_{2n+2} + n \, H_2O \qquad (13.28)$$

$$n \, CO + 2n \, H_2 \rightarrow C_nH_{2n} + n \, H_2O \qquad (13.29)$$

13.3.2. Erzeugung von CO. Das Boudouard-Gleichgewicht

Wegen der genannten, vielseitigen Verwendungszwecke ist es interessant, die technische Erzeugung von Kohlenmonoxid hier zu betrachten.

In großen Öfen wird Luft von unten durch eine 1-3 m dicke Koksschicht geleitet. Solange noch überschüssiger Sauerstoff vorhanden ist, wird dabei der Koks unter starker Wärmeentwicklung zu Kohlendioxid verbrannt:

$$C(f) + O_2(g) \rightarrow CO_2(g) + 393,5 \text{ kJ} \qquad (13.30)$$

In den oberen Koksschichten, wo praktisch der gesamte Sauerstoff aufgebraucht ist, setzt sich das gebildete CO_2 mit überschüssigem Koks unter Wärmeaufnahme im sogenannten *Boudouard-Gleichgewicht* zu Kohlenmonoxid um:

$$172,5 \text{ kJ} + CO_2(g) + C(f) \rightleftharpoons 2 \, CO(g) \qquad (13.31)$$

Das aus dem Ofen abziehende Gemisch des Kohlenmonoxids mit dem Stickstoff der Verbrennungsluft wird als „*Generatorgas*" bezeichnet.

Im Abschnitt 12.2 hatten wir bereits festgestellt, daß ein Gleichgewicht mit steigender Temperatur (d.h. steigendem Wärmeangebot) immer in derjenigen Richtung verschoben wird, in der es Wärme aufnimmt. Das Boudouard-Gleichgewicht (13.31) ist hierfür ein schönes und zugleich technisch wichtiges Beispiel: Die Reaktion ist von links nach rechts endotherm; daher liegt bei genügend hoher Temperatur praktisch der gesamte Sauerstoff in Form von CO vor; bei tieferen Temperaturen verschiebt sich dagegen das Gleichgewicht immer mehr zum CO_2.

Im molekularen Bild beruht diese Verschiebung darauf, daß auf der rechten Seite der Reaktionsgleichung zwei Gasmoleküle stehen, auf der linken Seite nur eins. Der Gaszustand entspricht aber einer größeren molekularen Unordnung als der Zustand eines Festkörpers, und da das Prinzip maximaler Unordnung mit steigender Temperatur immer stärker wird, verschiebt sich das Gleichgewicht mit steigender Temperatur nach rechts.

Die Zusammensetzung des aus dem Ofen abziehenden Generatorgases wird also von der Temperatur im Ofen abhängen. Um diese Zusammensetzung vorhersagen zu können, muß man die Konstante des Boudouard-Gleichgewichts (13.31) als Funktion der Temperatur kennen:

$$K = \left(\frac{p_{CO}^2}{p_{CO_2}} \right)_= \qquad\qquad (13.32)$$

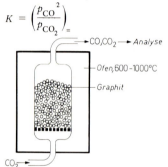

Abb. 13.1. Versuchsanordnung zur Einstellung des Boudouard-Gleichgewichts.

Man kann diese Konstante im Prinzip direkt messen, indem man CO_2 bei der jeweiligen Temperatur über Graphit leitet (Abb. 13.1). Das austretende Gemisch von CO und CO_2 wird dann schnell abgekühlt und analysiert (z.B. durch Messung der Intensität charakteristischer Absorptionsbanden in einem Infrarotspektrographen).

Bei dieser Messung ergeben sich allerdings einige Schwierigkeiten: Einerseits ist die Geschwindigkeit der Gleichgewichtseinstellung bei Temperaturen unterhalb ca. 700 °C ohne geeignete Katalysatoren so klein, daß das austretende Gemisch noch nicht dem wahren Gleichgewichtsverhältnis entspricht. Bei höheren Ofentemperaturen besteht andererseits die Schwierigkeit, daß das gebildete CO während der Abkühlung in Umkehrung der Boudouard-Reaktion (13.31) wieder zu C und CO_2 disproportionieren* kann. Die Abkühlung des austretenden Gemisches muß daher möglichst schnell erfolgen, so daß die bei der Ofentemperatur eingestellte Gleichgewichtszusammensetzung bei tieferer Temperatur „*eingefroren*" wird. Bei Zimmertemperatur würde im Gleichgewicht praktisch überhaupt kein CO mehr existieren, d.h., CO ist bei dieser Temperatur thermodynamisch nicht *stabil*. Es ist aber auch nicht *instabil*, da es praktisch beliebig lange haltbar ist, ohne zu disproportionieren. Man bezeichnet es daher als „*metastabil*".**

---

* Von „*Disproportionierung*" spricht man allgemein, wenn die Moleküle ein und desselben Stoffes von einer mittleren Oxidationsstufe unter gegenseitiger Oxidation und Reduktion teils in eine höhere, teils in eine niedrigere Oxidationsstufe übergehen.

** Die Grenze zwischen „metastabil" und „instabil" ist nicht ganz scharf definiert. Da man die Disproportionierungsgeschwindigkeit von CO durch Temperaturerhöhung kontinuierlich steigern kann, so ist es in gewissen Grenzen willkürlich, bei welcher Temperatur man CO noch als „metastabil" und bei welcher man es schon als „instabil" bezeichnen will.

Die genannten Schwierigkeiten bei der Messung des Boudouard-Gleichgewichts lassen sich umgehen, wenn man dieses *mit einem anderen, bekannten Gleichgewicht koppelt.* Hierzu ist besonders das Zersetzungsgleichgewicht von *Strontiumcarbonat* geeignet:

$$SrCO_3(f) \rightleftharpoons SrO(f) + CO_2(g) \tag{13.33}$$

Ebenso wie bei der Zersetzung von Kalkstein (vgl. S. 122 und S. 163) stellt sich über einem Gemisch aus $SrCO_3$ und SrO in einem geschlossenen Raum bei jeder Temperatur ein genau definierter Gleichgewichtspartialdruck an CO_2 ein, der sich leicht mit einem Manometer direkt messen läßt. Gibt man jetzt zu dem Bodenkörper außerdem noch Graphit hinzu, so stellt sich *zugleich* das Boudouard-Gleichgewicht (13.31) ein. Der am Manometer abgelesene Druck p ist in diesem Fall gleich der Summe der Partialdrucke:

$$p = p_{CO_2} + p_{CO} \tag{13.34}$$

Mit den gemessenen Drucken p und p_{CO_2} läßt sich der unbekannte Partialdruck p_{CO} in (13.32) eliminieren und auf diese Weise die Boudouard-Konstante K bei jeder einzelnen Temperatur bestimmen:

$$K = \left(\frac{(p - p_{CO_2})^2}{p_{CO_2}} \right)_= \tag{13.35}$$

Genauer als die angegebenen direkten Messungen der Boudouard-Gleichgewichtskonstante ist deren **Berechnung aus kalorimetrischen und statistischen Tabellenwerten.** Als Beispiel soll die Berechnung für $T = 1000$ K ($\hat{=} 727\ °C$) durchgeführt werden. Mit den Zahlenwerten für H_i^B und $S_i^°$ aus der Tabelle S. 280 und den (mit dem Umrechnungsfaktor 4,184 J/cal multiplizierten) Zahlenwerten für $\Delta H_i(T_o \rightarrow 1000$ K$)$ und $\Delta S_i(T_o \rightarrow 1000$ K$)$ aus dem Bulletin 584 (vgl. S. 159) ergibt sich für die Reaktion (13.31):

(13.31)	$CO_2(g)$	$+$ C(Graphit)	$\rightleftharpoons$ 2 CO(g)	$\Sigma\, \nu_i X_i$
$\dfrac{\nu_i H_i^B}{\text{kJ/mol}}$	$-(-393,51)$	$-\quad 0$	$+\ 2 \cdot (-110,52)$	$+\ 172,47$
$\dfrac{\nu_i \Delta H_i(T_o \rightarrow T)}{\text{kJ/mol}}$	$-\quad 33,44$	$-\quad 11,76$	$+\ 2 \cdot 21,70$	$-\quad 1,80$
$\dfrac{\nu_i S_i^°(T_o)}{\text{J/(mol K)}}$	$-\ 213,64$	$-\quad 5,694$	$+\ 2 \cdot 197,91$	$+\ 176,49$
$\dfrac{\nu_i \Delta S_i(T_o \rightarrow T)}{\text{J/(mol K)}}$	$-\quad 55,56$	$-\quad 18,70$	$+\ 2 \cdot 36,9$	$-\quad 0,46$

Daraus erhält man mit den Gln. (13.5) und (13.6) für $T = 1000$ K :

$$\Delta G^°(T) = \Delta H^°(T) - T \cdot \Delta S^°(T)$$

$$= \Sigma \nu_i H_i^B + \Sigma \nu_i \Delta H_i(T_o \rightarrow T) - T \cdot [\Sigma \nu_i S_i^°(T_o) + \Sigma \nu_i \Delta S_i(T_o \rightarrow T)] \tag{13.36}$$

$$= (172,47 - 1,80)\ \text{kJ/mol} \quad - 1000 \cdot (176,49 - 0,46)\ \text{J/mol} = -5360\ \text{J/mol}$$

und $\{K\} = e^{-\Delta G^°/(RT)} = e^{+5360/(8,314 \cdot 1000)} = 1,90$,

also $K = 1,9\, p^° = 1,93 \cdot 10^5$ Pa .

Mit der Ulichschen Näherung (13.14) würde man dagegen erhalten:

$$\Delta G^{\circ}(T) \approx \Sigma \nu_i H^{B}_i - T \Sigma \nu_i S_i^{\circ}(T_o)$$
$$= (172470 - 1000 \cdot 176,49)\ \text{J/mol} = -4020\ \text{J/mol}$$

und $K = 1,62\ p^{\circ} = 1,64 \cdot 10^5$ Pa

Obgleich $T = 1000$ K ($\hat{=} 727\ ^{\circ}$C) von der Normaltemperatur T_o sehr stark abweicht, kommt der nach Ulich berechnete Näherungswert von K dem richtigen Wert immer noch verhältnismäßig nahe, zumal wenn man bedenkt, daß K sich zwischen T_o und 1000 K um *viele Zehnerpotenzen* ändert (für $T = T_o$ ist $K = 10^{-21}\ p^{\circ}$).

Berechnung der Zusammensetzung des Gasgemisches:

Die prozentuale Zusammensetzung des Gemisches aus CO und CO_2 ist durch Angabe der Gleichgewichtskonstante K noch nicht eindeutig festgelegt, sondern sie hängt noch vom Gesamtdruck p ab.

Den Bruchteil, den der jeweilige Partialdruck p_i vom Gesamtdruck p ausmacht, ist durch den jeweiligen Molenbruch x_i gegeben:

$$p_i = p \cdot x_i \qquad (13.37)$$

also $p_{CO} = p \cdot x_{CO}$ und $p_{CO_2} = p \cdot x_{CO_2}$.

Da die Summe beider Molenbrüche gleich 1 ist, so können wir die Zusammensetzung des Gasgemisches durch Angabe von x_{CO} eindeutig beschreiben, indem wir x_{CO_2} eliminieren:

$$x_{CO_2} = 1 - x_{CO} \qquad (13.38)$$

Einsetzen von (13.37) und (13.38) in (13.32) ergibt eine Beziehung zwischen dem Gleichgewichtsmolenbruch $x_{CO=}$, der Gleichgewichtskonstante K und dem Gesamtdruck p:

$$K = p\left(\frac{x_{CO}^{\ 2}}{x_{CO_2}}\right)_{=} = p \cdot \frac{x_{CO=}^{\ 2}}{1 - x_{CO=}} \qquad (13.39)$$

Durch Auflösen nach $x_{CO=}$ wird daraus

$$x_{CO=} = \sqrt{\frac{K}{p} + \frac{K^2}{4p^2}} - \frac{K}{2p} \qquad (13.40)$$

Wenn der Gesamtdruck $p = 1\ p^{\circ}$ beträgt, erhält man daraus z.B. mit dem für 727 $^{\circ}$C

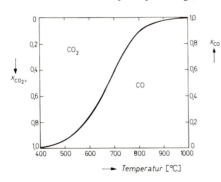

gültigen Wert $K = 1,9\ p^{\circ}$: $x_{CO=} = 0,72$. Wenn man so den Gleichgewichtsmolenbruch $x_{CO=}$ für $p = p^{\circ}$ auch für andere Temperaturen berechnet, dann erhält man den in Abb. 13.2 dargestellten Verlauf als Funktion der Tem-

Abb. 13.2. Boudouard-Gleichgewicht: Molenbruch an Kohlenmonoxid (rechter Maßstab) im Gasgemisch mit Kohlendioxid über Graphit bei Standarddruck in Abhängigkeit von der Temperatur.

peratur. Man erkennt, wie sich das Boudouard-Gleichgewicht mit steigender Temperatur vom CO_2 zum CO hin verschiebt. Unterhalb $400\,^\circ C$ besteht die Gasphase praktisch nur aus CO_2, oberhalb $1000\,^\circ C$ praktisch nur noch aus CO.

13.3.3. Erzeugung von Wasserstoff. Das Wassergasgleichgewicht.

Um Wasser zu elementarem Wasserstoff zu reduzieren, wird in der Technik als billigstes Reduktionsmittel Koks verwendet. Leitet man Wasserdampf über stark erhitzten Koks[*], so erfolgt bei etwa $1000\,^\circ C$ die endotherme Reaktion

$$131\ kJ + C(f) + H_2O(g) \rightleftharpoons CO(g) + H_2(g) \tag{13.41}$$

Die entstehende Mischung aus CO und H_2 wird als ,,*Wassergas*'' bezeichnet.

Aus dem Kohlenmonoxid des Wassergases kann nach Austritt aus dem Koksofen bei niedrigerer Temperatur über Eisenoxidkatalysatoren mit zusätzlichem Wasserdampf im **Wassergasgleichgewicht** (13.26) noch mehr Wasserstoff gewonnen werden (,,*Konvertierung*''):

$$CO + H_2O(g) \rightleftharpoons CO_2 + H_2 + 41\ kJ$$

Da bei dieser Reaktion Wärme abgegeben wird, verschiebt sich das Gleichgewicht mit sinkender Temperatur nach rechts. Bei $1000\,^\circ C$ liegt es aber noch ganz auf der linken Seite der Reaktionsgleichung, so daß für den Ablauf dieser Reaktion die Temperatur gesenkt werden muß. Für die Wassergas-Gleichgewichtskonstante ergibt sich aus (13.26) der Ausdruck

$$K = \left(\frac{p_{CO_2} \cdot p_{H_2}}{p_{CO} \cdot p_{H_2O}} \right)_= \tag{13.42}$$

Durch Einführung der Molenbrüche nach (13.37) wird daraus:

$$K = \left(\frac{x_{CO_2} \cdot x_{H_2}}{x_{CO} \cdot x_{H_2O}} \right)_= \tag{13.43}$$

Man erkennt, daß die prozentuale Zusammensetzung des Gasgemisches in diesem Falle nicht vom Gesamtdruck p abhängt [im Gegensatz zum Boudouard-Gleichgewicht, vgl. Gl. (13.39)]. Das beruht darauf, daß auf beiden Seiten der Reaktionsgleichung (13.26) gleich viele gasförmige Moleküle stehen.

Übungsaufgabe

Um aus einer gegebenen Koksmenge durch Addition der Reaktionen (13.41) und (13.26) eine möglichst große Ausbeute an Wasserstoff zu erzielen, muß man das Verhältnis von CO zu CO_2 im Endgasgemisch möglichst niedrig halten. Solange das Gasgemisch mit überschüssigem Koks in Kontakt ist, wird das CO/CO_2-Verhältnis durch das Boudouard-Gleichgewicht diktiert. Hiernach müßte man zur Erzielung eines niedrigen CO-Gehaltes die Temperatur möglichst unter $400\,^\circ C$ senken (vgl. Abb. 13.2). Unter diesem Gesichtspunkt führe man die folgenden Berechnungen aus und diskutiere die Ergebnisse.

---

[*] Man erhitzt den Koks mit Hilfe der exothermen Verbrennungsreaktion (13.30), indem man zunächst Luft hindurchleitet. Näheres S. 171.

a) Man formuliere die Gesamtreaktion aus den Gln. (13.41) und (13.26) und berechne näherungsweise* deren Gleichgewichtskonstante bei 400 °C sowie den resultierenden Wasserstoffpartialdruck im Gleichgewicht für $p_{H_2O} = p^\circ$ bei stöchiometrischer Zusammensetzung.

b) Man berechne näherungsweise* die Gleichgewichtskonstante der Reaktion (13.41) bei 1000 °C und den resultierenden Wasserstoffpartialdruck im Gleichgewicht für $p_{H_2O} = 0,1\, p^\circ$ bei stöchiometrischer Zusammensetzung.

c) Man berechne näherungsweise* diejenige Temperatur, bei der das CO/CO_2-Verhältnis im Wassergasgleichgewicht (13.26) bei stöchiometrischer Zusammensetzung den Wert 1 erreicht.

Lösungen

a) Gesamtreaktion: $C(f) + 2\,H_2O(g) \rightleftharpoons CO_2 + 2\,H_2$.

$$K_{400\,°C} = (p_{CO_2}\, p_{H_2}{}^2/p_{H_2O}{}^2)_= \approx 0,0062\, p^\circ = 630\, \text{Pa} .$$

Für $p_{H_2O} = p^\circ$ und stöchiometrische Zusammensetzung (d.h. $p_{H_2} = 2\, p_{CO_2}$, vgl. obige Gesamtreaktion) errechnet man daraus $p_{H_2} \approx 0,23\, p^\circ$. Der gewinnbare H_2-Partialdruck wäre also viel kleiner als der verbleibende Wasserdampfpartialdruck. Außerdem würde sich aber dieses Gleichgewicht bei 400 °C ohne Katalysatoren gar nicht einstellen, so daß die H_2-Produktion in nur *einem* Reaktionsschritt unter diesen Bedingungen nicht wirtschaftlich wäre.

b) $K_{1000\,°C}(13.41) = (p_{CO}\, p_{H_2}/p_{H_2O})_= \approx 41,4\, p^\circ$.

Für $p_{H_2O} = 0,1\, p^\circ$ und stöchiometrische Zusammensetzung [d.h. $p_{H_2} = p_{CO}$, vgl. (13.41)] folgt daraus: $p_{H_2=} \approx 2\, p^\circ$. In diesem Fall wäre also der gewinnbare H_2-Partialdruck viel größer als der im Gleichgewicht verbleibende Wasserdampfpartialdruck.

c) „Stöchiometrische Zusammensetzung" heißt im Falle von Gl. (13.26): $p_{CO} = p_{H_2O}$ und $p_{CO_2} = p_{H_2}$. Dann wird für $p_{CO}/p_{CO_2} = 1$: $K(13.26) =$

$[p_{CO_2}\, p_{H_2}/(p_{CO}\, p_{H_2O})]_= = 1$, also $\Delta G^\circ(T) = 0$. Die Ulichsche Näherung (13.13) liefert hierfür eine Temperatur von $T \approx 971\, \text{K} \,\hat{=}\, 698\,°C$. Der richtige Wert liegt bei 830 °C. (Um diesen zu erhalten, müßte man $\Delta C_p(T)$ berücksichtigen.) Diese Temperatur liegt deutlich höher als diejenige, bei der das CO/CO_2-Verhältnis im Boudouard-Gleichgewicht bei $p = p^\circ$ den Wert 1 annimmt. (In Abb. 13.2 liest man hierfür etwa 680 °C ab.) Um das CO/CO_2-Verhältnis möglichst klein zu machen, braucht man also im Wassergasgleichgewicht nicht ganz so stark abzukühlen, wie das bei Kontakt mit Koks im Boudouard-Gleichgewicht nötig wäre.

Alle Ergebnisse sprechen dafür, die Wasserstoffproduktion nicht in *einem* Schritt, sondern nach den Gln. (13.41) und (13.26) in zwei getrennten Schritten bei zwei verschiedenen Temperaturen durchzuführen.

---

* d.h. aus den Daten der Tabelle S. 280 unter Vernachlässigung von ΔC_p .

13.4. Die Ammoniaksynthese

13.4.1. Herstellung des Ausgangsgemisches

Die technische Herstellung von Ammoniak nach dem „*Haber-Bosch-Verfahren*" erfolgt durch Umsetzung der Elemente Wasserstoff und Stickstoff:

$$3 H_2 + H_2 \rightleftharpoons 2 NH_3(g) \tag{13.44}$$

Als Ausgangsstoffe zur Gewinnung der Elemente dienen Luft ($4 N_2 + O_2$) und Wasserdampf (H_2O). Beide Ausgangsstoffe müssen vom Sauerstoff befreit werden, der im einen Fall physikalisch beigemischt, im anderen Fall chemisch gebunden ist. Das geschieht durch Umsetzung mit Koks.

Leitet man Luft durch eine dicke Koksschicht, so erhält man durch Addition der Verbrennungsgleichung (13.30)

$$C + O_2 \rightleftharpoons CO_2 + 393,5 \text{ kJ}$$

und der Boudouard-Reaktion (13.31)

$$172,5 \text{ kJ} + C + CO_2 \rightleftharpoons 2 CO$$

unter Berücksichtigung des Stickstoffs der Verbrennungsluft:

$$4 N_2 + O_2 + 2 C \rightarrow \underbrace{4 N_2 + 2 CO}_{\text{Generatorgas}} + 221 \text{ kJ} \tag{13.45}$$

Da die Gesamtreaktion (13.45) exotherm ist, steigt bei diesem Vorgang die Temperatur der Koksschicht auf etwa 1000 °C an („*Heißblasen*"). Anschließend leitet man Wasserdampf durch den Koks. Dabei spielt sich die endotherme Reaktion (13.41) ab, wodurch der Koks sich wieder abkühlt („*Kaltblasen*"):

$$131 \text{ kJ} + C + H_2O(g) \rightleftharpoons \underbrace{CO + H_2}_{\text{Wassergas}}$$

Die Mischung aus Generatorgas und Wassergas wird bei tieferer Temperatur (400 °C) mit weiterem Wasserdampf umgesetzt, wobei aus dem CO im Wassergasgleichgewicht (13.26) noch mehr Wasserstoff gewonnen wird:

$$CO + H_2O(g) \rightleftharpoons CO_2 + H_2 + 41 \text{ kJ}$$

Das dabei entstandene CO_2 wird aus dem Gasgemisch durch Waschen mit kaltem Wasser unter Druck entfernt. Wenn Generatorgas und Wassergas im passenden Verhältnis zueinander standen, erhält man schließlich eine stöchiometrische Mischung aus $3 H_2 + N_2$, die zur Durchführung der Reaktion (13.44) dem Ammoniak-Kontaktofen zugeführt wird.

13.4.2. Berechnung der Gleichgewichtskonstante

Aus den Daten der Tabelle S. 280 erhalten wir für die NH_3-Bildungsreaktion (13.44)

$$\Delta H^\circ = 2 H^B_{NH_3} = 2 \cdot (-46,19) \text{ kJ/mol} = -92,38 \text{ kJ/mol}$$

Die Enthalpie nimmt also ab, es wird Wärme frei, die Reaktion ist exotherm. Das Gleichgewicht verschiebt sich daher mit steigender Temperatur nach links. Um eine gute Ausbeute zu erzielen, d.h., um die Reaktion möglichst weit nach rechts hin ablaufen zu lassen, müßte man also bei möglichst niedriger Temperatur arbeiten.

Wir wollen zunächst die Gleichgewichtskonstante bei Normaltemperatur berechnen. Für die Reaktionsentropie ergibt sich aus der Tabelle:

$$\Delta S^\circ = 2 \cdot S^\circ_{NH_3} - 3 \cdot S^\circ_{H_2} - S^\circ_{N_2}$$

$$= (2 \cdot 192,5 - 3 \cdot 130,6 - 191,5) \text{ J/(mol K)} = -198,3 \text{ J/(mol K)}$$

Somit ist bei $T = 298$ K

$$\Delta G^\circ = \Delta H^\circ - T \Delta S^\circ = [-92380 - 298 \cdot (-198,3)] \text{ J/mol} = -33287 \text{ J/mol}$$

und $\ln \{K\} = -\Delta G^\circ/(RT) = +33287/(8,314 \cdot 298) = 13,43$,

also $\{K\} = e^{13,43} = 6,8 \cdot 10^5$. Somit ist

$$K_{298} = \left(\frac{p_{NH_3}^2}{p_{H_2}^3 \cdot p_{N_2}}\right)_= = 6,8 \cdot 10^5 \; p^{\circ -2} = 6,6 \cdot 10^{-5} \text{ Pa}^{-2}$$

Aus dem hohen Wert von K geht hervor, daß bei 25 °C das Gleichgewicht der Reaktion (13.44) bei Standarddruck ganz auf der rechten Seite liegt, so daß man eine fast 100 %-ige Ausbeute erhalten würde. Bei 25 °C ist aber die Reaktionsgeschwindigkeit auch bei Zugabe von Katalysatoren unmeßbar klein.

Praktisch arbeitet man daher bei 500 °C. Für diese Temperatur ergibt sich aus der Ulichschen Näherung (13.13):

$$\Delta G^\circ(773 \text{ K}) \approx \Delta H^\circ(T_o) - 773 \text{ K} \cdot \Delta S^\circ(T_o)$$

$$= [-92380 - 773 \cdot (-198,3)] \text{ J/mol} = +60906 \text{ J/mol} , \text{ also}$$

$\ln \{K\} = -\Delta G^\circ/(RT) \approx -60906/(8,314 \cdot 773) = -9,477$ und

$$K_{773} \approx 7,7 \cdot 10^{-5} \; p^{\circ -2} = 7,5 \cdot 10^{-15} \text{ Pa}^{-2}$$

13.4.3. Der Gleichgewichtsmolenbruch an NH_3

Um hieraus den Molenbruch an NH_3 in der Gleichgewichtsmischung zu berechnen, müssen wir wieder nach der Gleichung (13.37)

$$p_i = p \cdot x_i$$

die Gleichgewichtspartialdrucke in K durch die Molenbrüche ausdrücken:

$$K = \frac{1}{p^2} \cdot \left(\frac{x_{NH_3}^2}{x_{H_2}^3 \cdot x_{N_2}}\right)_= \tag{13.46}$$

Da die Ausgangsmischung stöchiometrisch zusammengesetzt ist und sich das Mengenverhältnis von $H_2 : N_2$ bei der Reaktion (13.44) auch nicht ändert, so ist

$$x_{H_2} = 3 x_{N_2} . \tag{13.47}$$

Die Summe aller Molenbrüche ist

$$x_{H_2} + x_{N_2} + x_{NH_3} = 1 \tag{13.48}$$

oder mit (13.47): $4 x_{N_2} + x_{NH_3} = 1$, also

$$x_{N_2} = \tfrac{1}{4}(1 - x_{NH_3}) . \tag{13.49}$$

Mit (13.47) und (13.49) wird aus (13.46):

$$K\,p^2 \;=\; \left(\frac{x_{NH_3}^{\;2}}{27\,x_{N_2}^{\;4}}\right)_= \;=\; \frac{4^4 \cdot x_{NH_3=}^{\;2}}{27 \cdot (1 - x_{NH_3=})^4} \tag{13.50}$$

Nach dieser Gleichung kann man im Prinzip den erzielbaren Molenbruch $x_{NH_3=}$ aus K und p berechnen. Bei $p = p^\circ$ würde sich mit dem für 500 °C errechneten Wert von K nach (13.50) nur ein verschwindend geringer Gleichgewichtsmolenbruch x_{NH_3} ergeben. Aus (13.50) ersieht man aber, daß man die Ausbeute steigern kann, wenn man den Gesamtdruck p erhöht.

Als Beispiel wollen wir den Druck berechnen, den man anwenden müßte, damit $x_{NH_3=} = 0,5$ wird. Setzt man diesen Zahlenwert in (13.50) ein, so folgt:

$$K\,p^2 \;=\; \frac{4^4 \cdot 0,5^2}{27 \cdot (1 - 0,5)^4} \;=\; \frac{4^4 \cdot 2^2}{27} \;=\; \frac{1024}{27} \;=\; 38$$

und mit $K \approx 7,7 \cdot 10^{-5}\, p^{\circ -2}$

$$p \approx \sqrt{38/(7,7 \cdot 10^{-5})}\; p^\circ \;=\; 702\, p^\circ \;=\; 711 \text{ bar}.$$

Wegen der Verwendung der Ulichschen Näherung bei der Berechnung von K kann

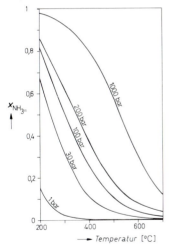

dieser Wert nur annähernd richtig sein. Die genaue Rechnung würde aber für 500 °C und $x_{NH_3=} = 0,5$ einen Druck ergeben, der nicht sehr wesentlich höher liegt (jedenfalls unter 1000 bar).

In Abb. 13.3 ist der Gleichgewichtsmolenbruch $x_{NH_3=}$ für verschiedene Drucke in Abhängigkeit von der Temperatur dargestellt, wie er sich mit den *exakten* Werten für $K(T)$ aus (13.50) ergibt. Man sieht, wie die Ausbeute an NH_3 bei jeweils konstantem Druck mit steigender Temperatur abnimmt, wie sie aber durch Erhöhung des Druckes wieder gesteigert werden kann.

Praktisch arbeitet man im Haber-Bosch-Verfahren bei 500 °C und bei einem Druck von $p \approx 200$ bar. Aus Abb. 13.3 entnimmt man dafür einen Gleichgewichtsmolenbruch von $x_{NH_3=} \approx 0,18$. In Wirklichkeit ist der erreichte Molenbruch an NH_3 noch geringer (0,11), weil man die Gase nur kurz mit dem Katalysator in Berührung läßt, ohne die Gleichgewichtseinstellung abzuwarten.

Abb. 13.3. Molenbruch an NH_3 im Gleichgewicht mit einer stöchiometrischen Mischung aus H_2 und N_2 in Abhängigkeit von der Temperatur bei verschiedenen Drucken.

13.4.4. Berechnung der Ausbeute

Wir haben den Begriff „Ausbeute" bisher nur qualitativ verwendet. Quantitativ ist die **Ausbeute** B definiert als das *Verhältnis der gebildeten Stoffmenge zu der im Falle vollständigen Umsatzes theoretisch erzielbaren Stoffmenge*. Im Beispiel der

NH_3-Synthese ist die Ausbeute demnach gleich dem Zahlenverhältnis der N-Atome im NH_3 zur Gesamtzahl der N-Atome. Dieses Verhältnis ist

$$B = \frac{x_{NH_3}}{x_{NH_3} + 2\, x_{N_2}} \qquad (13.51)$$

da im N_2-Molekül 2 N-Atome enthalten sind.

Wenn der praktisch erreichte Molenbruch an NH_3 nur 0,11 beträgt, so ist nach (13.49) $x_{N_2} = 0,89/4 = 0,2225$, und damit ergibt sich für die Ausbeute nach (13.51)

$$B = \frac{0,11}{0,11 + 0,2225} = 0,334 \ .$$

Hiernach bleiben zwei Drittel des Ausgangsgemisches zunächst ungenutzt. Dieses Restgas geht aber nicht verloren: Das gebildete Ammoniak wird nämlich aus dem abgekühlten Gasgemisch unter Druck mit Wasser herausgewaschen, in welchem es sich begierig auflöst*. Das restliche Gemisch aus H_2 und N_2 wird dem Kontaktofen erneut zugeführt. Auf diese Weise wird im kontinuierlichen Dauerbetrieb praktisch das gesamte H_2-N_2-Gemisch in NH_3 umgewandelt, so daß die Ausbeute insgesamt gleich 1 wird.

14. Verschiebung von Gleichgewichten

14.1. Formale Definition von G und A

In Abschnitt 12.2 wurde die Entropie S speziell zu dem Zweck eingeführt, um in der Gleichung (12.6)

$$-\Delta G_{p,T} = -W_{\text{Nutz},\text{rev}\,p,T} = -\Delta H_{p,T} + Q_{\text{rev}\,p,T}$$

die reversible Wärme $Q_{\text{rev}\,T}$ und damit zugleich die Triebkraft $-\Delta G$ aus Zustandsgrößen berechnen zu können. So ergibt sich [vgl. (12.10)]:

$$\Delta G = \Delta H - T\,\Delta S \qquad (14.1)$$

Darin bedeutet das Zeichen Δ gemäß Gl. (10.27) eine Änderung pro Stoffumsatz bei Konstanz von p und T . Da T sich nicht ändert, ist die Änderung des Produkts $T \cdot S$ pro Stoffumsatz gleich $T \cdot \Delta S$. Somit kann man für (14.1) auch schreiben:

$$\Delta G = \Delta H - \Delta(TS) = \Delta(H - TS) \qquad (14.2)$$

---

* Wasser löst bei 0 °C mehr als das 1000-fache Gasvolumen NH_3. Die Löslichkeit von H_2 und N_2 in Wasser ist dagegen sehr klein.

Es ist hiernach sehr naheliegend, für die **Gibbs-Energie** (Freie Enthalpie) folgende allgemeine Definition aufzustellen:

$$\boxed{G \equiv H - TS} \tag{14.3}$$

Diese Definition ist mit den früheren Definitionen (10.15) und (10.21) vollkommen im Einklang, sie geht aber darüber hinaus: Aufgrund dieser Definition ist die Änderung von G nämlich nicht nur für *isotherme*, sondern für *beliebige* Zustandsänderungen eindeutig definiert, weil H, T und S Zustandsgrößen sind (im Gegensatz zu W_{rev}).

Wenn man also ein System bei Konstanz von Druck und Zusammensetzung von einer Temperatur T_1 auf eine Temperatur T_2 erwärmt, so läßt sich jetzt für die Änderung $\Delta G_{T_1 \to T_2}$ ein ganz bestimmter Wert in [J] angeben.* Indem man diese Rechnung sowohl für die Ausgangsstoffe wie für die Endprodukte einer chemischen Reaktion durchführt, kann man die wichtige Größe $\Delta G_{p,T}$ von einer Temperatur auf eine andere Temperatur umrechnen (völlig analog der Rechnung für $\Delta H_{p,T}$ im Schema der Abb. 8.5, S. 72). Dabei stellt die Größe $\Delta G_{T_1 \to T_2}$ eine nützliche Rechengröße dar, und das allein rechtfertigt die Einführung der Definition (14.3).

Man muß sich aber darüber klar sein, daß $\Delta G_{T_1 \to T_2}$ wirklich nichts weiter als eine *formale Rechengröße* ist: Es hat weder die Bedeutung einer Triebkraft (wie $-\Delta G_{p,T}$), noch einer zugeführten Wärme (wie $\Delta H_{T_1 \to T_2}$), noch einer Arbeit. Auch im molekularen Bild hat die Gibbs-Energie G (im Gegensatz zur Inneren Energie und zur Entropie) keine anschauliche Bedeutung. Es ist wichtig, das zu betonen, weil der Anfänger oft glaubt, er habe etwas nicht verstanden, wenn er sich anschaulich nichts darunter vorstellen kann: Im vorliegenden Beispiel wäre es ganz falsch, nach einer anschaulichen Bedeutung zu suchen. Der Leser hat alles verstanden, was in diesem Zusammenhang überhaupt verstehbar ist, wenn er erkennt, wozu die Definition (14.3) *praktisch nützlich* ist und wie man formal damit rechnet.

Aus den früheren Definitionen (10.21) $\quad A + pV \equiv G$

und (8.3) $\quad U + pV \equiv H$

ergibt sich zusammen mit (14.3), daß für die **Helmholtz-Energie** A anstelle von (10.15) konsequenterweise von jetzt an die folgende, allgemeinere Definition gelten muß:

$$A \equiv U - TS \tag{14.4}$$

---

* Indem man $\Delta G_{T_1 \to T_2}$ nach (14.3) durch Integration über die zugeführten Wärmen ausrechnet, stellt man fest, daß G bei *Temperaturerhöhung* immer *abnimmt*. Vgl. auch Gl. (14.9).

Auch die so definierte Helmholtz-Energie (Freie Energie) ist eine rein formale Rechengröße. Die Nützlichkeit dieser Rechengröße beruht auf der Gl. (10.15), die von jetzt an keine *Definition* mehr ist, sondern eine wichtige physikalisch-chemische *Aussage*:

$$\Delta A_T = W_{\text{rev}\,T} \qquad (14.5)$$

In anderen, mehr *deduktiven* Darstellungen der Thermodynamik werden die allgemein verwendbaren Definitionen (14.3) und (14.4) an den Anfang gestellt. Die Zweckmäßigkeit dieser Definitionen wird dann aber erst erkennbar, wenn die Gl. (14.5) daraus abgeleitet ist, von der wir hier als Definition ausgegangen waren.

Wir wollen uns noch ein wenig im formal-mathematischen Umgang mit den thermodynamischen Größen üben, ohne im Augenblick an deren physikalisch-chemische Bedeutung zu denken.

Für eine reversible Änderung von U im geschlossenen System* gilt nach (5.18)

$$dU = \delta W_{\text{rev}} + \delta Q_{\text{rev}} \qquad (14.6)$$

Falls die reversible Arbeit nur in Volumenarbeit besteht, wird daraus zusammen mit (5.10) und (12.32)

$$dU = -p\,dV + T\,dS \qquad (14.7)$$

Aus (14.4) erhält man allgemein $dA = dU - T\,dS - S\,dT$ und speziell mit (14.7):

$$dA = -p\,dV - S\,dT \qquad (14.8)$$

Mit (10.21) folgt weiter

$$dG = dA + p\,dV + V\,dp$$

$$\boxed{dG = V\,dp - S\,dT} \qquad (14.9)$$

Die Gln. (14.7), (14.8) und (14.9) heißen „*Gibbssche Fundamentalgleichungen*". Aus ihnen läßt sich mit Leichtigkeit eine große Zahl von thermodynamischen Gesetzmäßigkeiten mathematisch herleiten. Wenn das System *nicht* geschlossen ist, muß jede der drei Gleichungen um das additive Glied $\Sigma\,\bar{G}_i\,dn_i$ erweitert werden, das dem Materieaustausch des Systems mit der Umgebung Rechnung trägt.

Soweit die Zustandsänderung eines Systems durch die Änderungen der Zustandsgrößen p, T (und gegebenenfalls n_i) eindeutig beschrieben wird, kann die (gegebenenfalls erweiterte) Gleichung (14.9) nicht nur für *reversible* Änderungen gelten [die in (14.6) vorausgesetzt waren], sondern muß *allgemeingültig* sein. Analoges gilt auch für die anderen Gleichungen.

Formuliert man (14.9) einmal für die Ausgangsstoffe und einmal für die Endprodukte einer isothermen, isobaren chemischen Reaktion und

---

* Ein „*geschlossenes*" System kann mit seiner Umgebung keinerlei Materie austauschen, wohl aber Arbeit und Wärme.

bildet die molare Differenz*, so wird mit

$$G_E - G_A = \Delta G, \quad V_E - V_A = \Delta V \quad \text{und} \quad S_E - S_A = \Delta S :$$

$$d\Delta G = \Delta V\, dp - \Delta S\, dT \tag{14.10}$$

Für eine Druckänderung bei konstanter Temperatur ($dT = 0$) und konstanter Zusammensetzung ($d\xi = 0$) folgt daraus**:

$$\left(\frac{\partial \Delta G}{\partial p}\right)_{T,\xi} = \Delta V \tag{14.11}$$

Für eine Temperaturänderung bei konstantem Druck folgt aus (14.10) mit $dp = 0$:

$$\left(\frac{\partial \Delta G}{\partial T}\right)_{p,\xi} = -\Delta S \tag{14.12}$$

Die vorstehenden Gleichungen beschreiben die Abhängigkeit der Triebkraft einer chemischen Reaktion vom Druck und von der Temperatur. Die physikalisch-chemische Bedeutung dieser Gleichungen wird in den folgenden Abschnitten diskutiert.

14.2. Die Gibbs-Helmholtz-Gleichung

Die Gleichung $\quad \left(\dfrac{\partial \Delta G}{\partial T}\right)_p = -\Delta S \tag{14.12}$

bietet die Möglichkeit, durch Messung der Temperaturabhängigkeit von ΔG die Reaktionsentropie ΔS zu bestimmen. Dazu wird ΔG durch Messung der EMK einer galvanischen Kette nach der Gleichung

$$\Delta G = -\nu_e\, FE \tag{11.40}$$

bei zwei verschiedenen Temperaturen T_1 und T_2 bestimmt und der Differenzenquotient annähernd gleich dem Differentialquotienten gesetzt:

$$\left(\frac{\partial \Delta G}{\partial T}\right)_p = -\nu_e\, F \cdot \left(\frac{\partial E}{\partial T}\right)_p \approx -\nu_e\, F\, \frac{E(T_2) - E(T_1)}{T_2 - T_1} \tag{14.13}$$

Durch Messung von ΔG und $\partial\Delta G/\partial T$ nach (11.40) und (14.13) kann man außerdem die Reaktionsenthalpie ΔH bestimmen: Nach (14.1) ist nämlich

$$\Delta H = \Delta G + T\Delta S \tag{14.14}$$

---

* Hierbei sei angenommen, daß das System so groß ist, daß sich die Konzentrationen bei *einem* Formelumsatz ($\Delta\xi = 1$ mol) praktisch nicht verändern, so daß die molare Differenz $G_E - G_A$ mit der Definition von ΔG nach Gl. (10.27) übereinstimmt.

** Vgl. die Fußnote S. 71.

und mit (14.12)

$$\Delta H = \Delta G - T \cdot \left(\frac{\partial \Delta G}{\partial T}\right)_p \tag{14.15}$$

Dieses ist die **Gibbs-Helmholtz-Gleichung**, die durch Einsetzen von (11.40) und (14.13) folgende praktische Form erhält:

$$\boxed{\Delta H = -\nu_e F \cdot (E - T\frac{\partial E}{\partial T})} \tag{14.16}$$

Durch die vorstehenden Gleichungen werden die gegenseitigen Umrechnungsmöglichkeiten thermodynamischer Größen nach dem Gleichungsschema (13.4) wesentlich bereichert: Die Gln. (14.12) bis (14.16) ermöglichen nicht nur die Bestimmung von ΔH und ΔS aus EMK-Messungen, sondern auch umgekehrt die Berechnung der Temperaturabhängigkeit einer EMK aus tabellierten Normalentropien.

Als **Anwendungsbeispiel** der Gibbs-Helmholtz-Gleichung (14.16) soll die **Fällungswärme von Silberchlorid** aus EMK-Messungen ermittelt werden. Dazu müssen

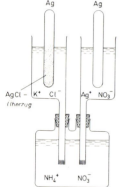

wir eine galvanische Kette konstruieren, in der sich bei Stromdurchgang auf reversible Weise die Fällungsreaktion abspielt:

$$Ag^+(aq) + Cl^-(aq) \rightleftharpoons AgCl(f) \tag{14.17}$$

Um zu verhindern, daß die Ag^+-Ionen irreversibel mit den Cl^--Ionen zu AgCl reagieren, müssen sie durch eine NH_4NO_3-Lösung voneinander getrennt sein. Die verschiedenen Elektrolytlösungen müssen durch Fritten voneinander abgegrenzt sein, um eine zu schnelle Durchmischung zu verhindern. Eine praktische Ausführung der galvanischen Kette ist in Abb. 14.1 dargestellt: Ein Silberstab taucht in eine 0,01-molare $AgNO_3$-Lösung, ein anderer, mit festem AgCl überzogener Silberstab taucht in eine 0,01-molare KCl-Lösung. Beide Lösungen stehen über zwei Fritten mit einer gesättigten NH_4NO_3-Lösung in Kontakt. Man symbolisiert die in Abb. 14.1 dargestellte galvanische Kette durch folgende Schreibweise:

Abb. 14.1. Galvanische Kette zur Bestimmung der Fällungswärme von Silberchlorid.

$$Ag \mid AgCl \mid Cl^-(0{,}01 \text{ M}) \mid NH_4NO_3(\text{gesätt.}) \mid Ag^+(0{,}01 \text{ M}) \mid Ag \tag{14.18}$$

$$\leftarrow e^- \; Ag^+ \rightarrow \leftarrow Cl^- \qquad \leftarrow NO_3^- \quad NH_4^+ \rightarrow \qquad Ag^+ \rightarrow \leftarrow e^-$$

Wenn in einer Kette positive Ionen nach rechts und negative nach links wandern, spricht man von „*positivem Stromfluß*". (Geschlossen wird der Stromkreis dadurch, daß in diesem Fall Elektronen in einem Draht von der linken zur rechten Elektrode wandern und dabei z.B. in einem Elektromotor Arbeit leisten.) Wenn bei spontanem Ablauf der Reaktion ein positiver Stromfluß erfolgt, so entsteht rechts der positive Pol der Kette. Man bezeichnet in diesem Fall die **EMK** als „*positiv*".

Da AgCl sehr schwer löslich ist (vgl. Abschnitt 11.8), so läuft die Reaktion (14.17) bei den in der Kette (14.18) angegebenen Konzentrationen spontan von links nach rechts, d.h. unter Bildung von AgCl. Dieser Vorgang wird in der Kette

(14.18) folgendermaßen auf reversible Weise realisiert: Aus dem linken Silberdraht treten Ag^+-Ionen in die AgCl-Schicht ein, indem sie ihre zugehörigen Elektronen e^- in den Draht hineinschicken. Aus der Lösung treten Cl^--Ionen in die AgCl-Schicht ein und reagieren mit den Ag^+-Ionen zu AgCl. An dem rechten Silberstab scheiden sich Ag^+-Ionen aus der Lösung ab und bilden zusammen mit den aus dem Draht ankommenden Elektronen neutrales Silber. Bei *offener* Kette (d.h. ohne den Verbindungsdraht zwischen den Elektroden) lädt sich die rechte Elektrode durch die auftreffenden Ag^+-Ionen positiv auf, die EMK ist also (nach obiger Definition) positiv.

Aufgabe: An der galvanischen Kette (14.18) werden folgende EMK-Werte gemessen:
$$E(20\ ^\circ C) = +345,8\ mV$$
$$E(30\ ^\circ C) = +334,5\ mV$$
Man berechne daraus für die Fällung von AgCl bei 25 $^\circ$C

a) die Fällungswärme
b) das Löslichkeitsprodukt und
c) die Standardreaktionsentropie,

indem man die Lösungen als praktisch ideal und die Temperaturabhängigkeit der EMK im angegebenen Temperaturintervall als praktisch linear betrachtet.

Lösung zu a): Die Fällungswärme ist durch die Reaktionsenthalpie der stromliefernden Fällungsreaktion nach (14.16) gegeben:

$$\Delta H = -\nu_e\, F \cdot (E - T \frac{\partial E}{\partial T})$$

Darin ist die Zahl der bei einem molekularen Formelumsatz von (14.17) fließenden Elektronen $\nu_e = 1$. Nach (14.13) berechnen wir aus den angegebenen Werten näherungsweise

$$\frac{\partial E}{\partial T} \approx \frac{E(30\ ^\circ C) - E(20\ ^\circ C)}{303\ K - 293\ K} = \frac{334,5 - 345,8}{10}\ \frac{mV}{K} = -1,13\ \frac{mV}{K}$$

Für E bei 25 $^\circ$C finden wir durch lineare Interpolation aus den angegebenen Meßwerten $E = 340,15\ mV$. Damit wird aus (14.16):

$$\Delta H = -96487\ \frac{C}{mol} \cdot [0,34015 - 298 \cdot (-0,00113)]\ V = -65311\ J/mol$$

Lösung zu b): Die Gleichgewichtskonstante der stromliefernden Reaktion (14.17) lautet:

$$K = \left(\frac{1}{c_{Ag^+} \cdot c_{Cl^-}} \right)_=.$$

Der Kehrwert hiervon ist das zu berechnende Löslichkeitsprodukt. Die Berechnung von K erfolgt nach (13.1):

$$-\nu_e FE - RT \sum \nu_i \ln \{a_i\} = \Delta G^\circ = -RT \ln \{K\}$$

Bei der Ausrechnung von $\sum \nu_i \ln \{a_i\}$ nach der Reaktionsgleichung (14.17) braucht AgCl als fester, reiner Stoff nicht berücksichtigt zu werden. Mit den Zahlenwerten aus der Kette (14.18)

$c_{Ag^+} = 0,01\ M$ und $c_{Cl^-} = 0,01\ M$ und mit

$\nu_{Ag^+} = \nu_{Cl^-} = -1$ wird $\sum \nu_i \ln \{a_i\} = -2 \cdot \ln 0,01 = +9,2$.

Mit dem Interpolationswert für 25 $^\circ$C

$E = 340,15\ mV$ wird

$$\Delta G^{\circ} = -\nu_e FE - RT \Sigma \nu_i \ln \{a_i\}$$

$$= [-96487 \cdot 0{,}34015 - 8{,}314 \cdot 298 \cdot 9{,}2] \text{ J/mol} = -55614 \text{ J/mol} .$$

$\ln \{K\} = -\Delta G^{\circ}/(RT) = +55614/(8{,}314 \cdot 298) = +22{,}45$

Damit ergibt sich für das Löslichkeitsprodukt bei 25 °C:

$$\{c_{Ag^+} \cdot c_{Cl^-}\}_{=} = 1/\{K\} = e^{-22{,}45} = 1{,}78 \cdot 10^{-10}$$

$$(c_{Ag^+} \cdot c_{Cl^-})_{=} = 1{,}78 \cdot 10^{-10} \text{ M}^2$$

Lösung zu c): Da wir die Lösungen als praktisch ideal betrachten, ist $\Delta H = \Delta H^{\circ}$ unabhängig von den Konzentrationen.* Da ΔH° und ΔG° in a) und b) bereits berechnet wurden, erhält man ΔS° in diesem Fall am einfachsten durch Auflösen der Gleichung

$$\Delta G^{\circ} = \Delta H^{\circ} - T\Delta S^{\circ} \tag{14.19}$$

als
$$\Delta S^{\circ} = \frac{\Delta H^{\circ} - \Delta G^{\circ}}{T} . \tag{14.20}$$

Mit den unter a) und b) erhaltenen Zahlenwerten wird daraus

$$\Delta S^{\circ} = \frac{-65311 + 55614}{298} \frac{\text{J}}{\text{mol K}} = -32{,}5 \text{ J/(mol K)} .$$

Normalerweise erhält man ΔS° einfacher ohne den Umweg über ΔH° und ΔG° direkt nach (14.12), indem man ΔG° nach (13.1) durch die gemessenen EMK-Werte und die Konzentrationen ausdrückt:

$$\Delta S^{\circ} = -\frac{\partial \Delta G^{\circ}}{\partial T} = \nu_e F \frac{\partial E}{\partial T} + R \Sigma \nu_i \ln \{a_i\} \tag{14.21}$$

14.3. Die van't Hoffsche Gleichung

Im Kapitel 13 wurden Gleichgewichtskonstanten bei beliebiger Temperatur in zwei Schritten berechnet, wobei der erste Schritt in der Berechnung von $\Delta G^{\circ}(T)$ bestand. Dieser Weg ist meistens der einfachste. Für manche Diskussionen und Berechnungen ist es aber auch nützlich, eine Formel zu haben, die die Temperaturabhängigkeit von $\ln \{K\}$ direkt beschreibt. Zur Herleitung einer solchen Formel muß man die bekannte Gleichung

$$\ln \{K(T)\} = \frac{-\Delta G^{\circ}(T)}{RT} \tag{14.22}$$

nach T differenzieren. Die Rechenvorschrift für die Differenziation eines Quotienten zweier Funktionen lautet:

$$\left(\frac{f}{g}\right)' = \frac{f'g - g'f}{g^2} \tag{14.23}$$

---

* Während das Standardzeichen ° bei ΔG° und ΔS° von entscheidender Bedeutung ist [vgl. z.B. (11.66)], braucht es bei ΔH° in idealen Systemen nicht weiter beachtet werden.

Wir identifizieren f mit $\Delta G^{\circ}(T)$ und g mit T. Dann wird durch Anwendung von (14.23) auf (14.22) unter Beachtung von (14.21) und (14.14):

$$\frac{d\ln\{K\}}{dT} = -\frac{1}{R}\frac{d}{dT}\frac{\Delta G^{\circ}(T)}{T} = -\frac{1}{R}\frac{-\Delta S^{\circ}\cdot T - 1\cdot\Delta G^{\circ}}{T^2} = \frac{+\Delta H^{\circ}}{RT^2}$$

In dem Differential $d\ln\{K\}$ kann man die geschweiften Klammern auch weglassen, da sich die durch die Klammern eingeführten Normierungsfaktoren (vgl. S. 101) in der Differenz der Logarithmen formal herauskürzen. (Ähnlich kann man ja auch mit Energiedifferenzen rechnen, ohne einen Nullpunkt der Energieskala festzulegen.) Obgleich also der Logarithmus einer dimensionsbehafteten Größe K nicht definiert ist, so ist doch die Logarithmus*differenz* $\Delta\ln K$ und entsprechend auch das Logarithmus*differential** $d\ln K$ eindeutig definiert und **unabhängig von den Maßeinheiten**, in denen die in K enthaltenen Konzentrationen gemessen werden.

Somit ist

$$\boxed{\frac{d\ln K}{dT} = \frac{\Delta H^{\circ}}{RT^2}}\qquad (van't\ Hoffsche\ Gleichung) \qquad (14.24)$$

Zur Beurteilung physikalisch-chemischer Messungen wählt man nach Möglichkeit eine Art der graphischen Darstellung, bei der sich ungefähr eine Gerade ergibt. Darum dividiert man (14.24) noch durch die rein mathematische Beziehung

$$\frac{d(1/T)}{dT} = -\frac{1}{T^2} \qquad (14.25)$$

und erhält

$$\frac{d\ln K}{d(1/T)} = \frac{-\Delta H^{\circ}}{R}. \qquad (14.26)$$

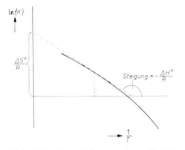

Ermittelt man experimentell die Gleichgewichtskonstante K einer Reaktion bei verschiedenen Temperaturen und trägt $\ln\{K\}$ als Funktion von $1/T$ in ein Diagramm ein (Abb. 14.2), so kann man nach (14.26) aus der *Steigung* der erhaltenen Kurve die Reaktionsenthalpie ΔH° ablesen.

Abb. 14.2. Logarithmus einer Gleichgewichtskonstante in Abhängigkeit von der reziproken Temperatur. Diagramm zur Bestimmung der Reaktionsenthalpie.

Da ΔH° sich mit der Temperatur etwas ändert, so ist die Steigung nicht überall gleich groß. Die erhaltene Kurve ist also nicht *exakt* eine Gerade, aber meistens doch in ziemlich guter Näherung.

---

* Aufgrund der mathematischen Beziehung $d\ln x/dx = 1/x$ kann man definieren: $d\ln K \equiv dK/K$.

Für eine genauere **Diskussion der Kurve in** Abb. 14.2 setzen wir Gl. (14.19) in (14.22) ein:

$$\ln \{K\} = \frac{-\Delta G^{\circ}}{R\,T} = \frac{-\Delta H^{\circ}}{R} \cdot \frac{1}{T} + \frac{\Delta S^{\circ}}{R} \tag{14.27}$$

Da die Tangentensteigung bei der Temperatur T nach (14.26) durch $-\Delta H^{\circ}/R$ gegeben ist, so muß die auf $1/T = 0$ extrapolierte Tangente nach (14.27) die Ordinatenachse im Punkte $\Delta S^{\circ}/R$ schneiden (vgl. Abb. 14.2).* Soweit man die Kurve als Gerade betrachten kann, stellt $\Delta S^{\circ}/R$ also den *Grenzwert von* $\ln \{K\}$ für $1/T \to 0$, d.h. *für unendlich hohe Temperaturen* dar. Für eine endotherme Reaktion wird zwar $\ln \{K\}$ mit wachsender Temperatur immer größer, aber dieser Grenzwert kann selbst bei noch so hoher Temperatur nicht überschritten werden, vgl. S. 204.

Die van't Hoffsche Gleichung kann einerseits dazu dienen, eine Gleichgewichtskonstante von einer Temperatur auf eine andere umzurechnen, und andererseits dazu, aus Gleichgewichtsmessungen bei verschiedenen Temperaturen die Reaktionsenthalpie zu ermitteln.

Als **Anwendungsbeispiele** von (14.26) sollen aus der Temperaturabhängigkeit der Dissoziationskonstante von Essigsäure und der Protonenassoziationskonstante von Ammoniak die entsprechenden Reaktionsenthalpien bestimmt werden.

Aufgabe: Man berechne die Reaktionsenthalpie und die Standardreaktionsentropie

a) für die Dissoziation von Essigsäure bei 23 °C und

b) für die Protonenassoziation von Ammoniak bei 25 °C in wäßriger Lösung aus folgenden Experimenten:

a) Zu einer Lösung von 10^{-3} mol CH_3COOH in 100 ml H_2O werden 50 ml einer 10^{-2}-molaren NaOH-Lösung hinzugegeben und darin mit Hilfe einer *Glaselektrode* (Näheres Seite 257) sowohl bei 21 °C als auch bei 25 °C der gleiche pH-Wert 4,756 gemessen.

b) Zu einer Lösung von 10^{-3} mol NH_4Cl in 100 ml H_2O werden 50 ml einer 10^{-2}-molaren NaOH-Lösung hinzugegeben und darin folgende pH-Werte gemessen:

$\vartheta/^{\circ}C$	20	30
pH	9,400	9,093

Lösung zu a): Die zugesetzte NaOH-Menge beträgt 50 ml $\cdot$ 10^{-2} M = 5 $\cdot$ 10^{-4} mol, das ist gerade die Hälfte der vorgegebenen Menge an Essigsäure. Die Stoffmengen sind also so gewählt, daß nach dem Zusammengeben die Konzentration c_{HA} an überschüssiger undissoziierter Essigsäure gerade gleich der Konzentration c_{A^-} an Acetationen ist (vgl. Seite 119).

Somit gilt für die Dissoziationskonstante

$$K = \frac{c_{A^-} \cdot c_{H^+}}{c_{HA}} = c_{H^+} = 10^{-4,756} \text{ M} ,$$

da ja der pH-Wert als negativer Logarithmus der Wasserstoffionenkonzentration (bzw. -aktivität) definiert ist. Da sich nun $\log \{K\}$ zwischen 21 °C und 25 °C im

---

* Der daraus ablesbare Wert für ΔS° bezieht sich ebenfalls auf die Temperatur T , bei der die Tangente angelegt wurde.

Mittel nicht verändert, so ist bei der mittleren Temperatur von 23 °C nach (14.26) die Reaktionsenthalpie für die Dissoziationsreaktion $\Delta H^\circ = 0$, d.h., *die Dissoziation von Essigsäure ist* innerhalb der Meßgenauigkeit *mit keinerlei Wärmeeffekt verbunden.*[*]

Die Gibbs-Standardreaktionsenergie bei 23 °C ($\hat{=}$ 296 K) ist nach (13.1) gegeben durch

$$\Delta G^\circ = -R\,T \ln\,\{K\} = [-8,314 \cdot 296 \cdot (-4,756) \cdot \ln 10 = 26950]\ \text{J/mol}$$

Damit ergibt sich für die Standardreaktionsentropie der Dissoziationsreaktion nach (14.20):

$$\Delta S^\circ = \frac{\Delta H^\circ - \Delta G^\circ}{T} = \frac{0 - 26950}{296}\ \frac{\text{J}}{\text{mol K}} = -91,0\ \text{J/(mol K)}$$

Bei Standardkonzentrationen ist die Dissoziationsentropie also negativ, d.h., *die Ordnung nimmt bei diesem speziellen Dissoziationsvorgang ausnahmsweise zu!* Die molekulare Ursache für dieses merkwürdige Ergebnis soll in Abschnitt 15.1.3 diskutiert werden.

Lösung zu b): Die Menge an NaOH ist genau halb so groß wie die Menge an NH_4Cl. Daher reagiert die Hälfte der NH_4^+-Ionen mit den OH^--Ionen unter Bildung von gelöstem Ammoniak:

$$NH_4^+ + OH^- \rightleftharpoons NH_3(aq) + H_2O \tag{14.28}$$

Die Konzentrationen $c_{NH_4^+}$ und c_{NH_3} sind also gleich groß. Damit ergibt sich für die *Protonenassoziationskonstante*[**] des NH_3 :

$$K = \frac{c_{NH_4^+}}{c_{H^+} \cdot c_{NH_3}} = \frac{1}{c_{H^+}} = 10^{pH}\ \text{M}^{-1} \tag{14.29}$$

Zur Berechnung von ΔH° für die zugehörige Assoziationsreaktion

$$H^+(aq) + NH_3(aq) \rightleftharpoons NH_4^+(aq) \tag{14.30}$$

formen wir (14.26) folgendermaßen um:

$$\Delta H^\circ = -R \cdot \ln 10 \cdot \frac{\Delta \log\,\{K\}}{\Delta(1/T)} \tag{14.31}$$

oder mit (14.29) und den angegebenen Meßwerten:

$$\Delta H^\circ = -R \cdot \ln 10 \cdot \frac{9,400 - 9,093}{(1/293) - (1/303)} = -52,18\ \text{kJ/mol}\ .$$

Bei der Reaktion (14.30) wird also Wärme frei, was auf starke Anziehungskräfte zwischen H^+ und NH_3 schließen läßt.

Wenn wir für 25 °C mit dem mittleren pH von 9,247 rechnen, erhalten wir aus (14.29)

$$\Delta G^\circ = -\ln 10 \cdot R\,T \log\,\{K\} = -2,3026\,R\,T \cdot pH = -52,78\ \text{kJ/mol}$$

---

[*] Die zur Ladungstrennung von H^+ und A^- aufzuwendende Energie wird hier also zufällig genau kompensiert durch die sogenannte „*Hydratationsenergie*", die bei der Ausrichtung der Wasserdipole um die entstehenden Ionen herum frei wird. Näheres in Abschnitt 15.1.3.

[**] Multipliziert man die Protonenassoziationskonstante (14.29) mit dem Ionenprodukt des Wassers $c_{H^+} \cdot c_{OH^-} = 10^{-14}\ \text{M}^2$, so erhält man die sogenannte „*Basenkonstante*" des NH_3 .

und aus (14.20)

$$\Delta S^{\circ} = \frac{\Delta H^{\circ} - \Delta G^{\circ}}{T} = \frac{-52,18 + 52,78}{298} \frac{kJ}{mol\ K} = 2,0\ J/(mol\ K)\ .$$

Die Entropie ändert sich also bei der Reaktion (14.30) unter Standardbedingungen nur unwesentlich.

14.4. Das Prinzip vom kleinsten Zwang

Im Abschnitt 12.1 wurde bereits am Beispiel der Kristallisation und Auflösung von PbJ_2 diskutiert, daß ein chemisches Gleichgewicht durch **Erhöhung der Temperatur** zur endothermen Seite der Reaktionsgleichung hin verschoben wird. Dies wurde in Abschnitt 12.2 darauf zurückgeführt, daß in der Gleichung $\Delta G = \Delta H - T \Delta S$ der entropische Beitrag zur Triebkraft wegen des Faktors T mit steigender Temperatur immer mehr ins Gewicht fällt.

Noch deutlicher kommt die Abhängigkeit eines chemischen Gleichgewichts von der Temperatur aber in der van't Hoffschen Gleichung (14.24) zum Ausdruck:

$$\frac{d \ln K}{d\ T} = \frac{\Delta H^{\circ}}{R\ T^2}$$

Ist $\Delta H > 0$ (endotherme Reaktion), so ist auch $d \ln K/dT > 0$, d.h., die Gleichgewichtskonstante K wächst mit zunehmender Temperatur. Eine Zunahme von K bedeutet aber eine Verschiebung des Gleichgewichts zur rechten Seite der Reaktionsgleichung, da die Konzentrationen der Endprodukte in K über dem Bruchstrich stehen. Ist dagegen $\Delta H < 0$ (exotherme Reaktion), so wird K mit steigender Temperatur immer kleiner, d.h., das Gleichgewicht wird bei Erwärmung nach links verschoben.

Zur Erzielung einer guten Ausbeute müssen **endotherme Reaktionen** bei möglichst hoher Temperatur durchgeführt werden. Als technisch wichtigstes Beispiel einer endothermen Reaktion wurde in Abschnitt 13.3.2 das Boudouard-Gleichgewicht betrachtet:

$$172,5\ kJ + CO_2 + C \rightleftharpoons 2\ CO$$

Die Ausbeute an CO kann durch Erhöhung von T gesteigert werden (vgl. Abb. 13.2 S. 168).

Ein weiteres technisch wichtiges Beispiel einer endothermen Reaktion ist die Zersetzung von 1-Buten zu Butadien, dem Grundstoff zur Herstellung von Buna (künstlicher Kautschuk):

$$110,7\ kJ + CH_3-CH_2-CH=CH_2 \rightarrow CH_2=CH-CH=CH_2 + H_2$$

Hier wird die Anwendung möglichst hoher Temperaturen nur dadurch begrenzt, daß bei zu hohen Temperaturen unerwünschte Nebenreaktionen auftreten.

Eine technisch wichtige **exotherme Reaktion** ist die Ammoniaksynthese (vgl. Abschnitt 13.4):

$$3\,H_2 + N_2 \;\rightleftharpoons\; 2\,NH_3 + 92{,}4\;kJ$$

Hier wird die Ausbeute durch Erhöhung von T verschlechtert. Daher muß man die Temperatur so niedrig wählen, wie das zur Erzielung einer ausreichenden Reaktionsgeschwindigkeit noch möglich ist.

Durch **Erhöhung des Druckes** kann die Ausbeute aber in diesem Fall wieder verbessert werden (vgl. Abb. 13.3). Dies kommt in der Gleichung (13.46) zum Ausdruck:

$$K \cdot p^2 \;=\; \left(\frac{x_{NH_3}^{\;2}}{x_{H_2}^{\;3} \cdot x_{N_2}} \right)_{=} \;\equiv\; K_x \tag{14.32}$$

Die Ausbeute ist um so besser, je größer die mit den Molenbrüchen x_i formulierte Massenwirkungskonstante K_x ist. Die allgemeine Beziehung zwischen K und K_x erhält man, indem man für die Partialdrucke p_i der gasförmigen Reaktionsteilnehmer in K die Gleichung (13.37) $p_i = p \cdot x_i$ einführt.

Ist Δn_g die Änderung der Menge gasförmiger Stoffe pro Formelumsatz, so erhält man [vgl. das Beispiel (13.46)]:

$$K \;=\; K_x \cdot p^{\Delta n_g} \tag{14.33}$$

oder $\qquad K_x \;=\; K \cdot p^{-\Delta n_g} \tag{14.34}$

Hiernach wird das Gleichgewicht mit wachsendem Druck p nach rechts verschoben (Zunahme von K_x), wenn $\Delta n_g < 0$ ist, d.h., wenn die Zahl der gasförmigen Moleküle bei der Reaktion abnimmt. (Das ist z.B. bei der Ammoniakbildung der Fall).

Der Einfluß des Druckes auf die Gleichgewichtslage läßt sich auch anhand von Gl. (14.11) diskutieren:

$$\left(\frac{\partial \Delta G}{\partial p} \right)_T \;=\; \Delta V$$

Hiernach wächst die Triebkraft $-\Delta G$ einer Reaktion mit wachsendem p, wenn $\Delta V < 0$ ist. Wachstum der Triebkraft bedeutet aber Verschiebung des Gleichgewichts nach rechts. *Erhöhung des Druckes verschiebt also das Gleichgewicht in derjenigen Richtung, in der das Volumen bei der Reaktion abnimmt* $(\Delta V < 0)$. Das System nimmt hierbei Volumenarbeit auf.

Nach dem **Massenwirkungsgesetz** kann man ein Gleichgewicht auch dadurch verschieben, daß man zu der Gleichgewichtsmischung zusätzliche Mengen eines Reaktionspartners hinzufügt oder (z.B. durch eine Folgereaktion) wegfängt: So kann man z.B. das Konzentrationsverhältnis von Acetationen zu undissoziierter Essigsäure durch Änderung der Wasserstoffionenkonzentration (d.h. des pH-Wertes) verschieben. Oder man kann die Sättigungskonzentration von Pb^{2+}-Ionen über $PbCl_2$-Bodenkörper vermindern, indem man überschüssige Cl^--Ionen hinzufügt.

Als Beispiel einer „Gleichgewichtsverschiebung" durch Wegfangen eines Reaktionsprodukts könnte man die Bromierung von Acetessigsäureäthylester betrachten: Im Gleichgewicht liegt dieser zu etwa 8 % in der Enolform und zu 92 % in der Ketoform vor (vgl. Lehrbücher der Organischen Chemie). Durch Anlagerung von Br_2 an die Enol-Doppelbindung wird aber das Enol laufend dem Gleichgewicht entzogen, so daß nach und nach der gesamte Acetessigester sich in die Enolform umwandelt und bromiert wird.* Weitere Beispiele zur Reaktionslenkung durch Wegfangen von Endprodukten siehe Abschnitt 15.2.2 sowie Seite 220 f.

Alle hier erwähnten Gleichgewichtsverschiebungen lassen sich durch ein gemeinsames Prinzip beschreiben, nämlich das „**Le Chateliersche Prinzip vom kleinsten Zwang**":

Übt man auf ein im Gleichgewicht befindliches System durch Zufuhr von Wärme (Erhöhung von T), *Volumenarbeit* (Erhöhung von p) *oder Materie* (z.B. HCl $\Rightarrow$ Erniedrigung des pH-Wertes) *einen Zwang aus, dann gibt das System diesem Zwang nach,* d.h., *das Gleichgewicht wird in derjenigen Richtung verschoben, in der die zugeführte Größe verbraucht wird.*

Man kann dieses Prinzip auch **umkehren**: Wenn ein System auf einen Zwang (d.h. eine Erhöhung von T, p oder z.B. c_{H^+}) mit einer chemischen Reaktion reagiert, dann kann es sich *nur dann* um eine *Gleichgewichts*verschiebung handeln, *wenn* diese Reaktion einem „*Ausweichen*" entspricht, d.h., wenn Wärme bzw. Volumenarbeit oder z.B. Protonen bei dieser Reaktion aufgenommen werden. Wenn aber eine Reaktion *keine Reaktionswärme* besitzt (wie z.B. die Dissoziation der Essigsäure), *dann kann eine Temperaturänderung auch keine Gleichgewichtsverschiebung zur Folge haben.* Analog: Wenn sich bei einer isothermen, isobaren Reaktion das Volumen nicht ändert [wie z.B. bei der Jodwasserstoffbildung oder bei der Wassergasreaktion (13.26)], dann kann die Gleichgewichtszusammensetzung auch nicht durch Änderung des Drukkes beeinflußt werden. Schließlich: Wenn bei einer chemischen Reaktion z.B. keine Protonen verbraucht (oder sogar Protonen freigesetzt) werden, dann kann das Gleichgewicht durch Erhöhung von c_{H^+} nicht in Richtung dieser Reaktion verschoben werden. *Wenn trotzdem* durch

---

* Es mag etwas gewaltsam erscheinen, diesen Vorgang als eine „Gleichgewichtsverschiebung" zu bezeichnen. Gemeint ist in diesem Fall nur, daß ein zunächst im Gleichgewicht befindliches System durch einen äußeren Eingriff (Wegfangen des Produkts) zum Weiterreagieren veranlaßt wird.

Erhöhung von c_{H^+} eine solche Reaktion ausgelöst wird, dann kann es sich *nicht* um eine *Gleichgewichtsreaktion* handeln, sondern nur um eine irreversible, durch H^+ *katalysierte* Reaktion. Analog entspricht auch eine durch Erwärmung ausgelöste, exotherme Reaktion (z.B. die Umsetzung von H_2 mit O_2) niemals einer Gleichgewichtsverschiebung, weil das dem Le Chatelierschen Prinzip widersprechen würde. Vielmehr muß das System sich bereits *vor* der Ausübung des „Zwanges" in einem *Nichtgleichgewichtszustand* befunden haben.

15. Energetischer und entropischer Beitrag zur Triebkraft [*]

Die mathematische Formulierung dieser Überschrift ist durch Gl. (14.1) gegeben[**]:

$$\Delta G = \Delta H - T \Delta S$$

15.1. Abschätzung der Standardtriebkraft einer Reaktion

$-\Delta G°$ ist der Wert der Triebkraft $-\Delta G$ einer chemischen Reaktion für den Fall, daß alle Reaktionsteilnehmer in ihrem Standardzustand vorliegen, d.h., daß z.B. die teilnehmenden Gase jeweils den Partialdruck $p°$ besitzen. Für eine grob qualitative Beurteilung der *Frage, ob eine chemische Reaktion ablaufen kann,* genügt es zu wissen, ob diese *Standardtriebkraft positiv oder negativ* ist. Ist sie gleich null, so hat die Gleichgewichtskonstante wegen (11.69) $\Delta G° = -RT \ln \{K\}$ den Zahlenwert 1. Endprodukte und Ausgangsstoffe sind dann *bei gleichen Konzentrationen miteinander im Gleichgewicht,* wenn wir den Fall betrachten, daß auf beiden Seiten der Reaktionsgleichung gleich viele Teil-

---

[*] In diesem Abschnitt sollen keine grundsätzlich neuen Gesetzmäßigkeiten abgeleitet, sondern im wesentlichen nur die schon bekannten Prinzipien und Formeln praktisch angewendet und anhand von Beispielen diskutiert werden. Teilweise werden den auch alte Beispiele unter neuen Gesichtspunkten betrachtet. Der Einfluß der Molekülstruktur auf ΔH und ΔS wird erst in Kapitel 16 behandelt.

[**] Der qualitative Inhalt dieser Gleichung wurde bereits im Abschnitt 12.1 an mehreren charakteristischen Beispielen behandelt, ohne daß der Begriff der Entropie dort bereits bekannt war. Der Leser möge den Abschnitt 12.1 jetzt wiederholen und sich dabei die obige Gleichung sowie die thermodynamische Definition und die statistische Deutung der Entropie (Abschnitt 12.5) vor Augen halten.

chen stehen. Für $\Delta G° < 0$ ist $\{K\} > 1$, d.h., die Konzentrationen der Endprodukte „streben an", *größer* zu werden als die der Ausgangsstoffe. Die Reaktion kann also von links nach rechts ablaufen. Für $\Delta G° > 0$ ist dagegen $\{K\} < 1$, d.h., die Reaktion kann praktisch *nicht* ablaufen.

Wie man die entscheidende Größe $\Delta G°$ aus Tabellenwerten der Bildungsenthalpien und Normalentropien berechnen kann, wurde in Kapitel 13 an vielen Beispielen gezeigt. Für kompliziertere organische Moleküle sind diese Tabellenwerte aber meistens noch nicht verfügbar, so daß die exakten Berechnungsmöglichkeiten der Thermodynamik in der Organischen Chemie heute noch nicht voll zum Tragen kommen. Immerhin kann man aber durch qualitative und „halbquantitative" thermodynamische Abschätzungen auch in der Organischen Chemie viel experimentelle Arbeit sparen.

Die Verbrennungsenthalpien organischer Verbindungen sind sehr oft bekannt, so daß man daraus nach Gl. (8.20) die Bildungsenthalpien exakt berechnen kann. Wenn das nicht der Fall ist, kann man sie nach Gl. (9.4) aus den Bindungsenthalpien abschätzen.

Es bleibt nur noch die Frage: **Wie kann man die Reaktionsentropien abschätzen?** Wenn der Temperaturverlauf der Molwärmen unbekannt ist und auch keine Gleichgewichtsmeßwerte vorhanden sind, ist man auf eine Diskussion der statistischen Gleichungen (12.58) bis (12.61) angewiesen. Bei einer zahlenmäßigen Auswertung dieser Gleichungen für einfache Beispiele zeigt sich, daß die *Translationsentropie* unter Normalbedingungen ($p_i = p°$, $T = 298$ K) weitaus *den größten Beitrag* zur Gesamtentropie liefert. Für HCl(g) ist z.B. $S°_{trans} = 153{,}1$ J/(mol K) , dagegen $S_{rot} = 33{,}5$ J/(mol K) (also um den Faktor 4,5 kleiner), während S_{os} praktisch vernachlässigbar ist. Für organische Moleküle kann aus der *„inneren Rotation"* noch ein wesentlicher Beitrag zur Reaktionsentropie entstehen.[*]

15.1.1. Voraussagen aufgrund der stöchiometrischen Umsatzzahlen

Bei einer chemischen Reaktion tritt eine wesentliche *Zunahme der Translationsentropie* besonders *dann* auf, *wenn die Zahl der gasförmigen Moleküle bei der Reaktion zunimmt.*

Für eine Spaltungsreaktion vom Typus

$$A \;\to\; B + C \tag{15.1}$$

---

[*] Dieser wird im Zusammenhang mit dem Einfluß der Molekülstruktur auf chemische Gleichgewichte im 16. Kapitel behandelt. Hier wollen wir uns mehr auf die „äußeren" Einflüsse beschränken, obwohl beide Themen ineinander übergehen: Rein logisch könnte das ganze Kapitel 16 noch mit unter der Überschrift „Energetischer und entropischer Beitrag..." behandelt werden.

ergibt sich zum Beispiel aus (12.59) mit $p_i = p°$:

$$\Delta S°_{\text{trans}} = R \cdot (1,5 \cdot \ln \{M_B M_C/M_A\} + 2,5 \cdot \ln \{T\} - 1,166) \qquad (15.2)$$

Für das Beispiel der Dehydrierung von Äthylen zu Acetylen

$$H_2C=CH_2 \; \rightleftharpoons \; HC\equiv CH + H_2 \qquad (15.3)$$

ergibt sich aus (15.2) mit $M_{C_2H_4} = 28$ g/mol , $M_{C_2H_2} = 26$ g/mol und

$M_{H_2} = 2$ g/mol für $T = 298$ K:

$$\Delta S°_{\text{trans}} = R \cdot 14,00 = +116,4 \text{ J/(mol K)}$$

Für die Änderung der Gesamtentropie erhält man dagegen aus den Daten der Tabelle S. 280:

$$\Delta S° = (-219,5 + 200,8 + 130,6) \text{ J/(mol K)} = +111,9 \text{ J/(mol K)}$$

Die Änderung der Entropie ist also bei 298 K annähernd gleich der Änderung der Translationsentropie, so daß man für Überschlagsrechnungen in diesen und ähnlichen Fällen mit $\Delta S°_{\text{trans}}$ anstelle von $\Delta S°$ rechnen könnte.

Für die Reaktionsenthalpie von (15.3) ergibt sich aus der Tabelle S. 315:

$$\Delta H° = (-52,3 + 226,7 + 0) \text{ kJ/mol} = +174,4 \text{ kJ/mol}$$

und somit bei 298 K:

$$\Delta G° = (174400 - 298 \cdot 111,9) \text{ J/(mol K)} = +141 \text{ kJ/mol}$$

$\Delta G°$ ist also sehr stark positiv, d.h., das Gleichgewicht der Reaktion (15.3) liegt ganz links. Die Dehydrierung von Äthylen ist also unter Normalbedingungen *nicht* möglich. Stattdessen ist die Umkehrung möglich, d.h. die *katalytische Hydrierung von Acetylen zu Äthylen.*

Da die Entropie bei der Dehydrierung zunimmt, so ist zu erwarten, daß die Dehydrierung leichter vonstatten geht, wenn man durch Erwärmung den Einfluß des entropischen Beitrags zur Triebkraft verstärkt. Zur Umrechnung auf höhere Temperaturen könnte man wiederum von Gl. (15.2) ausgehen, jedoch liefern bei höheren Temperaturen auch die Rotations- und Schwingungsfreiheitsgrade merkliche Beiträge zur Entropie, so daß die Näherung $\Delta S° \approx \Delta S°_{\text{trans}}$ immer schlechter wird. Da außerdem eine Umrechnung von $\Delta H°$ auf höhere Temperaturen ohne Kenntnis der Molwärmen ohnehin nicht möglich ist, ist es im allgemeinen besser, ΔC_p zu vernachlässigen und mit der Ulichschen Näherung (13.13)

$$\Delta G°(T) \approx \Delta H°(T_o) - T \Delta S°(T_o)$$

zu rechnen. Für die Temperatur, bei der die Gleichgewichtskonstante der Reaktion (15.3) den Zahlenwert 1 überschreitet, erhält man aus (13.13) mit $\Delta G°(T) = 0$ als Abschätzung:

$$T \approx \frac{\Delta H°(T_o)}{\Delta S°(T_o)} = \frac{174400}{111,9} \text{ K} = 1559 \text{ K} (\hat{=} 1286 \text{ °C})$$

Bei noch höheren Temperaturen kann man also die Reaktion (15.3) ablaufen lassen, indem man Äthylen katalytisch zu Acetylen dehydriert. Diese Reaktion wird tatsächlich in der Industrie durchgeführt*, da man Äthylen durch thermische Zersetzung („*Cracken*") von Äthan, Propan und n-Butan aus Erdöl und Erdgas billig erhalten kann.

Ein älteres Verfahren zur Darstellung von Acetylen besteht in der Zersetzung von Calciumcarbid durch Wasser bei Normaltemperatur:

$$CaC_2 + 2\,H_2O \;\rightarrow\; C_2H_2 + Ca(OH)_2 \tag{15.4}$$

Das gasförmige C_2H_2 entweicht aus der Lösung, so daß die Reaktion **vollständig** abläuft. Das erforderliche CaC_2 wurde durch Umsetzung von Kohle mit Kalk bei 2000 °C dargestellt:

$$2\,C + CaO \;\rightarrow\; CaC_2 + \tfrac{1}{2}O_2 \tag{15.5}$$

Diese Reaktionen bieten Stoff für weitere Übungsaufgaben anhand der Tabelle S. 280. Das nach (15.4) gebildete Acetylen wurde früher bei niedriger Temperatur in Umkehrung von (15.3) zu Äthylen hydriert.

Der beispielhafte Befund bei der Reaktion (15.3), daß die **Reaktionsentropie bei Zunahme der Zahl gasförmiger Teilchen positiv** ist, wird anschaulich dadurch erklärt, daß bei unabhängiger Bewegung der Bruchstücke viel mehr räumliche Anordnungen (Mikrozustände) möglich sind, als wenn die Bruchstücke zu größeren Teilchen zusammengefaßt sind.

Diese Argumentation ist qualitativ auch auf Reaktionen in Lösungen übertragbar, sofern dabei keine Ionen beteiligt sind (vgl. Abschnitt 15.1.3). So ist z.B. zu erwarten, daß die *Reaktionsentropie nur klein ist, wenn die Teilchenzahl sich bei einer Reaktion nicht verändert.* Als Beispiel betrachten wir die Veresterung von Essigsäure mit Methanol:

$$CH_3C\!\!\overset{O}{\underset{OH}{\big\backslash}} + HOCH_3 \;\rightleftharpoons\; CH_3C\!\!\overset{O}{\underset{OCH_3}{\big\backslash}} + H_2O \tag{15.6}$$

Für die Reaktion im Gasraum erhält man aus Gl. (12.59) unabhängig von der Temperatur: $\Delta S_{\text{trans}}{}^{\circ} = -4{,}56\ \text{J/(mol K)}$. Eine größere Entropieänderung als im Gasraum ist auch dann nicht zu erwarten, wenn die Reaktion (15.6) wie üblich in flüssiger Phase (durch Kochen am Rückflußkühler mit Schwefelsäure als Katalysator) durchgeführt wird. Die Reaktions*enthalpie* sollte aber von null auch nicht sehr verschieden sein, weil die bei der Reaktion *gelösten* Bindungen ($C-O$ und $H-O$) mit den *neu geknüpften* Bindungen übereinstimmen. Somit ist $\Delta G^{\circ} \approx 0$, d.h., die Gleichgewichtskonstante (die hier wegen gleicher Teilchenzahlen auf beiden Seiten der Reaktionsgleichung die Dimension einer reinen Zahl hat) liegt nahe beim Wert 1. Wenn man von einer stöchiometrischen Mischung aus Eisessig und Methanol ausgeht, so wird hiervon also etwa die Hälfte zum Ester umgesetzt.

15.1.2. Der Chelateffekt

Bei der „**Komplexbildung**" umgibt ein zentrales Ion sich mit einer bestimmten Anzahl (*Koordinationszahl*) von anderen Ionen oder Dipolen (*Liganden*), die für diese „*koordinative Bindung*" freie Elektronen-

---

* Das so gewonnene Acetylen ist allerdings metastabil und muß schnell abgeschreckt werden, da es sich sonst zu $C(f)$ und $H_2(g)$ zersetzen würde.

paare zur Verfügung haben. So kann sich z.B. ein Ni^{2+}-Ion in wäßriger Lösung mit bis zu 6 NH_3-Molekülen in oktaedrischer Anordnung umgeben:*

$$Ni^{2+}(aq) + 6\ NH_3 \ \rightleftharpoons \ [Ni(NH_3)_6]^{2+} \qquad (15.7)$$

Wenn ein Molekül mehrere Ligandengruppen mit freien Elektronenpaaren in passendem Abstand enthält, so daß es ein Zentralion wie die Schere eines Krebses umschließen kann, dann bezeichnet man es als „mehrzähnigen" Liganden. Die mit mehrzähnigen Liganden gebildeten Komplexe heißen „Chelate"[chele (griech.) = Krebsschere]. Ein Beispiel für einen zweizähnigen Liganden ist Äthylendiamin (abgekürzt „en"):

$$H_2N \diagdown_{CH_2 - CH_2} \diagup^{NH_2}$$

Dieses bildet mit Ni^{2+}-Ionen folgenden Chelatkomplex:

$$Ni^{2+}(aq) + 3\ en \ \rightleftharpoons \ [Ni(en)_3]^{2+} \qquad (15.8)$$

Chelate sind viel stabiler als die analogen Komplexe mit einfachen Liganden („Chelateffekt"). Für die Reaktionen (15.7) und (15.8) bei Normaltemperatur findet man folgende Komplexbildungskonstanten**:

$$K\,(15.7) \equiv \frac{c_{[Ni(NH_3)_6]^{2+}}}{c_{Ni^{2+}(aq)} \cdot c_{NH_3}^{\ 6}} \ \approx \ 10^9 \ M^{-6} \qquad (15.9)$$

$$K\,(15.8) \equiv \frac{c_{[Ni(en)_3]^{2+}}}{c_{Ni^{2+}} \cdot c_{en}^{\ 3}} \ \approx \ 10^{18} \ M^{-3} \qquad (15.10)$$

Vergleicht man eine 1-molare NH_3-Lösung mit einer 1-molaren Äthylendiamin-Lösung, so besteht also der Chelateffekt in einer Vergrößerung des Konzentrationsverhältnisses von vollständig komplexierten Ni^{2+}-Ionen zu freien (hydratisierten) Ni^{2+}-Ionen um 9 Zehnerpotenzen.***

---

* Die nicht mit NH_3 besetzten Koordinationsplätze sind in wäßriger Lösung mit H_2O-Molekülen ausgefüllt, was hier mit (aq) angedeutet sein soll. Die Reaktion (15.7) erfolgt in 6 Einzelschritten, d.h., die Lösung enthält im Gleichgewicht auch Ni^{2+}-Komplexe mit jeder Zahl an NH_3-Liganden zwischen 0 und 6.
** Die hier angegebenen Konstanten stellen das Produkt der Gleichgewichtskonstanten für die 6 bzw. 3 Einzelschritte dar. Ein umfassendes Verzeichnis solcher Konstanten sowie von Löslichkeitsprodukten und pK-Werten von Säuren und Basen ist das Buch „Stability Constants" von L.G. Sillén und A.E. Martell, The Chemical Society, London 1964.
*** Mit c_{NH_3} bzw. $c_{en} = 0{,}1$ M würde sich aus (15.9) und (15.10) sogar ein Unterschied von 12 Zehnerpotenzen ergeben. *Der Effekt ist also konzentrationsabhängig*. Man kann auch leicht ausrechnen, wie hoch man c_{NH_3} bzw. c_{en} theoretisch wählen müßte, damit der Effekt verschwindet (!). Man kann also theoretisch nicht behaupten, K (15.8) sei größer als K (15.7). Dies ergibt sich auch schon daraus, daß beide verschiedene Dimension besitzen: *Man kann nämlich rein logisch nur dimensionsgleiche Größen miteinander vergleichen*. Bei allen *praktisch realisierbaren* Konzentrationen ist aber der Chelat-Komplex stabiler als der einfache Komplex. — Der Vergleich wird konzentrationsunabhängig, wenn man anstelle von (15.9) den Komplex mit nur 3 NH_3-Liganden betrachtet: Dessen Komplexbildungskonstante beträgt etwa $10^{6,5}$ M^{-3}.

Die Triebkraft der Reaktion (15.8) muß also unter Standardbedingungen viel größer sein als die der Reaktion (15.7). Aus den angegebenen Gleichgewichtskonstanten erhält man:

$$\Delta G^\circ (15.7) = -R\,T \ln \{K(15.7)\} = -51,5 \text{ kJ/mol}$$

$$\Delta G^\circ (15.8) = -R\,T \ln \{K(15.8)\} = -102,9 \text{ kJ/mol}$$

Die in der Literatur angegebenen Reaktionsenthalpien sind aber für beide Reaktionen ungefähr gleich groß:

$$\Delta H^\circ (15.7) \approx \Delta H^\circ (15.8) \approx -109 \text{ kJ/mol}$$

Der Chelateffekt muß daher auf dem entropischen Beitrag zur Triebkraft beruhen.* Aus den angegebenen Zahlenwerten ergibt sich, daß ΔS° für beide Reaktionen negativ ist:

$$\Delta G^\circ = \Delta H^\circ - T\Delta S^\circ \Rightarrow \Delta S^\circ = (\Delta H^\circ - \Delta G^\circ)/T$$

$$\Delta S^\circ (15.7) \approx -193 \text{ J/(mol K)} ; \quad \Delta S^\circ (15.8) \approx -20 \text{ J/(mol K)} .$$

Die *Entropie nimmt also bei beiden Komplexbildungsreaktionen ab*, die Ordnung nimmt zu. Man kann das qualitativ analog wie in der Gasphase durch die *Abnahme der Zahl der frei beweglichen Teilchen* deuten.

Die Zahl der gelösten Teilchen nimmt in (15.7) um sechs ab, in (15.8) dagegen nur um drei. Daher ist der entropische Beitrag zur Triebkraft, der in Richtung des Komplexzerfalls wirkt, für (15.7) viel stärker als für (15.8). Der nach (15.8) gebildete *Chelatkomplex* ist darum *stabiler als der einfache Komplex*.

Daß die Reaktionsentropien sich um den Faktor 10 unterscheiden, obgleich doch die beiden Änderungen der Teilchenzahl sich nur um den Faktor 2 unterscheiden, beruht darauf, daß bei den Teilchenzahländerungen eigentlich auch die an das Ni^{2+}-Ion gebundenen *Hydratwassermoleküle* bis zu gewissem Grade berücksichtigt werden müßten: Diese werden bei der Komplexbildung frei. Dadurch wird die *effektive* Abnahme in der Teilchenzahl in beiden Reaktionen um den gleichen Betrag kleiner, der *relative Unterschied* in den beiden Teilchenzahländerungen also größer.

Anschaulich läßt sich der Chelateffekt auch folgendermaßen deuten: Wenn die Wechselwirkungskräfte von einem Ni^{2+}-Ion zu einem NH_3-Molekül die gleichen sind wie zu einer NH_2-Gruppe eines en , dann ist bei gleicher Konzentration an NH_3 und en die Anlagerung des ersten NH_3 und der ersten NH_2-Gruppe gleich wahrscheinlich. Wenn die Konzentration an Komplexbildner nicht extrem hoch ist, dann ist die Anlagerung eines zweiten NH_3 aber aus räumlichen Gründen viel weniger *wahrscheinlich* als die Anlagerung der zweiten NH_2-Gruppe des bereits

---

* Neben 109 kJ/mol werden für $-\Delta H^\circ$ (15.7) auch kleinere Beträge angegeben. Hiernach würde der Unterschied in den ΔG°-Werten teilweise auch energetisch bedingt sein. In diesem Fall würde man aber so argumentieren, daß NH_3 und „en" keine vergleichbaren Liganden seien: Zur *Definition des Chelateffekts* wünscht man sich Beispiele, bei denen *kein Unterschied in* ΔH° besteht.

vorhandenen en . Umgekehrt kann ein NH_3 bei der Dissoziation sofort wegdiffundieren, sobald es sich vom Ni^{2+}-Ion getrennt hat. Ein en dagegen kann nur wegdiffundieren, wenn mehr oder weniger gleichzeitig beide NH_2-Gruppen sich vom Ni^{2+} trennen, und das ist viel weniger wahrscheinlich. Sowohl bei der Hinreaktion wie bei der Rückreaktion ist also der Chelatkomplex gegenüber dem normalen Komplex begünstigt. Für eine derartige qualitative Diskussion kommt man ohne den Entropiebegriff aus. Erst für quantitative Rechnungen wird die Entropie unentbehrlich.

15.1.3. Solvatationseffekte

Auf Seite 182 f. wurde aus der Temperaturabhängigkeit der Dissoziationskonstante die **Dissoziationsenthalpie** und die **Standarddissoziationsentropie** von **Essigsäure** in wäßriger Lösung berechnet. Wir kamen dort zu dem merkwürdigen Ergebnis, daß für diese Ladungstrennung überhaupt keine Energie aufgewendet werden muß ($\Delta H = 0$) und daß die Ordnung bei diesem Vorgang zunimmt ($\Delta S° < 0$) , obgleich doch die Zahl der Teilchen zunimmt. Die Erklärung für beides besteht darin, daß die entstehenden Ionen sich mit einer Hülle von mehr oder weniger geordneten Lösungsmittelmolekülen umgeben. Man spricht allgemein von „*Solvatation*", speziell in Wasser von „*Hydratation*" der Ionen.

Das Proton ist in wäßriger Lösung besonders stark hydratisiert: Es verbindet sich zunächst mit einem H_2O-Molekül zu einem H_3O^+-Ion, in dem die drei Protonen völlig gleichberechtigt sind. An jedes dieser drei Protonen lagert sich ein weiteres H_2O-Molekül an, so daß ein $H_9O_4^+$-Ion entsteht (Abb. 15.1).

Abb. 15.1. Struktur eines hydratisierten Protons in wäßriger Lösung.

Auch die entfernteren Wasserdipole sind im zeitlichen Mittel noch ein wenig auf dieses Kation hin orientiert. Das Acetation ist ebenfalls stark hydratisiert, wobei Protonen der Wassermoleküle zu den negativ geladenen O-Atomen der Carboxylgruppen hin orientiert sind.

Um in der *Gasphase* ein Essigsäuremolekül in ein Proton und ein Acetation aufzuspalten, ist eine große **Energiezufuhr** erforderlich, da die beiden Ionen starke elektrostatische Anziehungskräfte aufeinander ausüben. In *wäßriger Lösung* wird diese aufzuwendende Energie bei 23 °C zufällig genau durch die Energie kompensiert, die bei der Hydratation der Ionen frei wird.

Die Zunahme der **Ordnung** bei der Dissoziation ($\Delta S° < 0$) beruht ebenfalls auf der Ausbildung der Hydratwasserhüllen, die ja eine viel geordnetere Struktur besitzen als flüssiges Wasser. Die in der Gasphase zu beobachtende Entropie*zunahme* bei der Dissoziation wird also in Lösung durch die Hydratation überkompensiert. Man kann auch so argumentieren, daß bei Berücksichtigung der Wassermoleküle die *effektive* Zahl der frei beweglichen Teilchen bei der Dissoziation nicht zunimmt sondern abnimmt.

Im Beispiel der Dissoziation von Essigsäure ist die Zunahme in der Ordnung der Wassermoleküle *deshalb* besonders groß, weil hier aus einem elektrisch neutralen, nur schwach hydratisierten Molekül zwei elektrisch geladene Teilchen entstehen, die große Anziehungskräfte auf die Wasserdipole ausüben und entsprechend stark hydratisiert sind.

Der Einfluß der Hydratation auf Enthalpie und Entropie ist viel geringer, wenn es sich um eine Dissoziationsreaktion handelt, bei der die *Zahl der Ionen gleich bleibt*. Als Beispiel betrachten wir die **Dissoziation des Ammonium-Ions**:

$$NH_4^+(aq) \rightleftharpoons NH_3(aq) + H^+(aq) \tag{15.11}$$

Dieses ist die Umkehrung der Reaktion (14.30), deren Reaktionsenthalpie und -entropie auf Seite 199 f. berechnet wurden. Somit ist ΔH° (15.11) = +52,12 kJ/mol und ΔS° (15.11) = +1,96 J/(mol K) . Obgleich das H^+-Ion erheblich stärker als das NH_4^+-Ion hydratisiert ist, bleibt noch immer eine positive Dissoziationsenthalpie übrig. Die Reaktions*entropie* ist dagegen fast gleich null, d.h., die Zunahme der Unordnung infolge der Spaltung von NH_4^+ wird ungefähr kompensiert (aber nicht, wie bei der Essigsäure, überkompensiert) durch die Zunahme der Ordnung infolge stärkerer Hydratation. Man kann das auch so ausdrücken, daß die „effektive Teilchenzahl" bei der Reaktion ungefähr konstant bleibt. Dieses kann man sich etwa durch die folgende Schreibweise der Reaktion (15.11) veranschaulichen:

$$NH_4^+(aq) + H_2O \rightleftharpoons NH_3(aq) + H_3O^+(aq)$$

Die Hydratation ist auch die Ursache dafür, daß sich für manche **Ionen** in wäßriger Lösung **negative Standardentropien** ergeben (vgl. Tabelle S. 280). Wie kommen diese Werte zustande?

Die Entropie von Fluorwasserstoff im gelösten, dissoziierten Zustand ist im Prinzip z.B. so zu berechnen, daß man zu der Entropie von HF im gasförmigen Zustand die Reaktionsentropie für die Überführung in den gelösten Zustand addiert[*]:

$$S^\circ[H^+(aq) + F^-(aq)] \equiv S^\circ[HF(g)] + \Delta S^\circ[HF(g) \rightarrow H^+(aq) + F^-(aq)] \tag{15.12}$$

$$= 173,7 \text{ J/(mol K)} + (-183,3) \text{ J/(mol K)} = -9,6 \text{ J/(mol K)}$$

Diese Überführungsentropie ist mit -183,3 J/(mol K) stark negativ, was hauptsächlich auf der starken Ordnungszunahme bei der Hydratation der Ionen beruht. Insgesamt ergibt sich so trotz der positiven Normal-

---

[*] Bei dieser Rechenvorschrift tut man also so, als ob das wäßrige Medium kein selbständiger Stoff mit eigener Entropie wäre, sondern nur ein „Zustand" für die aufzunehmenden Ionen.

entropie von gasförmigem HF für den gelösten, dissoziierten Zustand noch ein schwach negativer Wert. Diesen Wert identifiziert man nun mit der Normalentropie des F^--Ions, indem man die *Normalentropie des gelösten H^+-Ions durch Definition willkürlich gleich null setzt:*

$$S^{\circ}_{H^+(aq)} \equiv 0 \tag{15.13}$$

also

$$S^{\circ}_{F^-(aq)} \equiv S^{\circ}[H^+(aq) + F^-(aq)] = -9,6 \text{ J/(mol K)} \tag{15.14}$$

Ein Blick auf die Tabelle S. 280 zeigt, daß das F^--Ion und das OH^--Ion die einzigen einwertigen Anionen mit negativer Normalentropie sind: Für Cl^-, Br^- und J^- ergeben sich zunehmend positive Werte. Was kann man daraus schließen? Daß das F^--Ion wesentlich stärker hydratisiert ist! Worauf beruht das? Auf seiner Kleinheit: Der Verlust an potentieller Energie bei der Annäherung zwischen einem sehr kleinen elektrischen Dipol und einer punktförmigen Ladung ist nämlich dem Quadrat ihres Abstandes umgekehrt proportional: $-\epsilon_{pot} \sim 1/r^2$. Darum werden die **Wasserdipole bei gleich großer Ionenladung von einem kleinen Ion stärker festgehalten als von einem größeren Ion.**

Ein stark negativer S°-Wert ergibt sich auch für das zweiwertige CO_3^{2-}-Ion [-53 J/(mol K)]: Die *höhere Ladung* bedingt eine wesentlich **stärkere Hydratation.** Dagegen ist S° für das erheblich größere SO_4^{2-}-Ion bereits wieder schwach positiv.

Die Definition für die **Normalentropie von Kationen** ergibt sich, indem man das übliche Schema zur Berechnung einer Reaktionsentropie auf die Reaktion des Metalls mit H^+-Ionen anwendet, z.B.

$$\Delta S^{\circ}(Na + H^+ \rightarrow Na^+ + \tfrac{1}{2}H_2) \equiv -S^{\circ}_{Na} - S^{\circ}_{H^+(aq)} + S^{\circ}_{Na^+(aq)} + \tfrac{1}{2}S^{\circ}_{H_2} \tag{15.15}$$

also durch Auflösen nach $S^{\circ}_{Na^+(aq)}$ zusammen mit (15.13):

$$S^{\circ}_{Na^+(aq)} \equiv \Delta S^{\circ}(Na + H^+ \rightarrow Na^+ + \tfrac{1}{2}H_2) + S^{\circ}_{Na} - \tfrac{1}{2}S^{\circ}_{H_2} \tag{15.16}$$

Die darin auftretende Reaktionsentropie kann aus EMK-Messungen berechnet werden. Sie beträgt

$$\Delta S^{\circ}(Na + H^+ \rightarrow Na^+ + \tfrac{1}{2}H_2) = 74 \text{ J/(mol K)}.$$

Die Normalentropie eines gelösten Kations wird ganz überwiegend dadurch bestimmt, ob seine Hydrathülle eine größere oder geringere Ordnung darstellt als die Hydrathüllen einer äquivalenten Zahl von Protonen. Aus der Tabelle S. 280 geht hervor, daß alle *einwertigen Kationen* außer H^+ *positive Normalentropien* besitzen. Das beruht hauptsächlich darauf, daß sie *infolge ihres größeren Radius schwächer als das H^+-Ion hydratisiert* sind. Aus dem gleichen Grunde ist K^+ schwächer als Na^+ hydratisiert. Das hat die interessante Konsequenz, daß sich *das Größen-*

verhältnis dieser beiden Ionen durch Hydratation umkehrt. K^+ ist größer als Na^+, dagegen $K^+(aq)$ ist kleiner als $Na^+(aq)$. Dieser Unterschied macht sich in der elektrischen Leitfähigkeit und in der Durchtrittsfähigkeit durch biologische Membranen bemerkbar.

Die **Bildungsenthalpien und Gibbs-Bildungsenergien von Ionen** beruhen auf den Definitionen $H^B_{H^+(aq)} \equiv 0$ und $G^B_{H^+(aq)} \equiv 0$. Die entsprechenden Berechnungsvorschriften sind noch einfacher als Gl. (15.15), weil H^B und G^B für die Elemente ebenfalls gleich null sind (im Gegensatz zu S°). Näheres in Abschnitt 18.1.

Übungsaufgabe:
Man vergleiche in der Tabelle S. 280 die Normalentropien der Erdalkali-Ionen (Mg^{2+}, Ca^{2+}, Ba^{2+}) und der Eisenionen (Fe^{3+}, Fe^{2+}) und diskutiere die Unterschiede!

15.2. Einfluß der Konzentrationen auf die Triebkraft

Der „energetische" Beitrag $-\Delta H$ zur Triebkraft einer chemischen Reaktion ist *in idealen Systemen* gleich $-\Delta H^\circ$, *unabhängig von den Konzentrationen* der reagierenden Stoffe in der Mischung. ΔG ist dagegen nach (11.66)

$$\Delta G = \Delta G^\circ + RT \Sigma \nu_i \ln \{a_i\}$$

von den Konzentrationen abhängig, wobei in idealen Systemen a_i je nach dem Aggregatzustand des Stoffes i den Partialdruck p_i, den Molenbruch x_i oder die molare Konzentration c_i bedeuten soll.* Daher erhält man für die Konzentrationsabhängigkeit von ΔS:

$$\Delta S = \frac{\Delta H - \Delta G}{T} = \frac{\Delta H^\circ - \Delta G^\circ}{T} - R \Sigma \nu_i \ln \{a_i\}$$

oder

$$\Delta S = \Delta S^\circ - R \Sigma \nu_i \ln \{a_i\} = \Delta S^\circ - R \ln \Pi \left\{ a_i^{\nu_i} \right\} \qquad (15.17)$$

Da $\ln \Pi \{a_i^{\nu_i}\}$ für eine gegebene Reaktion im Prinzip beliebige positive und negative Werte annehmen kann, so gilt Entsprechendes auch für ΔS. Der entropische Beitrag $T\Delta S$ zur Triebkraft $-\Delta G$ kann also je nach den Konzentrationen in gleicher oder in entgegengesetzter Richtung wie der energetische Beitrag $-\Delta H$ wirken. Im **Gleichgewicht** müssen sich aber die Konzentrationen (d.h. die a_i) immer so zueinander einstellen, daß sich energetischer und entropischer Beitrag gegenseitig kompensieren, d.h., es muß
$$\Delta H = T\Delta S \text{ und somit } \Delta G = 0 \text{ sein.}$$

Da ΔH in idealen Systemen von den Konzentrationen unabhängig ist, ist die Vorzeichenumkehr von ΔG bei Überschreiten des Gleichge-

---
* Mit dem Wort „*Konzentrationsabhängigkeit*" kann also auch die Abhängigkeit von den Partialdrucken oder den Molenbrüchen gemeint sein.

wichtspunktes allein auf die Konzentrationsabhängigkeit des Entropiegliedes zurückzuführen.

Für das Beispiel der Jodwasserstoffbildung wird aus (11.66):

$$\Delta G = \Delta G^\circ + R\,T \ln \frac{p_{HJ}^{\,2}}{p_{H_2} \cdot p_{J_2}} \tag{15.18}$$

Zu Beginn der Reaktion ($\xi = 0$) ist $p_{HJ} = 0$. Damit ergibt sich aus Gl. (15.18) für die Triebkraft $-\Delta G = \infty$. Da $\Delta G \equiv (\partial G / \partial \xi)_{p,T}$ die Tangentensteigung in der Kurve $G(\xi)$ bedeutet, so beginnt diese Kurve in Abb. 10.4 S. 91 bei $\xi = 0$ also mit einem senkrechten Abfall.* Bei vollständigem Umsatz ($\xi = 1$ mol , $p_{H_2} = p_{J_2} = 0$) würde sich aus Gl. (5.18) ein senkrechter Anstieg der Kurve ergeben.** Trotzdem hat die Kurve $G(\xi)$ überall endliche Ordinatenwerte [im Gegensatz zu der Kurve $\Delta G(\xi)$].

15.2.1. Vollständig ablaufende Reaktionen

Sehr viele Reaktionen führen zwar im Prinzip zu einem Gleichgewicht, jedoch haben die Gleichgewichtskonstanten so extreme Werte, daß von den Ausgangsstoffen praktisch nichts übrigbleibt. Hierzu gehören z.B. die Verbrennungsreaktionen von organischen Substanzen oder von Wasserstoff, ferner manche Fällungsreaktionen schwerlöslicher Salze und viele Redoxreaktionen. Das im Gleichgewicht verbleibende extrem kleine Verhältnis von Wasserstoff zu Wasserdampf bei gegebenem Sauerstoffdruck ergibt sich aus der Rechnung auf Seite 109 f.

Übungsaufgaben: Als weitere Beispiele für praktisch vollständig ablaufende Reaktionen berechne man aus den Daten der Tabelle S. 280 für Normaltemperatur (unter Vernachlässigung von Aktivitätskoeffizienten)

a) die verbleibende Gleichgewichtskonzentration von Ag^+-Ionen in einer 0,1-molaren HCl-Lösung bei der Fällung von AgCl,

b) die verbleibende Gleichgewichtskonzentration an Cu^{2+}-Ionen bei Reduktion mit metallischem Zink in einer 0,1-molaren $ZnSO_4$-Lösung!

Ergebnisse: a) $c_{Ag^+} = 1{,}7 \cdot 10^{-9}$ M , b) $c_{Cu^{2+}} = 6{,}9 \cdot 10^{-39}$ M .

---

* Für das Beispiel der HJ-Bildung ist der Kurvenverlauf von $G(\xi)$ mit dem von $A(\xi)$ identisch, vgl. die Fußnote auf Seite 93.

** Dieser Sachverhalt wird übrigens sehr schön durch das mechanische Analogon, das Pendel, wiedergegeben, wenn man $\xi = 0$ bzw. $\xi = 1$ mol mit den beiden waagerechten Pendellagen und ΔG mit der Kraft in x-Richtung analog setzt, die man zur Verschiebung des Pendels aufwenden muß: Wenn die verschiebende Kraft in Abb. 10.1 nur horizontal wirken kann, dann müßte sie zur Erreichung der horizontalen Pendellagen unendlich groß werden.

Es gibt aber auch Reaktionen, die nicht nur *praktisch,* sondern auch *prinzipiell* vollständig ablaufen. Wenn nämlich in einer chemischen Reaktionsgleichung keine Stoffe mit variablen Konzentrationen auftreten, ist die Erreichung eines Gleichgewichtszustands bei konstanten Werten von p und T prinzipiell nicht möglich. Daher laufen die Reaktionen dann vollständig ab, d.h., von mindestens *einem* der Ausgangsstoffe bleibt auch *prinzipiell* nichts übrig (jedenfalls nicht von dem in der Reaktionsgleichung angegebenen *Aggregatzustand* des Stoffes, vgl. ** S. 116). Und zwar verläuft die Umsetzung je nach den gegebenen Werten von p und T vollständig in der einen oder in der anderen Richtung.

Beispiele hierzu sind **Reaktionen zwischen reinen, kondensierten Stoffen:**

Sn (weiß)   → Sn (grau)   (15.19)

Fe(f) + S (rhomb) → FeS(f)   (15.20)

Hg(fl) + J_2(f)   → HgJ_2(f)   (15.21)

Für diese Reaktionen behält ΔG während der ganzen Umsetzung den Wert von $\Delta G°$. Eine Gleichgewichtskonstante läßt sich für diese Reaktionen nicht angeben, d.h., $e^{-\Delta G°/(RT)}$ hat hierbei nicht die chemische Bedeutung einer Gleichgewichtskonstante. Aber auch bei **Heterogenreaktionen unter Beteiligung der freien Atmosphäre** gibt es oft keine *variablen* Konzentrationen, da die Partialdrucke in diesem Fall durch die chemischen Reaktionen praktisch nicht verändert werden. Die theoretischen Gleichgewichtspartialdrucke können daher selbst bei vollständigem Verbrauch von einem der Ausgangsstoffe nicht erreicht werden. Beispiele:

CaO(f) + CO_2(g)   → $CaCO_3$(f)   (15.22)

$Na_2SO_4 \cdot 10\,H_2O$(f) → Na_2SO_4(f) + 10 H_2O(g)   (15.23)

HgO (rot)   → Hg(fl) + $\frac{1}{2}$ O_2(g)   (15.24)

H_2O(fl)   → H_2O(g)   (15.25)

Auch diese Reaktionen können also vollständig ablaufen.

15.2.2. Reaktionslenkung durch Wegfangen von Endprodukten

Im Zusammenhang mit dem Le Chatelierschen Prinzip (Abschnitt 14.4.) wurde schon angedeutet, daß man durch Zugabe von einem großen Überschuß eines der Ausgangsstoffe oder durch Wegfangen von einem der Endprodukte einen Reaktionsablauf vervollständigen oder erzwingen kann. Wir wollen dazu jetzt noch einige weitere Beispiele betrachten.

Die Zersetzung von $Na_2SO_4 \cdot 10\,H_2O$ nach Gl. (15.23) kann zugleich als ein besonders einfaches Beispiel für eine Reaktionslenkung durch „Wegfangen von Endprodukten" angesehen werden, wenn das „Endprodukt" $H_2O(g)$ in die freie Atmosphäre entweicht.

Aufgabe: Man berechne aus der Tabelle S. 280 für 25 °C

a) den Gleichgewichtspartialdruck $p_{H_2O=}$ über einem Gemisch von $Na_2SO_4 \cdot 10\,H_2O$ und Na_2SO_4 und

b) dem Dampfdruck p^D von reinem Wasser!

Ergebnis: a) $p_{H_2O=} = 0{,}0256\,p^\circ = 2590\,Pa$. b) $p^D = 0{,}0312\,p^\circ = 3160\,Pa$.

Der Dampfdruck über dem Hydrat ist also nur wenig kleiner als der Dampfdruck des reinen Wassers. Darum kann wasserfreies Natriumsulfat als *mildes Trockenmittel* verwendet werden, das empfindliche Präparate von überschüssigem Wasser befreit, ohne deren Zersetzung zu bewirken.

Wenn man davon ausgeht, daß der Wasserdampfpartialdruck in der freien Atmosphäre etwa $0{,}5\,p^D$ beträgt (50 % *relative Luftfeuchtigkeit*), so ist dieser Wert kleiner als der Gleichgewichtspartialdruck über dem Salzgemisch, der sich in einem geschlossenen Exsikkator einstellen würde. Wenn man also den Exsikkator zur freien Atmosphäre hin öffnet, so ist das gleichbedeutend mit einem fortwährenden „Wegfangen" von Wassermolekülen aus dem Hydratgleichgewicht.

Wir wollen nun die Hydrate des Kupfersulfats betrachten. Für diese findet man in der Literatur[*] folgende Werte der Gibbs-Bildungsenergien G^B_i bei 25 °C:

	$CuSO_4 \cdot 5\,H_2O$	$CuSO_4 \cdot 3\,H_2O$	$CuSO_4 \cdot H_2O$	$CuSO_4$	$H_2O(g)$
$G^B_i / \dfrac{kcal}{mol}$	$-449{,}3$	$-334{,}6$	$-219{,}2$	$-158{,}2$	$-54{,}64$
Farbe:	tiefblau	blau	blaßblau	weiß	

Aufgabe: Man formuliere die drei Reaktionsgleichungen für die schrittweise Abgabe des Hydratwassers und berechne aus den angegebenen Werten nach Gl. (13.4), $\Delta G^\circ = \Sigma \nu_i\, G^B_i$, die drei ΔG°-Werte und die drei zugehörigen Gleichgewichtswasserdampfdrucke $p_{H_2O=}$ bei 25 °C!

Ausführung:

$\Delta G^\circ\,[CuSO_4 \cdot 5\,H_2O \to CuSO_4 \cdot 3\,H_2O + 2\,H_2O(g)] =$

$\qquad [+449{,}3 \qquad\qquad -334{,}6 \qquad\quad + 2 \cdot (-54{,}64) = +5{,}42]\ kcal/mol$

$\qquad\qquad\qquad\qquad\qquad\qquad\qquad\qquad\qquad\qquad = +22{,}7\ kJ/mol$

$\{p_{H_2O=}\} = \sqrt{\{K\}} = e^{-\Delta G^\circ/(2RT)} = e^{-4{,}576} = 0{,}01$

$p_{H_2O=}$ (Pentahydrat) $= 0{,}01\,p^\circ = 1040\,Pa$

$\Delta G^\circ\,[CuSO_4 \cdot 3\,H_2O \to CuSO_4 \cdot H_2O + 2\,H_2O(g)] = 6{,}12\ kcal/mol = 25{,}6\ kJ/mol$

$p_{H_2O=}$ (Trihydrat) $= \sqrt{K} = 0{,}0057\,p^\circ = 579\,Pa$

---

[*] R.C. Weast (Editor): Handbook of Chemistry and Physics, The Chemical Rubber Co., Cleveland (Ohio) 1972.

$\Delta G^\circ \, [CuSO_4 \cdot H_2O \rightarrow CuSO_4 + H_2O(g)] = 6{,}36 \text{ kcal/mol} = 26{,}6 \text{ kJ/mol}$

$p_{H_2O=} \text{(Monohydrat)} = K = 2{,}17 \cdot 10^{-5} \, p^\circ = 2{,}2 \text{ Pa}$

Der Gleichgewichtspartialdruck an Wasserdampf über einem Gemisch aus wasserfreiem Kupfersulfat und Monohydrat ist hiernach bei 25 °C erheblich kleiner als der durchschnittliche Partialdruck in der freien Atmosphäre. Wie kann man trotzdem erreichen, daß die Reaktion

$$CuSO_4 \cdot H_2O \rightarrow CuSO_4 + H_2O(g) \qquad (15.26)$$

von links nach rechts abläuft?

Das einfachste Verfahren zur Entwässerung besteht im Erhitzen des Hydrats auf Temperaturen, bei denen sein Gleichgewichtspartialdruck größer als der Wasserdampfpartialdruck in der Atmosphäre oder (wenn es schnell gehen soll) größer als der gesamte Atmosphärendruck ist (ähnlich wie beim Kalkbrennen, vgl. S. 164). Es gibt aber auch die Möglichkeit, das *Endprodukt* $H_2O(g)$ *durch eine chemische Reaktion wegzufangen*, z.B. durch die Reaktion

$$CaO(f) + H_2O(g) \rightarrow Ca(OH)_2(f) \qquad (15.27)$$

Aufgabe: Man berechne ΔG° für die Reaktion (15.27) bei 25 °C und den zugehörigen Gleichgewichtspartialdruck an Wasserdampf über einem Gemisch aus Calciumoxid und Calciumhydroxid aus der Tabelle S. 280!

Ergebnis: $\Delta G^\circ(15.27) = -65{,}65 \text{ kJ/mol}$;

$p_{H_2O=} = 1/K(15.27) = 3{,}14 \cdot 10^{-12} \, p^\circ = 3{,}18 \cdot 10^{-7} \text{ Pa}$.

Es zeigt sich, daß der Gleichgewichts-Wasserdampfpartialdruck über $CaO/Ca(OH)_2$ wesentlich kleiner ist als der über $CuSO_4/CuSO_4 \cdot H_2O$. Daher ist CaO in der Lage, den Wasserdampf aus dem Zersetzungsgleichgewicht des Kupfersulfatmonohydrats wegzufangen und somit die Reaktion (15.26) in die gewünschte Richtung zu lenken.

Man kann natürlich das gleiche Ergebnis auch ganz anders formulieren. Die formale Addition der Gleichungen (15.26) und (15.27) ergibt nämlich:

$$CuSO_4 \cdot H_2O + CaO \rightarrow CuSO_4 + Ca(OH)_2 \qquad (15.28)$$

Dieses ist eine Reaktion zwischen reinen kondensierten Stoffen, in der $H_2O(g)$ gar nicht mehr auftritt. Sie läuft daher vollständig ab, sofern $\Delta G^\circ < 0$ ist. Den zugehörigen ΔG°-Wert erhält man als Summe der Werte der Teilreaktionen:

$$\Delta G^\circ(15.28) = \Delta G^\circ(15.26) + \Delta G^\circ(15.27) \qquad (15.29)$$

Aufgabe: Man berechne ΔG° (15.28) nach Gl. (15.29) und überzeuge sich davon, daß man zu dem gleichen Ergebnis gelangt, wenn man die Triebkraft $-\Delta G^\circ$ mit der gewinnbaren Expansionsarbeit zwischen den beiden Gleichgewichtswasserdampfdrucken identifiziert:

$$-\Delta G(15.28) = RT \ln \frac{p_{H_2O=} \,[\text{über } CuSO_4/CuSO_4 \cdot H_2O]}{p_{H_2O=} \,[\text{über } CaO/Ca(OH)_2]} \tag{15.30}$$

Um das bei vielen chemischen Reaktionen entstehende Wasser wegzufangen und auf diese Weise das Gleichgewicht zugunsten der Endprodukte zu verschieben, wird in der organischen Chemie sehr häufig *konzentrierte Schwefelsäure* verwendet. Die Reaktion

$$H_2SO_4(fl) \xrightarrow{\ H_2O\ } 2\,H^+(aq) + SO_4^{2-}(aq) + 96{,}2\ kJ \tag{15.31}$$

ist stark exotherm, d.h., Schwefelsäure verbindet sich mit Wasser sehr begierig unter starker Erwärmung.

Beispiele für die wasserentziehende Wirkung der Schwefelsäure:

1.) Durch Zugabe von H_2SO_4 kann das Gleichgewicht bei der *Veresterung* von Essigsäure durch Methanol nach (15.6)

$$CH_3COOH + CH_3OH \rightleftharpoons CH_3COOCH_3 + H_2O$$

ganz auf die Seite des Esters verschoben werden.

2.) Durch Einwirkung von konzentrierter Schwefelsäure auf Äthanol entsteht bei 170 °C unter Wasserabspaltung *Äthylen*:

$$C_2H_5OH \xrightarrow[170\ °C]{H_2SO_4} C_2H_4 + H_2O \tag{15.32}$$

3.) Bei tieferen Temperaturen entsteht dagegen *Diäthyläther*

$$2\,C_2H_5OH \xrightarrow[140\ °C]{H_2SO_4} C_2H_5OC_2H_5 + H_2O \tag{15.33}$$

Diese beiden Reaktionen erfolgen aber nicht in *einem* Schritt, sondern es entsteht in beiden Fällen als Zwischenprodukt zunächst *Äthylschwefelsäure*, die bei tiefen Temperaturen (0 °C) auch unzersetzt isoliert werden kann:

$$C_2H_5OH + H_2SO_4 \rightleftharpoons C_2H_5OSO_3H + H_2O \tag{15.34}$$

Auch diese Reaktion läuft nur dann ab, wenn das dabei entstehende Wasser durch überschüssige Schwefelsäure gebunden wird. Bei Zugabe von Wasser wird die Äthylschwefelsäure dagegen wieder zu Äthanol und Schwefelsäure hydrolysiert. Beim Erhitzen spaltet Äthylschwefelsäure Äthylen ab, das gasförmig entweicht und so dem Gleichgewicht entzogen wird („Wegfangen" eines Endprodukts):

$$C_2H_5OSO_3H \rightleftharpoons C_2H_4 + H_2SO_4 \tag{15.35}$$

Bei tieferen Temperaturen kann man dagegen durch Einleiten von Äthylen in konzentrierte Schwefelsäure wieder Äthylschwefelsäure herstellen und daraus durch Hydrolyse Äthanol gewinnen.

Zusätzlich zu der wasserentziehenden Wirkung besitzt die Schwefelsäure in allen hier genannten Beispielen noch eine „*katalytische*", d.h. reaktionsbeschleunigende Wirkung.

Als „*Katalysator*" bezeichnet man eine Substanz, durch deren Gegenwart die *Geschwindigkeit* einer chemischen Reaktion verändert wird, ohne daß diese Substanz (als Folge dieser beschleunigenden Wirkung) verbraucht wird. Nun wird die Schwefelsäure in den obigen Beispielen zwar insofern „verbraucht", als ihre wasserentziehende Wirkung mit zunehmender Wasseraufnahme nachläßt. Die zusätzliche, katalytische Wirkung der Schwefelsäure beruht aber auf *anderen* Mechanismen und trägt nicht zu ihrem Verbrauch bei. Im Falle der Bildung von Äthylen aus Äthanol nach (15.32) besteht die katalytische Wirkung z.B. in der Bildung von Äthylschwefelsäure als Zwischenprodukt nach (15.34). Bei deren Zersetzung nach (15.35) wird die eingesetzte Schwefelsäure zurückgebildet; sie ist also nicht verbraucht worden, sondern tritt in der Gesamtumsatzgleichung (15.32) nicht auf. (Zwar müßte man die Schwefelsäure eigentlich an anderer Stelle in der Umsatzgleichung (15.32) mit aufführen, nämlich gebunden an das dort freiwerdende Wasser; aber das hat nichts mit ihrer *katalytischen* Wirkung zu tun.)

Ein Katalysator wirkt in gleicher Weise auf die Hinreaktion wie auf die Rückreaktion eines chemischen Gleichgewichts beschleunigend (oder verzögernd) ein. Die Lage des Gleichgewichts wird daher durch den Katalysator nicht verändert, (es sei denn, der Katalysator ist an der Reaktion zusätzlich noch auf andere Weise beteiligt und wird dabei verbraucht, was aber mit seiner katalytischen Funktion nichts zu tun hat).

15.3. Einfluß der Temperatur auf die Triebkraft

Für ein gegebenes Konzentrationsverhältnis von Endprodukten und Ausgangsstoffen einer chemischen Reaktion besitzt ΔS nach Gl. (15.17) einen ganz bestimmten Wert:

$$\Delta S = \Delta S° - R \ln \Pi \left\{ a_i{}^{\nu_i} \right\} .$$

Im vorigen Abschnitt wurde diskutiert, wie man durch Veränderung der Konzentrationen ΔS so beeinflussen kann, daß $\Delta G < 0$ wird und somit eine gewünschte Reaktion abläuft. Jetzt stellen wir die Frage: Wie kann man auch ohne Veränderung der Anfangskonzentrationen erreichen, daß eine Reaktion abläuft?

Eine Umkehrung der Triebkraft bei gegebenen Anfangskonzentrationen ist meistens durch Änderung der *Temperatur* möglich: Zwar ändern sich ΔH und ΔS mit der Temperatur nicht sehr stark, aber der Faktor T in der Gleichung $\Delta G = \Delta H - T \Delta S$ fällt stark ins Gewicht, so daß man die Gleichgewichtstemperatur (bei deren Überschreitung die Reaktionsrichtung sich umkehrt) nach der Ulichschen Näherung aus der Bedingung $\Delta H(T_o) - T \Delta S(T_o) \approx \Delta G(T) = 0$ abschätzen kann. Als Beispiele hierzu wurden in Abschnitt 13.2 die Umwandlungstemperatur für die Umwandlung von Zinn und die Siedetemperatur von Benzol berechnet. Eine solche Rechnung kann natürlich nur dann zu einem Ergebnis führen, wenn ΔH und ΔS gleiches Vorzeichen haben, so daß energetischer und entropischer Beitrag zur Triebkraft in entgegengesetzter Richtung wirken: Nur dann kann man durch Variation des Faktors T erreichen, daß $T \Delta S = \Delta H$ wird (da T ja keine negativen Werte annehmen kann).

Nun kann man natürlich für eine Reaktion mit variablen Konzentrationen von Ausgangsstoffen und Endprodukten auch *solche* Konzentrationsverhältnisse konstruieren, daß ΔS *entgegengesetztes* Vorzeichen hat wie ΔH. Für manche Reaktionen ist das sogar schon bei Standardkonzentrationen der Fall. Hier einige Beispiele:

$$2\,C(f) + 2\,H_2(g) \;\rightleftharpoons\; C_2H_4(g) \tag{15.36}$$

$$C_5H_{12}(g) + 8\,O_2(g) \;\rightleftharpoons\; 5\,CO_2(g) + 6\,H_2O(g) \hspace{3cm} (15.37)$$
(n-Pentan)

$$C_4H_8(g) \;\rightleftharpoons\; C_4H_8(g) \hspace{5cm} (15.38)$$
(1-Buten)   (Cyclobutan)

Aufgabe: Man berechne ΔH°, ΔS° und K für die Reaktionen (15.36) und (15.37) bei 25 $^\circ$C mit Hilfe der Tabelle Seite 280*.

Ergebnisse: $\Delta H^\circ(15.36) = +52,3$ kJ/mol, $\Delta S^\circ(15.36) = -53,1$ J/(mol K), $K(15.36) = 1,15 \cdot 10^{-12}\,p^{\circ -1} = 1,13 \cdot 10^{-17}\,\mathrm{Pa}^{-1}$

$\Delta H^\circ(15.37) = -3272,1$ kJ/mol, $\Delta S^\circ(15.37) = +212,1$ J/(mol K),
$K(15.37) = 4,4 \cdot 10^{584}\,p^{\circ\,2} = 4,5 \cdot 10^{594}\,\mathrm{Pa}^2$

In diesen Fällen ist also durch Veränderung der Temperatur *prinzipiell* nicht zu erreichen, daß $\Delta H^\circ - T\Delta S^\circ = \Delta G^\circ = 0$ und somit $\{K\} = 1$ wird, weil energetischer und entropischer Beitrag zur Triebkraft in gleicher Richtung wirken.

Immerhin kann man aber die Frage stellen, in welcher Richtung man T verändern müßte, um dem Wert $\{K\} = 1$ wenigstens so nahe wie möglich zu kommen. Zur Beantwortung dieser Frage gibt es zwei Schlußweisen: Entweder man geht vom Le Chatelierschen Prinzip bzw. von der van't Hoffschen Gleichung $\mathrm{d}\ln K/\mathrm{d}T = \Delta H^\circ/(R\,T^2)$ aus, wonach man zur Begünstigung der endothermen Reaktionsrichtung ($\Delta H > 0$) möglichst **hohe Temperaturen** anwenden muß. Oder man geht davon aus, daß der entropische Beitrag zur Triebkraft mit wachsender Temperatur immer stärkeres Gewicht bekommt, was näherungsweise in der Gleichung $\Delta G = \Delta H - T\Delta S$ und exakt in der Gleichung $\partial\Delta G/\partial T = -\Delta S$ zum Ausdruck kommt. Um die Reaktionsrichtung mit $\Delta S < 0$ zu begünstigen, müßte man hiernach möglichst **niedrige Temperaturen** anwenden. Wenn also ΔH und ΔS entgegengesetztes Vorzeichen haben, gelangt man zu einem **Widerspruch**: Um eine Reaktion möglichst weit von links nach rechts ablaufen zu lassen, würde man nach der einen Schlußweise möglichst hohe, nach der anderen Schlußweise eine möglichst niedrige Temperatur fordern.

Wo liegt der Fehler? Ist eine der beiden Schlußweisen falsch? Antwort: Die zitierten thermodynamischen Gleichungen sind ohne Einschränkung richtig und miteinander konsistent. (Es sei daran erinnert, daß die Gleichung $\partial\Delta G/\partial T = -\Delta S$ bei der Ableitung der van't Hoffschen Gleichung ja gerade vorausgesetzt worden ist, vgl. Abschnitt 14.3). Die betreffende Aussage des Le Chatelierschen Prinzips ist eine so genaue Wiedergabe der van't Hoffschen Gleichung, daß hier ebenfalls kein Irrtum möglich ist. Bei Anwendung der Entropie-Schlußweise muß man dagegen vorsichtig sein: Um Fehler zu vermeiden, muß man die Voraussetzungen sehr genau beachten. Wir wollen zwei verschiedene Konzentrationsverhältnisse betrachten:

1.) Die van't Hoffsche Gleichung beschreibt die Verschiebung des *Gleichgewichts*zustandes mit der Temperatur. Wir müssen hier also von *demjenigen* ΔS ausgehen, das durch die Konzentrationsverhältnisse **im Gleichgewicht** festgelegt ist.** Im

---

* Für die Reaktion (15.38) sind die notwendigen Daten der Tabelle S. 280 nicht angegeben. Im Abschnitt 16.3.1 wird aber gezeigt, wie man auch für diese Reaktion die Daten näherungsweise ermitteln kann. Es folgt: $\Delta H^\circ > 0$ und $\Delta S^\circ < 0$.

** Es ist verhängnisvoll, wenn man an dieser Stelle ΔS mit ΔS° verwechselt. Andererseits besteht zwischen ΔH und ΔH° in idealen Systemen kein Unterschied.

Gleichgewicht ist aber $\Delta G = 0$ und somit $\Delta H = T\Delta S$. Hier haben also ΔH und ΔS *in jedem Fall* gleiches Vorzeichen, so daß der zitierte Widerspruch zwischen den beiden Schlußweisen gar nicht entstehen kann.

[Wegen $\Delta H = T\Delta S$ besagen beide Schlußweisen auch vom **molekularen Modell** her genau das gleiche: Daß ein gegebenes ΔS sich mit steigender Temperatur immer stärker auf das Gleichgewicht auswirkt, beruht darauf, daß in der Umgebung des Gleichgewichts zu einem positiven ΔS bei isothermer Reaktion in jedem Fall ein positives ΔH gehört. Der *entropie*reichere Zustand ist also zugleich der *energie*reichere (genauer: enthalpiereichere) Zustand. Bei tieferen Temperaturen ist einfach nicht genügend kinetische Energie der Moleküle vorhanden, um den energiereicheren Zustand stärker zu bevölkern. Darum wirkt er trotz großem Angebot an molekularen Anordnungsmöglichkeiten nicht mehr so attraktiv wie bei höheren Temperaturen. *Darum* also nimmt z.B. mit sinkender Temperatur der Dampfdruck einer Flüssigkeit ab.]

2.) Wir betrachten jetzt ein Konzentrationsverhältnis von Endprodukten und Ausgangsstoffen, das **vom Gleichgewichtsverhältnis stark abweicht**; z.B. sollen alle Reaktionsteilnehmer unter Standardbedingungen vorliegen. In diesem Fall ist $\Delta S = \Delta S° \neq \Delta H/T$. Es ist jetzt durchaus möglich, daß ΔH und ΔS entgegengesetztes Vorzeichen haben, wie die Beispiele (15.36) bis (15.38) zeigen. Doch auch daraus ergibt sich kein Widerspruch zwischen den beiden Schlußweisen: Wenn nämlich die Triebkraft $-\Delta G°$ bei Erwärmung zunimmt (was für $\Delta S° > 0$ der Fall ist), so folgt ja daraus noch nicht, daß auch K zunehmen muß, denn zwischen $-\Delta G°$ und $\ln\{K\}$ steht noch die Temperatur als Faktor: $-\Delta G° = R\,T \cdot \ln\{K\}$. Daher könnte K mit wachsendem T auch konstant bleiben oder sogar kleiner werden, ohne daß ein Widerspruch entsteht. Ein Beispiel, bei dem K sich bei Erwärmung nicht ändert, obgleich $\Delta S° < 0$, ist die Dissoziation von Essigsäure (vgl. S. 182 f. und S. 194).

Wenn aber $\Delta H° > 0$, muß K nach der van't Hoffschen Gleichung bei Erwärmung laufend zunehmen, auch wenn $\Delta S° = 0$ oder sogar < 0 ist [wie im Beispiel (15.38)]. Besteht da nicht ein Widerspruch zu der anfänglichen Feststellung, daß bei entgegengesetztem Vorzeichen von $\Delta H°$ und $\Delta S°$ niemals $\Delta H° - T\Delta S° = \Delta G° = 0$ und somit $\{K\} = 1$ werden kann?

Antwort: Daß auch hier kein Widerspruch vorliegt, macht man sich am besten anhand von Abb. 14.2 (Seite 181) klar: Soweit man $\ln\{K\}$ als Funktion von $1/T$ als Gerade betrachten kann, hat $\ln\{K\}$ für eine endotherme Reaktion einen Grenzwert, der auch bei noch so hoher Temperatur nicht überschritten werden kann: Dieser Grenzwert ergibt sich durch Extrapolation der Gerade bis zum Punkte $1/T = 0$, der einer unendlich hohen Temperatur entsprechen würde.

Wegen $\ln\{K\} = \dfrac{-\Delta G°}{R\,T} = \dfrac{-\Delta H°}{R\,T} + \dfrac{\Delta S°}{R}$ (15.39)

ist dieser Grenzwert $\displaystyle\lim_{T \to \infty} \ln\{K\} = \dfrac{\Delta S°}{R}$.   (15.40)

Wenn $\Delta S° < 0$, kann also der Wert $\ln\{K\} = 0$ und $\{K\} = 1$ tatsächlich nicht erreicht werden, obwohl K mit steigender Temperatur laufend zunimmt. Man darf also nicht denken, daß man allein durch Erwärmung im Prinzip jede endotherme Reaktion möglich machen könnte.

15.4. Einfluß des Druckes auf die Triebkraft

Ein Beispiel, bei dem eine Reaktionslenkung weder durch Änderung der Konzentrationen (Wegfangen von Endprodukten oder dgl.) noch durch Änderung der Temperatur möglich ist, ist die Umwandlung von Graphit in Diamant unter Standardbedingungen (vgl. Tabelle S. 280):

$$C \text{ (Graphit)} \rightarrow C \text{ (Diamant)} \qquad (15.41)$$

$H^B/(\text{kJ mol}^{-1})$	0	1,896	$\Delta H^\circ = +1,896 \text{ kJ/mol}$
$S^\circ/(\text{J mol}^{-1} \text{K}^{-1})$	5,694	2,378	$\Delta S^\circ = -3,316 \text{ J/(mol K)}$

Bei dieser Reaktion müßte die Enthalpie zunehmen und die Entropie abnehmen. Beide Beiträge zur Triebkraft wirken also in der gleichen Richtung, nämlich im Sinne einer Umwandlung von Diamant in Graphit. Durch Variation der Temperatur kann man daran nichts ändern. Die obige Reaktion ist also unter Standarddruck bei jeder Temperatur unmöglich.

Da nun aber Diamant als metastabiler Stoff in der Natur vorkommt, ist zu vermuten, daß es Bedingungen gibt, unter denen er auch gebildet werden kann. Wie sind diese Bedingungen?

Aus der unterschiedlichen Gitterstruktur* ergibt sich für Diamant eine höhere Dichte als für Graphit. Die Dichte von Diamant beträgt

---

* Das Kristallgitter des Graphits besteht aus parallelen ebenen Schichten in Abständen von 335 pm (= 3,35 Å). Innerhalb einer Schicht bilden die C-Atome ein Wabennetz von regelmäßigen Sechsecken der Kantenlänge 142 pm, so daß jedes C-Atom mit drei benachbarten C-Atomen in homöopolarer Bindung verknüpft ist. Das vierte Valenzelektron jedes C-Atoms steht — ähnlich wie in kondensierten aromatischen Ringsystemen (Naphthalin, Anthracen, Phenanthren, Coronen) — zur Ausbildung von Doppelbindungen zur Verfügung, die jedoch über die gesamte Schichtebene des Graphitkriställchens delokalisiert sind. Die leichte Beweglichkeit dieser Elektronen innerhalb der Schicht bedingt die hohe elektrische Leitfähigkeit und die schwarze Farbe des Graphits. Zwischen den Schichten bestehen nur schwache van der Waalssche Kräfte, so daß die Schichten leicht aufeinander abgleiten können.

Im Kristallgitter des Diamanten ist jedes C-Atom tetraedrisch mit vier anderen C-Atomen im Abstand von 154 pm in homöopolarer Bindung verknüpft. Damit sind alle vier Valenzelektronen des Kohlenstoffs verbraucht. Im Gegensatz zum Graphit besitzt also der Diamant keine beweglichen Elektronen, keine Gleitebenen und eine höhere Dichte. Er ist daher nichtleitend, glasklar und besonders hart.

$\rho = 3,51$ g/cm^3, die von Graphit $\rho = 2,22$ g/cm^3. Nach der Formel $V_i = M_i/\rho$ mit $M_C = 12$ g/mol erhält man daraus für die Molvolumina $V_{Diamant} = 3,42$ cm^3/mol und $V_{Graphit} = 5,40$ cm^3/mol. Bei der Umwandlung (15.41) würde also das Volumen abnehmen:

$$\Delta V = -1,98 \text{ cm}^3/\text{mol}$$

Nach dem Le Chatelierschen Prinzip kann die Umwandlung daher durch eine Erhöhung des Druckes erzwungen werden. Das wird formelmäßig durch Gl. (14.11) beschrieben:

$$\left(\frac{\partial \Delta G}{\partial p}\right)_T = \Delta V$$

Da die beiden festen Stoffe kaum kompressibel sind, so ist ΔV annähernd unabhängig von p, so daß wir in (14.11) für eine Überschlagsrechnung die Differentiale durch Differenzen ersetzen können:

$$\left(\frac{\Delta G(p) - \Delta G(p^\circ)}{p - p^\circ}\right)_T \approx \Delta V \qquad (15.42)$$

Setzt man in (15.42) für $\Delta G(p)$ den Wert 0 ein, so sind Diamant und Graphit beim Druck p miteinander im Gleichgewicht. Durch Auflösen nach p erhält man den Gleichgewichtsdruck:

$$p_= \approx p^\circ - \frac{\Delta G(p^\circ)}{\Delta V} \qquad (15.43)$$

$p_=$ ist der äußere Druck, der überschritten werden muß, damit eine Umwandlung von Graphit in Diamant thermodynamisch möglich wird.

Da die chemischen Potentiale der beiden reinen, festen Stoffe unter einem äußeren Druck von 1 p° die Standardpotentiale darstellen, so ist in diesem Fall die Größe $\Delta G(p^\circ)$ in (15.43) mit dem ΔG° zu identifizieren, das wir auf die übliche Weise berechnen können. Für Normaltemperatur ergibt sich aus den Werten der Tabelle:

$$\Delta G^\circ(298 \text{ K}) = [1896 - 298 \cdot (-3,316) = 2884] \text{ J/mol}$$

Mit 1 J/m^3 = 1 N/m$^2 \equiv$ 1 Pa und $\Delta V = -1,98$ cm^3 = $1,98 \cdot 10^{-6}$ m^3 erhält man aus (15.43) für den Gleichgewichtsdruck bei Normaltemperatur näherungsweise*

$$p_= \approx 1,46 \cdot 10^9 \text{Pa} = 1,44 \cdot 10^4 p^\circ .$$

Praktisch wird die Diamantsynthese bei erhöhter Temperatur und entsprechend noch höherem Druck durchgeführt.

Frage: Wird die Reaktionslenkung durch Druckerhöhung über den energetischen Beitrag oder über den entropischen Beitrag zur Triebkraft bewirkt?

---

* Eine genauere Rechnung (unter Berücksichtigung der Kompressibilität von Graphit) liefert einen um 12 % höheren Wert.

Antwort: Wenn das Volumen der einzelnen Reaktionsteilnehmer praktisch unabhängig vom Druck ist, dann ist auch ihr Ordnungszustand und damit ihre Entropie unabhängig vom Druck. Somit hat der Druck auch auf $\Delta S = \Sigma \nu_i S_i$ keinen Einfluß. Dagegen wird in $\Delta H_{p,T} = \Delta U_{p,T} + p\Delta V_{p,T}$ das zweite Glied proportional mit p zunehmen, falls $\Delta V_{p,T}$ unabhängig von p ist. Die Druckerhöhung wirkt sich also in diesem Fall nur auf den energetischen (eigentlich „enthalpischen") Beitrag zur Triebkraft aus*.

Der Einfluß des Druckes auf *Gas*gleichgewichte wurde bereits S. 185 im Zusammenhang mit dem Le Chatelierschen Prinzip am Beispiel der Ammoniaksynthese diskutiert.

16. Einfluß des Molekülbaus auf das chemische Gleichgewicht

In diesem Kapitel soll davon die Rede sein, wie die Triebkraft einer Reaktion von der *Form* und *Struktur* der Moleküle und von ihren *Substituenten* abhängt. Diese Abhängigkeit kann durch sterische oder durch elektronische Effekte bedingt sein.

Bei den **sterischen Effekten** handelt es sich um Einflüsse auf die Entropie und auf die Energie des Moleküls. Die *Entropie* eines Moleküls wird durch seine Struktur vor allem dadurch beeinflußt, daß *innere Rotationen* in der einen Struktur möglich, in der anderen *nicht* möglich sind (Abschnitte 16.2 und 16.3). Die *Energie* eines Moleküls hängt von sterischen Einflüssen ab, wenn in der Molekülstruktur nicht genügend Platz vorgegeben ist, daß alle Atome des Moleküls ihre natürlichen Größen und *Bindungswinkel* einnehmen können (Abschnitt 16.3). Es ist aber auch möglich, daß Dissoziationsgleichgewichte allein durch Veränderung der *äußeren Molekülform* beeinflußt werden, *ohne daß die Struktur des Moleküls geändert wird* (*cis-trans*-Isomerie). Dieser einfachste Fall soll im folgenden zuerst behandelt werden (Abschnitt 16.1).

---

* Diese Aussage läßt sich *nicht* verallgemeinern. Bei Reaktionen zwischen idealen Gasen ist es nämlich gerade umgekehrt: Dort ist ΔH unabhängig, aber ΔS stark abhängig von p.

Bei den **elektronischen Effekten** unterscheidet man induktive (Abschnitt 16.4) und mesomere Effekte (Abschnitte 9.5 und 16.5). *Mesomere Effekte* beruhen darauf, daß durch eine Delokalisierung der π-Elektronen eine Verminderung der Gesamtenergie des Moleküls erreicht wird. Hierbei kann die *Einführung eines bestimmten Substituenten* noch an weit entfernten Stellen des Moleküls örtlich periodische Ladungsdichtemaxima und -minima verursachen, die sich z.B. auf Protonendissoziationsgleichgewichte auswirken. Bei den *induktiven Effekten* handelt es sich dagegen um Ladungsdichteverschiebungen von kurzer Reichweite, die von einem Substituenten ausgehen.

16.1. *cis-trans*-Isomerie

Während um eine *einfache* C—C-Bindung als Achse eine Drehung der beiden Teile eines Moleküls gegeneinander möglich ist (*innere Rotation*), ist eine C=C-*Doppelbindung nicht frei drehbar*. Drei der vier Valenzelektronen von jedem der beiden C-Atome einer C=C-Doppelbindung bilden ,,σ-*Bindungen*" aus, d.h., die Ladungsdichteverteilung dieser Valenzelektronen ist rotationssymmetrisch um die jeweilige Bindungsachse. Diese Bindungen bilden Winkel von jeweils $120°$ miteinander und liegen alle in einer Ebene. Die beiden vierten Valenzelektronen bilden eine ,,π-*Bindung*" zwischen den beiden C-Atomen aus; eine solche Bindung besitzt zwei Ladungsschwerpunkte, die oberhalb und unterhalb der Ebene der σ-Bindungen liegen (Abb. 16.1). Auf diese Weise sind die vier H-Atome oder andere Substituenten eines Äthylenmoleküls in einer Ebene fixiert und können nicht gegeneinander verdreht werden.

Abb. 16.1. Zwei durch eine Doppelbindung miteinander verknüpfte C-Atome besitzen für weitere Bindungspartner zusammen 4 σ-Bindungen, die in die Ecken eines Rechtecks weisen. Die π-Bindung besteht aus zwei Elektronenwolken, von denen die eine über und die andere unter der Rechteckebene liegt.

Wir betrachten die einfachste Dicarbonsäure mit einer C=C-Doppelbindung. Von dieser sind zwei isomere Formen möglich, je nachdem, ob die beiden Carboxylgruppen einander räumlich nahe sind (,,*cis*", lat. diesseits) oder einander diametral gegenüberliegen (,,*trans*", lat. jenseits):

cis–Form   trans–Form

(Maleinsäure)   (Fumarsäure)

Man spricht von „*cis-trans*-Isomerie" (auch: „geometrische Isomerie").
Dieses ist eine Form von Stereoisomerie* ohne optische Aktivität, da
sich die beiden Moleküle nicht wie Bild und Spiegelbild verhalten, sondern in sich selbst bereits mindestens eine Spiegelebene besitzen (hier
die Zeichenebene). Die beiden Moleküle haben ganz verschiedene Form
und entsprechend verschiedene physikalische und chemische Eigenschaften.

Die räumliche Nähe der beiden Carboxylgruppen in der Maleinsäure wird dadurch
bewiesen, daß Maleinsäure** sehr leicht (schon durch Erhitzen auf 100 °C im Vakuum) unter Wasserabspaltung in das Säureanhydrid übergeht und daß dieses mit
kaltem Wasser wieder reine Maleinsäure bildet:

Maleinsäure   Maleinsäureanhydrid

Aus Fumarsäure entsteht das gleiche Anhydrid erst bei sehr viel höherer Temperatur unter Umlagerung und teilweiser Zersetzung.

Erhitzt man Maleinsäure im zugeschmolzenen Glasrohr (also ohne daß Wasser
entweichen kann), so schmilzt sie bei 140 °C und lagert sich bei weiterem Erhitzen
(ca. 200 °C) in Fumarsäure um, die in ganz reiner Form erst bei 301 °C schmilzt
und sich dabei teilweise in Maleinsäure bzw. das Anhydrid zurückverwandelt.

Bei Zugabe von Katalysatoren (HBr oder J_2) wandelt sich Maleinsäure bereits bei Zimmertemperatur in Fumarsäure um. Letztere ist also
im kristallisierten Zustand bei Normaltemperatur thermodynamisch stabiler als Maleinsäure.

Einige thermodynamische Meßwerte der beiden Säuren sind in Tabelle 16.1 zusammengestellt.

---

* Zwei *isomere Stoffe* haben dieselbe Bruttoformel, aber unterschiedliche Anordnung der Atome im Molekül. Man unterscheidet „*Strukturisomerie*" und „*Stereoisomerie*" (auch: „Raumisomerie"). Zwei strukturisomere Moleküle haben unterschiedliche Struktur. Zwei stereoisomere Moleküle haben dagegen die gleiche
„*Struktur*"; damit ist gemeint, daß jeweils zwei analoge Atome auch gleiche Nachbaratome haben, nur stehen diese nicht in gleichen Richtungen, sondern sind räumlich verschieden angeordnet. Stereoisomerie kann in *cis-trans-Isomerie* und *optische
Isomerie* (vgl. S. 131) unterteilt werden.

** Die Vokale e und i in „Maleinsäure" werden getrennt gesprochen, was gelegentlich durch einen zweiten Punkt über dem i (*Trema*) zum Ausdruck gebracht
wird.

Tabelle 16.1. Thermodynamische Daten von Maleinsäure und Fumarsäure

$C_4H_4O_4$	Maleinsäure	Fumarsäure
Verbrennungswärme [kJ/mol]	1358	1335
Dichte [g/cm^3]	1,590	1,635
Schmelzpunkt [°C]	140	301
Löslichkeit in Wasser bei 25 °C [mol/l]	6,79	$6,0 \cdot 10^{-2}$
pK_1	1,92	3,02
pK_2	6,22	4,39

Wie aus den unterschiedlichen Verbrennungswärmen hervorgeht, ist *kristallisierte Fumarsäure* um 23 kJ/mol *energieärmer* (stabiler) *als Maleinsäure*. Der Unterschied beruht zum großen Teil darauf, daß die zwischenmolekularen Wechselwirkungsenergien bei der *trans*-Form größer sind als bei der *cis*-Form.* Diese Wechselwirkungsenergien beruhen hauptsächlich auf *Wasserstoffbrückenbindungen* zwischen den Carboxylgruppen benachbarter Moleküle:

Bei der *cis*-Form sind die zwischenmolekularen Wechselwirkungen geringer, weil die beiden Carboxylgruppen eines Moleküls sich gegenseitig teilweise nach außen hin abschirmen. Die größeren zwischenmolekularen Wechselwirkungskräfte der Fumarsäure kommen auch in den kleineren mittleren Molekülabständen (*höhere Dichte*) und dem *höheren Schmelzpunkt* zum Ausdruck: Bei der Schmelztemperatur muß die thermische Energie ($\sim T$) gerade zur Überwindung der Wechselwirkungskräfte ausreichend sein; darum sollte die absolute Schmelztemperatur T_E ganz grob ungefähr der Schmelzenthalpie $\Delta H_{f \to fl}$ proportional sein. (Die Schmelzentropie $\Delta S_{f \to fl} = \Delta H_{f \to fl}/T_E$ sollte für beide Stoffe in der gleichen Größenordnung liegen.) Auch die 100mal *kleinere Wasserlöslichkeit* von Fumarsäure wird durch das stabilere Kristallgitter qualitativ erklärt.

Die in der Tabelle angegebenen pK-Werte stellen die negativen dekadischen Logarithmen der *Säuredissoziationskonstanten* für die *erste* bzw. *zweite Dissoziationsstufe* dar. Also ist

---

* Daneben leisten auch innermolekulare sterische Verformungsenergien bei der *cis*-Form einen Beitrag zu der Enthalpiedifferenz.

$$\frac{c_{H^+} \cdot c_{HMal^-}}{c_{H_2Mal(aq)}} = 10^{-1,92}\ M \quad \text{und}$$

$$\frac{c_{H^+} \cdot c_{Mal^{2-}}}{c_{HMal^-}} = 10^{-6,22}\ M\,,$$

wenn wir die undissoziierte gelöste Maleinsäure mit H_2Mal (aq) symbolisieren. Der pK-Wert ist also gleich demjenigen pH-Wert, bei dem die Konzentrationen an dissoziierter und undissoziierter Form jeweils gleich groß sind. An diesen Zahlenwerten läßt sich besonders schön der *Einfluß der Molekülform auf das Gleichgewicht* (hier das Säuredissoziationsgleichgewicht) studieren: Es ist eine allgemeine Regel, daß bei mehrbasischen Säuren der pK-Wert der zweiten Stufe größer ist als der der ersten, d.h., daß die Abspaltung des zweiten Protons höhere pH-Werte erfordert. Dies erklärt sich zwanglos aus dem Coulombschen Gesetz, da ja das zweite abzutrennende Proton von einer größeren negativen Ladung des Anions festgehalten wird. Aus der Tabelle geht nun hervor, daß der *Unterschied zwischen den pK-Werten der ersten und der zweiten Stufe für die Maleinsäure viel größer als für die Fumarsäure* ist. Offensichtlich beeinflussen sich die beiden Carboxylgruppen nicht nur induktiv über den Molekülrumpf, sondern rein äußerlich durch ihre *räumliche Nähe*.

Die **Abspaltung des ersten Protons** ist bei der Maleinsäure im Vergleich zur Fumarsäure offenbar merklich erleichtert (ihr pK_1-Wert ist nämlich kleiner), so daß die Maleinsäure bei gleicher Konzentration stärker dissoziiert. Deutung: Das zurückbleibende Proton der zweiten Carboxylgruppe wirkt bei der Maleinsäure durch seine räumliche Nähe abstoßend auf das abdissoziierende Proton:

$$(16.1)$$

Die **Abspaltung des zweiten Protons** ist dagegen bei der Maleinsäure offenbar erheblich erschwert (ihr pK_2-Wert ist nämlich größer als der der Fumarsäure). Deutung: Das letzte Proton wird durch die verdoppelte Anziehung der beiden COO^--Gruppen stärker festgehalten.

Die Verschiedenheit der pK-Werte von Maleinsäure und Fumarsäure dient als Modell zur Deutung der *Veränderungen von pK-Werten,* die *bei Konformationsänderungen in biologischen Membranen* beobachtet werden*.

---

* Vgl. R. Reich und H.M. Emrich, Pflügers Arch. **364**, 23-28 (1976).

Aufgabe: Zur Veranschaulichung der vorangehenden Diskussion berechne man die Gibbs-Bildungsenergien für 25 $^\circ$C von Maleinsäure (H_2Mal) und Fumarsäure (H_2Fum) im festen Zustand sowie in wäßriger Lösung in den drei (hypothetischen) Standardzuständen „undissoziiert", „einfach dissoziiert" und „zweifach dissoziiert" und trage diese acht Energieniveaus in ein Diagramm ein!

Anleitung: Man berechne zunächst die beiden G^B_i-Werte für den festen Zustand nach Gl. (13.3) aus den Daten der Tabelle S. 280. Von hier aus erhält man die jeweilige Differenz zum undissoziierten Standardzustand in wäßriger Lösung z.B. nach der Gleichung

$$\Delta G^\circ \, [H_2Mal(f) \rightarrow H_2Mal(aq)] \; = \; -R\,T \ln \{c_=\} \, . \tag{16.2}$$

Darin ist $c_=$ die Konzentration an undissoziierter Maleinsäure im Gleichgewicht mit festem Bodenkörper. Man erhält $c_=$, indem man von der (in der Tabelle S. 210 angegebenen) Gesamtlöslichkeit c_S den Anteil αc_S der dissoziierten Moleküle subtrahiert. (Man gewinnt den Dissoziationsgrad α durch Auflösen von Gl. (11.73) mit $c = c_S$, indem man für K die Dissoziationskonstante der ersten Stufe einsetzt.) Mit den auf S. 210 angegebenen pK-Werten gelangt man vom dissoziierten Standardzustand schrittweise zum einfach und zweifach dissoziierten Standardzustand, z.B.:

$$\Delta G^\circ \, [H_2Mal(aq) \rightarrow H^+ + HMal^-] \; = \; -R\,T \ln \{K_1\} \; = \; +R\,T \ln 10 \cdot pK_1 \tag{16.3}$$

Das Ergebnis ist in Abb. 16.2 dargestellt. Aus diesem Diagramm kann man weitere ΔG°-Werte ablesen und diskutieren. Das ΔG° des Auflösungsvorgangs ist für H_2Fum positiv (infolge der starken zwischenmolekularen Wechselwirkung), für H_2Mal dagegen negativ, so daß die Gibbs-Energie Differenz zwischen Fumarsäure und Maleinsäure im undissoziierten gelösten Zustand kleiner ist als im festen Zustand. Im einfach dissoziierten Zustand ist die Gibbs-Energie-Differenz zwischen Fumarsäure und Maleinsäure nochmals verkleinert; offenbar reicht aber die Anziehungsenergie des verbliebenen Protons auf die benachbarte COO^--Gruppe im Maleinsäure-

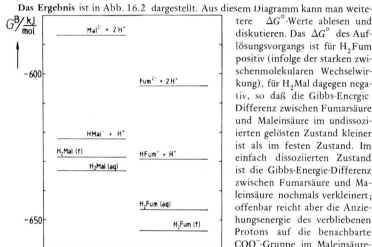

Abb. 16.2. Normal-Gibbs-Bildungsenergien von Maleinsäure und Fumarsäure im festen Zustand und in den verschiedenen Dissoziationszuständen in wäßriger Lösung.

molekül nicht aus, um die Abstoßung der Carboxylgruppen ganz zu kompensieren und das Niveau von $HMal^-$ unter dasjenige von $HFum^-$ abzusenken. Zur Umwandlung von Fumarsäure in Maleinsäure wäre also immer noch eine Zufuhr an Freier Energie erforderlich[*]. Im zweifach dissoziierten Zustand ist der Gibbs-Energie-Unterschied zwischen Fumarsäure und Maleinsäure wieder wesentlich größer, was durch die Coulombsche Abstoßung der beiden COO^--Gruppen erklärt wird.

[*] Eine solche kann durch Bestrahlung mit ultraviolettem Licht erfolgen: Auf diese Weise kann Fumarsäure in wäßriger Lösung bei 50 $^\circ$C zu 75 % in Maleinsäure umgelagert werden.

16.2. Innere Rotation

Es soll die Gleichgewichtskonstante für die Umwandlung von n-Butan in Isobutan berechnet und diskutiert werden:

$$CH_3CH_2CH_2CH_3 \text{ (g)} \rightleftharpoons CH_3\underset{\overset{|}{CH_3}}{C}HCH_3 \text{ (g)} \qquad (16.4)$$

n-Butan   Isobutan

Zwar sind keine Versuchsbedingungen bekannt, unter denen speziell nur diese Isomerisierungsreaktion stattfindet, aber das Konzentrationsverhältnis dieser beiden Stoffe innerhalb des Crack-Gasgemisches ist trotzdem von Interesse.

Die thermische Umwandlung (*Cracken*) von Paraffinkohlenwasserstoffen zwischen 300 und 600 °C verläuft nicht nach einfachen Reaktionsgleichungen, sondern es können dabei im Prinzip alle erdenklichen Kohlenwasserstoffe entstehen: Die durch Spaltung einer längeren Kohlenwasserstoffkette entstehenden Alkylbruchstücke können Olefine bilden oder sich auch zu verzweigten Ketten oder ringförmigen Kohlenwasserstoffen vereinigen.[*] Bei Einstellung eines *allgemeinen thermodynamischen Gleichgewichts* zwischen den anwesenden Molekülen kann man *für jede* zwischen ihnen *denkbare chemische Reaktion eine Gleichgewichtskonstante* formulieren und auf die übliche Weise aus den Enthalpien und Entropien der Reaktionspartner berechnen. Dabei spielt es gar keine Rolle, daß daneben noch viele andere Gleichgewichte mit anderen Molekülen existieren. Es ist auch belanglos, ob die betreffende Reaktion auf direktem Wege oder über beliebig viele Zwischenprodukte realisiert werden kann. Wichtig ist nur, daß die Reaktion unter den gegebenen thermischen und katalytischen Bedingungen in beiden Richtungen mit der nötigen Geschwindigkeit überhaupt irgendwie möglich ist, so daß das Gleichgewicht innerhalb der Versuchszeit wirklich eingestellt ist.

Aus der Tabelle S. 280 ergibt sich für die Reaktion (16.4) bei Normaltemperatur:

$$\Delta H^\circ_{298} = -6{,}87 \text{ kJ/mol} , \qquad \Delta S^\circ_{298} = -15{,}4 \text{ J/(mol K)} ,$$

$$\Delta G^\circ_{298} = \Delta H^\circ_{298} - 298 \text{ K} \cdot \Delta S^\circ_{298} = -2{,}28 \text{ kJ/mol} \quad \text{und damit}$$

$$(p_{\text{Isobutan}}/p_{\text{n-Butan}})_= \equiv K = e^{-\Delta G^\circ/(RT)} = 2{,}5 .$$

Da die Reaktion schwach exotherm ist, verschiebt sich das Gleichgewicht mit steigender Temperatur nach links. Für 300 °C ($\hat{=}$ 573 K) würde man aus der Ulichschen Näherung als Abschätzung erhalten:

$$\Delta G^\circ_{573} \approx \Delta H^\circ_{298} - 573 \text{ K} \cdot \Delta S^\circ_{298} = +1{,}95 \text{ kJ/mol}$$

und $K = e^{-\Delta G^\circ/(RT)} = 0{,}66 .$

Die Entropie nimmt bei der Reaktion ab. Man kann das im molekularen Bild so erklären, daß n-Butan mehr unterscheidbare Anordnungsmöglichkeiten besitzt, weil die beiden Molekülhälften um die mittlere

---

[*] Siehe Näheres z.B. im Lehrbuch der Organischen Chemie von L.F. Fieser und M. Fieser, Verlag Chemie, Weinheim 1968.

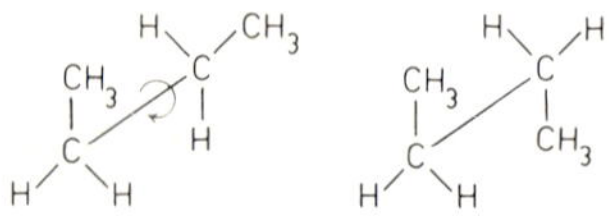

Abb. 16.3. Innere Rotation um die mittlere C—C-Bindung eines n-Butanmoleküls führt zu verschiedenen Konformationen.

C—C-Bindung als Achse gegeneinander rotieren können (*„Innere Rotation"*, vgl. Abb. 16.3). Im Isobutanmolekül dagegen gibt es nur eine einzige räumliche Anordnung der 4 C-Atome relativ zueinander. Lediglich die relative Lage der H-Atome kann durch innere Rotation der CH_3-Gruppen gegen das Restmolekül noch variiert werden, jedoch ergeben sich dabei nicht so viele unterscheidbare Anordnungsmöglichkeiten, zumal die drei H-Atome jeweils ununterscheidbar sind.

Die inneren Rotationen um C—C-Bindungen sind nicht völlig ungehindert, da die Substituenten van der Waalssche Wechselwirkungskräfte aufeinander ausüben, so daß die verschiedenen Stellungen nicht die gleiche potentielle Energie haben. So ist in Abb. 16.3 die linke *Konformation* infolge der van der Waalsschen Abstoßung der CH_3-Gruppen etwas energiereicher als die rechte. Sogar bei der inneren Rotation eines Äthanmoleküls (Abb. 16.4) sind noch geringfügige Energieberge zu überwinden. Man bezeichnet die energiereichere, linke Konformation des Äthanmoleküls in Abb. 16.4 als *„ekliptisch"* (engl. *eclipsed*), die stabilere, rechte Konformation als *„gestaffelt"* (engl. *staggered*). Für das n-Butanmolekül kann man noch zwischen einer *„schief gestaffelten"* (Abb. 16.3, links) und der *„gegenständig gestaffelten"* Konformation (Abb. 16.3, rechts) unterscheiden.

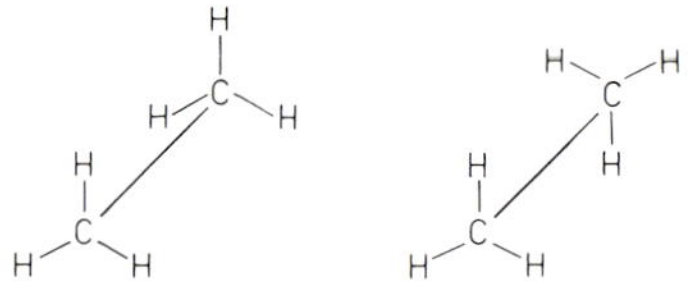

Abb. 16.4. Ekliptische (links) und gestaffelte Konformation (rechts) eines Äthanmoleküls.

Im allgemeinen ist der ekliptische Energieberg klein gegen die thermische Energie, so daß die verschiedenen gestaffelten Konformationen sich beliebig ineinander umwandeln können. Bei der Rotation um eine R-CH_3-Bindung sind die drei gestaffelten Konformationen ununterscheidbar. Somit gibt es beim n-Butan drei unterscheidbare gestaffelte Konformationen, beim Isobutan dagegen nur eine.

Zusätzlich wird der Entropieunterschied der Reaktion (16.4) dadurch bedingt, daß eine CH_3-Gruppe ein kleineres *Trägheitsmoment* I als eine CH_2R-Gruppe besitzt und daher nach der Quantentheorie einen geringeren Beitrag zur Entropie liefert, da ihre *Rotation erst bei höheren Temperaturen angeregt* wird. [In Gl. (12.60) wächst die Rotationsentropie mit $R \cdot \ln I$.]

Die inneren Rotationen liefern auch einen Beitrag zum *Enthalpie*unterschied zwischen n-Butan und Isobutan: Da beide Moleküle 4 C—C-Bindungen und 10 C—H-Bindungen enthalten, so würde man aus den Bindungsenthalpien im Modell keinerlei Enthalpiedifferenz errechnen. Bei der Erwärmung von $T = 0$ an nimmt aber das n-Butan (g) zunächst mehr Wärme auf als das Isobutan (g), weil dessen innere Rotationen erst bei höheren Temperaturen angeregt werden. Erst bei höheren Temperaturen werden die Molwärmen beider Gase etwa gleich groß. Die von tieferen Temperaturen her vorhandenen Enthalpie- und Entropieunterschiede bleiben daher bei weiterer Erwärmung erhalten.

16.3. Ringschlußreaktionen

16.3.1. Cycloalkane

Bei der thermischen Umwandlung von gasförmigen Kohlenwasserstoffen ist unter anderem auch die Bildung von Cyclohexan aus 1-Hexen beobachtet worden:

$$CH_3-CH_2-CH_2-CH_2-CH=CH_2 \; \rightleftharpoons \; \begin{matrix} CH_2 \\ CH_2 \quad CH_2 \\ | \qquad\quad | \\ CH_2 \quad CH_2 \\ CH_2 \end{matrix} \qquad (16.5)$$

Aus der Tabelle S. 280 ergibt sich für diese Reaktion:

$\Delta H^\circ = -81,4$ kJ/mol und $\Delta S^\circ = -87,8$ J/(mol K) .

Damit erhält man als Abschätzung für die Reaktionstemperatur von $300\ ^\circ C \triangleq 573$ K:

$$\Delta G^\circ_{573} \approx \Delta H^\circ_{298} - 573\ K \cdot \Delta S^\circ_{298} = -31,1\ \text{kJ/mol}$$

und $K = e^{-\Delta G^\circ/(RT)} = 6,8 \cdot 10^2$.

Obgleich die Ordnung bei der Reaktion (16.5) infolge Verminderung der Anzahl möglicher Konformationen zunimmt (ΔS° ist negativ), ist ΔG° bei 573 K noch negativ, d.h., *das Gleichgewicht liegt günstig für die Bildung von Cyclohexan.*

Bei einer Ringschlußreaktion nach Art von Gl. (16.5) entstehen (unabhängig von der Kettenlänge) zwei neue C—C-Einfachbindungen, während eine C=C-Doppelbindung verschwindet. Dementsprechend kann man die Reaktionsenthalpie im Prinzip auch nach der Formel

$$\Delta H = 2\,H_{C-C} - H_{C=C}$$

berechnen. Um dabei den richtigen, oben angegebenen Wert zu erhalten, muß man für die endständige C=C-Doppelbindung mit einer Enthalpie von $H_{C=C} = -599$ kJ/mol rechnen, die zwischen den beiden auf S. 75 angegebenen (für Äthylen bzw. cis-2-Buten gültigen) Werten liegt.

Um die Gleichgewichtskonstanten für die analoge Cyclisierung von kürzeren und längeren Kohlenwasserstoffketten abzuschätzen, muß man berücksichtigen, daß die übrigen Cycloalkane (außer Cyclohexan) zusätzlich zu ihren Bindungsenthalpien noch potentielle Energie besitzen, die man der sogenannten „*Ringspannung*" zuschreibt. Diese Ringspannung äußert sich bei der Verbrennung des Cycloalkans in einer vergrößerten Verbrennungswärme. In Tabelle 16.2 sind die negativen Verbrennungsenthalpien $-\Delta H^V$ der Cycloalkane C_nH_{2n} durch die jeweilige Zahl n der CH_2-Gruppen dividiert und mit dem Wert für Cyclohexan (n=6) verglichen.

Tabelle 16.2.　Molare Verbrennungsenthalpien pro CH_2-Gruppe von Cycloalkanen verschiedener C-Atomzahl n und Abweichungen vom Wert des spannungsfreien Cyclohexanringes

n	$\dfrac{-\Delta H^V/n}{kJ/mol}$	$\dfrac{-\Delta H^V/n}{kJ/mol} - 658{,}6$	n	$\dfrac{-\Delta H^V/n}{kJ/mol}$	$\dfrac{-\Delta H^V/n}{kJ/mol} - 658{,}6$
3	697,1	38,5	9	664,4	5,8
4	686,0	27,4	10	663,6	5,0
5	664,0	5,4	11	662,7	4,1
6	658,6	0	12	659,8	1,2
7	662,3	3,7	14	658,6	0,0
8	663,6	5,0	∞	658,6	0,0

Der Wert für *Cyclohexan* (658,6 kJ/mol) nimmt insofern eine *Sonderstellung* ein, als er mit der Verbrennungswärme pro CH_2-Gruppe von offenkettigen Alkanen (n=∞) übereinstimmt. Für $n \neq 6$ ergeben sich dagegen Abweichungen der Verbrennungswärme pro CH_2-Gruppe. Diese *Abweichungen* ($-\Delta H^V/n - 658{,}6$ kJ/mol) sind ein *Maß für die Größe der Ringspannung*. Die durch die Ringspannung bedingte Erhöhung ΔE_{pot} der potentiellen Energie des ganzen Ringmoleküls ist das n-fache dieser Abweichung:

$$\Delta E_{pot} = n\,(-\Delta H^V/n - 658{,}6 \text{ kJ/mol}) \qquad (16.6)$$

Molekulare Ursachen der Ringspannung: Die vier gleichwertigen Valenzen eines C-Atoms weisen normalerweise in Richtung der Spitzen eines regelmäßigen Tetraeders (Abb. 16.5). Aus diesem Modell ergibt sich zwischen zwei Valenzen ein Winkel von 109° 28'. Die aus der Tabelle ablesbare Ringspannung für n<6 beruht nach A.v.Baeyer darauf, daß dieser *Modellwinkel deformiert* wird („*Baeyer-Spannung*").

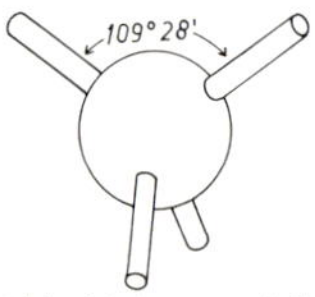

Der Winkel im regelmäßigen Fünfeck beträgt 108°, was gegenüber 109° 28' noch keine sehr wesentliche Abweichung bedeutet. Die Erhöhung der Verbrennungswärme pro CH_2-Gruppe beträgt daher für n=5 nur 5,4 kJ/mol. Für n=4 und n=3 ist die Winkelabweichung und damit zugleich die Erhöhung der Verbrennungswärme wesentlich größer.

Abb. 16.5.　Modell für die Richtungen der vier Valenzen eines Kohlenstoffatoms.

Für n=6 (Cyclohexan) kann der spannungsfreie Winkel von 109° 28' durch zwei Modelle realisiert werden, die als „*Sesselform*" und „*Wannenform*" bezeichnet werden (Abb. 16.6). Die beiden Formen können sich bei Zimmertemperatur sehr leicht ineinander umwandeln, so daß man sie nicht getrennt isolieren kann. In der Sesselform stehen die Valenzen aller 6 C-Atome gestaffelt. In der Wannenform sind dagegen die Valenzen an den 4 „Füßen" der „Wanne" in ekliptischen Stellungen fixiert (vgl. Abbn. 16.6 und 16.4), was aufgrund der van der Waalsschen Abstoßung zu einer etwas erhöhten Energie führt („*Pitzer-Spannung*"). Derartige Energieerhöhungen infolge von

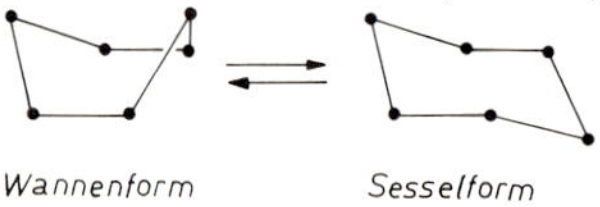

Wannenform　　　　Sesselform
Abb. 16.6.　Konformationen des Cyclohexans.

der Waalsscher Abstoßung sind auch in den Ringmodellen mit 7 bis 13 CH_2-Gruppen unvermeidlich, was sich in den Verbrennungswärmen der Tabelle bemerkbar macht. Die empirische „Ringspannung" kann also je nach der Ringgröße verschiedene molekulare Ursachen haben (Baeyer-Spannung oder Pitzer-Spannung).

Analog der Reaktion (16.5) soll nun die Cyclisierung einer Kohlenwasserstoffkette mit n C-Atomen betrachtet werden:

$$1\text{-Alken} \;\rightleftharpoons\; \text{Cycloalkan} \tag{16.7}$$

Die Reaktionsenthalpie kann man abschätzen, indem man zu der Differenz der spannungsfreien Bindungsenthalpien die zusätzliche Ringspannungsenergie ΔE_{pot} nach (16.6) addiert:

$$\Delta H = 2\,H_{C-C} - H_{C=C} + \Delta E_{pot} \tag{16.8}$$

Zur Abschätzung der Reaktionsentropie kann man von dem bekannten ΔS^0-Wert von $-87{,}8$ J/(mol K) für die Cyclohexanbildung nach (16.5) ausgehen. Man kann näherungsweise annehmen, daß dieser Wert allein dadurch zustandekommt, daß die inneren Rotationen des 1-Hexen-Moleküls durch den Ringschluß unmöglich werden. Da eine Doppelbindung nicht frei drehbar ist, so sind für das 1-Hexen [vgl. Gl. (16.5)] innere Rotationen um eine CH_3-R-Bindung und um drei $R-R'$-Bindungen möglich (wobei R und R' größere Reste als CH_3 sein sollen). Wenn man die Entropiebeiträge aller $R-R'$-Bindungen als annähernd gleich groß annimmt*, dann ist also näherungsweise

$$3\,S_{R-R'} + S_{CH_3-R} \;\approx\; +87{,}8 \text{ J/(mol K)}\,.$$

Andererseits beruht die Entropieänderung bei der Isomerisierung von n-Butan nach (16.4) $[\Delta S^\circ = -15{,}4$ J/(mol K)$]$ auf der Entstehung einer CH_3-R-Bindung anstelle einer $R-R'$-Bindung. Somit ist

$$S_{R-R'} - S_{CH_3-R} \;\approx\; 15{,}4 \text{ J/(mol K)}\,.$$

Aus diesen beiden Gleichungen erhält man für die beiden Unbekannten:

$$S_{R-R'} \;\approx\; 25{,}8 \text{ J/(mol K)} \quad \text{und} \quad S_{CH_3-R} \;\approx\; 10{,}4 \text{ J/(mol K)}\,.$$

Damit kann man ΔS° für die Reaktion (16.7) nach folgender Überschlagsformel abschätzen:

$$\Delta S^\circ \;\approx\; -[(n-3)\cdot S_{R-R'} + S_{CH_3-R}] \tag{16.9}$$

Auf diese Weise erhält man z.B. für die Bildung eines Fünfrings nach (16.7) aus den Gln. (16.6), (16.8) und (16.9) mit n=5 und den Zahlenwerten von Seite 216:

$$\Delta H^\circ \;\approx\; [2\cdot(-340) + 599 + 5\cdot 5{,}4]\,\text{kJ/mol} = -54 \text{ kJ/mol} \quad \text{und}$$

$$\Delta S^\circ \;\approx\; -[(5-3)\cdot 25{,}8 + 10{,}4]\,\text{J/(mol K)} = -62 \text{ J/(mol K)}$$

und daraus für eine Reaktionstemperatur von 300 °C ($\hat{=}$ 573 K):

$$\Delta G^\circ_{573} \;\approx\; \Delta H^\circ_{298} - 573\,\text{K}\cdot\Delta S^\circ_{298} \;\approx\; -18{,}5 \text{ kJ/mol}$$

und $\quad K = e^{-\Delta G^\circ/(RT)} \;\approx\; 50\,.$

Auch für n=5 liegt also das Gleichgewicht noch günstig für die Bildung des Cycloalkans. Tatsächlich ist bei der Hitzebehandlung gasförmiger Kohlenwasserstoffe die

---

* Diese Annahme ist eine grobe Vereinfachung, und man darf sich nicht wundern, wenn eine so berechnete Gleichgewichtskonstante um den Faktor 10 falsch ist! Trotzdem können solche Abschätzungen für die Planung von Experimenten nützlich sein, wenn keine genaueren thermodynamischen Daten vorliegen.

Bildung von Cyclopentan aus 1-Penten beobachtet worden.

Man berechne auf analoge Weise die Gleichgewichtskonstanten für die Bildung von Cyclobutan (n=4), Cycloheptan (n=7) sowie für n=14 bei 300 °C!

Es zeigt sich, daß das Gleichgewicht bei dieser Temperatur für die Bildung von Cycloheptan schon nicht mehr günstig liegt, für alle anderen Cycloalkane sogar sehr ungünstig. Das beruht für $n < 5$ hauptsächlich auf der großen Ringspannung, für $n > 6$ aber auf der großen Entropieabnahme, die bei der Reaktion auftreten müßte: Es ist für lange Ketten sehr unwahrscheinlich, daß sich die beiden Enden treffen und verknüpfen. Daher laufen diese Reaktionen nicht ab.

Es ist jedoch auf andere Weise möglich, Cycloalkane mit beliebiger Zahl von C-Atomen herzustellen, indem man nämlich ein entsprechendes Dihalogenid in alkoholischer Lösung mit Zinkstaub umsetzt:

$$(CH_2)_n \begin{matrix} CH_2Br \\ \\ CH_2Br \end{matrix} \quad + \quad Zn \quad \longrightarrow \quad (CH_2)_n \begin{matrix} CH_2 \\ | \\ CH_2 \end{matrix} \quad + \quad ZnBr_2 \qquad (16.10)$$

Diese Reaktion ist energetisch so günstig, daß für kleine n die hohe Ringspannung und für große n das ungünstige Entropieglied kompensiert werden können.

16.3.2. Ringe mit Sauerstoff

Von besonderem Interesse sind auch Moleküle, die anstelle eines C-Atoms ein ätherartiges Sauerstoffatom im Ring enthalten. Der natürliche Winkel zwischen den beiden Valenzen eines O-Atoms z.B. im Dimethyläther beträgt $111°$:

$$H_3C \overset{\textstyle O}{\overbrace{\qquad \underset{111°}{\qquad} \qquad}} CH_3$$

Dieser Winkel unterscheidet sich von dem Winkel zwischen zwei Kohlenstoffvalenzen von $109,5°$ so wenig, daß die Aussagen über die Ringspannung von reinen Kohlenwasserstoffringen auf die Ringe mit Sauerstoff übertragbar sind: Ringe mit weniger als 5 Ringatomen bilden sich schwer, da sie eine hohe Ringspannung besitzen. Fünfatomige Ringe bilden sich leicht, sechsatomige noch leichter, während Ringe mit höherer Gliederzahl wieder nur durch besondere Kunstgriffe hergestellt werden können.

Der Ringschluß aus einer offenen Kette kann durch zwei Reaktionstypen realisiert werden: a) durch eine einfache Additionsreaktion der beiden Kettenenden und b) durch eine Verknüpfung der beiden Kettenenden unter Abspaltung von Wasser. Leider sind die thermodynamischen Meßwerte für diese Reaktionen heute noch recht lückenhaft, und theoretische Abschätzformeln für die Gasphase sind auf wäßrige Lösungen nicht quantitativ übertragbar, so daß wir uns vorläufig mit qualitativen Diskussionen und Analogieschlüssen begnügen müssen.

a) Ringbildung durch Addition der Kettenenden

Hierbei handelt es sich um die Addition von einem alkoholischen Hydroxyl an die Doppelbindung einer Carbonylgruppe (C=O). Wenn eine solche Reaktion zwischen zwei *getrennten* Reaktionspartnern stattfindet, ist das Produkt ein „*Halbacetal*" (d.h. eine Verbindung mit einem C-Atom, das mit einem ätherartigen und einem alkoholischen O-Atom verknüpft ist), z.B.

$$CH_3-\underset{\underset{O}{\|}}{\overset{\overset{H}{|}}{C}} + \underset{\underset{H}{|}}{O}-C_2H_5 \quad \rightleftharpoons \quad CH_3-\underset{\underset{O-H}{|}}{C}-O-C_2H_5 \tag{16.11}$$

Acetaldehyd Äthanol   Halbacetal

Analog bildet sich aus δ-*Oxyvaleraldehyd* ein „*inneres Halbacetal*":

$$\tag{16.12}$$

Die Gleichgewichtskonstante dieser Reaktion in wäßriger Lösung bei 25 °C beträgt $K \approx 16$.

Im Gegensatz zur inneren Halbacetalbildung (16.12) liegt das Gleichgewicht für die Halbacetalbildung nach (16.11) in wäßriger Lösung ganz links. Da die Änderungen der Bindungs- und Solvatationsenergien für beide Reaktionen die gleichen sind, kann der Unterschied nur auf den Entropiegliedern beruhen. Das ist qualitativ verständlich: Bei der Halbacetalbildung (16.11) nimmt die *Zahl der unabhängigen Teilchen* ab, die Ordnung also zu, das Entropieglied ist ungünstig. Bei der inneren Halbacetalbildung (16.12) bleibt die Teilchenzahl dagegen konstant. (Die Blockade der inneren Rotation macht damit verglichen nicht so viel aus.)

Das Gleichgewicht zwischen der offenkettigen Aldehydform und der ringförmigen Halbacetalform spielt auch bei der auf Seite 130 f. besprochenen *Mutarotation der Glucose* eine Rolle: Die *Aldehydform* stellt nämlich einen Zwischenzustand zwischen α-Glucose und β-Glucose dar, der im Gleichgewicht *nur in verschwindend kleiner Konzentration* vorhanden ist:

$$\alpha - Glucose \qquad Aldehydform \qquad \beta - Glucose$$

b) Ringbildung unter Abspaltung von Wasser

Hierbei kann es sich z.B. um die Reaktion einer Carboxylgruppe mit einer alkoholischen OH-Gruppe (*Veresterung*) oder mit einer zweiten Carboxylgruppe (*Anhydridbildung*) handeln. Wenn die COOH- und die OH-Gruppe dem *gleichen Molekül* angehören, nennt man den aus ihnen entstehenden *inneren Ester* ein „*Lacton*".

Wir wollen die **Lactonbildung** aus γ-*Oxybuttersäure*

$$\tag{16.13}$$

mit der Veresterung von Essigsäure mit Methanol nach Gl. (15.6) vergleichen:

$$CH_3C\underset{O}{\overset{OH}{<}} + HOCH_3 \rightleftharpoons CH_3C\underset{O}{\overset{O-C-H_3}{<}} + H_2O$$

Die Gleichgewichtskonstante der letzteren Reaktion ist ≈ 1 (vgl. S. 190), d.h., es ist $\Delta G^{\circ} \approx 0$. Wenn wir voraussetzen, daß der in (16.13) gebildete Lactonring keine wesentliche Spannung besitzt, dann muß die Reaktionsenthalpie für die beiden vorstehenden Reaktionen ungefähr gleich groß sein (sie ist in beiden Fällen $\Delta H^{\circ} \approx 0$). Die Reaktionsentropie ΔS° ist dagegen für die beiden Reaktionen verschieden: Für die Veresterung ist $\Delta S^{\circ} \approx 0$, da die Zahl der Teilchen hierbei konstant bleibt. Für die *Lactonbildung* ist dagegen $\Delta S^{\circ} > 0$, da die *Zahl der unabhängigen Teilchen* hierbei *zunimmt*. Daher ist das Gleichgewicht von (16.13) stark nach rechts verschoben, während es für die Veresterung (15.6) etwa in der Mitte liegt!

Auch für die Lactonbildung aus δ-*Oxyvaleriansäure* liegt das Gleichgewicht ganz rechts. wobei sich ein spannungsfreier 6-Ring bildet. Lactone mit weniger als 5 Ringatomen bilden sich dagegen wegen der großen Ringspannung praktisch nicht, und für die Bildung von Lactonen mit mehr als 6 Ringatomen macht sich außerdem (ebenso wie bei Cycloalkanen) die Blockade der inneren Rotationen im Entropieglied ungünstig bemerkbar.

Analoges gilt auch für die **Bildung cyclischer Anhydride** aus zweibasischen Säuren: Aus *Bernsteinsäure* $COOH(CH_2)_2COOH$ und *Glutarsäure* $COOH(CH_2)_3COOH$ bildet sich von selbst teilweise das Anhydrid, wenn man die (bei Normaltemperatur festen) Säuren einige Zeit über ihren Schmelzpunkt hinaus erhitzt.

Bernsteinsäure　　　　*Bernsteinsäureanhydrid*

$$(16.14)$$

Zur Vervollständigung dieser Reaktion gibt man Essigsäureanhydrid hinzu, welches das in (16.14) gebildete H_2O unter Bildung von Essigsäure wegfängt. Letztere dient zugleich als Lösungsmittel, aus dem das gebildete cyclische Anhydrid auskristallisiert.

Essigsäureanhydrid

Oxalsäure $(COOH)_2$ und *Malonsäure* $COOH-CH_2-COOH$ bilden dagegen (wegen der hohen Ringspannung von Dreiringen und Vierringen) keine cyclischen Anhydride. Stattdessen zerfallen sie beim Erhitzen unter Abspaltung von CO_2 („*Decarboxylierung*") in Ameisensäure $HCOOH$ bzw. Essigsäure CH_3-COOH.

Adipinsäure $COOH-(CH_2)_4-COOH$ wird durch Erhitzen mit Essigsäureanhydrid in ein *polymeres Anhydrid* überführt:

$$n\,COOH-(CH_2)_4-COOH \rightarrow H[-O-\overset{O}{\overset{\|}{C}}-(CH_2)_4-\overset{O}{\overset{\|}{C}}-]_n-OH + (n-1)H_2O \quad (16.15)$$

Die Polymerenzahl n ist dabei verschieden. Das Gleichgewichtsgemisch enthält *nur wenige Monomere* (n=1). Offensichtlich ist es viel wahrscheinlicher, daß zwei Carboxylgruppen verschiedener Moleküle sich treffen und zwischenmolekular Wasser abspalten, als daß eine innermolekulare Wasserabspaltung unter Bildung eines Siebenringes stattfindet.

Das *Gleichgewicht* zwischen Monomeren und Polymeren im Adipinsäureanhydridgemisch läßt sich aber *dadurch zugunsten der Monomeren verschieben*, daß man das Gemisch *im Hochvakuum destilliert*: Die Monomeren haben nämlich einen gewissen Dampfdruck, während der Dampfdruck der Polymeren praktisch gleich null ist. Wenn man den Monomerendampf durch Destillation laufend aus dem Gleichgewicht zwischen Flüssigkeit und Gasphase herauszieht, wandelt sich nach und nach (bei konstantem Prozentsatz an Monomeren in der Flüssigkeit) die gesamte Flüssigkeit in die Monomeren um und destilliert ab. Auf diese Weise lassen sich auch cyclische Anhydride mit noch größerer Ringatomzahl darstellen.*

Im Hochvakuum siedet das Polymerengemisch bereits dicht über dem Schmelzpunkt. Wenn man dagegen die Destillation *bei Atmosphärendruck* vornimmt, muß man das Gemisch viel *höher erhitzen.* In diesem Fall erhält man aus dem polymeren Adipinsäureanhydrid kein monomeres Anhydrid, sondern es destilliert unter Abspaltung von CO_2 ein *cyclisches Keton* ab:

$$(16.16)$$

Adipinsäureanhydrid   *Cyclopentanon*

Bei dieser Reaktion nimmt die *Entropie durch Vermehrung der Zahl gasförmiger Teilchen stark zu.* Es kommt hinzu, daß ein Fünfring energetisch und entropisch stabiler ist als ein Siebenring. Aus *Pimelinsäure,* der nächsthöheren homologen Dicarbonsäure, bildet sich durch Destillieren mit Essigsäureanhydrid auf analoge Weise *Cyclohexanon.*

Die Bildung cyclischer Ketone durch Decarboxylierung von Dicarbonsäuren verläuft noch glatter, wenn man das CO_2 nicht gasförmig, sondern an CaO gebunden entstehen läßt, indem man einfach das entsprechende Calciumsalz erhitzt, z.B.

$$(16.17)$$

Calciumpimelinat   *Cyclohexanon*

Dieses ist ein gängiges *Verfahren zur Darstellung symmetrischer Ketone.* Aus Calciumacetat entsteht auf diese Weise Aceton.

Ein technisch wichtiges Beispiel dafür, daß ein *monomerer Siebenring in der Schmelze thermodynamisch weniger stabil ist als das entsprechende polymere Produkt,* ist die Umwandlung von ε-Caprolactam** zu „*Perlon*", der bekannten Kunstfaser der Badischen Anilin- und Sodafabrik (BASF):

$$(16.18)$$

Caprolactam   *Perlon*

---

* Ein anderes Verfahren, die Bildung von Polymeren zugunsten von Monomeren zurückzudrängen, besteht allgemein darin, daß man *in stark verdünnter Lösung* arbeitet. *Man vermindert so die Wahrscheinlichkeit, daß sich zwei Moleküle treffen und intermolekular reagieren.* Dieses Verfahren ist z.B. auf die Bildung vielgliedriger Ringketone angewendet worden. Näheres in Lehrbüchern der Organischen Chemie.

** „*Lactame*" sind „*innere Säureamide*", analog den als „Lacton" bezeichneten inneren Estern. (In einem „*Säureamid*" ist das Hydroxyl einer Carboxylgruppe durch $^-NH_2$ ersetzt.) ε-Caprolactam ist als inneres Amid der ε-Aminocapronsäure aufzufassen.

Bei dieser Reaktion nimmt die Enthalpie ab (*Ringspannung*) und die Entropie zu (*in der Schmelze ist die intermolekulare Kettenverknüpfung wahrscheinlicher als die intramolekulare*). Beim anschließenden Recken der Fäden nimmt die Entropie dann wieder ab.

16.4. Induktive Effekte

Wenn zwei völlig gleiche Atome zu einem Molekül zusammentreten, dann entsteht der Schwerpunkt der negativen Elektronenladung genau in der Mitte zwischen den beiden positiven Atomkernen, so daß das Molekül kein Dipolmoment besitzt (völlig kovalente Bindung). Bei der Vereinigung von zwei ungleichen Atomen fallen dagegen die Schwerpunkte der positiven und der negativen Ladung nicht zusammen: Das Molekül hat ein *Dipolmoment**, die Bindung ist teilweise *polar,* sie hat „*partiellen Ionencharakter*".

Nach **Pauling** bezeichnet man das *Bestreben eines Atoms, die gemeinsamen Bindungselektronen einer kovalenten Bindung zu sich herüberzuziehen,* als „*Elektronegativität*" des Atoms. Für diese läßt sich empirisch ein von dem anderen Bindungspartner annähernd unabhängiger Zahlenwert einführen, so daß der negative Pol des entstehenden Dipols bei der Vereinigung von zwei unterschiedlichen Atomen jeweils bei dem Atom mit der höheren Elektronegativität liegt.

Um den Elektronegativitätsbegriff durch zahlenmäßig auswertbare Formeln zu definieren, kann man entweder nach Pauling von der empirischen Tabelle der Bindungsenthalpien ausgehen** oder (einfacher) nach **Mulliken** das *Mittel aus Ionisierungsenergie und Elektronenaffinität* des betr. Atoms bilden. (Die *Ionisierungsenergie* ist die Energie zur Abtrennung eines Elektrons aus dem elektrisch neutralen Atom X, die *Elektronenaffinität* ist die Energie zur Abtrennung eines Elektrons aus dem einfach negativ geladenen Ion X^-.) Nach beiden (hier nicht näher zu besprechenden) Definitionen gelangt man durch entsprechende Normierung zu ähnlichen Zahlenwerten.

In Abb. 16.7 sind die Elektronegativitäten der Elemente für die verschiedenen Perioden des Periodensystems nach Pauling*** in einer Skala dargestellt. Man sieht, daß *die Elektronegativität jeweils in einer Periode von links nach rechts und in einer Gruppe von unten nach oben kontinuierlich zunimmt.* Der kleinste Wert ergibt sich somit für Caesium, der größte für Fluor.

---

* Das **Dipolmoment** μ ist als Produkt von Ladung mal Abstand [C m] der beiden (entgegengesetzt gleichen) Ladungen definiert.

** Die Energie zur Spaltung einer Bindung in die neutralen Atome wächst nämlich mit zunehmendem Ionencharakter.

*** L. Pauling: „Grundlagen der Chemie", Verlag Chemie (1973).

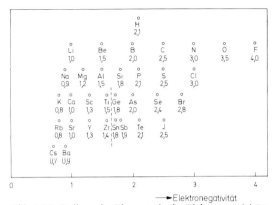

Abb. 16.7. Stellung der Elemente in der Elektronegativitätsskala für die einzelnen Perioden des Periodensystems.

Wenn man in einem organischen Molekül ein H-Atom durch ein *stärker elektronegatives* Atom X substituiert, so zieht dieses in verstärktem Maße Elektronen von dem benachbarten Atom zu sich herüber. Das benachbarte Atom erhält dadurch eine positive Teilladung $\delta+$, die wiederum auf die übernächsten Nachbaratome ein wenig polarisierend wirkt, d.h. auch von dort noch ein wenig die Elektronen herüberzieht, usw. Mit wachsendem Abstand von dem Substituenten X nimmt die Veränderung der Elektronenverteilung im Molekül rasch ab. Man bezeichnet diese Veränderung der Elektronenverteilung als *„negativen induktiven Effekt"* oder „–I-Effekt". Wenn dagegen der Substituent *schwächer* elektronegativ als das substituierte H-Atom ist, so wirkt er im Vergleich zur vorher vorhandenen Elektronenverteilung „*elektronenschiebend*"; man spricht dann von einem *„positiven induktiven Effekt"* („+I-Effekt"). *Das Vorzeichen des I-Effekts stimmt mit dem Ladungsvorzeichen überein, das der Substituent infolge der induktiven Wirkung annimmt.* Ein induktiver Effekt wird durch einen Pfeil in Richtung der Elektronenverschiebung kenntlich gemacht, z.B.

δ^- $\delta+$ $\delta\delta+$ $\delta\delta\delta+$
$Cl \leftarrow CH_2 \leftarrow CH_2 \leftarrow CH_3$

Entsprechend seiner Stellung in der Elektronegativitätsskala ist Fluor dasjenige Element, das den stärksten –I-Effekt ausübt. Eine noch stärkere Wirkung läßt sich aber erzielen, wenn der Substituent X nicht aus einem *einzelnen* Atom, sondern aus einer Gruppe von *mehreren* stark elektronegativen Atomen besteht, z.B. $-NO_2$.

Die einfachste **Wirkung eines induktiven Effekts** besteht darin, daß ein dipolmomentfreies Molekül wie CH_4 durch Einführung eines Substituenten X ein *Dipolmoment* erhält. Noch interessanter ist aber die Tatsache, daß durch *Veränderung der Elektronendichte an einer benachbarten funktionellen Gruppe* ein **chemisches Gleichgewicht verschoben** werden kann. Wenn z.B. die Elektronendichte in einer COOH-Gruppe etwas vermindert wird, so wird auch die Aufenthaltswahrscheinlichkeit des bindenden Elektronenpaares zwischen den Atomkernen von O und H ein wenig zum C-Atom hin verlagert. Die elektrostatischen Bindungskräfte zwischen O und H werden also vermindert, und *das Proton kann leichter abdissoziieren,* was sich in einer Erhöhung der Säurestärke (Verminderung des pK-Wertes) äußert. Man kann daher die Veränderung des pK-Wertes von α-substituierten Carbonsäuren als *Maß für die induktive Wirkung des Substituenten* ansehen.

In Tabelle 16.3 sind die wichtigsten Substituenten X, nach der Größe ihres –I-Effekts geordnet, zusammen mit dem pK-Wert der jeweiligen substituierten Essigsäure und dem Dipolmoment des entsprechenden Methanderivates aufgeführt.

Tabelle 16.3. Induktive Wirkung verschiedener Substituenten X auf den pK-Wert einer benachbarten Carboxylgruppe und auf das Dipolmoment im Methanderivat.

X	X–CH_2–COOH	pK	CH_3–X	$\dfrac{\mu}{10^{-30}Cm}$
$-NO_2$	Nitroessigsäure	1,32	Nitromethan	11,54
$-CN$	Cyanessigsäure	2,44	Cyanomethan	13,08
$-F$	Fluoressigsäure	2,66	Methylfluorid	6,17
$-Cl$	Chloressigsäure	2,81	Methylchlorid	6,24
$-COOH$	Malonsäure	2,83	Essigsäure	5,80
$-Br$	Bromessigsäure	2,87	Methylbromid	6,04
$-J$	Jodessigsäure	3,13	Methyljodid	5,40
$-OH$	Glykolsäure	3,83	Methanol	5,67
$-C_6H_5$	Phenylessigsäure	4,31	Toluol	1,23
$-CH=CH_2$	Vinylessigsäure	4,35	Propen	1,22
$-H$	Essigsäure	4,75	Methan	0
$-CH_3$	Propionsäure	4,87	Äthan	0

Die NO_2-Gruppe wirkt am stärksten *elektronenziehend,* während die CH_3-Gruppe schwach *elektronenschiebend* wirkt.* Die aus den pK-Werten der substituierten Essigsäuren sich ergebende *Reihenfolge der Substituenten liefert mit einigen Ausnahmen auch für die Dipolmomente eine monotone* (d.h. der Größe nach geordnete) *Zahlenfolge.*

* Stärker als eine CH_3-Gruppe wirkt eine NH_2-Gruppe elektronenschiebend, doch läßt sich dieser Effekt nicht anhand des pK-Wertes einer α-Aminocarbonsäure studieren, da die NH_2-Gruppe in wäßriger Lösung ein Proton anlagert, und die entstehende NH_3^+-Gruppe wirkt elektronen*ziehend.* Eine α-Aminosäure liegt darum bei mittleren pH-Werten als **Zwitterion** $R-\underset{\underset{NH_3^+}{|}}{CH}-CO_2^-$ vor.

Die Ausnahmen beruhen darauf, daß für mehratomige Substituenten die induktive Wirkung der einzelnen Atome auf den pK-Wert sich addiert, während die Beiträge zum *Dipolmoment* zum Teil in verschiedene Richtungen gehen und sich daher nur *vektoriell* addieren. Dies erklärt, warum das Dipolmoment von Nitromethan kleiner als das von Cyanomethan und das von Essigsäure kleiner als das von Methylbromid ist, obgleich z.b. die Nitrogruppe stärker elektronenziehend wirkt als die Cyangruppe (vgl. die pK-Werte von Nitroessigsäure und Cyanessigsäure). Daß das Dipolmoment von Methyljodid kleiner als das von Methanol ist, beruht darauf, daß letzteres viel stärker durch die Polarität der $O-H$-Bindung als durch die der CH_3-O-Bindung bestimmt wird. Daß das Dipolmoment von Methylfluorid kleiner als das von Methylchlorid ist, liegt an dem wesentlich kleineren Atomradius von Fluor gegenüber dem von Chlor.

Daß die CH_3-Gruppe im Vergleich zum H-Atom *elektronenschiebend* wirkt, geht aus den unterschiedlichen pK-Werten von Ameisensäure und Essigsäure hervor (vgl. Tabelle 16.4). Außerdem zeigt die Tabelle, wie durch Einführung von *mehreren* Chloratomen deren elektronenziehende Wirkung gesteigert wird und wie andererseits mit *zunehmendem Abstand* des Cl-Atoms von der Carboxylgruppe der induktive Effekt nachläßt.

Tabelle 16.4. Induktive Wirkung von CH_3- und Cl-Substituenten auf den pK-Wert bei verschiedenem Abstand zwischen Substituent und COOH-Gruppe.

		pK
Ameisensäure	$H-COOH$	3,77
Essigsäure	CH_3-COOH	4,75
Chloressigsäure	$CH_2Cl-COOH$	2,81
Dichloressigsäure	$CHCl_2-COOH$	1,30
Trichloressigsäure	CCl_3-COOH	0,70
α-Chlorpropionsäure	$CH_3-CHCl-COOH$	2,8
β-Chlorpropionsäure	CH_2Cl-CH_2-COOH	4,1
Propionsäure	CH_3-CH_2-COOH	4,87

Thermodynamisch bedeutet die durch Einführung von Cl-Atomen in das Essigsäuremolekül bewirkte Erniedrigung des pK-Wertes, daß die für die Säuredissoziation aufzubringende Arbeit ΔG° vermindert wird:

$$pK \equiv -\log \{K\} = \frac{\Delta G^{\circ}}{2,3\,R\,T} \tag{16.19}$$

Wenn es sich um eine Dissoziationsreaktion in der **Gasphase** handeln würde, dann würde die Einführung der Cl-Atome auf die Reaktionsentropie ΔS° keinen wesentlichen Einfluß haben, so daß die Veränderung von ΔG° allein auf eine Veränderung von ΔH° zurückgeführt werden könnte. Diese wäre aber leicht dadurch zu erklären, daß die durch die Cl-Atome bewirkte Ladungsverschiebung im Molekül einen Teil der Arbeit erspart, die bei der Trennung von Proton und Säureanion gegen die elektrostatischen Anziehungskräfte geleistet werden muß.

Was die Arbeit ΔG° betrifft, so behält diese Argumentation qualitativ erfahrungsgemäß auch für **Reaktionen in wäßriger Lösung** ihre Gültigkeit. Allerdings wird die Aufteilung von ΔG° in einen energetischen und einen entropischen Beitrag durch die Solvatationseffekte in einer schwer vorhersehbaren Weise verändert.

Wir betrachten dazu zunächst nochmals die Dissoziation von Essigsäure (vgl. S. 193 f.). Die thermodynamischen Werte für eine hypothetische Ionendissoziation von Essigsäure in der Gasphase sind nicht bekannt, aber es ist sicher, daß ΔH° sehr groß sein muß, so daß auch ΔG° sehr groß ist, obgleich der ebenfalls große Wert von ΔS° dort eine Dissoziation begünstigen würde. Beim Übergang in die wäßrige Lösung wird infolge der Ionensolvatation das ΔH° für die Dissoziation der Essigsäure gleich null; zugleich aber wird die in der Gasphase positive Reaktionsentropie ΔS° jetzt negativ, so daß ΔG° immer noch positiv ist. ΔG° ist aber lange nicht mehr so groß wie in der Gasphase, so daß eine begrenzte Dissoziation jetzt überhaupt erst möglich wird. ΔG° ändert sich also beim Übergang aus der Gasphase in die Lösung qualitativ jedenfalls in der Richtung, wie man es ohne Berücksichtigung der Entropie allein aufgrund der gegen die elektrostatischen Anziehungskräfte zu leistenden Arbeit erwarten sollte.* Diese Feststellung bleibt auch für die Beeinflussung von ΔG° durch Substituenteneffekte gültig.

In Tabelle 16.5 sind die thermodynamischen Daten für die Dissoziationsreaktionen von Essigsäure, Chloressigsäure und Trichloressigsäure miteinander verglichen.

Tabelle 16.5. Induktive Wirkung elektronenziehender Substituenten auf Dissoziationsarbeit und Dissoziationsentropie.

Reaktion	pK	$\dfrac{\Delta G^\circ}{\text{kJ/mol}}$	$\dfrac{\Delta H^\circ}{\text{kJ/mol}}$	$\dfrac{\Delta S^\circ}{\text{J/(mol K)}}$
$CH_3-COOH(aq) \rightleftharpoons CH_3-COO^-(aq)+H^+(aq)$	4,75	27	≈ 0	-91
$CH_2Cl-COOH(aq) \rightleftharpoons CH_2Cl-COO^-(aq)+H^+(aq)$	2,8	16	-4	-67
$CCl_3-COOH(aq) \rightleftharpoons CCl_3-COO^-(aq)+H^+(aq)$	0,7	4	$+4$	≈ 0

Wie zu erwarten, wird die für die Ionentrennung aufzubringende Reaktionsarbeit ΔG° mit Einführung der Cl-Substituenten schrittweise kleiner. Diese Verkleinerung wird aber merkwürdigerweise nicht durch Verkleinerung von ΔH° erreicht, sondern durch Änderung von ΔS°: ΔH° ändert sich jeweils nur wenig und in unübersichtlicher Weise. ΔS° ändert sich dagegen schrittweise in positiver Richtung, d.h., die bei der Essigsäuredissoziation beobachtete Ordnungszunahme wird kleiner und ist bei der Trichloressigsäuredissoziation gar nicht mehr vorhanden. Worauf beruht das? Die Ordnungszunahme bei der Essigsäuredissozia-

---

* Die hohe Dielektrizitätskonstante des Wassers vermindert nämlich die Anziehungskräfte zwischen den zu trennenden Ionen.

tion beruhte auf der starken Solvatation der entstehenden Ionen. Das Trichloracetation ist aber viel schwächer solvatisiert als das Acetation, weil die negative Ladung im Trichloracetation nicht auf die CO_2^--Gruppe beschränkt, sondern über das ganze Molekül verteilt ist. Die elektrische Feldstärke (Feldliniendichte) in der Umgebung des Anions ist daher kleiner. Darum werden die Wasserdipole durch die negative Ladung nicht so stark geordnet wie beim Acetation.

Der induktive Effekt spielt nicht nur für die Veränderung von pK-Werten, sondern auch für **chemische Synthesen** eine Rolle. Bei vielen Reaktionen treten nämlich in sehr geringer Konzentration *Zwischenprodukte* auf, die ein *positiv geladenes* oder ein *negativ geladenes Kohlenstoffatom* besitzen (**Carboniumionen** bzw. **Carbanionen**). Die Bildung eines Carboniumions wird nun wesentlich erleichtert, wenn das positiv geladene C-Atom eine oder mehrere elektronenschiebende Gruppen (z.B. CH_3) trägt, weil auf diese Weise die positive Ladung über einen größeren Bereich des Moleküls verteilt wird und somit die *Energie dieses Zwischenprodukts erniedrigt* wird.* Analog wird die Bildung eines *Carbanions* energetisch erleichtert, wenn das negativ geladene C-Atom eine oder mehrere elektronen*ziehende* Gruppen trägt, so daß die *negative* Ladung verteilt wird.**

Beispiele für Reaktionen mit einem durch induktiven Effekt stabilisierten **Carboniumion** als Zwischenstoff:

1.) Hydrolyse von tertiärem Butylbromid zu tertiärem Butanol:

$$(16.20)$$

2.) Addition von HBr an eine Doppelbindung:

Isobutylen   Carboniumion   tert. Butylbromid

$$(16.21)$$

Bei dieser Reaktion wird also das Proton an dasjenige C-Atom angelagert, das auch vorher schon die meisten H-Atome trug (*Markownikoff-Regel*), weil das dabei als Zwischenprodukt auftretende $C^\oplus$ durch *drei* benachbarte CH_3-Gruppen stabilisiert wird. Dieselbe Regel gilt auch, wenn keine schiebenden, sondern nur elektronen*ziehende* Substituenten im Olefin vorhanden sind. In diesem Fall kann man die Regel durch ein stabilisiertes **Carbanion** als Zwischenstoff erklären, an das erst nachträglich das Proton angelagert wird, z.B.:

---

* Die elektrostatische Energie einer gegebenen Ladungsmenge ist nämlich um so größer, auf je kleinerem Raum diese Ladungsmenge konzentriert ist, wie man durch Integration des Coulombschen Gesetzes leicht zeigen kann.

** Wenn Doppelbindungen (π-Elektronen) im Molekül vorhanden sind, dann sind bei dieser Delokalisation der Ladungen meistens nicht nur induktive, sondern auch mesomere Effekte mit im Spiel, vgl. den nächsten Abschnitt.

$$Br\!\!\diagdown\!\!\diagup^{H} \atop H\!\!\diagup C\!\!=\!\!C\diagdown_{H} + H^{+}Br^{-} \longrightarrow \underset{\underset{\overset{|}{Br}}{\overset{|}{H}}}{H-C-C:^{\ominus}} + H^{+} \longrightarrow \underset{\underset{\overset{|}{Br}}{\overset{|}{H}}}{H-C-C-H} \qquad (16.22)$$

$$\text{\textit{Carbanion}}$$

16.5. Mesomere Effekte

In diesem Abschnitt soll diskutiert werden, wie *durch Einführung neuer Substituenten* in ein Molekül *neue mesomere Grenzstrukturen* (vgl. S. 79) *mit unterschiedlicher Ladungsverteilung* im Molekül ermöglicht werden, wodurch — ebenso wie bei den induktiven Effekten — Dissoziationsgleichgewichte und andere chemische Reaktionen beeinflußt werden.

Bereits die **Acidität der Carboxylgruppe** für sich allein ist auf einen Mesomerieeffekt zurückzuführen. Das Proton von einer alkoholischen OH-Gruppe kann nämlich nur sehr viel schwerer abgespalten werden. (Für Äthanol ist $pK \approx 17$, für Essigsäure 4,75.) Der Unterschied beruht darauf, daß nach Abspaltung des H^{+} aus einer Carboxylgruppe die beiden O—H-Bindungselektronen nicht mehr an dem betreffenden Sauerstoffatom festgehalten werden, sondern (zusammen mit den beiden π-Elektronen der C=O-Bindung) über die ganze Carboxylgruppe delokalisiert sind:

$$-C\!\!\diagup^{\overline{\underline{O}}|}_{\diagdown\underline{O}|\ \ominus} \longleftrightarrow -C\!\!\diagup^{\diagup\underline{O}|\ \ominus}_{\diagdown\underline{O}|}$$

Dadurch wird die Energie des dissoziierten Zustandes erniedrigt und somit die Dissoziation erleichtert. Aus dem gleichen Grunde können auch Enole und Phenole* ihr Proton viel leichter abgeben als Alkohole.

Daß ein Substituent auf ein Molekül einen *Mesomerieeffekt* ausübt, setzt voraus, daß *eine mesomere Grenzstruktur formuliert werden kann, bei der der Substituent mit dem Molekülrumpf in einer Doppelbindung verknüpft ist, die mit den übrigen Doppelbindungen des Moleküls in Konjugation steht.* Die π-Elektronen dieser speziellen Doppelbindung müssen entweder beide aus dem Substituenten oder beide aus dem Molekülrumpf stammen.** In dieser speziellen Grenzstruktur würde also der Substituent entweder genau eine Elektronenladung an den Molekül-

---

* „*Enole*" sind Verbindungen mit einer C=C-Doppelbindung („En-") direkt neben einer OH-Gruppe („-ol"). „*Phenole*" sind Verbindungen, die eine OH-Gruppe *unmittelbar an* einem aromatischen Kern tragen. (Wenn dagegen in einem Molekül ein Benzolkern und eine OH-Gruppe durch CH_2-Gruppen getrennt sind, spricht man von einem „aromatischen Alkohol".)

** Hierbei ist vorausgesetzt, daß der Substituent anstelle eines H-Atoms, d.h. zunächst mit einer einfachen σ-Bindung in das Molekül eingetreten ist. *Der Substituent soll also von Natur aus einwertig sein.*

rumpf abgegeben oder eine von ihm aufgenommen haben. Man spricht im ersteren Fall von einem **+M-Effekt**, im letzteren von einem **–M-Effekt**.

Es ist interessant, daß das Fluoratom trotz seiner großen Elektronegativität keinen –M-Effekt ausüben kann, da es über das eine Elektron aus der σ-Bindung hinaus keine zusätzlichen Elektronen aufnehmen kann. Wohl aber sind mesomere Grenzstrukturen formulierbar, bei denen das Fluoratom zwei seiner p-Elektronen als π-Elektronen zur Ausbildung einer Doppelbindung zur Verfügung stellt:

$$(16.23)$$

Das Fluoratom übt also einen +M-Effekt aus. Bei den schwereren Halogenatomen ist ein solcher +M-Effekt zunehmend schwächer ausgeprägt, weil diese für eine gute Überlappung der p-Orbitale mit dem π-Elektronensystem zu groß sind.*

Zur Ausübung eines –M-Effektes (d.h. zum Herausziehen von Elektronen aus dem Molekülrumpf) sind nur mehratomige Substituenten in der Lage, die bereits in sich selbst mindestens eine π-Bindung enthalten, z.B.

$$-CH{=}CH_2\,, \quad -C_6H_5\,, \quad -C\!\!\begin{array}{c}{\nearrow}O\\[-4pt]{\searrow}OR\end{array}\,, \quad -C{\equiv}N\,, \quad -C\!\!\begin{array}{c}{\nearrow}O\\[-4pt]{\searrow}R\end{array}\,, \quad -NO_2$$

Die elektronenziehende Wirkung nimmt in dieser Reihe von links nach rechts zu.

In den entsprechenden mesomeren Grenzformeln, bei denen also der durch eine Doppelbindung mit dem Molekülrumpf verbundene –M-Substituent eine negative Ladung trägt, ist eine von seinen eigenen, inneren π-Bindungen „*aufgerichtet*" worden, d.h., die betreffenden beiden π-Elektronen bilden jetzt ein neues „*einsames Elektronenpaar*"** an dem betreffenden negativ geladenen Atom, z.B.:

oder

---

* Hier besteht eine Parallele zu der „*Doppelbindungsregel*" aus der Anorganischen Chemie, wonach nur die Elemente der ersten Achterperiode des Periodensystems leicht untereinander Doppelbindungen ausbilden, während die schwereren Elemente ihre Valenzen eher durch eine entsprechend größere Zahl von Nachbaratomen absättigen.

** Ein einsames Elektronenpaar wird in den Strukturformeln ebenso wie ein bindendes Elektronenpaar durch einen Strich symbolisiert.

(16.24)

Wie aus den Formeln (16.23) bis (16.24) hervorgeht, hat der *Meso-merieeffekt nur* auf die Elektronendichte an den Atomen in *ortho*-Stellung und in *para*-Stellung zum Substituenten einen Einfluß, während die Elektronendichte in *meta*-Stellung durch den M-Effekt praktisch nicht verändert wird.[*] Wenn *trotzdem* eine Veränderung der Elektronendichte in *meta*-Stellung durch den Substituenten hervorgerufen wird, dann ist diese Veränderung dem *induktiven* Effekt zuzuschreiben. In *ortho-* und *para*-Stellung überlagern sich dagegen beide Effekte: Sie können sich gegenseitig verstärken (z.B. bei $-NO_2$ oder $-NH_2$) oder schwächen (z.B. bei $-F$, $-Cl$, $-OH$, vgl. die nachfolgende Diskussion).

Ebenso wie der induktive Effekt läßt sich auch der mesomere Effekt anhand von Dipolmomenten oder von pK-Werten substituierter Carbonsäuren studieren. In Tabelle 16.6 sind die pK-Werte substituierter Benzoesäuren in *o-*, *m-* und *p*-Stellung angegeben.

Tabelle 16.6.   pK-Werte substituierter Benzoesäuren C_6H_4XCOOH

X	$-H$	$-NO_2$	$-F$	$-Cl$	$-OH$	$-CH_3$
o		2,17	—	2,92	2,97	3,91
m	} 4,22	3,49	—	3,82	4,08	4,27
p		3,42	4,14	3,98	4,48	4,37

Am stärksten wird die Acidität durch eine **Nitrogruppe** in *o*-Stellung erhöht: Der pK-Wert sinkt von 4,22 auf 2,17 infolge der induktiven und mesomeren Elektronenanziehung der NO_2-Gruppe (vgl. Tab. 16.6). In *m*-Stellung ist der $^-$I-Effekt infolge der größeren Entfernung schwächer, und der $^-$M-Effekt fällt hier ganz aus. In *p*-Stellung ist der pK-Wert wieder etwas kleiner, obgleich der $^-$I-Effekt wegen der größeren Entfernung noch schwächer ist; hier macht sich also der $^-$M-Effekt wieder bemerkbar.

p-**Fluorbenzoesäure** ist nur wenig saurer als Benzoesäure (vgl. Tab. 16.6): Der $^-$I-Effekt und der +M-Effekt kompensieren sich hier annähernd; der $^-$I-Effekt überwiegt ein wenig. *p*-Chlorbenzoesäure ist (trotz der geringeren Elektronegativität von Chlor) etwas stärker sauer als die Fluorverbindung, weil der +M-Effekt für $-Cl$ kleiner als für $-F$ ist.

Die **OH-Gruppe** bewirkt in *m*-Stellung eine Verminderung des pK (von 4,22 auf 4,08) infolge eines $^-$I-Effekts, während in *p*-Stellung der +M-Effekt überwiegt (*Zu-*

---

[*] Die Stellungen *ortho, meta* und *para* (*o, m* und *p*) relativ zum Substituenten X sind durch nebenstehendes Bild definiert:

nahme des pK auf 4,48). Für eine OH-Gruppe in *o*-Stellung („*Salicylsäure*") könnte man erwarten, daß sich der −I-Effekt und der +M-Effekt ungefähr kompensieren. Die starke Erhöhung der Acidität (Verminderung des pK auf 2,97, vgl. Tab. 16.6) läßt sich ähnlich wie bei der Dissoziation der Maleinsäure (S. 211) durch die räumliche Nähe des OH-Protons erklären, welches das Carboxylproton abstößt und das Anion durch H-Brückenbindung stabilisiert.

Salicylsäureanion

Interessant ist die Erhöhung der Acidität durch −CH$_3$ in *o*-Stellung (vgl. Tab. 16.6), die im Widerspruch zu der elektronenschiebenden Wirkung der CH$_3$-Gruppe steht. Um diesen Effekt zu verstehen, muß man sich klarmachen, daß Ameisensäure HCOOH (pK = 3,77) stärker sauer ist als Benzoesäure C$_6$H$_5$COOH (pK = 4,22), daß also der Phenylring in diesem Fall Elektronen in die COOH-Gruppe hineinschiebt. Dieses Hineinschieben ist aber an die *Bedingung* geknüpft, daß der Phenyl-

ring mit der C$\overset{\displaystyle O}{\underset{\displaystyle OH}{}}$-Gruppe *in einer Ebene* liegt, so daß die π-Bindungsorbitale überlappen können. (Rein *induktiv* wirkt nämlich −C$_6$H$_5$ elektronen*ziehend*, vgl. Tab. 16.3, S. 224.) Befindet sich aber in *o*-Stellung zur Carboxylgruppe eine CH$_3$-Gruppe, so dreht diese die Carboxylgruppe ein wenig aus der Ebene des Phenylrings heraus („*sterische Mesomeriehinderung*"). Die elektronenschiebende Wirkung des Phenylringes läßt dadurch nach, und der pK-Wert nähert sich dem der Ameisensäure.

Die sterische Mesomeriehinderung läßt sich auch sehr schön durch Messungen des *Dipolmoments* nachweisen: So hat Nitromesithylen (μ = 1,21 · 10^{-29} Cm) ein kleineres Dipolmoment als Nitrobenzol (μ = 1,3 · 10^{-29} Cm), weil die Methylgruppen die O-Atome aus der Ebene des Ringes herausdrehen, so daß nur noch der −I-Effekt der NO$_2$-Gruppe wirksam ist, der −M-Effekt aber nicht mehr.

Nitromesithylen

16.6. Die Hammett-Gleichung

Die Hammett-Gleichung wurde empirisch durch den Vergleich von Substituenteneinflüssen auf Gleichgewichtskonstanten mit den Einflüssen derselben Substituenten auf die *Geschwindigkeit* chemischer Reaktionen entdeckt. Darum wird die Hammett-Gleichung meistens erst im Rahmen der *Kinetik* besprochen. Da sie sich aber im wesentlichen aufgrund thermodynamischer Vorstellungen verstehen läßt, soll schon hier kurz darauf eingegangen werden.

Zur mathematischen Beschreibung der Geschwindigkeit einer chemischen Reaktion wird in der Kinetik die *Geschwindigkeitskonstante* eingeführt (vgl. Seite 7). Trägt man den Logarithmus der Geschwindigkeitskonstante *k* für die *Hydrolyse eines substituierten Benzoesäureäthylesters* als Ordinate gegen den Logarithmus der *Dissoziationskonstante K* einer mit dem gleichen Substituenten *substituierten Benzoesäure* als Abszisse in ein Diagramm ein, so stellt man fest, daß die Punkte für die verschiedenen *meta*- und *para*-Substituenten praktisch alle auf der gleichen Geraden liegen (vgl. Abb. 16.8).

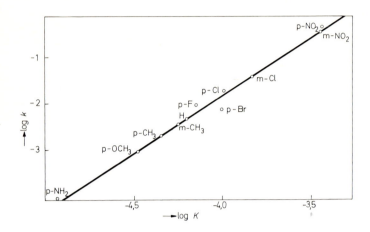

Abb. 16.8. Darstellung der Hammett-Gleichung: Zusammenhang zwischen Geschwindigkeitskonstante k der Hydrolyse eines substituierten Benzoesäureäthylesters und Dissoziationskonstante K der entsprechend substituierten Benzoesäure für verschiedene *meta*- und *para*-Substituenten am Benzolkern.

Bezeichnen wir die Steigung der Geraden mit ρ, so wird dieser empirische Sachverhalt durch folgende Gleichung beschrieben:

$$\log k = \rho \log K + \text{const} \tag{16.25}$$

oder auch

$$\log k - \log k_o = \rho \cdot (\log K - \log K_o) \, , \tag{16.26}$$

wenn wir mit k_o und K_o die Konstanten für die *un*substituierte Benzoesäure bzw. deren Ester bezeichnen. (Der betr. Punkt im Diagramm Abb. 16.8 ist mit dem H-Atom als „Substituent" gekennzeichnet.) Mit der Definition

$$\log K - \log K_o \equiv \sigma \tag{16.27}$$

kann man für (16.26) auch schreiben:

$$\log \frac{k}{k_o} = \rho \cdot \sigma \tag{16.28}$$

(*Hammett-Gleichung*)

Anstelle der Hydrolyse der Carbonsäureäthylestergruppe betrachten wir jetzt die Reaktion irgendeiner **anderen reagierenden Gruppe** R, z.B. die Dissoziation der NH_3^+-Gruppe:

$$\text{(16.29)}$$

Trägt man anstelle der Geschwindigkeitskonstante k jetzt die **Gleichgewichtskonstante** $K(R)$ für die chemische Reaktion dieser Gruppe R in doppeltlogarithmischem Maßstab gegen die Dissoziationskonstante K substituierter Benzoesäuren auf, so findet man *wiederum* eine Gerade, in der jedoch die **Steigung** ρ *einen anderen Wert* hat als in Gl. (16.25). Analog (16.28) kann man daher auch für das Verhältnis *dieser Gleichgewichts*konstanten von substituierter zu unsubstituierter Form eine „**Hammett-Gleichung**" formulieren:

$$\log \frac{K(R)}{K_o(R)} = \rho(R) \cdot \sigma(X) \qquad \text{(16.30)}$$

Der dem lateinischen Buchstaben R entsprechende griechische Buchstabe ρ wurde gewählt, um daran zu erinnern, daß die Steigung ρ eine Eigenschaft der reagierenden Gruppe R ist. Analog soll der dem S entsprechende griechische Buchstabe σ daran erinnern, daß die Abszissendifferenz $\log K - \log K_o \equiv \sigma$ (mit $K =$ Dissoziationskonstante der Carboxylgruppe) eine Eigenschaft des **Substituenten** X ist, sofern man den Ort der Substitution (*meta* oder *para*) in diesem Zusammenhang mit zum Namen des Substituenten hinzurechnet (vgl. Abb. 16.8).

Die völlige Analogie der beiden Hammett-Gleichungen (16.28) und (16.30) beruht darauf, daß die **Geschwindigkeits**konstante k einer Reaktion im allgemeinen einer **Gleichgewichts**konstante K^* für die Bildung eines **aktivierten Zwischenzustandes** proportional ist. Der Proportionalitätsfaktor kürzt sich in (16.28) heraus, so daß man (16.28) auf die Form von (16.30) zurückführen kann.

Um die Hammett-Gleichung zu verstehen, wollen wir versuchen, sie aus plausiblen Modellannahmen und einfachen Erfahrungen herzuleiten. Eine solche „**Herleitung**" kann natürlich nicht den Anspruch einer zwingenden Theorie erheben, aber das dabei gewonnene „**Verständnis**" erlaubt eine übersichtliche Einordnung des empirischen Materials und regt zu systematischen neuen Versuchen an.

Um ein Proton von einer negativen Ladung abzutrennen, muß man eine elektrostatische Arbeit aufwenden, die der Ladung proportional ist. Es scheint daher vernünftig, auch für die Gibbs-Standardreaktionsenergie bei der Abtrennung eines Protons aus einer substituierten Benzoesäure eine lineare Abhängigkeit von der örtlichen Ladungsmenge q an dem betreffenden C-Atom anzunehmen:

$$\Delta G^\circ(C) = -c \cdot q + \text{const} \qquad \text{(16.31)}$$

Dabei steht der Buchstabe C für die *dissoziierende* Carboxylgruppe. Der Proportionalitätsfaktor c bezieht sich speziell auf *diesen* Reaktionstyp. Das Minuszeichen rührt daher, daß die zuzuführende Abtrennarbeit positiv ist, wenn die Ladung q negativ ist. Wird die örtliche Ladung q durch Einführung eines Substituenten X um $\Delta q(X)$ verändert, so ändert sich $\Delta G^\circ(C)$ um

$$\triangle\Delta G^\circ(C) = -c \cdot \Delta q(X) \ . \tag{16.32}$$

Handelt es sich anstelle der dissoziierenden Carboxylgruppe C um eine andere reagierende Gruppe R , so ist analog

$$\Delta G^\circ(R) = -r \cdot q + \text{const}' \tag{16.33}$$

und

$$\triangle\Delta G^\circ(R) = -r \cdot \Delta q(X) \ . \tag{16.34}$$

Führt man für das Verhältnis der beiden Proportionalitätsfaktoren r und c das Symbol ρ ein,

$$r/c \equiv \rho \ , \tag{16.35}$$

so wird aus (16.34)

$$\triangle\Delta G^\circ(R) = -c \cdot \Delta q(X) \cdot \rho \ . \tag{16.36}$$

Darin ist ρ der *Faktor,* um den das $\Delta G^\circ(R)$ einer reagierenden Gruppe R auf eine bestimmte Ladungsveränderung $\Delta q(X)$ *empfindlicher* reagiert als das $\Delta G^\circ(C)$ der Carboxylgruppendissoziation. Zusammen mit der Gleichung

$$\log \{K(R)\} = \frac{-\Delta G^\circ(R)}{2{,}3\,R\,T} \tag{16.37}$$

wird dann aus (16.36)

$$\log \frac{K(R)}{K_\circ(R)} = \log \{K(R)\} - \log \{K_\circ(R)\} \equiv \Delta\log \{K(R)\}$$

$$= -\frac{\triangle\Delta G^\circ(R)}{2{,}3\,R\,T} = \frac{c\Delta q(X)}{2{,}3\,R\,T} \cdot \rho \ . \tag{16.38}$$

Wenn man darin den vom Substituenten X abhängigen Faktor

$$\frac{c\Delta q(X)}{2{,}3\,R\,T} \equiv \sigma(X) \tag{16.39}$$

mit der Hammettschen Größe σ identifiziert, geht (16.38) in die Hammett-Gleichung (16.30) über.

Aus diesem Gedankengang geht hervor, daß der empirische Faktor ρ nur von der reagierenden Gruppe R (d.h. von der Art dieser Reaktion) abhängt. ρ *ist ein Maß dafür, wie stark* $\Delta G^\circ(R)$ *auf eine Veränderung der Ladungsverteilung im Molekül anspricht*; ρ ist unabhängig davon, durch *welchen* Substituenten X eine solche Ladungsumverteilung bewirkt wird. Dagegen ist σ nur ein *Maß für die Fähigkeit eines bestimmten Substituenten* X, *die Ladungsdichte an einem bestimmten anderen Punkt des Moleküls zu verändern.* σ ist annähernd unabhängig davon, was für eine reagierende Gruppe R an diesem Punkt sich befindet. Dagegen hängt σ entscheidend davon ab, ob X in *meta-* oder in *para*-Stellung zu R steht. (Für Substituenten in *ortho*-Stellung ist die Hammett-

Gleichung nicht anwendbar, da hier sterische Faktoren einen zusätzlichen Einfluß auf das Gleichgewicht haben.)

Wenn man für einzelne Kombinationen von Substituenten X und reaktiven Gruppen R die σ- und ρ-Werte bestimmt hat, kann man für beliebige andere Kombinationen von X und R die Gleichgewichtskonstanten $K(R)$ und die Geschwindigkeitskonstanten $k(R)$ nach den Hammett-Gleichungen voraussagen. Die σ-Werte der Substituenten sind unabhängig davon, ob von Gleichgewichtskonstanten oder von Geschwindigkeitskonstanten die Rede ist (nicht aber die ρ-Werte). In Tabelle 16.7 sind einige σ-Werte wiedergegeben.

Tabelle 16.7. Hammettsche Konstanten σ für verschiedene Substituenten X

X	σ	X	σ	X	σ
m-NH$_2$	$-0,161$	m-F	$+0,337$	m-COCH$_3$	$+0,306$
p-NH$_2$	$-0,660$	p-F	$+0,062$	p-COCH$_3$	$+0,516$
m-OH	$+0,104$	m-Cl	$+0,373$	m-NO$_2$	$+0,710$
p-OH	$-0,357$	p-Cl	$+0,227$	p-NO$_2$	$+0,778$

Entsprechend der Hammettschen Definition (16.27) bedeutet ein positiver σ-Wert eine Erhöhung der Dissoziationskonstante, also eine Erleichterung der H$^+$-Abtrennung, was nach Gl. (16.39) auf eine Verminderung der Elektronendichte an der reagierenden Gruppe R zurückzuführen ist ($\Delta q > 0$ bedeutet eine *Verminderung* der *negativen* Ladung). Substituenten mit $\sigma > 0$ wirken also elektronenziehend. *Ein negativer σ-Wert bedeutet* das Umgekehrte, also *elektronenschiebende Wirkung*.

Wie man aus der Tabelle sieht, wirkt die NH$_2$-Gruppe in jedem Fall elektronenschiebend; dieser induktive Effekt wird aber in *para*-Stellung durch den Mesomerieeffekt wesentlich verstärkt. Die OH-Gruppe wirkt in *m*-Stellung elektronenziehend; dieser induktive Effekt wird aber in *p*-Stellung infolge der mesomeren Elektronen*abgabe* überkompensiert. Ähnlich ist es beim Fluor: Der induktive Elektronenzug dieses am stärksten elektronegativen Elements wird in *p*-Stellung durch Mesomerie nahezu auf null kompensiert. Aus dem gleichen Grunde wirkt auch Chlor in *m*-Stellung stärker elektronenziehend als in *p*-Stellung, jedoch ist der Unterschied kleiner als beim Fluor, weil der größere Atomradius für eine Überlappung mit den π-Elektronen des Benzolkerns weniger günstig ist. Für die COCH$_3$-Gruppe und die NO$_2$-Gruppe gehen die elektronenziehenden Wirkungen des induktiven und des mesomeren Effekts in die *gleiche* Richtung: Daher ist σ für die *p*-Substituenten stärker positiv als für die *m*-Substituenten, obgleich die rein induktive Wirkung in *p*-Stellung wegen der größeren Entfernung kleiner sein muß.

17. Phasengleichgewichte

17.1. Die Clausius-Clapeyronsche Gleichung

Eine reine Flüssigkeit wird im Gleichgewicht mit ihrem darüber befindlichen reinen Dampf erwärmt und die jeweils zusammengehörenden Gleichgewichtswerte von p und T gemessen (Abb. 17.1). Wir suchen für diese Bedingungen eine Formel für die gegenseitige Abhängigkeit von p und T.

Abb. 17.1. Schema zur Messung des Dampfdrucks einer Flüssigkeit in Abhängigkeit von der Temperatur.

Im Gleichgewicht zwischen Flüssigkeit und Dampf ist die Triebkraft für den Phasenübergang gleich null:

$$\Delta G[i(fl) \to i(g)] = 0 \qquad (17.1)$$

Diese Bedingung muß bei Erwärmung im Gleichgewicht immer erhalten bleiben, d.h., bei Änderung von p und T muß auch die *Änderung* $d\Delta G$ gleich null sein. Für diese Änderung gilt die Formel (14.10):

$$d\Delta G = \Delta V \, dp - \Delta S \, dT = 0 \qquad (17.2)$$

Somit ist bei dauerndem Gleichgewicht (Index $_=$):

$$\left(\frac{dp}{dT}\right)_= = \frac{\Delta S}{\Delta V} \qquad (17.3)$$

Im Gleichgewicht ist aber wegen $\Delta G = \Delta H - T\Delta S = 0$:

$$\Delta S = \frac{\Delta H}{T_=} \qquad (17.4)$$

worin ΔH die Phasenumwandlungswärme ist (z.B. die Verdampfungswärme). Somit wird aus (17.3):

$$\boxed{\left(\frac{dp}{dT}\right)_= = \frac{\Delta H}{T_= \cdot \Delta V}} \qquad (17.5)$$

(*Clausius-Clapeyronsche Gleichung*)

Da die Gleichungen (17.2) und (17.4) nicht nur für das *Verdampfungsgleichgewicht*, sondern für beliebige Phasengleichgewichte gültig sind, so beschreibt die Clausius-Clapeyronsche Differentialgleichung (17.5) in gleicher Weise auch das *Schmelzdruckgleichgewicht* zwischen fester und flüssiger Phase.

Bei der Herleitung von (17.5) bleibt völlig offen, welche der beiden Größen p, T wir als *unabhängige* und welche wir als *abhängige* Variable betrachten wollen. Geben wir z.B. die Temperatur vor, so ist der zugehörige Gleichgewichtsdruck der *Dampfdruck* (bzw. der *Schmelz-*

druck). Die Clausius-Clapeyronsche Gleichung liefert dann also die *Tangentensteigung* dp^D/dT *der Dampfdruckkurve* (bzw. Schmelzdruckkurve) $p^D(T)$. Gibt man dagegen den Druck p vor, so kann man durch Lösen der Differentialgleichung (17.5) und Auflösen nach T die zu p gehörende *Siedetemperatur* (bzw. Schmelztemperatur) berechnen (siehe unten).

Wenn es sich um ein Verdampfungsgleichgewicht oder ein *Sublimationsgleichgewicht* (vgl. S. 70) handelt, dann kann man meistens das Molvolumen V_{kond} der flüssigen oder festen Phase neben dem Molvolumen V_g der Gasphase vernachlässigen und für letzteres das ideale Gasgesetz (3.12) ansetzen:

$$\Delta V = V_g - V_{kond} \approx V_g = \frac{RT}{p^D} \tag{17.6}$$

Einsetzen in (17.5) ergibt als *Spezialfall der Clausius-Clapeyronschen Gleichung*:

$$\frac{1}{p^D} \cdot \frac{dp^D}{dT} = \boxed{\frac{d\ln p^D}{dT} = \frac{\Delta H_{fl \rightarrow g}}{RT^2}} \tag{17.7}$$

Diese Gleichung stellt zugleich auch einen *Spezialfall der van't Hoffschen Gleichung* (14.24) dar: In der Gleichgewichtskonstante K von (14.24) sind nämlich die Konzentrationen der kondensierten reinen Stoffe nicht mit enthalten (vgl. S. 121 ff.). Für den Sonderfall der Verdampfung eines reinen Stoffes wird daher $K = p^D$. Zwischen ΔH und ΔH° besteht in idealen Systemen kein Unterschied, wenn man das Eigenvolumen der kondensierten Phase vernachlässigt. Somit wird für diesen Spezialfall die van't Hoffsche Gleichung mit der Clausius-Clapeyronschen Gleichung identisch.

Durch Trennung der Variablen wird aus (17.7):

$$d\ln p^D = \frac{\Delta H_{fl \rightarrow g}}{R} \cdot \frac{dT}{T^2} \tag{17.8}$$

Die Temperatur, bei der der Dampfdruck $p^D = p^\circ (\equiv 1 \text{ atm})$ wird, ist die (normale) *Siedetemperatur* T_S („*Siedepunkt*"). Wenn wir die Temperaturabhängigkeit von ΔH vernachlässigen, ergibt die Integration von (17.8) zwischen den Grenzen p°, T_S und p^D, T :*

$$\ln \frac{p^D}{p^\circ} \equiv \ln \{p^D\} = -\frac{\Delta H_{fl \rightarrow g}}{R} \left(\frac{1}{T} - \frac{1}{T_S}\right) \tag{17.9}$$

oder auch

---

* Man kann Gl. (17.9) auch aus Gl. (14.26) anhand von Abb. 14.2 S. 181 erhalten.

$$\ln \{p^D\} = \frac{\Delta H_{fl\rightarrow g}}{R T_S} (1 - \frac{T_S}{T}) \ . \qquad (17.10)$$

Auflösen nach T ergibt:

$$T = \frac{T_S}{1 - \frac{R T_S}{\Delta H} \ln \{p^D\}} \qquad (17.11)$$

In dieser Gleichung ist T_S der Siedepunkt, d.h. die Siedetemperatur unter Standarddruck. Setzt man p^D gleich dem Außendruck p , so wird T die **Siedetemperatur unter dem (verminderten oder erhöhten) Außendruck**, da ja beim Sieden der Dampfdruck gleich dem Außendruck wird. Bei Destillationen im Vakuum ist p^D durch den Druck der Vakuumpumpe vorgegeben; dieser ist z.B. bei einer Wasserstrahlpumpe gleich dem Wasserdampfdruck bei der Temperatur des Leitungswassers, also etwa 1700 Pa (13 Torr) bei 15 °C. Die Siedetemperatur ist dann $< T_S$. Umgekehrt erreicht man z.B. in einem Dampfkochtopf durch erhöhten äußeren Druck Siedetemperaturen $> T_S$.

Die Formeln (17.10) und (17.11) *vernachlässigen die Temperaturabhängigkeit* von $\Delta H_{fl\rightarrow g}$, d.h., es wird $\Delta C_p \approx 0$ angenommen. *Die gleiche Vernachlässigung* ist auch in der *Ulichschen Näherung* (13.13) enthalten, so daß man hiermit zu den gleichen Ergebnissen gelangen muß. Wenn die Bildungsenthalpien und Normalentropien bekannt sind, ergibt sich mit der Ulichschen Näherung für den Verdampfungsvorgang:

$$-R T \ln \{p^D(T)\} = -R T \ln \{K\} = \Delta G^\circ(T) \approx \Delta H^\circ(T_o) - T \Delta S^\circ(T_o)$$
$$(17.12)$$

Setzt man darin $\Delta S^\circ = \Delta H^\circ_{fl\rightarrow g}/T_S$, so geht tatsächlich (17.12) in (17.10) über. Je nachdem, welche Meßdaten bekannt sind (ΔS oder T_S), kann (17.10) oder (17.12) zur Berechnung des Dampfdrucks nützlicher sein.

Wenn nur der normale Siedepunkt T_S bekannt ist, ΔH° und ΔS° aber unbekannt, kann man sich für Überschlagsrechnungen mit der sogenannten „**Troutonschen Regel**" (auch „Pictet-Troutonsche Regel") helfen: Diese besagt, daß die **Verdampfungsentropie am Siedepunkt für viele Stoffe ungefähr den gleichen Wert** hat:

$$\Delta S^\circ_{fl\rightarrow g} = \frac{\Delta H_{fl\rightarrow g}}{T_S} \approx 87 \ \frac{J}{mol \ K} \qquad (17.13)$$

Zum Beleg der Troutonschen Regel sind in Tabelle 17.1 für eine Auswahl von Stoffen die Verdampfungsenthalpien und Verdampfungsentropien am jeweiligen Siedepunkt unter Standarddruck nach steigenden Siedepunkten geordnet angegeben.

Tabelle 17.1. Siedepunkte, Verdampfungsenthalpien und Verdampfungsentropien unter Standarddruck

	$\dfrac{T_S}{K}$	$\dfrac{\Delta H^{\circ}_{fl \to g}}{kJ/mol}$	$\dfrac{\Delta S^{\circ}_{fl \to g}}{J/(mol\,K)}$
H_2	20,4	0,91	44,6
N_2	77,3	5,65	73,1
C_2H_6	184,1	15,1	82,0
HCl	188,1	16,3	86,7
H_2S	212,8	18,7	87,9
Cl_2	239,5	20,4	85,2
NH_3	239,7	23,35	97,4
HF	293	7,5	25,6
CS_2	319,3	27,2	85,6
$n\text{-}C_6H_{14}$	341,9	30,1	88,0
CCl_4	348,4	30,4	87,2
C_2H_5OH	351,4	38,6	109,8
C_6H_6	353,3	30,8	87,2
H_2O	373,15	40,6	108,8
CH_3COOH	391	24,35	62,3
Hg	630,5	59,0	93,6
Na	1156	97,9	84,7

Für viele Stoffe ist die Troutonsche Regel Gl. (17.3) einigermaßen gut erfüllt. Man kann das so interpretieren, daß die Zunahme in der Zahl der molekularen Anordnungsmöglichkeiten beim Übergang aus der Flüssigkeit in die Gasphase bei diesen Stoffen ungefähr gleich groß ist.

Charakteristische Abweichungen ergeben sich jedoch für Stoffe, die durch Ausbildung von *Wasserstoffbrücken* einen *höheren Ordnungsgrad* besitzen. Wenn das nur für die flüssige Phase der Fall ist, so ist die Zunahme der Unordnung beim Verdampfungsvorgang $\Delta S_{fl \to g}$ entsprechend größer. Man kann sich das auch dadurch klarmachen, daß dann in der Verdampfungsenthalpie zusätzliche Energieanteile zur Lösung der Wasserstoffbrücken enthalten sind. Daher wird der Troutonsche Regelwert von 87 J/(mol K) bei NH_3, C_2H_5OH und H_2O wesentlich überschritten (vgl. Tab. 17.1). Wenn andererseits auch *in der Gasphase* noch *Aggregate* aus mehreren Molekülen vorliegen, dann müßte man bei der Berechnung von $\Delta S_{fl \to g}$ aus den Meßdaten *eigentlich* die *erhöhte* Molmasse dieser Aggregate zugrundelegen, so daß der aus der *einfachen* Molmasse berechnete Wert von $\Delta S_{fl \to g}$ kleiner als der Troutonsche Regelwert ausfällt. Das ist z.B. bei CH_3COOH und bei HF der Fall (vgl. Tab. 17.1). Gesättigter Fluorwasserstoffdampf enthält am Siedepunkt Aggregate aus durchschnittlich etwa 3 Molekülen.

Eine weitere, systematische Abweichung von der Troutonschen Regel besteht darin, daß $\Delta S^{\circ}_{fl \to g}$ bei Stoffen mit sehr tiefen Siedepunkten merklich kleiner ist (z.B. bei H_2 und N_2). Das beruht darauf, daß mit abnehmender Temperatur nach Gl. (2.3) das *Gasvolumen* und damit nach Gl. (12.34) auch die molare Entropie in der Gasphase immer kleiner wird.*

Der Troutonsche Regelwert von 87 J/(mol K) beträgt ungefähr das Zehnfache der Gaskonstante R. Somit ist die Verdampfungsenthalpie ungefähr das Zehnfache der thermischen Energie am normalen Siedepunkt:

$$\Delta H_{fl \to g} \approx 10\,R\,T_S \; . \qquad\qquad (17.13\ a)$$

Eine ähnliche Regelmäßigkeit (allerdings mit noch größeren relativen Abweichungen vom Regelwert) gilt auch für den **Schmelzpunkt**: Die

---

* Man kann diese systematische Abweichung im Prinzip dadurch ausschalten, daß man anstelle der Verdampfungsentropien bei konstantem Gasdruck p° die Verdampfungsentropien bei einem *konstanten Molvolumen der Gasphase* miteinander vergleicht („*Hildebrandsche Regel*").

Schmelzentropie $\Delta S^{\circ}_{f \to fl}$ vieler Stoffe liegt zwischen $1\,R$ und $1{,}5\,R$. Die Schmelz*enthalpie* ist also ungefähr so groß wie die thermische Energie $R\,T_E$ am Schmelzpunkt (*„Richardssche Regel"*).

Frage: Warum kann ein Stoff bereits *sieden*, wenn seine mittlere thermische Energie eines Schwingungsfreiheitsgrades erst 1/10 der Verdampfungsenthalpie beträgt, während zum *Schmelzen* eines Stoffes die mittlere thermische Energie eines Schwingungsfreiheitsgrades fast ebenso groß wie die zur Überwindung der Gitterkräfte notwendige Schmelzenthalpie sein muß?

Antwort: Weil die Zahl der räumlichen Anordnungsmöglichkeiten beim Verdampfungsvorgang viel stärker zunimmt als beim Schmelzvorgang, so ist auch die Wahrscheinlichkeit entsprechend größer, daß ein Molekül in der Oberfläche, das zufällig einmal den zum Phasenübergang nötigen thermischen Energiebetrag erhält, von dieser Möglichkeit Gebrauch macht. Da die Zahl der räumlichen Anordnungsmöglichkeiten in der Gasphase stark vom verfügbaren Volumen und somit vom Gasdruck abhängt, so ist der Siedepunkt durch Veränderung des Druckes leicht verschiebbar (im Gegensatz zum Schmelzpunkt).

Übungsaufgaben

a) Aus der Troutonschen Regel leite man eine Formel zur Abschätzung der Siedetemperatur $T_=$ in Abhängigkeit vom vorgegebenen Außendruck p bei Kenntnis der normalen Siedetemperatur T_S unter Standarddruck her! Bei welcher Temperatur etwa siedet p-Dibrombenzol $(T_S \triangleq 219\,^{\circ}C)$ unter Wasserstrahlpumpenvakuum $(p \approx 1700\ Pa)$?

b) In einem Dampfdruckkochtopf garen die Speisen schneller als beim Kochen unter Atmosphärendruck. Welche Temperatur erreicht die Speisemischung, wenn das Ventil des Topfes sich erst bei einem *Über*druck von $1\,p^{\circ}$ öffnet? (Man setze den Innendruck näherungsweise gleich dem Dampfdruck von reinem Wasser, dessen Verdampfungswärme man unter Vernachlässigung von deren Abhängigkeit von T und p aus der Tabelle der Bildungsenthalpien Seite 315 errechnet.)

Lösungen

a) Durch Auflösen von Gl. (17.13) nach $\Delta H_{fl \to g}$ und Einsetzen in (17.11) erhält man für die druckabhängige Siedetemperatur:

$$T_= \approx T_S / [1 - \frac{R\,\ln\{p\}}{87\ J/(mol\ K)}]$$

Mit den angegebenen Zahlenwerten wird daraus $T_= = 354\ K \triangleq 81\,^{\circ}C$.

b) Mit $p^D_{H_2O} = p = 2\,p^{\circ}$ und $T_S \approx T_S(H_2O,\ rein) = 373\ K$ und

$$\Delta H \approx \Delta H^{\circ}_{298\ K}\,[H_2O(fl) \to H_2O(g)] = (+285{,}84 - 241{,}83 = 44{,}01)\ kJ/mol \quad wird$$

aus Gl. (17.11): $T_= \approx 392\ K \triangleq 119\,^{\circ}C$.

17.2. Phasendiagramme

Nach der Clausius-Clapeyronschen Gleichung (17.7) ist die Dampf-druckkurve $p^D(T)$ eines Stoffes um so steiler, je größer seine Phasen-umwandlungswärme $\Delta H_{\mathrm{kond} \to \mathrm{g}}$ ist. Nun ist die Sublimationswärme $\Delta H_{\mathrm{f} \to \mathrm{g}}$ eines Stoffes immer größer als seine Verdampfungswärme $\Delta H_{\mathrm{fl} \to \mathrm{g}}$. Nach dem Heßschen Satz gilt nämlich Gl. (8.22):*

$$\Delta H_{\mathrm{f} \to \mathrm{g}} = \Delta H_{\mathrm{f} \to \mathrm{fl}} + \Delta H_{\mathrm{fl} \to \mathrm{g}}$$

Die Dampfdruckkurve eines Stoffes ist darum für den festen Zustand steiler als für den flüssigen Zustand.

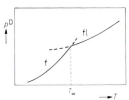

Abb. 17.2. Dampfdruck der festen und der flüssigen Pha-se eines Stoffes in Abhängig-keit von der Temperatur.

Wenn man die beiden Dampfdruckkurven über ihren gemeinsamen Schnittpunkt hinaus extrapoliert (Abb. 17.2), so würde bei tiefe-ren Temperaturen die flüssige Phase einen höheren Dampfdruck haben als die feste Phase; bei höheren Temperaturen ist es um-gekehrt. Solange sich aber zwei kondensierte Phasen eines Stoffes von verschiedenem Dampfdruck in einem geschlossenen Raum nebeneinander befinden, herrscht in dem Raum vorübergehend ein Partialdruck, der *zwischen* beiden Dampfdrucken liegt. Von der Phase mit dem höheren Dampfdruck wird darum bei vorgegebener Temperatur laufend Stoff verdampfen und zu der anderen Phase kondensieren, *bis die Phase mit dem höheren Dampfdruck ganz verschwunden ist.* (Erst dann kann sich das Gleichgewicht einstellen, indem der Partialdruck auf den kleineren Dampfdruck absinkt.) *Von zwei Phasen* eines Stoffes mit verschiedenem Dampfdruck ist also immer die mit dem **kleineren Dampfdruck** die **sta-bilere.** Dies geht auch aus Gl. (11.16) oder aus Gl. (11.47) hervor, wo-nach zum kleineren Dampfdruck jeweils das kleinere chemische Poten-tial $\bar{G}_i$ gehört. Für eine Umwandlung von Phase I in Phase II ist näm-lich

$$\Delta G = \bar{G}_{i(\mathrm{II})} - \bar{G}_{i(\mathrm{I})} < 0, \text{ falls } p_{i(\mathrm{I})} > p_{i(\mathrm{II})}.$$

Im **Schnittpunkt der Dampfdruckkurven** haben beide Phasen den gleichen Dampfdruck und das gleiche chemische Potential, sie sind hier also miteinander im **Gleichgewicht.** Die zugehörige Gleichgewichtstem-peratur $T_=$ ist die Schmelztemperatur. Die Schmelztemperatur unter

---

* In dieser Gleichung beziehen sich alle drei Phasenumwandlungswärmen genau genommen auf jeweils die gleiche Temperatur. Näherungsweise kann man aber die Temperaturabhängigkeit der ΔH-Werte vernachlässigen, indem man z.B. $\Delta H_{\mathrm{f} \to \mathrm{fl}}$ am Schmelzpunkt und $\Delta H_{\mathrm{fl} \to \mathrm{g}}$ am Siedepunkt mißt.

einem Außendruck p° wird als ,,*Schmelzpunkt*" oder ,,*Erstarrungspunkt*" T_E bezeichnet*.

Bei der Schmelztemperatur $T_=$ können feste und flüssige Phase indifferent nebeneinander vorliegen. Über beiden kann sich noch eine Gasphase befinden. Enthält die Gasphase *kein Fremdgas,* so ist der Dampfdruck p^D gleich dem Gesamtdruck p . Die *Schmelztemperatur unter dem eigenen Dampfdruck* bezeichnet man als ,,*Tripelpunkt*" T_{Tr} , da hier *drei* Phasen des reinen Stoffes koexistieren können. Wenn man jedoch das System einem äußeren Druck aussetzt, der größer als p^D ist, so verschwindet die Gasphase vollständig; der Stempel des Kompressionszylinders drückt dann direkt auf das Gemisch von flüssiger und fester Phase. Dieser *äußere Druck* p hat außerdem eine geringfügige *Verschiebung der Schmelztemperatur* $T_=$ zur Folge, die ebenfalls durch die Clausius-Clapeyronsche Gleichung (17.5) beschrieben wird: Ist die Volumenänderung $\Delta V_{\text{f-fl}} > 0$, so ist nach (17.5) mit $\Delta H_{\text{f-fl}} > 0$ auch die Steigung $(\mathrm{d}p/\mathrm{d}T)_=$ dieser ,,*Schmelzdruckkurve*" > 0 . Und zwar ist diese *Steigung* nach (17.5) *erheblich größer als die Steigungen der beiden Dampfdruckkurven,* weil $\Delta V_{\text{f-fl}}$ um etwa vier Zehnerpotenzen kleiner als $\Delta V_{\text{kond}\to g}$ ist. ($\Delta H_{\text{f}\to\text{fl}}$ ist nur etwa um eine Zehnerpotenz kleiner als $\Delta H_{\text{kond}\to g}$.)

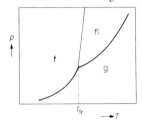

Abb. 17.3.   Zustandsgebiete der festen, flüssigen und gasförmigen Phase eines Stoffes im Druck-Temperatur-Diagramm.

Die Schmelzdruckkurve beginnt also im Tripelpunkt und steigt sehr steil an. Durch die drei vom Tripelpunkt T_{Tr} ausgehenden Kurven wird die Fläche im p-T-Diagramm in *drei Felder* unterteilt, die für den reinen Stoff ohne Fremdgase den *Zuständen fest, flüssig und gasförmig* entsprechen (Abb. 17.3). Ist der Zustand des Einstoffsystems z.B. durch einen Punkt (p, T) unterhalb von einer der Dampfdruckkurven gegeben, so liegt nur die Gasphase vor. Beim *Überschreiten der Kurve* tritt jeweils eine *Phasenumwandlung* auf.

Befindet man sich ein wenig über der Tripeltemperatur T_{Tr} im gasförmigen Gebiet, so führt eine *isotherme Druckerhöhung* (Kompression parallel zur p-Achse in Abb. 17.3) zunächst zur *Verflüssigung* und

---

* Die *Unterkühlung* einer Schmelze unter T_E ist leicht realisierbar, die *Überhitzung* eines festen Körpers über T_E hinaus dagegen nicht. Wohl aber läßt sich ein fester Stoff (z.B. rhombischer Schwefel) über eine *Umwandlungstemperatur* hinaus überhitzen, bei der er sich eigentlich in eine andere feste *Modifikation* (in monoklinen Schwefel) umwandeln müßte.

dann zur *Verfestigung* (Überschreiten der Grenzkurven g/fl und fl/f). Durch Erhöhung des äußeren Druckes kann also die isotherme „Reaktion"

$$i\,(fl) \;\rightarrow\; i\,(f)$$

erzwungen werden. Das entspricht dem *Prinzip vom kleinsten Zwang*: Das Schmelzgleichgewicht wird bei Druckerhöhung in derjenigen Richtung verschoben, wie das System Volumenarbeit aufnimmt. Da $V_{i(fl)} > V_{i(f)}$, ist für obige Reaktion die aufgenommene Volumenarbeit pro Formelumsatz $W/\xi = -p \cdot \Delta V = -p(V_{i(f)} - V_{i(fl)}) > 0$.

Wasser nimmt unter den Stoffen eine Sonderstellung ein. Die *Anomalie des Wassers* besteht darin, daß Eis eine geringere Dichte hat als flüssiges Wasser.* Daher ist in diesem Fall $\Delta V_{f \to fl} = V_{H_2O(fl)} - V_{H_2O(f)} < 0$.

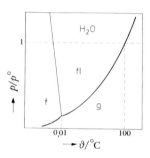

Abb. 17.4. Schematisches Zustandsdiagramm von Wasser

Da die Schmelzwärme $\Delta H_{f \to fl}$ auch für Wasser > 0 ist, so folgt aus der Clausius-Clapeyronschen Gleichung (17.5) für H_2O eine *negative Steigung der Schmelzdruckkurve* (Abb. 17.4).

Befindet man sich im Zustandsgebiet des festen H_2O ein wenig *unter* der Tripeltemperatur, so führt eine *isotherme Druckerhöhung* zum Überschreiten der Grenzkurve f/fl und damit zum *Schmelzen des Eises* (Abb. 17.4).

Im SI-Einheitensystem dient der Tripelpunkt des Wassers mit der Festlegung $T_{Tr} \equiv 273{,}16\ K$ zur *Definition der Einheit „Kelvin"*. Die Celsiustemperatur ist entsprechend Gl. (2.2) definiert als $\vartheta/°C \equiv T/K - 273{,}15$. Somit liegt der Tripelpunkt des Wassers bei $\vartheta_{Tr} = +0{,}01\ °C$ (vgl. Abb. 17.4).

Übungsaufgabe: Man berechne den Schmelzpunkt von reinem H_2O unter Standarddruck aus dem Tripelpunkt und der Steigung der Schmelzdruckkurve! Gegeben sind die Schmelzenthalpie

$\Delta H[H_2O(f) \rightarrow H_2O(fl)] = 6{,}008\ kJ/mol$ und die Dichten

$\rho_{H_2O(f)} = 0{,}917\ g/cm^3$; $\rho_{H_2O(fl)} = 1{,}00\ g/cm^3$. Der Dampfdruck am Tripelpunkt beträgt $p^D_{H_2O}(T_{Tr}) = 611\ Pa$.

Lösung: Ersetzt man in Gl. (17.5) den Differentialquotienten näherungsweise durch einen Differenzenquotienten mit $\Delta p = p° - p^D_{H_2O}(T_{Tr})$, so folgt $\Delta T_= = -0{,}0075\ K$, somit $T_E = T_{Tr} + \Delta T_= = 273{,}1525\ K$ und $\vartheta_E = +0{,}0025\ °C$.

---

* Eine ähnliche **Anomalie** ist sonst nur noch beim Wismut und einigen anderen Halbmetallen (Antimon, Germanium, Silicium, Gallium) bekannt.

Dieser Wert gilt für *luftfreies* Wasser. An der freien Atmosphäre ist jedoch das Wasser mit Luft gesättigt, was zu einer zusätzlichen Gefrierpunktsrniedrigung (vgl. den folgenden Abschnitt) von 0,0024 °C führt. Die ursprüngliche Definition der Celsius-Skala, wonach *luftgesättigtes* Wasser bei 0 °C erstarrt, ist daher mit den neuen SI-Definitionen praktisch im Einklang.

Die **Anomalie des Wassers** läßt sich aufgrund der **Kristallstruktur von Eis** verstehen: Im Eiskristallgitter ist jedes Sauerstoffatom tetraedrisch von vier anderen Sauerstoffatomen umgeben, ähnlich wie Kohlenstoff im Diamantgitter. Auf jeder Verbindungslinie zwischen zwei Sauerstoffatomen (nicht ganz genau in der Mitte) befindet sich ein Wasserstoffatom. Auf diese Weise entsteht eine Packung von relativ geringer Dichte [jedes Molekül hat nur vier nächste Nachbarn; in einer dichtesten Kugelpackung (Apfelsinenkiste) wird dagegen z.B. jede Kugel von 12 Nachbarkugeln berührt]. Wenn beim H_2O die Zahl der nächsten Nachbarmoleküle *größer* als vier wird, so kann nicht mehr zu jedem Nachbarn eine H-Brückenbindung ausgebildet werden, weil nach der Formel H_2O die Zahl der H-Brücken höchstens doppelt so groß wie die Zahl der O-Atome sein kann. (Da immer zwei O-Atome an einer H-Brücke beteiligt sind, ergibt sich für jedes O-Atom die Beteiligung an maximal 4 H-Brücken in nahezu regelmäßiger tetraedrischer Anordnung.) Erhöht man die Packungsdichte und damit die Zahl der nächsten Nachbarn eines Moleküls, dann wird die energetisch gunstige tetraedrische Anordnung gestört, und einige H-Brückenbindungen werden gelöst. Darum ist die etwas *dichtere Packung des flüssigen Wassers energiereicher als die des Eises.*

17.3. Siedepunktserhöhung und Gefrierpunktsrniedrigung

Die *Erstarrungstemperatur* T_E einer verdünnten *Lösung** liegt immer *niedriger als die des reinen Lösungsmittels.* Andererseits ist die *Siedetemperatur* T_S der Lösung im Vergleich zum reinen Lösungsmittel *erhöht,* sofern der gelöste Stoff zum Dampfdruck der Lösung praktisch nichts beiträgt. Die entsprechenden Formeln erhält man durch Kombination der Clausius-Clapeyronschen Gleichung mit dem 1. Raoultschen Gesetz, wie im folgenden gezeigt wird.

Als Ursache für Siedepunktserhöhung und Gefrierpunktsrniedrigung ist die *Dampfdruckerniedrigung des Lösungsmittels* 1 durch einen gelösten Stoff 2 zu betrachten. Diese wird durch das 1. Raoultsche Gesetz (S. 111) beschrieben. Die Zusammenhänge werden aus Abb. 17.5 ersichtlich:

---

* Mit T_E ist hier die Temperatur gemeint, bei der die Lösung *von definierter Konzentration* mit kristallisiertem Lösungsmittel im Gleichgewicht ist. Da die Konzentration während des Auskristallisierens von reinem Lösungsmittel zunimmt, erstarrt nicht die ganze Lösung bei der gleichen Temperatur.

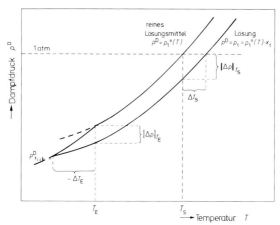

Abb. 17.5. Verschiebung der Dampfdruckkurve des Lösungsmittels durch einen gelösten Stoff als Ursache von Siedepunktserhöhung ΔT_S und Gefrierpunktserniedrigung $-\Delta T_E$.

Die Dampfdruckkurve der Lösung ist gegenüber der Dampfdruckkurve
des reinen Lösungsmittels um $|\Delta p|$ nach unten verschoben. Diese Ver-
schiebung hat einerseits zur Folge, daß die Linie $p^D = p° \equiv 1$ atm (Bedingung für das Sieden) erst bei einer um ΔT_S *erhöhten* Temperatur
erreicht wird (*Siedepunktserhöhung*). Andererseits hat die Verschiebung zur Folge, daß die steilere Dampfdruckkurve des festen, reinen
Lösungsmittels erst bei einer um $-\Delta T_E$ *tieferen* Temperatur geschnitten
wird (*Gefrierpunktserniedrigung*). Für die Dampfdruckerniedrigung
$-\Delta p \equiv p_1° - p_1$ ergibt sich aus dem 1. Raoultschen Gesetz (11.50):

$$|\Delta p| = p^D \cdot x_2 \qquad (17.14)$$

Aus Abb. 17.5 entnimmt man, daß für die Siedepunktserhöhung ΔT_S
näherungsweise gilt:

$$|\Delta p| \approx \frac{dp^D}{dT} \cdot \Delta T_S \qquad (17.15)$$

Darin ist dp^D/dT nach der Clausius-Clapeyronschen Gleichung (17.7)
gegeben als

$$\frac{dp^D}{dT} = p^D \cdot \frac{\Delta H_{fl \to g}}{R \, T_S{}^2} \quad . \qquad (17.16)$$

Einsetzen von (17.14) und (17.16) in (17.15) und Auflösen nach ΔT_S
ergibt für die *Siedepunktserhöhung*:

$$\Delta T_S = x_2 \cdot \frac{R \, T_S{}^2}{\Delta H_{fl \to g}} \qquad (17.17)$$

Weiter entnimmt man aus Abb. 17.5, daß für die *Gefrierpunktserniedrigung* $-\Delta T_E$ näherungsweise gilt:

$$|\Delta p| = \left(\frac{dp^D_{fest}}{dT} - \frac{dp^D_{flüssig}}{dT} \right) \cdot |\Delta T_E| \qquad (17.18)$$

Darin ist analog (17.16)

$$\frac{dp^D_{fest}}{dT} = p^D \cdot \frac{\Delta H_{f \to g}}{R\,T_E^{\;2}} \qquad (17.19)$$

und

$$\frac{dp^D_{flüssig}}{dT} = p^D \cdot \frac{\Delta H_{fl \to g}}{R\,T_E^{\;2}} \qquad (17.20)$$

Wegen (8.22) ist aber

$$\Delta H_{f \to g} - \Delta H_{fl \to g} = \Delta H_{f \to fl} \qquad (17.21)$$

Durch Einsetzen von (17.14) und (17.19) bis (17.21) in (17.18) wird analog (17.17):

$$|\Delta T_E| = x_2 \cdot \frac{R\,T_E^{\;2}}{\Delta H_{f \to fl}} \qquad (17.22)$$

(,,*zweites Raoultsches Gesetz*")

Wegen der verwendeten Näherungen ist die *Gültigkeit* von (17.17) und (17.22) *auf sehr verdünnte Lösungen beschränkt* $(x_2 \ll 1)$.

Die Formeln (17.17) und (17.22) dienen zur **Molmassebestimmung**: Aus Meßwerten von ΔT_S bzw. ΔT_E erhält man zunächst den Molenbruch x_2 und damit die Stoffmenge n_2 einer gelösten Substanz. Zusammen mit deren Masse m_2 ergibt sich daraus die unbekannte Molmasse als

$$M_2 = m_2/n_2 \qquad (17.23)$$

Dabei ist aber zu beachten, daß n_2 für dissoziierte Stoffe entsprechend größer erscheint (*Nachweis für Dissoziation*).

Aufgrund der Gefrierpunktserniedrigung kann man **Eis** durch **Verreiben mit Kochsalz** zum Schmelzen bringen. Die dabei verbrauchte Schmelzwärme geht auf Kosten der Wärmebewegung der Moleküle, so daß die Mischung sich bis auf etwa $-20\,°C$ abkühlen kann (Erzeugung tiefer Temperaturen, *Kältemischung*).

Die Bestimmung des **Schmelzpunktes einer unbekannten Verbindung** ist ein wichtiges Hilfsmittel zu deren *Identifizierung*. Dabei ist zu beachten, daß der Schmelzpunkt durch Verunreinigungen in jedem Fall erniedrigt wird. Man kann das zur Prüfung der Frage ausnutzen, ob ein unbekannter Stoff mit einem bekannten Stoff identisch ist, indem man beide miteinander verreibt und feststellt, ob der *Schmelzpunkt der Mischung* mit dem der beiden Stoffe übereinstimmt oder ob er tiefer liegt.

17.4. Löslichkeit

Beim Auflösen eines Salzes in Wasser müssen die Ionen des Kristallgitters voneinander getrennt werden; dazu ist eine Energiezufuhr erforderlich (*Gitterenergie*). Andererseits üben die Ionen auf die Wasserdipole starke Anziehungskräfte aus und umgeben sich daher mit einer Hydrathülle, wobei eine Energie frei wird (*Hydratationsenergie*). Ist die Hydratationsenergie größer als die Gitterenergie, dann ist der gesamte *Lösungsvorgang exotherm.* Nach dem Le Chatelierschen Prinzip verschiebt sich dann das Gleichgewicht mit steigender Temperatur zum Ungelösten, d.h., die Löslichkeit nimmt mit steigender Temperatur ab. Das ist z.B. für wasserfreies Natriumsulfat der Fall. Die entsprechende, nach rechts hin abfallende Löslichkeitskurve ist in Abb. 17.6 dargestellt.

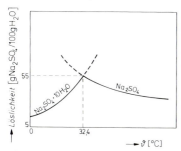

Abb. 17.6. Löslichkeit von Natriumsulfat in Wasser in Abhängigkeit von der Temperatur.

Nun kann Natriumsulfat aber auch in Form eines Hydrats mit 10 H_2O existieren. In dieser Form besitzen die Ionen bereits im Kristallgitter ihre Hydrathülle, so daß die entsprechende Hydratationswärme beim Auflösen nicht mehr in Erscheinung tritt: Der Lösungsvorgang von $Na_2SO_4 \cdot 10\,H_2O$ ist daher *endotherm, die Löslichkeit nimmt mit steigender Temperatur zu.* In diesem Fall steigt die entsprechende Löslichkeitskurve also nach rechts hin an (vgl. Abb. 17.6).

Zwei Kurven mit entgegengesetzter Steigung müssen sich aber irgendwo schneiden. Im Schnittpunkt bei 32,4 °C sind beide festen Phasen mit der gesättigten Lösung im Gleichgewicht. Bei anderen Temperaturen ist *nur die Phase mit der jeweils kleineren Löslichkeit neben der wäßrigen Lösung stabil.**

Da das Auflösen eines Salzes in einer gesättigten Lösung ein Gleichgewichtsvorgang ist, so ist der Quotient aus Lösungsenthalpie und Temperatur gleich der mit diesem Vorgang verbundenen **Entropieänderung.** Wenn man von $Na_2SO_4 \cdot 10\,H_2O$ ausgeht, dann nimmt die Entropie beim Auflösen des Salzes zu, weil das *Salz* einen *höheren Ordnungsgrad als die Lösung* besitzt. Wenn man dagegen von *wasserfreiem* Na_2SO_4 ausgeht, dann nimmt beim Auflösen die Entropie ab (d.h. die Ordnung zu), weil die **Ordnungszunahme beim Aufbau der Hydrathüllen die Ord-**

* Man begründe diese Aussage analog wie im Zusammenhang mit dem Dampfdruck auf Seite 241!

nungsabnahme beim Abbau des Kristallgitters übertrifft.

Mathematisch wird die Abhängigkeit der Löslichkeit von der Temperatur durch die van't Hoffsche Gleichung (14.24) bzw. (14.26) beschrieben:

$$\frac{d \ln K}{dT} = \frac{\Delta H^\circ}{R \, T^2} \quad \text{oder auch} \quad \frac{d \ln K}{d(1/T)} = \frac{-\Delta H^\circ}{R} \quad .$$

Dabei beziehen sich ΔH° und K auf den Lösungsvorgang, z.B. für das wasserfreie Salz:

$$Na_2SO_4(f) \rightarrow 2\,Na^+(aq) + SO_4^{\,2-}(aq) \tag{17.24}$$

$$\text{also} \quad K = (a_{Na^+}^2 \cdot a_{SO_4^{2-}})_S \quad . \tag{17.25}$$

Die *Aktivität an gelöstem (dissoziiertem) Natriumsulfat* ist so definiert, daß sie bei stöchiometrischer Zusammensetzung ($c_{SO_4^{2-}} = \frac{1}{2}\,c_{Na^+}$) und im Grenzfall unendlicher Verdünnung gleich der Konzentration an $SO_4^{\,2-}$-Ionen wird:

$$a_{Na_2SO_4(aq)} \equiv [(a_{Na^+}/2)^2 \cdot a_{SO_4^{2-}}]^{1/3} \tag{17.26}$$

Wenn die Lösung mit überschüssigem, festem Natriumsulfat im Gleichgewicht steht (Sättigungsaktivität a_S), erhält man durch Kombination der Gln. (17.26) und (17.25):

$$a_S = (K/4)^{1/3} \,, \quad \text{also} \quad \ln\{a_S\} = \frac{1}{3}\,(\ln\{K\} - \ln 4)$$

und im Hinblick auf die van't Hoffsche Gleichung (14.24):

$$\frac{d \ln a_S}{dT} = \frac{1}{3}\frac{\Delta H^\circ}{R \, T^2} \tag{17.27}$$

Diese Gleichung ist der Clausius-Clapeyronschen Gleichung (17.7) analog. *Der Faktor 1/3 rührt*, wie man sieht, *daher, daß ein Molekül* Na_2SO_4 *beim Auflösen in drei Teilchen zerfällt.*

Eine gesättigte Na_2SO_4-Lösung ist bereits zu konzentriert, als daß man die Aktivität a gleich der molaren Konzentration c setzen dürfte (a_S ist ca. eine Zehnerpotenz kleiner als c_S). Auch ist die Lösungsenthalpie für die Auflösung in einer gesättigten Lösung (die sog. „*letzte Lösungswärme*") verschieden von der idealen Lösungsenthalpie ΔH° („*erste Lösungswärme*"), die man aus den Bildungsenthalpien der Tabelle Seite 280 erhalten kann. Eine genauere Analyse zeigt jedoch, daß man die Aktivität a_S durch die Konzentration c_S ersetzen darf, wenn man gleichzeitig ΔH° in (17.27) durch die letzte Lösungswärme ΔH_l ersetzt:

$$\boxed{\frac{d \ln c_S}{dT} = \frac{1}{3}\frac{\Delta H_l}{R \, T^2}} \tag{17.28}$$

Wenn ein Salzmolekül beim Auflösen in nur zwei Teilchen zerfällt, tritt an die Stelle von 1/3 der Faktor 1/2.

18. Elektrochemische Gleichgewichte

18.1. Thermodynamische Eigenschaften gelöster Ionen

Wir haben galvanische Ketten bisher als wichtigstes Hilfsmittel zur direkten Messung der Triebkraft einer chemischen Reaktion kennengelernt (vgl. Abschnitte 10.1, 11.5, 11.8.8 und 14.2). In Abschnitt 14.2 wurde gezeigt, wie aus der EMK einer galvanischen Kette die Reaktionsenthalpie, die Reaktionsentropie, die Gibbs-Standardreaktionsenergie und die Gleichgewichtskonstante der stromliefernden Reaktion berechnet werden können.

Umgekehrt kann man natürlich auch aus den thermodynamischen Tabellenwerten die EMK einer galvanischen Kette vorausberechnen. Wir betrachten als Beispiel die Reaktion (11.87)

$$H_2(g) + Cl_2(g) \rightarrow 2\,H^+ + 2\,Cl^-(aq)\,.$$

Die EMK der in Abb. 11.12 (S. 125) dargestellten Kette ist durch Gl. (11.89) gegeben:

$$\Delta G = \Delta G^\circ + R\,T \ln\left(\frac{c_{H^+}{}^2 \cdot c_{Cl^-}{}^2}{p_{H_2} \cdot p_{Cl_2}}\right) = -2\,FE$$

Wenn die Partialdrucke und Konzentrationen (Aktivitäten) der beteiligten Gase und Ionen alle ihren jeweiligen Standardwert annehmen, wird aus (11.89)

$$-2\,FE = -2\,FE^\circ = \Delta G^\circ = \Delta H^\circ - T\Delta S^\circ\,. \tag{18.1}$$

Darin können nun ΔH° und ΔS° für $T = 298$ K auf die übliche Weise aus den Zahlenwerten der Tabelle Seite 280 berechnet werden:

$$\Delta H^\circ = \Sigma\,\nu_i\,H^B{}_i = 2\,H^B{}_{H^+} + 2\,H^B{}_{Cl^-} - H^B{}_{H_2} - H^B{}_{Cl_2} \tag{18.2}$$

$$\Delta S^\circ = \Sigma\,\nu_i\,S^\circ{}_i = 2\,S^\circ{}_{H^+} + 2\,S^\circ{}_{Cl^-} - S^\circ{}_{H_2} - S^\circ{}_{Cl_2} \tag{18.3}$$

Die Bildungsenthalpien $H^B{}_i$ der Elemente H_2 und Cl_2 haben nach Definition den Wert null. Die Bildungsenthalpie und die Normalentropie für das ideal gelöste hydratisierte Proton werden ebenfalls durch Definition gleich null gesetzt (vgl. S. 195 f. und *S. 156):

$$H^B{}_{H^+(aq)} \equiv 0\,, \tag{18.4}$$

$$S^\circ{}_{H^+(aq)} \equiv 0\,. \tag{18.5}$$

Wir wollen jetzt fragen: „Was *bedeuten* diese Definitionen? Inwiefern sind sie mit den *bisherigen* thermodynamischen Definitionen *vereinbar*?"

Es ist leicht einzusehen, daß die Bildungsenthalpie eines Ions nach den bisherigen Definitionen überhaupt noch nicht festgelegt war: Die Bildungsenthalpie ist ja definiert als die Reaktionsenthalpie für die Bildung eines Stoffes aus den Elementen. Man muß also eine Reaktionsgleichung formulieren, in der außer dem betreffenden Stoff *nur noch Elemente* auftreten. Wenn dieser Stoff aber ein *Ion* sein soll, dann kann man keine derartige Reaktionsgleichung angeben, da die *bisher* definierten chemischen *Elemente* ja *alle elektrisch neutral* sind und da auf beiden Seiten einer Reaktionsgleichung gleiche Ladungen stehen müssen. Es ist daher *logisch zulässig, diese Lücke durch eine neue Definition auszufüllen,* nämlich durch Gl. (18.4). Wenn man das *hydratisierte gelöste Proton formal wie ein neues ,,Element"* behandelt, dann kann man für jedes beliebige andere hydratisierte gelöste Ion A^{z+} eine *,,Bildungsreaktion"* formulieren, die die Bedingung erfüllt, daß in ihr außer dem betreffenden Ion nur noch ,,Elemente" auftreten:

$$A + z\,H^+ \;\rightarrow\; A^{z+} + \tfrac{z}{2}\,H_2 \tag{18.6}$$

Diese Gleichung ist formal *auch auf Anionen anwendbar:* In diesem Fall ist die Ladungszahl z negativ. So wird z.B. aus (18.6) mit $A \equiv Cl = \tfrac{1}{2}\,Cl_2$ und $z = -1$, indem man die negativen Glieder jeweils auf die andere Seite der Reaktionsgleichung bringt:

$$\tfrac{1}{2}\,Cl_2 + \tfrac{1}{2}\,H_2 \;\rightarrow\; Cl^- + H^+$$

Wenn man $H^+(aq)$ in diesem Sinn formal als ein neues ,,Element" betrachtet, dann folgt daraus noch nicht die Definitionsgleichung (18.5), denn die *Standardentropie eines Elements* bei 25 °C ist ja normalerweise *keineswegs gleich null.* Vielmehr ergibt sich für S°_{298} aus dem dritten Hauptsatz und der Definition der Entropie nach Gl. (12.54) auch für Elemente ein positiver Wert. Diese Berechnungsvorschrift ist aber für gelöste hydratisierte Ionen wiederum prinzipiell nicht anwendbar, da der dritten Hauptsatz nur für reine kristallisierte Stoffe gilt. Man kann zwar die Normalentropie z.B. von gelösten H^+- und F^--Ionen in einer elektrisch neutralen Lösung *gemeinsam* berechnen, wie das auf Seite 194 geschehen ist*. Eine Aufteilung dieser gemeinsamen Entropie auf die beiden Ionenarten ist aber prinzipiell nur durch eine neue Definition möglich, nämlich z.B. durch Gl. (18.5).** Mit dieser Definition soll nicht etwa behauptet werden, daß F^- stärker als H^+ hydratisiert sei, also eine stärkere Ordnungskraft auf die Wassermoleküle ausüben würde. Anders als der dritte Hauptsatz gilt die Definition $S^\circ_{H^+(aq)} \equiv 0$ *für jede*

---

* Bereits diese Rechnung enthält eine willkürliche Definition, indem man nämlich die Entropieänderung bei der Überführung von $HF(g)$ in die wäßrige Lösung nicht dem Gesamtsystem (einschließlich Wasser) zuschreibt, sondern allein den beiden Ionenarten.

** Diese Definition ist logisch ebenso zulässig, wie man etwa die gegenseitige potentielle Energie zwischen einem Elektron und einem Proton allein dem Elektron zuschreiben kann, wenn man will.

beliebige Temperatur und *sagt nichts über den Ordnungszustand der Materie aus.*

Nachdem die Standardentropie des hydratisierten Protons definiert ist, läßt sich die Standardentropie jeder beliebigen anderen Ionenart eindeutig berechnen. So kann man z.b. die Reaktionsentropie ΔS° für die Reaktion (11.87) nach der in Abschnitt 14.2 (S. 177) besprochenen Methode bestimmen und daraus $S^\circ_{Cl^-(aq)}$ durch Auflösen von Gl. (18.3) berechnen. Analog kann man auch die Standardentropie von Kationen, z.B. von Zn^{2+}-Ionen, berechnen, indem man zunächst mit Hilfe einer galvanischen Kette die Standardreaktionsentropie

$$\Delta S^\circ \ (2H^+ + Zn \rightarrow Zn^{2+} + H_2) = S^\circ_{Zn^{2+}(aq)} + S^\circ_{H_2} - 2\,S^\circ_{H^+(aq)} - S^\circ_{Zn} \ (18.7)$$

bestimmt und dann Gl. (18.7) nach $S^\circ_{Zn^{2+}(aq)}$ auflöst. Auf diese Weise sind die in der Tabelle Seite 280 angegebenen Bildungsenthalpien und Normalentropien gelöster Ionen zustandegekommen, die wir zur Berechnung beliebiger anderer Ionengleichgewichte benutzen können.

Zusätzlich zu der Bildungsenthalpie H^B_i und der Normalentropie S°_i hatten wir auf Seite 157 f. noch die Gibbs-Bildungsenergie G^B_i des Stoffes i eingeführt: Dieses ist die Gibbs-Standardreaktionsenergie für die Reaktion der Bildung des Stoffes i aus den Elementen. Für Elemente ist G^B_i nach dieser Definition bei jeder Temperatur gleich null. Da wir das gelöste hydratisierte Proton formal als ein Element betrachten, gilt konsequenterweise auch die Definition:

$$G^B_{H^+(aq)} \equiv 0 \tag{18.8}$$

Für beliebige andere Ionen A^{z+} ist G^B_i durch das ΔG° der „Bildungsreaktion" (18.6) definiert:

$$G^B_{A^{z+}(aq)} \equiv \Delta G^\circ \ (A + z\,H^+ \rightarrow A^{z+} + \tfrac{z}{2}H_2) \tag{18.9}$$

18.2. Molekulare Deutung der elektromotorischen Kraft

18.2.1. Physikalische Grundlagen

Bisher wurden galvanische Ketten nur makroskopisch betrachtet. Wir wollen jetzt die molekularen Vorgänge untersuchen, die zur Ausbildung der elektromotorischen Kraft (EMK) in einer galvanischen Kette führen.

Eine wichtige Grundlage dafür ist das (in der makroskopischen Elektrostatik empirisch gefundene) *Coulombsche Gesetz.* Dieses beschreibt die Kraft F, die zwei punktförmige elektrische Ladungen q_1 und q_2

im Abstande r im Vakuum aufeinander ausüben:*

$$F = \frac{1}{4\pi\,\epsilon_o} \cdot \frac{q_1 q_2}{r^2} \tag{18.10}$$

mit der Influenzkonstante $\epsilon_o = 8{,}854185 \cdot 10^{-12}\ C^2/(N\ m^2)$

$$= 8{,}854185 \cdot 10^{-12}\ C/(V\ m)\ .$$

Dabei ist die SI-Einheit der *elektrischen Ladung*, das Coulomb C, durch die Einheit der elektrischen Stromstärke $1\ A \equiv 1\ C/s$ definiert. (Die Basiseinheit Ampere [A] ist definiert als die Stärke des Stromes, der auf einen gleich starken, parallelen Strom in 1 Meter Abstand im Vakuum eine magnetische Anziehungskraft von $2 \cdot 10^{-7}$ N pro Meter Länge der beiden geradlinigen, parallelen Leiter ausüben würde.)

Im **Elektrostatischen Maßsystem** wird der Proportionalitätsfaktor $1/(4\pi\,\epsilon_o)$ im Coulombschen Gesetz (18.10) durch Definition gleich 1 gesetzt (d.h. einfach weggelassen). Obgleich das Elektrostatische Maßsystem für den geschäftlichen Verkehr keine gesetzliche Gültigkeit besitzt, wird diese einfache Schreibweise des Coulombschen Gesetzes in theoretischen Lehrbüchern der Quantenchemie heute noch allgemein verwendet, so daß der Student sich zusätzlich zum Internationalen Einheitensystem (SI) auch mit dem Elektrostatischen Maßsystem vertraut machen muß. Im Elektrostatischen Maßsystem ist die Kraft zwischen zwei gleich großen Ladungen der Größe q nach dem Coulombschen Gesetz gegeben durch

$$F = q^2/r^2\ , \tag{18.11}$$

und daraus ergibt sich die Ladung q als eine (allein aus den Basisgrößen „Länge", „Zeit" und „Masse" abgeleitete) Größe mit der Dimension $[q] = [F^{1/2}\ r]$ und der Einheit

$$1\ dyn^{1/2}\ cm \equiv 1\ g^{1/2}\ cm^{3/2}\ s^{-1} \equiv 1\ esE\ . \tag{18.12}$$

Diese *elektrostatische Ladungseinheit* (esE) ist gleich derjenigen (punktförmigen) Ladung, die auf eine gleich große Ladung im Abstand von 1 cm im Vakuum eine Kraft von 1 dyn ($= 10^{-5}$ N) ausübt.

---

* Es ist üblich, für *vektorielle* (d.h. räumlich gerichtete) Größen wie die Kraft oder die Feldstärke Fettdruck zu verwenden. In diesem Buch soll allerdings mit F nur die (mit einem Vorzeichen behaftete) *Größe* des Kraftvektors gemeint sein. Trotzdem verwenden wir auch hier das fette F, um Verwechslungen mit der Faraday-Konstante F zu vermeiden. Übrigens liefert Gl. (18.10) auch das *Vorzeichen* von F: Legen wir den Nullpunkt des Koordinatensystems in q_1 und die positive x-Richtung durch q_2, so ist die auf q_2 wirkende Kraft $F > 0$ (d.h., F wirkt in positiver x-Richtung), wenn q_1 und q_2 gleiches Vorzeichen haben (Abstoßung). Das Vorzeichen würde verlorengehen, wenn man die skalare Bedeutung von F durch Einschließen in senkrechte Striche zum Ausdruck bringen würde, wie das sonst in der Physik üblich ist, um den *Betrag eines Vektors* zu bezeichnen.

Übungsaufgabe: Man berechne aus Gl. (18.10) den Umrechnungsfaktor zwischen der SI-Einheit der elektrischen Ladung [C] und der elektrostatischen Ladungseinheit [esE]!

Lösung: Man erhält die Größe der elektrischen Einheitsladung in der Einheit [C], indem man in Gl. (18.10) die zur Definition der esE gewählten Werte einsetzt: $q_1 = q_2 = 1$ esE , $r = 1$ cm $= 10^{-2}$ m und $F = 1$ dyn $= 10^{-5}$ N . Auflösen nach 1 esE ergibt zunächst 1 esE $= (4 \pi \epsilon_o \cdot 10^{-5}$ N$)^{1/2} \cdot 10^{-2}$ m , und mit dem Wert von ϵ_o: 1 C $= 2{,}997\,925 \cdot 10^9$ esE $\approx 3 \cdot 10^9$ esE . (Die genaue Ziffernfolge stimmt mit der der Lichtgeschwindigkeit, $c = 2{,}997\,925 \cdot 10^8$ m/s , überein.)

Die **elektrische Potentialdifferenz** $\triangle\varphi \equiv \varphi_{II} - \varphi_I$ zwischen zwei Punkten I und II im Raum ist als die Arbeit dW pro Ladung dq definiert, die man gegen Coulombsche Kräfte aufwenden muß, um eine Ladung von I nach II zu bringen:*

$$\triangle\varphi \equiv \frac{\mathrm{d}W}{\mathrm{d}q} \qquad\qquad (18.13)$$

Befinden sich die beiden Punkte I und II in zwei Äquipotentialflächen innerhalb eines homogenen elektrischen Leiters (z.B. eines Metalls oder einer Elektrolytlösung), dann fließt von Fläche I nach Fläche II eine **Stromstärke** *I* ($\equiv$ Ladung pro Zeit), die (in einfachen Fällen) der **Spannung** *U* $\equiv -\triangle\varphi$ proportional ist (**Ohmsches Gesetz**):

$$I = -\triangle\varphi/R = U/R \qquad\qquad (18.14)$$

Der Proportionalitätsfaktor *R* wird als „**Widerstand**" bezeichnet.

18.2.2. Der Potentialverlauf in einer galvanischen Kette

Im stromlosen Zustand ($I = 0$) muß φ nach Gl. (18.14) innerhalb einer leitenden Phase von Ort zu Ort konstant sein. *An der Grenze zwischen zwei Phasen* tritt dagegen *auch im stromlosen Zustand eine elektrische Potentialdifferenz* $\triangle\varphi$ auf. Die in einer galvanischen Kette im stromlosen Zustand als Spannung zwischen den Kettenenden meßbare **EMK** *ist gleich der Summe der Potentialsprünge* $\triangle\varphi$ *an den einzelnen Phasengrenzen*. Als Beispiel ist in Abb. 18.1 schematisch das elektrische Potential φ in Abhängigkeit vom Ort in der in Abb. 11.12 (Seite 125) dargestellten Kette im stromlosen Zustand gezeigt.

---

* Die Einheit der elektrischen Potentialdifferenz (**Spannungseinheit**) ergibt sich aus (18.13) im elektrostatischen Maßsystem als

$$1 \frac{\mathrm{erg}}{\mathrm{esE}} \equiv \frac{1 \ \mathrm{dyn \ cm}}{1 \ \mathrm{g}^{1/2} \ \mathrm{cm}^{3/2} \ \mathrm{s}^{-1}} = 1 \ \mathrm{g}^{1/2} \ \mathrm{cm}^{1/2} \ \mathrm{s}^{-1}$$

und im Internationalen Einheitensystem (SI) als

$$1 \ \mathrm{V \ (Volt)} \equiv 1 \frac{\mathrm{J}}{\mathrm{C}} \left(\approx \frac{10^7 \ \mathrm{erg}}{3 \cdot 10^9 \ \mathrm{esE}} = \frac{1}{300} \mathrm{g}^{1/2} \ \mathrm{cm}^{1/2} \ \mathrm{s}^{-1} \right)$$

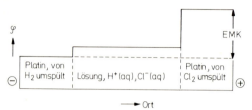

Abb. 18.1. Schematischer Verlauf des elektrischen Potentials in einer galvanischen Kette ohne Stromfluß.

Man erkennt, wie die EMK, die als Potentialdifferenz $\varphi_{rechts} - \varphi_{links}$ im stromlosen Zustand definiert ist, sich additiv aus den beiden Potentialstufen $\Delta\varphi$ an den Phasengrenzen Platin/Lösung und Lösung/Platin zusammensetzt.

Wie kommen die Potentialstufen an den Phasengrenzen zustande? Wir wollen einmal annehmen, es wäre im ersten Moment des Eintauchens noch keine elektrische Potentialstufe zwischen Platin und Lösung vorhanden: Sowohl das Platin wie die Lösung sei in jedem kleinsten Volumenelement elektrisch neutral, so daß man für die Übertragung einer negativen Probeladung aus dem Platin in die Lösung nach dem Coulombschen Gesetz zunächst keinerlei Arbeit errechnen würde.

Nun wird aber die Arbeit beim Austausch von Ladungsträgern nicht *allein* durch das Coulombsche Gesetz bestimmt: Die Übertragung von Elektronen aus dem Platin auf die umgebenden, elektrisch neutralen gelösten Chlormoleküle ist nämlich mit einer Abnahme der Energie verbunden[*]. Daher gibt das von Chlor umspülte Platinnetz negative Ladung in Form von hydratisierten Cl^--Ionen an die Lösung ab. Auf dem Platin bleiben entsprechende positiv geladene Elektronenlöcher $\oplus$ zurück:

$$Cl_2(g) \rightleftharpoons 2\ Cl^-(aq) + 2\ \oplus\ (Pt) \qquad\qquad (18.15)$$

Diese *Trennung von positiver und negativer Ladung* hat nun aber den allmählichen *Aufbau einer Potentialdifferenz* $\Delta\varphi$ zwischen Platin und Lösung zur Folge, gegen die bei weiterer Ladungstrennung nach dem Coulombschen Gesetz eine zunehmend größere elektrostatische Arbeit geleistet werden muß. Im **Gleichgewicht** ist der sich einstellende elektrische Potentialsprung $\Delta\varphi$ gerade so groß, daß die Summe aus elektrosta-

---

[*] Die molekularen Ursachen für diese Energieabnahme (Elektronenaffinität usw.), bei der das Coulombsche Gesetz für die *inner*molekularen, *chemischen* Wechselwirkungen zwischen Atomkernen und Elektronen natürlich auch wieder eine Rolle spielt, sollen an dieser Stelle nicht diskutiert werden. Näheres in der Quantenchemie. – Der Übertritt von Elektronen vom Platin auf das Chlor kann außerdem mit einer Änderung der *Entropie* verbunden sein, die von der vorhandenen Konzentration an Cl^--Ionen abhängt.

Abb. 18.2. Aufbau einer elektrischen Doppelschicht an einer von Chlor umspülten Platinelektrode.

tischer und chemischer Gibbs-Energie ein Minimum erreicht. Die beim Übertritt von Elektronen über die Phasengrenze insgesamt abzugebende Arbeit ist dann gleich null.

Dieses Gleichgewicht ist ein *dynamisches*: Wenn im ersten Moment noch $\Delta\varphi = 0$ ist, dann werden pro Zeiteinheit viel mehr negative Ladungen in Form von Cl^--Ionen in Lösung gehen, als sich umgekehrt auf dem Platin abscheiden. Der Aufbau des Potentialsprunges an der Phasengrenze bremst aber die Hinreaktion und beschleunigt die Rückreaktion von (18.15), bis schließlich bei Erreichen des Gleichgewichtspotentialsprunges die Teilstromdichten der Hinreaktion und der Rückreaktion entgegengesetzt gleich werden. Der Aufbau eines Potentialsprunges ist also untrennbar mit der Einstellung eines dynamischen Gleichgewichts verbunden.

Analog entsteht auch an der linken Elektrode von Abb. 18.1 ein Potentialsprung, indem dort das Platin sich infolge der Ladungstrennung

$$H_2(g) \;\rightleftharpoons\; 2\,e^-(Pt) + 2\,H^+(aq) \qquad\qquad (18.16)$$

negativ gegenüber der Lösung auflädt.

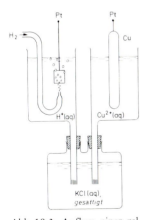

Abb. 18.3. Aufbau einer galvanischen Kette mit zwei verschiedenen Elektrodenlösungen und einer verbindenden KCl-Lösung zur Unterdrückung des Diffusionspotentials.

Die Addition der Teilreaktionen (18.15) und (18.16) ergibt die stromliefernde Gesamtreaktion (11.87)

$$H_2(g) + Cl_2(g) \;\rightarrow\; 2\,H^+(aq) + 2\,Cl^-(aq)\,,$$

und die Addition der Potentialsprünge ergibt die entsprechende EMK.

Der Potentialverlauf in der galvanischen Kette Abb. 18.1 ist insofern besonders einfach, als hier nur *zwei* Potentialsprünge zur EMK beitragen. In den meisten Ketten treten mehr als zwei Potentialsprünge auf. Als Beispiel zeigt Abb. 18.3 den Aufbau einer galvanischen Kette, in der bei positivem Stromfluß folgende Reaktion abläuft:

$$H_2(g) + Cu^{2+}(aq) \;\rightarrow\; 2\,H^+(aq) + Cu(f)\,. \qquad (18.17)$$

Um diese Reaktion reversibel zu führen, braucht man für jede der beiden Elektroden eine eigene Elektrolytlösung. Wenn nämlich die Cu^{2+}-Ionen direkt mit der Wasserstoffelektrode in Berührung kommen würden, dann könnte dort die Reaktion (18.17) irreversibel ablaufen, ohne daß hierzu die Elektronen durch den Draht fließen müßten.

Man würde daher keine EMK messen. Darum muß man die beiden Elektrolytlösungen voneinander trennen.

Läßt man zwei verschiedene Elektrolytlösungen in einer Fritte aneinandergrenzen, dann entsteht normalerweise in der Grenzschicht auch wieder ein Potentialsprung, das sogenannte „*Diffusionspotential*". An der Grenze zwischen einer verdünnten, beliebigen Elektrolytlösung und einer konzentrierten KCl-Lösung ist jedoch das Diffusionspotential praktisch gleich null.* Darum sind die beiden Elektrodenlösungen in Abb. 18.3 über eine gesättigte KCl-Lösung miteinander verbunden. Der elektrische Potentialverlauf der in Abb. 18.3 gezeigten Kette ist in Abb. 18.4 schematisch dargestellt.

Abb. 18.4. Schematischer Verlauf des elektrischen Potentials in der galvanischen Kette von Abb. 18.3 ohne Stromfluß.

Man sieht in der Abbildung, daß auch an der Phasengrenze zwischen den beiden Metallen Kupfer und Platin ein Potentialsprung auftritt. Dieser beruht darauf, daß die Elektronen nicht nur Ladungsträger, sondern zugleich auch eine besondere Art von Materie sind und als solche auch ein *chemisches* Potential besitzen. Als Gleichgewichtsbedingung für den Übertritt eines Stoffes über eine Phasengrenze hatten wir die Bedingung kennengelernt, daß die gewinnbare Nutzarbeit $-\Delta G$ für den Stoffübertritt gleich null sein muß und somit die chemischen Potentiale $\bar{G}_i$ des Stoffes zu beiden Seiten der Phasengrenze gleich groß sein müssen. Wenn nun der Stoff i aus elektrisch geladenen Teilchen besteht (z.B. Elektronen oder Protonen), dann setzt sich die gewinnbare Nutzarbeit aus einem elektrischen Anteil (gegeben durch das Produkt aus Potentialsprung $\Delta\varphi$ und Ladung der Teilchen) und einem chemischen Anteil (bedingt durch unterschiedliche Konzentrationen und unterschiedliche molekulare Wechselwirkungskräfte in den beiden Phasen) zusammen. Man spricht in diesem Fall vom „*elektrochemischen Potential*" $\bar{G}^*_i$, das im Gleichgewicht auf beiden Seiten der Phasengrenze gleich groß sein muß (vgl. den nächsten Abschnitt). Da der chemische Anteil des

* Das *Diffusionspotential* beruht darauf, daß beim Ineinanderdiffundieren verschiedener Elektrolytlösungen die positiven und negativen Ionen i.a. zunächst nicht gleich schnell diffundieren, so daß eine Ladungstrennung und damit ein Potentialsprung entsteht. K^+-Ionen und Cl^--Ionen diffundieren aber auch ohne einen Potentialsprung gleich schnell.

elektrochemischen Potentials der Elektronen im Platin kleiner ist als im Kupfer (stärkere Wechselwirkungskräfte), so treten im Gleichgewicht einige Elektronen aus dem Kupfer zum Platin über und verursachen dabei einen negativen elektrischen Potentialsprung (Abb. 18.4). Die negative Aufladung des Platins gegenüber dem Kupfer bedingt eine Abstoßung der Elektronen, d.h., der elektrische Anteil des elektrochemischen Potentials der Elektronen im Platin wird erhöht, so daß $\bar{G}^*_{e^-}$ in beiden Metallen gleich groß wird.

Der Potentialsprung zwischen den Metallen ist in der EMK mit enthalten. Darum gehört zur vollständigen Angabe einer galvanischen Kette, daß an beiden Kettenenden das gleiche Metall steht (hier Pt).

18.2.3. Die Glaselektrode

Ein besonders durchsichtiges und zugleich technisch wichtiges Beispiel für die Entstehung eines Potentialsprunges an einer Phasengrenze haben wir in der sogenannten „*Glaselektrode*" vor uns. Das Wesentliche an einer Glaselektrode ist eine dünne Wand aus Glas, die für H^+-Ionen durchlässig, für alle anderen Ionen aber undurchlässig ist.* Es handelt sich also um eine *für Ionen semipermeable Membran*. Diese Membran trennt zwei wäßrige Säurelösungen I und II voneinander (Abb. 18.5).

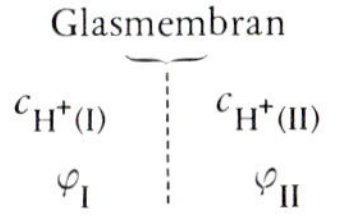

Glasmembran

$c_{H^+(I)}$ $\vdots$ $c_{H^+(II)}$

φ_I $\vdots$ φ_{II}

Abb. 18.5. Ein Konzentrationsunterschied zwischen zwei Säurelösungen I und II zu beiden Seiten einer H^+-permeablen Glasmembran verursacht eine elektrische Potentialdifferenz $\varphi_{II} - \varphi_I$.

Die insgesamt gewinnbare Nutzarbeit $-\Delta G^*$ für den Übertritt von H^+-Ionen aus Phase I in Phase II setzt sich aus einem *chemischen* und einem *elektrischen* Anteil zusammen:

$$-\Delta G^* \left[H^+(I) \to H^+(II) \right] = -\Delta G_{chem} - \Delta G_{el} \qquad (18.18)$$

Der chemische Anteil ist [analog wie bei einer Zuckerlösung, vgl. Gleichung (11.63)] durch die osmotische Expansionsarbeit der H^+-Ionen gegeben:

$$-\Delta G_{chem} = R\,T \ln \frac{c_{H^+(I)}}{c_{H^+(II)}} \qquad (18.19)$$

---

* Eine dünne Glaswand, deren beide Oberflächen durch Quellung in Wasser Protonen aufgenommen haben, verhält sich bereits wie ein Protonenleiter, auch wenn in Wirklichkeit ein individuelles Proton nicht die ganze Glaswand durchquert: Es genügt nämlich, wenn die eine Seite der Wand ein Proton aufnimmt und die andere eins abgibt, sofern durch Verschiebung der übrigen Ionen in der Wand für einen Ausgleich der elektrischen Ladungen gesorgt wird.

Der elektrische Anteil ist durch das Produkt aus der Potentialdifferenz und der transportierten Ladung pro Stoffmenge gegeben:

$$-\Delta G_{el} = z F (\varphi_I - \varphi_{II}) \tag{18.20}$$

worin die Ladungszahl z für H^+-Ionen gleich $+1$ ist. Im Gleichgewicht muß die gewinnbare Nutzarbeit gleich null sein:

$$-\Delta G^* = R T \ln \frac{c_{H^+(I)}}{c_{H^+(II)}} + z F (\varphi_I - \varphi_{II}) = 0 \tag{18.21}$$

Somit ergibt sich für den Potentialsprung an der Glasmembran:

$$\boxed{\Delta\varphi \equiv \quad \varphi_{II} - \varphi_I = \frac{R T}{F} \ln \frac{c_{H^+(I)}}{c_{H^+(II)}}} \tag{18.22}$$

Man kann die *elektrochemische Potentialdifferenz* in Gl. (18.21) auch in **elektrochemische Einzelpotentiale** zerlegen, indem man für ein Ion i in einer Phase formal schreibt:

$$\bar{G}^*_i = G_{i(aq)}{}^° + R T \ln \{c_i\} + z_i F \varphi \tag{18.23}$$

Kombiniert man eine Glasmembran mit zwei gleichen Elektroden zu einer galvanischen Kette, so ist deren EMK allein durch den Potentialsprung an der Glasmembran gegeben. Indem man diesen mißt, kann man nach (18.22) aus einer bekannten H^+-Ionenkonzentration $c_{H^+(I)}$ die H^+-Ionenkonzentration $c_{H^+(II)}$ einer unbekannten Säurelösung bestimmen. Als Elektroden sind z.B. zwei Ag/AgCl-Elektroden (vgl. Abb. 14.1 S. 178) oder analog zwei Hg/Hg_2Cl_2-Elektroden geeignet. Hg_2Cl_2 (Kalomel*) ist, ebenso wie AgCl, schwerlöslich. Die Kette würde dann aus folgenden Phasen bestehen:

			Glasmembran			
Pt	Hg(fl)	KCl(aq)	H^+(aq)	H^+(aq)	KCl(aq)	Hg(fl)	Pt
	Hg_2Cl_2(f)	gesättigt	c_I bekannt	c_{II} unbek.	gesättigt	Hg_2Cl_2(f)	

In Abb. 18.6 ist eine als ,,**Glaselektrode**'' bezeichnete käufliche Ausführung der oben angegebenen galvanischen Kette dargestellt. Eine solche *Einstab-Meßkette* ist das *gebräuchlichste Instrument zur genauen Messung unbekannter pH-Werte*.

Die Glasmembran bietet ein theoretisch besonders einfaches Beispiel für einen **Potentialsprung an einer Phasengrenze**, der zugleich direkt meßbar ist. Der Potentialsprung *zwischen zwei Metallen* ist dagegen theoretisch komplizierter, weil die chemische Potentialdifferenz der Elektronen nicht allein durch unterschiedliche *Konzentrationen* (wie bei idealen Säurelösungen an der Glasmembran), sondern vor

---

* Der Name ,,Kalomel'' (griech., schön schwarz) für das gelblichweiße Quecksilber(I)-chlorid rührt daher, daß es sich beim Übergießen mit Ammoniaklösung in ein schwarzes Gemisch von feinverteiltem metallischem Quecksilber und Quecksilber(II)-amidochlorid verwandelt: $Hg_2Cl_2 + 2NH_3 \rightarrow Hg + HgNH_2Cl + NH_4Cl$.

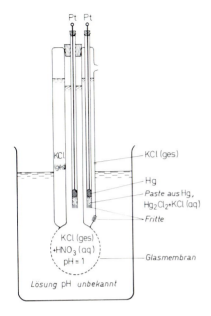

allem durch unterschiedliche *Molekularkräfte* bedingt ist. Auch experimentell ist der Potentialsprung zwischen zwei Metallen nur sehr ungenau bestimmbar.* Wenn schließlich verschiedene Arten von beweglichen Ladungsträgern (Elektronen und Ionen) am Aufbau eines elektrischen Potentialsprunges $\Delta\varphi$ beteiligt sind, wie das an einer *Metall/Elektrolyt-Grenzfläche* der Fall ist, dann läßt sich dieser überhaupt nicht mehr experimentell bestimmen. Die in Abb. 18.1 und 18.3 dargestellten Potentialstufen sind also nur schematisch angenommen.

Abb. 18.6. „Glaselektrode", galvanische Kette zur Messung unbekannter pH-Werte.

18.3. Das praktische Einzelpotential

Um die EMK einer beliebig zusammengestellten galvanischen Kette berechnen zu können, wäre es schön, wenn man die Potentialsprünge aller denkbaren Phasengrenzen einzeln messen und tabellieren könnte. Wie im vorigen Abschnitt ausgeführt wurde, ist das aber nicht möglich. Was man dagegen leicht messen kann, das ist die elektrische Potentialdifferenz einer Elektrode gegenüber einer Wasserstoffelektrode.

Als „*Einzelelektrode*" oder „*Halbelement*" bezeichnen wir eine Kombination aus Platin (sowie evtl. einem zusätzlichen Metall oder Gas) und einer Ionenlösung, wenn sich an der Phasengrenze zwischen Metall und Elektrolyt auf reversible Weise elektrische Umladungen zwi-

---

* Das experimentell bestimmbare „*Kontaktpotential*" zwischen zwei Metallen ($\hat{=}$ Differenz der beiden *Elektronenaustrittsarbeiten*) ist nämlich nicht allein durch die chemische Potentialdifferenz der Elektronen zwischen den ungeladenen Metallen gegeben (die allein die innere elektrische Potentialdifferenz $\Delta\varphi$ im Gleichgewicht bestimmt), sondern kann zusätzlich durch *Belegung der Metalloberflächen mit elektrisch neutralen Dipolmolekülen* beeinflußt werden („*Oberflächenpotential*"). Näheres in Lehrbüchern der Elektrochemie.

schen zwei verschiedenen Ladungszuständen eines Stoffes abspielen*. In Abb. 18.7 stehen vier derartige Einzelelektroden über eine gesättigte KCl-Lösung miteinander in elektrischem Kontakt.

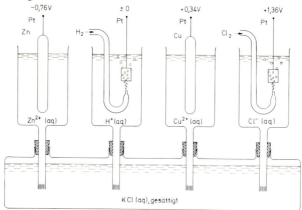

Abb. 18.7. Aufstellung der *Spannungsreihe*. Die Potentialdifferenz der jeweiligen Einzelelektrode gegenüber der Wasserstoffstandardelektrode ist das *praktische Einzelpotential* (bzw. unter Normalbedingungen das *Normalpotential*) der entsprechenden Elektrodenreaktion.

Wenn die Konzentration (genauer: die Aktivität) der Ionen gleich 1 M und der Partialdruck beteiligter Gase gleich p° ist, bezeichnet man die betreffende Einzelelektrode als „*Standardelektrode*" oder — speziell bei 25 °C — als „*Normalelektrode*". Die (stromlos gemessene) elektrische Potentialdifferenz zwischen dem Platinkontakt einer Einzelelektrode und dem der Wasserstoffstandardelektrode in Abb. 18.7 bezeichnet man als „*praktisches Einzelpotential*" ϵ der Elektrode:

$$\epsilon \equiv (\varphi_{\text{Elektrode}} - \varphi_{H_2\text{-Standard}})_{I=0} \qquad (18.24)$$

Bei dieser Definition ist vorausgesetzt, daß der Potentialsprung zwischen den beiden Elektrodenlösungen durch Zwischenschaltung einer konzentrierten KCl-Lösung oder dgl. ausgeschaltet ist.

Für eine Standardelektrode wird das Einzelpotential gleich dem „Standardpotential" ϵ°. Ein Standardpotential bei 25 °C bezeichnet man als „*Normalpotential*". Die in Abb. 18.7 über den einzelnen Elektroden angegebenen Zahlenwerte bezeichnen die betreffenden Normalpotentiale. Für die Wasserstoffelektrode ergibt sich nach dieser Defini-

---

* Einer der beiden Ladungszustände ist meistens der elementare Zustand („Oxidationsstufe" null), jedoch sind auch Umladungen zwischen zwei *Ionen* verschiedener „*Oxidationsstufen*" möglich (z.B. zwischen Fe^{2+} und Fe^{3+}). Zum Begriff der Oxidation vgl. den folgenden Abschnitt.

tion das Normalpotential 0, da eine Wasserstoffelektrode gegenüber sich selbst natürlich keine Spannung besitzt. Mit dieser Definition ist nichts über die Potentialsprünge $\Delta\varphi$ zwischen Elektrodenmetall und Elektrolytlösung ausgesagt.

Die Definition $\epsilon^{\circ}_{H_2/H^+} \equiv 0$ entspricht der Definition (18.8) $G^B_{H^+(aq)} \equiv 0$. Nach Gl. (18.24) ist nämlich das Standardpotential eines Metalls A gegenüber einer Lösung seiner Ionen A^{z+} gleich der Standard-EMK einer Kette, in der links eine Wasserstoffelektrode und rechts die Elektrode A/A^{z+} steht. Bei positivem Stromfluß läuft in dieser Kette folgende Reaktion ab:

$$\frac{z}{2} H_2 + A^{z+} \rightarrow z H^+ + A \;.\;\; \text{Wegen}\;\; \Delta G = -\nu_e FE \;\;\text{ist also}$$

$$\epsilon^{\circ}_{A/A^{z+}} = E^{\circ} = -\frac{1}{zF} \cdot \Delta G^{\circ} (\tfrac{z}{2} H_2 + A^{z+} \rightarrow z H^+ + A) \;.$$

Da die angegebene Reaktion gerade die Umkehrung der Bildungsreaktion von $A^{z+}(aq)$ darstellt, wird mit Gl. (18.9)

$$\epsilon^{\circ}_{A/A^{z+}} = \frac{G^B_{A^{z+}(aq)}}{zF} \;. \tag{18.25}$$

Diese Gleichung ermöglicht die Berechnung von Standardpotentialen aus thermodynamischen Tabellenwerten und umgekehrt. Sie bleibt übrigens auch dann gültig, wenn die Ladungszahl z negativ ist, d.h., wenn A z.B. ein Halogenatom ist. (In diesem Fall ist die Herleitung noch einfacher, weil bei positivem Stromfluß die Bildungsreaktion *selbst* abläuft, nicht deren Umkehrung.)

Übungsaufgabe: Man berechne aus den Bildungsenthalpien und Normalentropien der Tabelle Seite 280 die Normalpotentiale von Al/Al^{3+} und von F_2/F^- und vergleiche sie mit den in der Spannungsreihe Seite 282 angegebenen Werten!

Da der Nullpunkt des elektrischen Potentials φ nicht definiert ist, so können wir ihn für jedes Problem beliebig definieren. Z.B. können wir dem Platinkontakt der H_2-Standardelektrode den Wert $\varphi \equiv 0$ zuschreiben. In diesem Fall werden die oben definierten praktischen Einzelpotentiale ϵ der verschiedenen Elektroden mit den elektrischen Potentialen φ von deren Platinkontakten in Abb. 18.7 identisch. Da die EMK einer beliebigen Kette als die stromlos gemessene Potentialdifferenz $\varphi_{\text{rechts}} - \varphi_{\text{links}}$ der beiden Elektroden definiert ist, so ist also

$$\boxed{E = \epsilon_{\text{rechts}} - \epsilon_{\text{links}}} \tag{18.26}$$

Aus dieser Gleichung ergibt sich z.B. für die Normal-EMK der aus einer Zinkelektrode und einer Kupferelektrode gebildeten Kette („*Daniell*-Kette") mit den Zahlenwerten von Abb. 18.7:

$$E^{\circ} = +0,34 \text{ V} - (-0,76 \text{ V}) = +1,10 \text{ V}$$

18.4. Die elektrochemische Spannungsreihe

Das Wort „*Oxidation*" bezeichnete ursprünglich nur die Umsetzung eines Stoffes mit Sauerstoff (Verbrennung). Bei dieser Reaktion werden durch den stark elektronegativen Sauerstoff i.a. Elektronen von dem Stoff weggezogen. Heute spricht man ganz allgemein von „*Oxidation*" eines Stoffes, wenn dem Stoff *Elektronen entzogen* werden. Die *Zufuhr von Elektronen* bezeichnet man dagegen als „*Reduktion*" des betr. Stoffes.

Die *Oxidation* eines Stoffes kann entweder durch eine Elektrode oder durch direkte Berührung mit einem anderen, stärker elektronenziehenden Stoff („*Oxidationsmittel*") erfolgen, *der seinerseits dabei reduziert wird.* Während dieser Reaktion existiert von jedem der beiden Stoffe eine reduzierte und eine oxidierte Form. Man bezeichnet die *Kombination aus reduzierter und oxidierter Form eines Stoffes* (durch die das Einzelpotential einer Elektrode bestimmt wird) als „*Redoxsystem*".

Die Normalpotentiale der in Abb 18.7 gezeigten Elektroden sind zusammen mit zahlreichen weiteren Normalpotentialen in der Tabelle Seite 314 der Größe nach geordnet aufgeführt. Eine solche Tabelle bezeichnet man als *elektrochemische Spannungsreihe.* Schaltet man zwei solche Normalelektroden nach Art der Abb. 18.7 zu einer galvanischen Kette gegeneinander, so fließen die Elektronen im Draht spontan naturgemäß zu derjenigen Elektrode, die das stärker positive Normalpotential hat. Das Redoxsystem dieser Elektrode wirkt also stärker *oxidierend* (elektronenziehend) als das der anderen Elektrode. Die *stärksten Oxidationsmittel* stehen demnach *ganz oben in der Spannungsreihe* (positive Normalpotentiale), während die *weiter unten* stehenden Systeme (negative Normalpotentiale) zunehmend als *Reduktionsmittel* wirken.

Mit der durch die EMK nachgewiesenen Triebkraft würde die stromliefernde Reaktion einer galvanischen Kette auch spontan ablaufen, wenn man die Redoxsysteme der beiden Einzelelektroden direkt miteinander in Berührung bringen würde (es sei denn, die Reaktion ist irgendwie gehemmt). Da man jede Elektrode mit jeder anderen kombinieren kann, kann man im Prinzip aus 40 angegebenen Normalpotentialen die Richtung von $(40 \cdot 39)/2 = 780$ Reaktionen voraussagen!

Wir wollen zunächst diejenigen Elektrodenreaktionen aus der Tabelle Seite 314 betrachten, bei denen ein **Metall** mit der Lösung seiner Ionen im Gleichgewicht steht. Negative ϵ°-Werte bedeuten hier, daß bei Kombination mit einer Wasserstoffelektrode die Elektronen vom Metall wegfließen würden unter Bildung der positiven Metallionen, während an der Wasserstoffelektrode die H^+-Ionen der Säure zu H_2 entladen würden.

Diese Metalle würden sich daher auch in direkter Reaktion in Säure auflösen. Positive ϵ°-Werte bedeuten andererseits, daß die betr. Metallionen ein sehr starkes Bestreben haben, unter Elektronenaufnahme in den metallischen Zustand überzugehen, d.h., diese Metalle sind sehr stabil. Sie lösen sich nicht unter H_2-Entwicklung in Säuren. Man bezeichnet sie als *Edelmetalle*.

Um Edelmetalle als einfache hydratisierte Ionen aufzulösen, ist ein stärkeres Oxidationsmittel als H^+-Ionen erforderlich, z.B. NO_3^--Ionen in stark saurer Lösung. Deren Oxidationspotential ϵ° steht in der Spannungsreihe über dem von Cu/Cu^{2+} und Ag/Ag^+, so daß sich Kupfer und Silber in konzentrierter Salpetersäure auflösen.

Die **Alkalimetalle** (Li, Na) sind so unedel, daß sie sich sogar bei der sehr kleinen H^+-Ionenkonzentration von reinem Wasser noch unter H_2-Entwicklung auflösen. Man kann sie aber durch Elektrolyse einer wäßrigen Lösung als Metall *in flüssigem Quecksilber (Hg) gelöst* abscheiden: An Hg ist nämlich die H_2-Entwicklung besonders stark gehemmt, so daß man hier zur H_2-Bildung eine zusätzliche elektrische Spannung aufwenden müßte, die sogenannte „*Überspannung*". An **Platin** ist dagegen zur H_2-Entwicklung *keine nennenswerte Überspannung* erforderlich. Das beruht darauf, daß sich Wasserstoff in atomarer Form im Platin ein wenig löst, so daß für jedes reduzierte H-Atom sofort ein Partner für die H_2-Bildung vorhanden ist. Die H_2-Überspannung ist auch ein Grund dafür, daß einige andere Metalle wie Zn und Cd sich in verdünnten Säuren nur ziemlich langsam auflösen.

Ein weiterer Grund für die Stabilität einiger unedler Metalle gegenüber wäßrigen Lösungen ist die Bildung einer dichten, schützenden, schwerlöslichen Oxidschicht (*Passivität*). Während die schützende Oxidschicht bei manchen Metallen (Cr, Ni) auch gegenüber Säuren einigermaßen stabil ist, wird sie z.B. bei Al sowohl von Säuren wie von Laugen aufgelöst („*amphoteres*" *Verhalten von Aluminiumhydroxyd*), so daß sich Al in NaOH unter H_2-Entwicklung auflöst.

Betrachten wir jetzt die Elektrodenreaktionen der Tabelle S. 282, bei denen die **Halogene** mit den Lösungen ihrer Anionen im Gleichgewicht stehen! Hier bedeutet ein positives Normalpotential (starke Oxidationskraft), daß das betreffende Halogen ein starkes Bestreben hat, unter Elektronenaufnahme in den negativen Ionenzustand überzugehen. Obgleich das Cl-Atom eine etwas größere Elektronenaffinität als das F-Atom besitzt, ist *Fluor bei weitem das stärkste Oxidationsmittel*. Das beruht hauptsächlich darauf, daß das F^--Ion infolge seiner Kleinheit stärker als das Cl^--Ion hydratisiert ist. (Außerdem ist die Dissoziationsenergie von Cl_2 größer als von F_2, vgl. die Bildungsenthalpien von Cl(g) und F(g) Seite 281). Fluor ist sogar in der Lage, Wasser zu Sauerstoff zu oxidieren. Daß andere Oxidationsmittel wie MnO_4^-, die aufgrund ihrer Stellung in der Spannungsreihe ebenfalls zu einer Oxidation des Wassers in der Lage sein sollten, dieses nicht tun, beruht auf der Überspannung des Sauerstoffs.

Einige Elemente können in mehr als zwei verschiedenen Oxidationsstufen auftreten: Eisen z.B. im metallischen Zustand Fe sowie als Fe^{2+} und Fe^{3+}. Da jeder Oxidationszustand mit jedem anderen desselben Elements zu einem Redoxsystem kombiniert werden kann, gibt es z.B. *für Eisen drei verschiedene Normalpotentiale:*

$$\epsilon^{\circ}_{Fe/Fe^{2+}} \quad , \quad \epsilon^{\circ}_{Fe,Fe^{3+}} \quad und \quad \epsilon^{\circ}_{Fe^{2+},Fe^{3+}} \ .$$

Besteht zwischen diesen drei Größen eine Beziehung?

Zur Beantwortung dieser Frage müssen wir auf die Definition der Normalpotentiale zurückgehen: Das Normalpotential $\epsilon^{\circ}_{Fe/Fe^{3+}}$ ist als die Standard-EMK einer Kette bei 25 °C definiert, in der links eine Wasserstoffelektrode und rechts z.B. eine Fe/Fe^{3+}-Elektrode steht (vgl. Abb. 18.3 S. 255). In einer solchen Kette wird bei positivem Stromfluß* Fe^{3+} zu Fe reduziert und dafür H_2 zu H^+-Ionen oxidiert:

$$\epsilon^{\circ}_{Fe/Fe^{3+}} \equiv E^{\circ}(Fe^{3+} + \tfrac{3}{2}H_2 \rightarrow Fe + 3\,H^+) \tag{18.27}$$

Wegen Gl. (11.90)

$$E^{\circ} \cdot \nu_e F = -\Delta G^{\circ} \tag{18.28}$$

wird aus (18.27) mit $\nu_e = 3$:

$$\epsilon^{\circ}_{Fe/Fe^{3+}} \cdot 3\,F = -\Delta G^{\circ}(Fe^{3+} + \tfrac{3}{2}H_2 \rightarrow Fe + 3\,H^+) \tag{18.29}$$

und völlig analog

$$\epsilon^{\circ}_{Fe/Fe^{2+}} \cdot 2\,F = -\Delta G^{\circ}(Fe^{2+} + H_2 \rightarrow Fe + 2\,H^+) \tag{18.30}$$

$$\epsilon^{\circ}_{Fe^{2+},Fe^{3+}} \cdot F = -\Delta G^{\circ}(Fe^{3+} + \tfrac{1}{2}H_2 \rightarrow Fe^{2+} + H^+) \tag{18.31}$$

Die Addition der beiden in (18.31) und (18.30) enthaltenen Reaktionen ergibt die Reaktion in (18.29). Folglich muß die Addition der ΔG°-Werte aus (18.31) und (18.30) auch den ΔG°-Wert aus (18.29) ergeben, da ja die Änderung der Gibbs-Energie G unabhängig vom „Wege" sein muß (vgl. die analoge Behandlung der Enthalpie H S. 68 f.). Somit folgt aus (18.29) bis (18.31) die sogenannte **Luthersche Gleichung**

$$3\,\epsilon^{\circ}_{Fe/Fe^{3+}} = 2\,\epsilon^{\circ}_{Fe/Fe^{2+}} + \epsilon^{\circ}_{Fe^{2+},Fe^{3+}} \tag{18.32}$$

Frage: Ist eine Elektrode aus Fe und Fe^{3+} überhaupt realisierbar? Müßte nicht aus Fe^{3+} und Fe eine *Komproportionierung* zu Fe^{2+} erfolgen?

Zur **Beantwortung** der Frage, ob die Komproportionierungsreaktion

$$2\,Fe^{3+} + Fe \rightleftharpoons 3\,Fe^{2+}$$

unter Normalbedingungen nach rechts oder nach links hin ablaufen würde, stellt man sich im Gedankenexperiment eine galvanische Kette aus den entsprechenden

---

* Zur Definition des Vorzeichens der EMK und der Stromstärke vgl. S. 178. Falls die EMK der Kette negativ ist, so erzwingt man einen positiven Stromfluß mit Hilfe einer äußeren Spannungsquelle.

Normalelektroden zusammen, in der bei Stromfluß von links nach rechts die obige Reaktion stattfinden müßte:

−0,409 V   −0,036 V

$Fe|Fe^{2+}$ ‖ $Fe^{3+}|Fe$

Da die Elektronen immer vom negativeren zum positiveren Einzelpotential fließen (hier also im Draht vom linken zum rechten Pol), so würde in dieser Kette links Fe zu Fe^{2+} oxidiert und rechts Fe^{3+} zu Fe reduziert. Insgesamt würde also die obige Reaktion von links nach rechts ablaufen. Auf diese Weise kann man *aus den Normalpotentialen unmittelbar ablesen, daß Fe^{3+}-Ionen in 1-molarer Lösung neben metallischem Eisen nicht stabil sein können.*

Im Prinzip wird sich natürlich auch bei dieser Reaktion ein *Gleichgewicht* einstellen, bei dem *alle drei Oxidationsstufen des Eisens vertreten* sind, die Frage ist nur, in welchen Konzentrationen. Zur Beantwortung dieser Frage wird die im folgenden Abschnitt behandelte Nernstsche Gleichung benötigt. Im Anschluß daran (S. 272) wird die vorliegende Frage nochmals aufgegriffen.

Übungsaufgaben

a) Man entscheide aufgrund der Normalpotentiale von Cu/Cu^{2+} und Cu/Cu^{+}, ob die Reaktion zwischen den drei Oxidationsstufen des Kupfers unter Normalbedingungen in Richtung der Komproportionierung oder der Disproportionierung verlaufen würde. Welche Oxidationsstufen sind unter Normalbedingungen nebeneinander stabil?

b) Wie groß ist das Normalpotential Cu^{+}, Cu^{2+} ?

Ergebnisse:

a) Disproportionierung! Unter Normalbedingungen sind nur Cu und Cu^{2+} nebeneinander stabil.

b) $\epsilon^{\circ}_{Cu^{+},Cu^{2+}} = +0,158 \, V$.

18.5. Die Nernstsche Gleichung

Wie hängt das praktische Einzelpotential ϵ einer Elektrode von den Konzentrationen der beteiligten Stoffe ab?

Um diese Frage zu beantworten, müssen wir wieder von der Definition ausgehen: Das praktische Einzelpotential ist als die EMK einer Kette definiert, in der links eine Wasserstoffstandardelektrode und rechts die betreffende Elektrode steht (vgl. Abb. 18.3 S. 255). Die Berechnung der EMK einer gegebenen Kette haben wir aber nach dem Gleichungsschema

$$-\nu_e F E = \Delta G = \Delta G^{\circ} + R T \ln \Pi \{a_i^{\nu_i}\}$$

schon oft geübt. Man formuliert dazu die bei positivem Stromfluß ablaufende Reaktion und berechnet daraus mit den experimentell vorgegebenen Konzentrationen das stöchiometrische Produkt $\Pi \{a_i^{\nu_i}\}$.

Als Beispiel betrachten wir die Chlor-Elektrode. Wenn man sie gegen eine Wasserstoffelektrode schaltet, lautet die bei positivem Stromfluß ablaufende Reaktion (11.87)

$$H_2(g) + Cl_2(g) \rightleftharpoons 2\,H^+(aq) + 2\,Cl^-(aq)$$

und die entsprechende Gleichung für die EMK (11.89)

$$-2\,FE = \Delta G = \Delta G^\circ + R\,T \ln \left\{ \frac{c_{H^+}{}^2 \cdot c_{Cl^-}{}^2}{p_{H_2} \cdot p_{Cl_2}} \right\} \quad ,$$

also

$$E = E^\circ - \frac{R\,T}{2\,F} \ln \left\{ \frac{c_{H^+}{}^2 \cdot c_{Cl^-}{}^2}{p_{H_2} \cdot p_{Cl_2}} \right\}$$

oder

$$E = E^\circ + \frac{R\,T}{2\,F} \ln \left\{ \frac{p_{H_2} \cdot p_{Cl_2}}{c_{H^+}{}^2 \cdot c_{Cl^-}{}^2} \right\} \quad , \tag{18.32}$$

wobei für c_{H^+} und c_{Cl^-} genau genommen die *Aktivitäten* einzusetzen sind.

Wenn die H_2-Elektrode eine Standardelektrode ist, wird $p_{H_2} = p^\circ$ und $c_{H^+} = 1\,M$, und die EMK in Gl. (18.32) wird dann nach Definition gleich dem Einzelpotential der Chlorelektrode:

$$\epsilon_{Pt,Cl/Cl^-} = \epsilon^\circ_{Pt,Cl_2/Cl^-} + \frac{R\,T}{2\,F} \ln \left\{ \frac{p_{Cl_2}}{c_{Cl^-}{}^2} \right\} \tag{18.33}$$

Diese Gleichung enthält von der Gesamtreaktion (11.87) nur noch diejenigen Variablen, die in der Teilreaktion an der rechten Elektrode auftreten:

$$Cl_2(g) + 2\,e^- \rightleftharpoons 2\,Cl^-(aq) \tag{18.34}$$

An einer Elektroden-Teilreaktion sind neben den Elektronen immer die oxidierte und die reduzierte Form eines Redoxsystems beteiligt: Die oxidierte Form des Redoxsystems Cl_2/Cl^- ist Cl_2; deren Aktivität (Partialdruck) erscheint in Gl. (18.33) *über* dem Bruchstrich. Die reduzierte Form ist $2\,Cl^-$, deren Konzentrationsprodukt steht in Gl. (18.33) *unter* dem Bruchstrich. Die Zahl der umgesetzten Elektronen (hier $\nu_e = 2$) tritt als Faktor vor die Faraday-Konstante.

Wir betrachten anstelle von Gl. (18.34) jetzt eine beliebige Elektrodenreaktion.

$$ox + \nu_e\,e^- \rightleftharpoons red \tag{18.35}$$

Daraus erhalten wir analog Gl. (18.33) für das Einzelpotential:

$$\boxed{\; \epsilon_{redox} = \epsilon^\circ_{redox} + \frac{R\,T}{\nu_e F} \ln \left\{ \frac{a_{ox}}{a_{red}} \right\} \;} \tag{18.36}$$

(*Nernstsche Gleichung*)

Darin bedeutet a_{ox} das *Produkt* der Partialdrucke bzw. Konzentrationen (Aktivitäten) der oxidierten Form und a_{red} das entsprechende Produkt der reduzierten Form des Redoxsystems. Für $T = 298$ K ($\hateq 25$ °C) erhält die Nernstsche Gleichung mit den Zahlenwerten der Naturkonstanten folgende Form:

$$\epsilon_{redox} = \epsilon^{\circ}_{redox} + \frac{0,059 \text{ V}}{\nu_e} \log \left\{ \frac{a_{ox}}{a_{red}} \right\} \tag{18.37}$$

Für eine Wasserstoffelektrode wird aus Gl. (18.35) mit ox $\equiv 2$ H^+(aq) und red $\equiv H_2$ (g):

$$2 H^+(aq) + 2 e^- \rightleftharpoons H_2(g) \tag{18.38}$$

Daraus ergibt sich für das Einzelpotential einer Wasserstoffelektrode mit $\epsilon^{\circ}_{H_2/H^+} \equiv 0$ nach der Nernstschen Gleichung (18.36):

$$\epsilon_{H_2/H^+} = \frac{RT}{2F} \ln \left\{ \frac{c_{H^+}^2}{p_{H_2}} \right\} \tag{18.39}$$

Man kann die Elektrodenreaktion auch mit nur *einem* Elektron formulieren:

$$H^+(aq) + e^- \rightleftharpoons \tfrac{1}{2} H_2(g)$$

Daraus ergibt sich:
$$\epsilon_{H_2/H^+} = \frac{RT}{F} \ln \left\{ \frac{c_{H^+}}{p_{H_2}^{1/2}} \right\}$$

was mit Gl. (18.39) mathematisch gleichbedeutend ist.

Für eine Zinkelektrode wird aus Gl. (18.35):

$$Zn^{2+}(aq) + 2 e^- \rightleftharpoons Zn(f) \tag{18.40}$$

Da Zink ein reiner Stoff mit dem Molenbruch $x = 1$ ist, wird in diesem Fall aus Gl. (18.36) mit $a_{red} = 1$:

$$\epsilon_{Zn/Zn^{2+}} = \epsilon^{\circ}_{Zn/Zn^{2+}} + \frac{RT}{2F} \ln \{ c_{Zn^{2+}} \} \tag{18.41}$$

Analoge Gleichungen gelten für die Einzelpotentiale aller reinen Metalle, die in eine Lösung ihrer Ionen tauchen.

Bisher haben wir in diesem Abschnitt nur Redoxsysteme betrachtet, bei denen sich die oxidierte und die reduzierte Form in verschiedenen Phasen befanden (z.B. in der Gasphase und der Lösung oder im Metall und der Lösung). Das einfachste Beispiel für einen Redoxvorgang an einem Platinblech, bei dem sich „ox" und „red" beide in der Lösung befinden, ist die Teilreaktion

$$Fe^{3+}(aq) + e^- \rightleftharpoons Fe^{2+}(aq) . \tag{18.42}$$

In diesem Fall lautet die Nernstsche Gleichung (18.36):

$$\epsilon_{Fe^{2+},Fe^{3+}} = \epsilon^{\circ}_{Fe^{2+},Fe^{3+}} + \frac{RT}{F} \ln \left\{ \frac{c_{Fe^{3+}}}{c_{Fe^{2+}}} \right\} \tag{18.43}$$

18. Elektrochemische Gleichgewichte

Für $c_{Fe^{3+}} = c_{Fe^{2+}}$ wird nach (18.43) das Einzelpotential gleich dem Standardpotential. Es ist hierbei also nicht nötig, daß alle Konzentrationen (Aktivitäten) einzeln den Standardwert 1 M annehmen, um das betr. Standardpotential zu realisieren.

Etwas komplizierter wird die Elektrodenreaktion, wenn das elektronenaufnehmende Zentralion mit Liganden umgeben ist, deren Anzahl durch den Redoxvorgang verändert wird, z.B.

$$MnO_4^- + 8 H^+ + 5 e^- \rightleftharpoons Mn^{2+} + 4 H_2O \qquad (18.44)$$

Daraus ergibt sich für die Nernstsche Gleichung (18.36):

$$\epsilon = \epsilon^\circ_{Mn^{2+},MnO_4^-,H^+} + \frac{RT}{5F} \ln \left(\frac{c_{MnO_4^-} \cdot c_{H^+}^8}{c_{Mn^{2+}} \cdot x_{H_2O}^4} \right) \qquad (18.45)$$

(Der Molenbruch x_{H_2O} ist in verdünnter Lösung ≈ 1). Da die Konzentration der H^+-Ionen mit der achten Potenz eingeht, hängt das Redoxpotential dieser Einzelelektrode wesentlich stärker vom pH-Wert der Lösung als von der Konzentration an MnO_4^- ab.

18.6. Anwendungen in der analytischen Chemie

Ein anderes interessantes pH-abhängiges Redoxgleichgewicht besteht zwischen Chinon (Q) und Hydrochinon (QH_2):

$$(18.46)$$

$$Q + 2 H^+ + 2 e^- \rightleftharpoons QH_2$$

In diesem Fall lautet die Nernstsche Gleichung:

$$\epsilon_{QH_2,Q,H^+} = \epsilon^\circ_{QH_2,Q,H^+} + \frac{RT}{2F} \ln \left(\frac{c_Q \cdot c_{H^+}^2}{c_{QH_2}} \right) \qquad (18.47)$$

Nun kann ein Molekül Hydrochinon mit einem Molekül Chinon sandwichartig* zu einem tiefdunkel gefärbten Elektronen-Donator-Akzeptor-Komplex (*Charge-Transfer-Komplex*) zusammentreten. Diese Anlagerungsverbindung wird als „*Chinhydron*" bezeichnet. Löst man kristallisiertes Chinhydron in Wasser, so dissoziiert es dabei wieder weitgehend in die beiden Einzelmoleküle, deren Konzentrationen dann exakt gleich

---

* sandwich (engl.) = zusammengeklappte, belegte Weißbrotschnitte.

groß sind. Mit $c_Q = c_{QH_2}$ wird aus Gl. (18.47):

$$\epsilon_{Chinhydron} = \epsilon° + \frac{RT}{2F} \ln \{c_{H^+}^2\} = \epsilon° + \frac{RT}{F} \ln \{c_{H^+}\} \qquad (18.48)$$

und speziell bei 25 °C entsprechend Gl. (18.37) mit $\log \{c_{H^+}\} \equiv -pH$:

$$\epsilon_{Chinhydron} = \epsilon° - 59 \text{ mV} \cdot pH \qquad (18.49)$$

Darin ist $\epsilon° = 0,6995$ V (bei 25 °C).

Man kann diese Beziehung ausnutzen, um den pH-Wert einer Lösung zu bestimmen: Man fügt der Lösung etwas Chinhydron zu, taucht einen Platindraht hinein und mißt dessen Potentialdifferenz gegenüber einer Elektrode von bekanntem Einzelpotential, die über eine konzentrierte KCl-Lösung mit der zu messenden Lösung verbunden ist. Man verwendet also z.B. die folgende Kette:*

$$\text{Pt} \begin{array}{|c|c|c|} \hline \text{Hg(fl)} & \text{KCl(aq)} & \text{H}^+\text{(aq)}, c_{H^+} \text{ unbekannt} \\ \hline \text{Hg}_2\text{Cl}_2\text{(f)} & \text{gesättigt} & \text{Chinhydron} \\ \hline \end{array} \text{Pt}$$

Kalomel-Elektrode

Diese Kette ist (ebenso wie die Glaselektrode) zur genauen Bestimmung einer Säuremenge durch Aufnahme einer ,,**Titrationskurve**'' verwendbar: Man fügt der unbekannten Säurelösung aus einer Bürette Natronlauge zu und registriert laufend die EMK in Abhängigkeit von der zugesetzten Menge an Natronlauge: Dabei ändert sich der pH-Wert [und damit nach Gl. (18.49) die EMK] zunächst nur wenig. Wenn aber die Menge an NaOH gleich der ursprünglich vorhandenen Säuremenge wird (*Äquivalenzpunkt*), dann bewirkt ein Tropfen Natronlauge einen Sprung des pH-Wertes um mehrere Einheiten, also einen Sprung der EMK um mehrere Vielfache von 59 mV (vgl. Abb. 11.11. S. 120). Anhand einer Titrationskurve läßt sich die verbrauchte Menge an Titerlösung besonders genau bestimmen.

Die Nernstsche Gleichung ist in der analytischen Chemie auch zur Konzentrationsbestimmung vieler anderer Stoffe von größter Bedeutung. Voraussetzung für die Anwendbarkeit ist nur, daß der betreffende Stoff (bzw. die Ionenart) an einem Redoxgleichgewicht beteiligt werden kann, das dann mit einer Elektrode gemessen wird.

Auch die Bestimmung des Löslichkeitsprodukts von AgCl (S. 178 f.) kann als eine Bestimmung der sehr kleinen Ionenkonzentration von Ag^+-Ionen neben der bekannten KCl-Konzentration über AgCl-Bodenkörper aufgefaßt werden. Wir haben dort in der Kette Abb. 14.1 also im Grunde genommen *zwei Ag/Ag$^+$-Elektroden mit verschiedener Ag$^+$- Konzentration* zu einer Kette gegeneinandergeschaltet. In der EMK die-

---

* Das praktische Einzelpotential der hier verwendeten *Kalomelelektrode* beträgt 0,2415 V bei 25 °C.

ser „*Konzentrationskette*" subtrahiert das Standardpotential sich weg, und es ergibt sich aus den Gln. (18.26) und (18.36):

$$E = \epsilon_{\text{rechts}} - \epsilon_{\text{links}} = \frac{RT}{F} \ln \frac{c_{Ag^+(\text{rechts})}}{c_{Ag^+(\text{links})}} \qquad (18.50)$$

Da c_{Ag^+} auf der einen Seite der Kette bekannt ist, kann man durch Messung der EMK die Konzentration c_{Ag^+} auf der anderen Seite genau bestimmen und daraus wiederum beliebige Gleichgewichtskonstanten errechnen, an denen Ag^+-Ionen beteiligt sind (*Löslichkeitsprodukte* und *Komplexbildungskonstanten*). Außerdem kann man durch Zugabe von $AgNO_3$-Lösung aus einer Bürette zu einer Ag-Elektrode in einer Cl^--Ionenlösung eine „*Fällungstitrationskurve*" aufnehmen, um so etwa die unbekannte Menge an Cl^--Ionen zu bestimmen. (Näheres in der Analytischen Chemie).

Schließlich sei noch darauf hingewiesen, daß man bei der Titration eines reduzierten Stoffes (z.B. Fe^{2+}-Ionen) mit einer oxidierenden Maßlösung (z.B. von Ce^{4+}-Ionen) durch Messung des Einzelpotentials an einem eintauchenden Platindraht auch eine „*Redoxtitrationskurve*" aufnehmen kann (siehe unten).

Der Verlauf der EMK in Abhängigkeit von der zugesetzten Menge an Maßlösung ist für *alle Tritrationskurven* (Neutralisations-, Fällungs-, Komplexbildungs- oder Redoxtitration) *ähnlich* und erlaubt nicht nur die genaue Endpunktsanzeige der Titration (Äquivalenzpunkt), sondern i.a. auch eine genaue Gleichgewichtsbestimmung an dem Punkt der Kurve, wo die Hälfte der äquivalenten Menge an Maßlösung zugegeben worden ist (vgl. Abb. 11.11 S. 120).

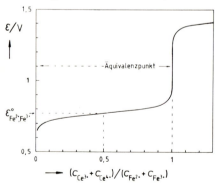

Die Abb. 18.8 zeigt den Verlauf des Einzelpotentials (d.h. der Potentialdifferenz eines eintauchenden Platindrahtes gegenüber einer Wasserstoffnormalelektrode) bei der **Titration** von Fe^{2+} mit Ce^{4+}, wobei sich folgende Reaktion abspielt:

$$Fe^{2+} + Ce^{4+} \rightarrow Fe^{3+} + Ce^{3+} \qquad (18.51)$$

Abb. 18.8. Verlauf des Redoxpotentials bei der Titration von Fe^{2+} mit Ce^{4+} bei 25 °C.

Man beachte die Ähnlichkeit dieser Kurve mit der Neutralisationskurve in Abb. 11.11

S. 120. Bei der Redoxtitration stellt sich an dem Platindraht sowohl für das Redoxsystem (Fe^{2+}, Fe^{3+}) als auch für das Redoxsystem (Ce^{3+}, Ce^{4+})

je ein dynamisches Gleichgewicht ein, so daß das Einzelpotential der Elektrode, d.h. das ,,*Redoxpotential der Lösung*'', *gleichzeitig* durch die *beiden* Konzentrationsverhältnisse $[Fe^{3+}]/[Fe^{2+}]$ und $[Ce^{4+}]/[Ce^{3+}]$ nach der Nernstschen Gleichung beschreibbar ist:

$$\epsilon = \epsilon^{\circ}{}_{Fe^{2+},Fe^{3+}} + \frac{RT}{F} \ln \frac{c_{Fe^{3+}}}{c_{Fe^{2+}}} = \epsilon^{\circ}{}_{Ce^{3+},Ce^{4+}} + \frac{RT}{F} \ln \frac{c_{Ce^{4+}}}{c_{Ce^{3+}}} \qquad (18.52)$$

Für die Gleichgewichtskonstante der Reaktion (18.51) erhält man durch Auflösen von Gl. (18.52)

$$\ln K \equiv \ln \frac{c_{Fe^{3+}} \cdot c_{Ce^{3+}}}{c_{Fe^{2+}} \cdot c_{Ce^{4+}}} = \frac{F}{RT}(\epsilon^{\circ}{}_{Ce^{3+},Ce^{4+}} - \epsilon^{\circ}{}_{Fe^{2+},Fe^{3+}}) \qquad (18.53)$$

und durch Einsetzen der beiden Standardpotentiale aus der Tabelle S. 314: $K = 2,4 \cdot 10^{11}$ bei 25 $^{\circ}$C . Aus diesem Zahlenwert ergibt sich, daß das Gleichgewicht der Reaktion (18.51) ganz rechts liegt, d.h., daß von der jeweils im Unterschuß vorhandenen Ausgangskomponente praktisch nichts übrigbleibt. Somit ist links vom Äquivalenzpunkt $c_{Ce^{4+}} \approx 0$ und rechts vom Äquivalenzpunkt $c_{Fe^{2+}} \approx 0$. Da Fe^{3+} und Ce^{3+} nach Gl. (18.51) immer in gleichen Mengen gebildet werden, so ist außerdem

$$c_{Ce^{3+}} = c_{Fe^{3+}} \,. \qquad (18.54)$$

Mit diesen Vereinfachungen kann man das Redoxpotential nach Gl. (18.52) sowohl links wie rechts vom Äquivalenzpunkt für jede Abszisse der Titrationskurve Abb. 18.8 berechnen. *Am Punkte halber Äquivalenz* [d.h. bei $(c_{Ce^{3+}} + c_{Ce^{4+}})/(c_{Fe^{2+}} + c_{Fe^{3+}}) = 0,5$] ist $c_{Fe^{3+}}/(c_{Fe^{2+}} + c_{Fe^{3+}}) = 0,5$, also $c_{Fe^{3+}} = c_{Fe^{2+}}$ und somit das Redoxpotential der Lösung gleich dem Normalpotential des Systems (Fe^{2+}, Fe^{3+}), 0,77 V. Bei Zugabe der doppelten Menge Oxidationsmittel, d.h. an der Stelle $(c_{Ce^{3+}} + c_{Ce^{4+}})/(c_{Fe^{2+}} + c_{Fe^{3+}}) = 2$, ist entsprechend $c_{Ce^{3+}} = c_{Ce^{4+}}$ und somit das Redoxpotential der Lösung gleich dem Normalpotential des Systems (Ce^{3+}, Ce^{4+}), 1,443 V (vgl. S. 282).

Am *Äquivalenzpunkt* ist $c_{Ce^{3+}} + c_{Ce^{4+}} = c_{Fe^{2+}} + c_{Fe^{3+}}$ und somit wegen Gl. (18.54) auch

$$c_{Ce^{4+}} = c_{Fe^{2+}} \,. \qquad (18.55)$$

Durch Einsetzen von (18.54) und (18.55) in (18.52) erhält man für das Redoxpotential der Lösung am Äquivalenzpunkt:

$$\epsilon_{\text{Äq}} = \epsilon^{\circ}{}_{Fe^{2+},Fe^{3+}} + \frac{RT}{F} \ln \frac{c_{Fe^{3+}}}{c_{Fe^{2+}}} =$$

$$\epsilon_{\text{Äq}} = \epsilon^{\circ}{}_{Ce^{3+},Ce^{4+}} + \frac{RT}{F} \ln \frac{c_{Fe^{2+}}}{c_{Fe^{3+}}}$$

Durch Addition dieser beiden Gleichungen folgt

$$2\,\epsilon_{\text{Äq}} = \epsilon^{\circ}{}_{Fe^{2+},Fe^{3+}} + \epsilon^{\circ}{}_{Ce^{3+},Ce^{4+}} \quad \text{und somit}$$

$$\epsilon_{\text{Äq}} = (\epsilon^{\circ}{}_{Fe^{2+},Fe^{3+}} + \epsilon^{\circ}{}_{Ce^{3+},Ce^{4+}})/2 \qquad (18.56)$$

Das ,,Umschlagspotential'' ist hiernach gleich dem arithmetischen Mittel aus den beiden Normalredoxpotentialen.

18.7. Praktische Folgerungen aus den Zahlenwerten der Spannungsreihe

In Abschnitt 18.4 wurde gezeigt, wie man auf Grund der Spannungsreihe viele Redoxreaktionen in Lösung qualitativ voraussagen kann. Wir wollen die Spannungsreihe S. 282 jetzt mit weiterem Leben erfüllen, indem wir die Nernstsche Gleichung mit zu Hilfe nehmen und so auch zu quantitativen Aussagen gelangen.

Analog Gl. (18.52) läßt sich zunächst die am Ende von Abschnitt 18.4 gestellte Frage beantworten, in welchen Konzentrationen Fe^{2+}-Ionen und Fe^{3+}-Ionen im **Gleichgewicht neben metallischem Eisen** existieren können. Die Antwort lautet: Das System kann nur *ein* Redoxpotential besitzen, das gleichzeitig durch jedes der drei Einzelpotentiale nach der Nernstschen Gleichung (18.37) beschrieben werden kann:

$$\epsilon = \epsilon^\circ_{Fe/Fe^{3+}} + \frac{59\,mV}{3} \cdot \log\,\{c_{Fe^{3+}}\}$$

$$= \epsilon^\circ_{Fe/Fe^{2+}} + \frac{59\,mV}{2} \cdot \log\,\{c_{Fe^{2+}}\}$$

$$= \epsilon^\circ_{Fe^{2+},Fe^{3+}} + 59\,mV \cdot \log\,\frac{c_{Fe^{3+}}}{c_{Fe^{2+}}} \qquad (18.57)$$

Diese drei Gleichungen lassen sich so kombinieren, daß die drei Variablen ϵ , $c_{Fe^{2+}}$ und $c_{Fe^{3+}}$ herausfallen und nur die bereits abgeleitete Luthersche Gleichung (18.32) übrigbleibt.

Geben wir aber z.B. $\{c_{Fe^{2+}}\} = 1$ im Gleichgewicht mit metallischem Eisen vor, also

$$\epsilon = \epsilon^\circ_{Fe/Fe^{2+}} = \epsilon^\circ_{Fe/Fe^{3+}} + \frac{59\,mV}{3} \cdot \log\,\{c_{Fe^{3+}}\}\ ,$$

so folgt $\log\,\{c_{Fe^{3+}}\} = \frac{3}{59\,mV} \cdot (\epsilon^\circ_{Fe/Fe^{2+}} - \epsilon^\circ_{Fe/Fe^{3+}})$

und mit den Zahlenwerten der Spannungsreihe

$$c_{Fe^{3+}} \approx 10^{-19}\,M\ .$$

Dieser Wert ist extrem klein. Im Gleichgewicht mit metallischem Eisen können sich also nur Fe^{2+}-Ionen, aber praktisch keine Fe^{3+}-Ionen in einer Lösung befinden. Das tabellierte Normalpotential Fe/Fe^{3+} ist insofern eine reine Rechengröße, die aber für Rechnungen mit extrem kleinen Fe^{3+}-Konzentrationen [z.B. im Löslichkeitsprodukt von $Fe(OH)_3$] trotzdem nützlich sein kann.

Qualitativ kann man sagen, daß **Edelmetalle** sich **nicht** unter **Wasserstoffentwicklung** in Säuren lösen können. Genauer: Die im Gleichgewicht erzielbare Edelmetallionenkonzentration ist extrem klein. Mit Hilfe der Nernstschen Gleichung kann man auch genau sagen, *wie* klein: Das mit dieser Konzentration erreichte Einzelpotential des Edelmetalls muß nämlich mit dem Oxidationspotential der Protonen bei Entwicklung von Wasserstoff übereinstimmen. Letzteres ist durch das Einzelpotential der entsprechenden Wasserstoffelektrode nach Gl. (18.39) gegeben:

$$\epsilon_{H_2/H^+} = \frac{RT}{2F}\,\ln\left\{\frac{a_{H^+}^2}{p_{H_2}}\right\}\ ,\ \text{worin näherungsweise } a_{H^+} \approx c_{H^+} \text{ ist.}$$

Setzen wir $a_{H^+} = 5$ M (was einer ziemlich konzentrierten Säurelösung entspricht), so ergibt sich mit $p_{H_2} = p^\circ$ und $T = 298$ K: $\epsilon_{H_2/H^+} = 0,041$ V . Wie groß wäre z.B. die Aktivität ($\approx$ Konzentration) an Kupfer(I)-Ionen, die durch Angriff dieses Säurepotentials an metallischem Kupfer erzeugt werden kann? Zur Beantwortung dieser Frage formuliert man die Nernstsche Gleichung für das Redoxpotential Cu/Cu$^+$ und setzt dieses gleich dem oben berechneten Oxidationspotential der Säure:

$$\epsilon^\circ_{Cu/Cu^+} + \frac{RT}{F} \ln \{a_{Cu^+}\} = \epsilon_{H_2/H^+} \qquad (18.58)$$

Durch Auflösen nach a_{Cu^+} erhält man daraus mit dem Wert von S. 282 $\epsilon^\circ_{Cu/Cu^+} = 0,522$ V : $a_{Cu^+} = 7,4 \cdot 10^{-9}$ M . Dieser Wert ist tatsächlich vernachlässigbar klein.

Um ein Edelmetall aufzulösen, muß man entweder anstelle der Protonen ein stärkeres Oxidationsmittel verwenden, dessen Einzelpotential *über* dem des Metalls liegt, oder man muß durch **Komplexbildung** dafür sorgen, daß die Aktivität an freien (hydratisierten) Edelmetallionen *unter* den oben (aus dem Oxidationspotential der Säure) berechneten Gleichgewichtswert abgesenkt wird, wodurch zugleich das Einzelpotential des Metalls unter das Oxidationspotential der Säure abgesenkt wird. Durch Komplexbildung mit J$^-$-Ionen ist es z.B. möglich, die Aktivität an freien Cu$^+$-Ionen unter $7,4 \cdot 10^{-9}$ M abzusenken und gleichzeitig das Kupfer als komplexes CuJ$_2^-$-Ion in Lösung zu halten. Das kommt in dem entsprechenden Normalpotential zum Ausdruck, das in der Spannungsreihe S. 282 ebenfalls mit angegeben ist:

$$\epsilon^\circ(CuJ_2^- + e^- \rightleftharpoons Cu + 2 J^-) = 0,00 \text{ V} .$$

Dieser Wert liegt bereits unter dem oben berechneten Oxidationspotential der konzentrierten Säurelösung von 0,041 V. Wählt man $a_{J^-} = 10$ M und $a_{CuJ_2^-} = 1$ M , so wird das Einzelpotential der Elektrodenreaktion sogar < 0 , so daß *Kupfer sich in konzentrierter Jodwasserstofflösung unter Wasserstoffentwicklung auflöst, obwohl es ein Edelmetall ist.*

Man kann die tabellierten Normalpotentiale auch benutzen, um die **Komplexbildungskonstante** K des CuJ$_2^-$-Komplexes zu berechnen.

Daß eine solche Rechnung im Prinzip möglich sein muß, ergibt sich aus folgender Überlegung: K ist durch eine mathematische Beziehung zwischen den Konzentrationen bzw. Aktivitäten der drei Stoffe Cu$^+$, J$^-$ und CuJ$_2^-$ gegeben. K läßt sich berechnen, wenn für zwei willkürlich vorgegebene Aktivitäten (z.B. $a_{CuJ_2^-}$ und a_{J^-}) die damit im Gleichgewicht befindliche dritte Aktivität (a_{Cu^+}) ermittelt werden kann. Nun legen die beiden Aktivitäten $a_{CuJ_2^-}$ und a_{J^-} durch die Elektrodenreaktion CuJ$_2^-$ + e$^-$ $\rightleftharpoons$ Cu + 2 J$^-$ nach der Nernstschen Gleichung ein Redoxpotential fest. Dasselbe Redoxpotential muß im Gleichgewicht aber auch für die Elektrodenreaktion Cu$^+$ + e$^-$ $\rightleftharpoons$ Cu gelten, wodurch nach der Nernstschen Gleichung wiederum die Aktivität a_{Cu^+} und somit auch die Konstante K berechnet werden kann.

Der entscheidende Ansatz zu dieser Rechnung besteht darin, daß man das Redoxpotential der einen Elektrodenreaktion mit dem der anderen Elektrodenreaktion gleichsetzt und so die gewünschte mathematische Verknüpfung zwischen den drei Aktivitäten herstellt:

$$\epsilon = \epsilon^{\circ}_{Cu/Cu^+} + \frac{RT}{F} \ln \{a_{Cu^+}\} = \epsilon^{\circ}_{Cu/CuJ_2^-} + \frac{RT}{F} \ln \left(\frac{a_{CuJ_2^-}}{a_J^{-2}}\right) \quad .(18.59)$$

Damit ergibt sich für die Komplexbildungskonstante der Reaktion $Cu^+ + 2 J^- \rightleftharpoons CuJ_2^-$:

$$\ln \{K\} \equiv \ln \left\{\frac{a_{CuJ_2^-}}{a_{Cu^+} \cdot a_J^{-2}}\right\} = (\epsilon^{\circ}_{Cu/Cu^+} - \epsilon^{\circ}_{Cu/CuJ_2^-}) \cdot \frac{F}{RT} \qquad (18.60)$$

und daraus für 25 °C mit den Zahlenwerten von S. 282:

$$K = 6,67 \cdot 10^8 \ M^{-2} \ .$$

Es wurde schon (S. 263) darauf hingewiesen, daß *Silber* sich nicht in Salzsäure, wohl aber *in konzentrierter Salpetersäure* löst, weil das Normalpotential

$$\epsilon^{\circ}[NO_3^- + 4 H^+ + 3 e^- \rightleftharpoons NO(g) + 2 H_2O] = +0,96 \ V$$

größer als das Normalpotential $\epsilon^{\circ}_{Ag/Ag^+} = +0,8 \ V$ ist. Dabei entwickelt sich nicht H_2, sondern NO, das an der Luft zu braunen NO_2-Dämpfen oxidiert wird: $NO + \frac{1}{2} O_2 \rightarrow NO_2$.

Das Normalpotential von Gold, $\epsilon^{\circ}_{Au/Au^{3+}} = +1,42 \ V$, ist größer als das obige Oxidationspotential der Salpetersäure, so daß *Gold* von HNO_3 praktisch *nicht angegriffen* wird.

Übungsaufgabe:

Man berechne die erreichbare Konzentration (Aktivität) an hydratisierten Au^{3+}-Ionen im Gleichgewicht mit metallischem Gold in einer HNO_3-Lösung der Aktivität $a_{H^+} = a_{NO_3^-} = 5 \ M$ (mit $x_{H_2O} \approx 1$) , indem man das Redoxpotential von Au/Au^{3+} gleich dem Oxidationspotential der Salpetersäure mit $p_{NO} = p^{\circ}$ setzt!

Ergebnis:

$a_{Au^{3+}} = 1,5 \cdot 10^{-20} \ M$. Eine so geringe Konzentration ist analytisch nicht mehr nachweisbar.

In einer *Mischung aus konzentrierter Salpetersäure und konzentrierter Salzsäure* (,,*Königswasser*'') *löst Gold* sich jedoch auf, obgleich nach der Nernstschen Gleichung die erreichbare Gleichgewichtskonzentration an Au^{3+}-Ionen hier nicht größer als in reiner Salpetersäure ist. Worauf beruht das?

Die Auflösung erfolgt in diesem Fall nicht in Form von freien (hydratisierten) Au^{3+}-Ionen, sondern in Form von $AuCl_4^-$-Komplexionen. Dieses kommt in dem *verminderten Normalpotential des Komplexes* zum Ausdruck (vgl. S. 282):

$$\epsilon^\circ(AuCl_4^- + 3\,e^- \;\rightleftharpoons\; Au + 4\,Cl^-) \;=\; 0,994 \text{ V}$$

Übungsaufgabe:

Man berechne (nach dem Vorbild der obigen Rechnung am CuJ_2^--Komplex) die Komplexbildungskonstante der Reaktion

$$Au^{3+} + 4\,Cl^- \;\rightleftharpoons\; AuCl_4^- \;.$$

Daraus berechne man weiter die Aktivität an Au^{3+}-Ionen im Gleichgewicht mit $a_{AuCl_4^-} = 1$ M und $a_{Cl^-} = 5$ M ! Man vergleiche den erhaltenen Wert mit dem oben berechneten im Gleichgewicht mit metallischem Gold und Salpetersäure der Aktivität $a_{H^+} = a_{NO_3^-} = 5$ M . Was folgt aus diesem Vergleich, wenn man Gold mit einer Königswasserlösung der Aktivität $a_{H^+} = a_{Cl^-} = a_{NO_3^-} = 5$ M in Berührung bringt? Wie groß ist die Triebkraft $-\Delta G$ für den weiteren Lösungsvorgang, wenn die Aktivität an $AuCl_4^-$-Ionen bereits den Wert von 1 M erreicht hat?

Ergebnis:

Aus einer der Gl. (18.60) analogen Gleichung ergibt sich für den Goldkomplex: $K = 4,0 \cdot 10^{21}$ M^{-4} . Im Gleichgewicht mit $a_{AuCl_4^-} = 1$ M und $a_{Cl^-} = 5$ M ergibt sich daraus für die Aktivität an freien Au^{3+}-Ionen: $a_{Au^{3+}} = 4,0 \cdot 10^{-25}$ M . Dieser Wert ist noch viel kleiner als der in der vorigen Übungsaufgabe berechnete Wert beim Oxidationspotential der 5-molaren Salpetersäure ($a_{Au^{3+}} = 1,5 \cdot 10^{-20}$ M) . Wenn man Gold mit Königswasser der angegebenen Aktivität in Berührung bringt, so werden daher die Au^{3+}-Ionen durch Komplexbildung mit Cl^--Ionen laufend dem Oxidationsgleichgewicht entzogen, so daß die Auflösung des Goldes weiter fortschreitet. Die Triebkraft $-\Delta G$ für diesen Prozeß ergibt sich nach Gl. (11.63) aus dem Verhältnis der beiden Gleichgewichtsaktivitäten:

$$-\Delta G \;=\; R\,T \ln \frac{a_{Au^{3+}}(\text{Gleichgewicht mit Au und } HNO_3)}{a_{Au^{3+}}(\text{Gleichgewicht mit } AuCl_4^- \text{ und } Cl^-)} \tag{18.61}$$

Einsetzen der beiden oben berechneten Aktivitäten ergibt für die Triebkraft bei 25 °C: $-\Delta G = 26$ kJ/mol .

Zu dem gleichen Ergebnis gelangt man auch, wenn man aus den angegebenen Aktivitäten nach der Nernstschen Gleichung (18.36) die beiden Einzelpotentiale $\epsilon_{NO_3^-,H^+,NO}$ und $\epsilon_{Au/AuCl_4^-,Cl^-}$ berechnet und daraus die Triebkraft nach der Gleichung

$$-\Delta G\,[Au + 4\,Cl^- + NO_3^- + 4\,H^+ \rightarrow NO(g) + 2\,H_2O]$$
$$= 3\,FE = 3\,F \cdot (\epsilon_{NO_3^-,H^+,NO} - \epsilon_{Au/AuCl_4^-,Cl^-}) \tag{18.62}$$

gewinnt [vgl. die Gln. (11.40) und (18.26)]. In einer aus den beiden Einzelelektroden zusammengesetzten Kette würde bei Stromdurchgang im Prinzip reversibel die in eckigen Klammern angegebene Gesamtreaktion ablaufen.

Wenn die Konzentration an freien Ionen eines Metalls durch *Komplexbildung* um viele Zehnerpotenzen vermindert wird, dann hat das nach der Nernstschen Gleichung eine erhebliche Verminderung des betreffenden Einzelpotentials zur Folge. Dieses wurde an den Beispielen des CuJ_2^-- und des $AuCl_4^-$-Komplexes gezeigt. Die veränderten, auf die Konzentration an Komplexionen bezogenen Normalpotentiale sind in der Spannungsreihe S. 282 mit aufgeführt.

Nun kann eine definierte Konzentrationsverminderung um viele Zehnerpotenzen ebenso durch **Bildung eines schwerlöslichen Salzes** erreicht werden, wenn die entsprechenden Gegenionen in definierter Konzentration im Überschuß vorhanden sind. Ein Beispiel ist die Ag/AgCl/Cl$^-$-Elektrode, deren Normalpotential in der Spannungsreihe S. 282 ebenfalls mit aufgeführt ist. Die Elektrodenreaktion hierzu lautet:

$$AgCl + e^- \; \rightleftharpoons \; Ag + Cl^- \; . \tag{18.63}$$

In dieser Gleichung treten die Ag$^+$-Ionen gar nicht auf, obwohl gerade sie (durch Aufnahme von Elektronen) für den eigentlichen Redoxvorgang verantwortlich sind*. Statt dessen treten als Reaktionsteilnehmer mit variabler Konzentration allein die Cl$^-$-Ionen auf (AgCl ist ein reiner, fester Stoff mit $x_{AgCl} = 1$), so daß die Nernstsche Gleichung für diese Elektrodenreaktion lautet**:

$$\epsilon = \epsilon^\circ_{Ag/AgCl/Cl^-} - \frac{RT}{F} \ln \{a_{Cl^-}\} \tag{18.64}$$

Dieses Einzelpotential muß aber mit dem Einzelpotential der Elektrodenreaktion

$$Ag^+ + e^- \; \rightleftharpoons \; Ag \tag{18.65}$$

identisch sein, so daß man durch Gleichsetzung beider Einzelpotentialgleichungen eine mathematische Verknüpfung zwischen den Aktivitäten von Ag$^+$-Ionen und Cl$^-$-Ionen im Gleichgewicht mit festem AgCl erhält [vgl. die analoge Berechnung der Komplexbildungskonstante in Gl. (18.60)]:

$$\epsilon = \epsilon^\circ_{Ag/Ag^+} + \frac{RT}{F} \ln \{a_{Ag^+}\} = \epsilon^\circ_{Ag/AgCl/Cl^-} - \frac{RT}{F} \ln \{a_{Cl^-}\}$$

oder

$$\ln \{a_{Ag^+} \cdot a_{Cl^-}\}_S = \frac{F}{RT} \cdot (\epsilon^\circ_{Ag/AgCl/Cl^-} - \epsilon^\circ_{Ag/Ag^+}) \; , \tag{18.66}$$

wobei der Index S („Sättigung") auf das Gleichgewicht mit festem AgCl hinweisen soll. $(a_{Ag^+} \cdot a_{Cl^-})_S$ ist das „*Sättigungsaktivitätenprodukt*" bzw. (bei Vernachlässigung des Unterschiedes zwischen Aktivitäten und Konzentrationen) das *Löslichkeitsprodukt*. Durch Einsetzen der Normalpotentiale aus der Spannungsreihe S. 282 ergibt sich für 25 °C:

---

* Die Ag$^+$-Ionen treten in der Elektrodenreaktion (18.63) nicht in Erscheinung, weil sich an die eigentliche Redoxreaktion (18.65) im Gleichgewicht unmittelbar die Auflösungsreaktion AgCl $\rightleftharpoons$ Ag$^+$ + Cl$^-$ anschließt. Man bezeichnet eine solche Elektrode, bei der die Konzentration der elektromotorisch wirksamen Ionen über das Löslichkeitsprodukt eines schwerlöslichen Salzes durch die Konzentration der Gegenionen festgelegt ist, als „*Elektrode zweiter Art*".

** Beim Vergleich von Gl. (18.63) mit Gl. (18.35) ist Cl$^-$ mit „red" zu identifizieren, so daß die Aktivität der Cl$^-$-Ionen im Logarithmus von (18.36) *unter* dem Bruchstrich steht. Man kann sie aber auch *über* den Bruchstrich schreiben, wenn man dafür das *Vorzeichen vor dem Logarithmus umkehrt*.

$$(a_{Ag^+} \cdot a_{Cl^-})_S = 1{,}74 \cdot 10^{-10} \text{ M}^2 \ .$$

Die Differenz der Einzelpotentiale in Gl. (18.66) entspricht der EMK einer galvanischen Kette in der Art von Abb. 14.1 S. 178, aus der dort bereits das Löslichkeitsprodukt von AgCl berechnet wurde.

In den vorangehenden Beispielen wurde immer die *Konzentration* eines elektromotorisch wirksamen Metallions durch Komplexbildung oder Bildung eines schwerlöslichen Salzes *vermindert,* wodurch zugleich entsprechend der Nernstschen Gleichung (18.36) das *Redoxpotential vermindert* wurde, z.B. für Au/Au^{3+} unter Normalbedingungen von +1,42 V durch $AuCl_4^-$-Komplexbildung auf +0,994 V (vgl. Spannungsreihe S. 282) und für Ag/Ag^+ von +0,7996 V durch AgCl-Bildung auf +0,2223 V. Ähnlich wird auch durch Bildung von schwerlöslichem Bleisulfat $PbSO_4$ das Redoxpotential einer Pb/Pb^{2+}-Elektrode unter Normalbedingungen von $-0{,}126$ V auf $-0{,}356$ V vermindert (vgl. S. 282).

Nun ist es aber auch möglich, daß die Konzentrationsverminderung eines Ions eine *Erhöhung* des Redoxpotentials bewirkt. Dieses ist nach der Nernstschen Gleichung nämlich *dann* zu erwarten, wenn das betr. Ion zur *reduzierten* Form des Redoxsystems gehört, so daß seine Konzentration im Logarithmus von Gl. (18.36) *unter* dem Bruchstrich steht. Ein Beispiel hierfür ist die PbO_2/Pb^{2+}-Elektrode, bei der das 4-wertige Blei im festen Bleidioxid PbO_2 die oxidierte und das Pb^{2+}-Ion die reduzierte Form darstellt:

$$\overset{+4}{Pb}O_2 + 4\,H^+ + 2\,e^- \;\rightleftharpoons\; Pb^{2+} + 2\,H_2O \tag{18.67}$$

Das Normalpotential dieser Reaktion liegt bei +1,455 V. Wird die Konzentration an freien Pb^{2+}-Ionen durch einen Überschuß an SO_4^{2-}-Ionen entsprechend dem geringen Löslichkeitsprodukt von $PbSO_4$ vermindert, so steigt das Redoxpotential in diesem Fall an. Das Normalpotential der Reaktion

$$PbO_2 + SO_4^{2-} + 4\,H^+ + 2\,e^- \;\rightleftharpoons\; PbSO_4 + 2\,H_2O \tag{18.68}$$

liegt daher bei +1,685 V (vgl. S. 282).

Da demnach die Redoxpotentiale von Pb/Pb^{2+} und von PbO_2/Pb^{2+} durch Verminderung der Pb^{2+}-Konzentration in entgegengesetzten Richtungen verschoben werden, so wird die EMK einer aus diesen beiden Elektroden aufgebauten Kette durch einen Überschuß an SO_4^{2-}-Ionen erhöht. Die galvanische Kette

$$Pb \left| \begin{array}{c} H^+(aq), SO_4^{2-}(aq) \\ \hline PbSO_4 \diagdown \qquad \diagup PbSO_4 \end{array} \right| PbO_2 \Big| Pb \tag{18.69}$$

dient als „*Akkumulator*" zur annähernd reversiblen chemischen Speicherung von elektrischer Energie.*

Übungsaufgabe:

Man berechne das Löslichkeitsprodukt von $PbSO_4$

  a) aus den beiden Normalpotentialen

    $\epsilon^\circ(Pb^{2+} + 2\,e^- \rightleftharpoons Pb)$ und

    $\epsilon^\circ(PbSO_4 + 2\,e^- \rightleftharpoons Pb + SO_4{}^{2-})$,

  b) aus den beiden Normalpotentialen

    $\epsilon^\circ(PbO_2 + 4\,H^+ + 2\,e^- \rightleftharpoons Pb^{2+} + 2\,H_2O)$ und

    $\epsilon^\circ(PbO_2 + SO_4{}^{2-} + 4\,H^+ + 2\,e^- \rightleftharpoons PbSO_4 + 2\,H_2O)$

und c) aus den Bildungsenthalpien und Normalentropien!

  d) Man formuliere die stromliefernde Reaktion des Bleiakkumulators durch Addition der beiden Elektrodenreaktionen, wobei die Teilreaktion mit dem niedrigeren Redoxpotential (linke Elektrode) so gerichtet anzusetzen ist, daß dort Elektronen gebildet werden. Man erkläre anhand dieser Reaktion, warum die Spannung bei der Entladung nachläßt. Um wieviel hat die Spannung abgenommen, wenn die Konzentration an H_2SO_4 auf die Hälfte gesunken ist? (Die Änderung des Molenbruchs an H_2O sowie Aktivitätskoeffizienten sollen vernachlässigt werden!)

Ergebnisse:

Analog Gl. (18.66) ergibt sich für das Sättigungsaktivitätenprodukt von Bleisulfat aus den Werten der Spannungsreihe nach a) und nach b): $(a_{Pb^{2+}} \cdot a_{SO_4{}^{2-}})_S = 1{,}67 \cdot 10^{-8}\ M^2$, während sich nach c) durch Anwendung von Gl. (13.2) auf die Fällungsreaktion $Pb^{2+} + SO_4{}^{2-} \rightarrow PbSO_4$ mit den Werten der Tabelle S. 280 ergibt: $1/K = (a_{Pb^{2+}} \cdot a_{SO_4{}^{2-}})_S = 1{,}55 \cdot 10^{-8}\ M^2$. Diese Berechnung ist weniger genau als die nach a) und b). Die Differenz liegt innerhalb der Fehlergrenze.

  d) Reaktionen im Bleiakkumulator:

links:	$Pb + SO_4{}^{2-} \rightleftharpoons PbSO_4 + 2\,e^-$
rechts:	$PbO_2 + SO_4{}^{2-} + 4\,H^+ + 2\,e^- \rightleftharpoons PbSO_4 + 2\,H_2O$

$$\text{Summe:}\quad Pb + PbO_2 + 2\,SO_4{}^{2-} + 4\,H^+ \rightleftharpoons 2\,PbSO_4 + 2\,H_2O \qquad (18.70)$$

Bei der Reaktion werden zwei dissoziierte Moleküle Schwefelsäure verbraucht. Hierdurch steigt das Einzelpotential der linken Elektrode an, und das der rechten nimmt ab, so daß $E = \epsilon_{rechts} - \epsilon_{links}$ vermindert wird:

$$E = E^\circ + \frac{RT}{2F}\ln\{a_{SO_4{}^{2-}}{}^2 \cdot a_{H^+}{}^4/a_{H_2O}{}^2\} = E^\circ + \frac{RT}{F}\ln\{a_{SO_4{}^{2-}} \cdot a_{H^+}{}^2/a_{H_2O}\}$$

$$\approx E^\circ + 59\ mV \cdot \log\{c_{SO_4{}^{2-}} \cdot c_{H^+}{}^2\} \qquad (18.71)$$

Wenn darin sowohl $c_{SO_4{}^{2-}}$ als auch c_{H^+} auf die Hälfte abnehmen, ändert sich die EMK um $\Delta E = 59\ mV \cdot 3 \cdot \log 0{,}5 = -53\ mV$.

Um die **Richtung einer chemischen Reaktion** zwischen zwei Redoxsystemen vorauszusagen, ist die Anwendung der Spannungsreihe zusammen mit der Nernstschen Gleichung oft bequemer als die Anwendung

---

  * Die wäßrige Lösung darf an der rechten Elektrode nicht mit dem metallischen Blei in Berührung kommen, da die Reaktion dort sonst irreversibel (ohne elektrische Arbeitsleistung) ablaufen würde. Offene Stellen werden durch entstehendes $PbSO_4$ von selbst abgedichtet. Die Elektronen dringen durch das PbO_2 hindurch.

von Bildungsenthalpien und Normalentropien. Als Beispiel betrachten wir eine mögliche Reaktion zwischen dem Mn^{2+}-MnO_4^--System und dem Cl^--Cl_2-System. Da das Mangansystem das höhere Normalpotential hat, fließen die Elektronen unter Normalbedingungen zu diesem hin, d.h., die Reaktion läuft in der Richtung, daß MnO_4^- durch Aufnahme von Elektronen zu Mn^{2+} reduziert wird, während Cl^- zu Cl_2 oxidiert wird*.

Da bei der Teilreaktion des Mangansystems H^+-Ionen beteiligt sind, hängt dessen Oxidationspotential vom pH-Wert ab (im Gegensatz zum Chlorsystem). Bei sonst gleichen Konzentrationen muß es daher einen pH-Wert geben, bei dem beide Oxidationspotentiale gleich sind. Bei weiterer Verschiebung zum Alkalischen ist eine Oxidation von Cl^- durch MnO_4^- nicht mehr zu erwarten.

Übungsaufgabe: Man formuliere die Reaktionsgleichung für die Oxidation von Chlorid durch Permanganat, indem man zu der Elektrodenreaktion des Mn^{2+}-MnO_4^--Systems aus der Spannungsreihe S. 282 die umgekehrte und auf gleiche Elektronenumsetzung erweiterte Elektrodenreaktion des Cl^--Cl_2-Systems addiert! In welchem pH-Bereich ist diese Reaktion unter Entwicklung von gasförmigem Chlor bei 25 °C und Ionenkonzentrationen von $c_{MnO_4^-} = c_{Mn^{2+}} = c_{Cl^-} = 0,1$ M thermodynamisch möglich? Wie groß muß man den pH-Wert bei diesen Konzentrationen mindestens wählen, damit der Partialdruck an gelöstem Chlor im Gleichgewicht kleiner als $10^{-4}\, p^\circ$ bleibt?

Lösung: $MnO_4^- + 8\,H^+ + 5\,e^- \;\rightleftharpoons\; Mn^{2+} + 4\,H_2O$

$$5\,Cl^- \;\rightleftharpoons\; \tfrac{5}{2}Cl_2 + 5\,e^-$$

Summe: $MnO_4^- + 5\,Cl^- + 8\,H^+ \;\rightleftharpoons\; Mn^{2+} + \tfrac{5}{2}Cl_2 + 4\,H_2O$ \hfill (18.72)

Diese Reaktion ist möglich, wenn das Einzelpotential des Mangansystems größer als das des Chlorsystems ist. Durch Gleichsetzen der beiden nach der Nernstschen Gleichung gegebenen Einzelpotentiale und Auflösen nach $-\log\{c_{H^+}\} = $ pH erhält man für den entsprechenden Gleichgewichts-pH-Wert:

$$pH = \frac{5}{8 \cdot 0,059\,V}\,(\epsilon^\circ_{Mn^{2+},MnO_4^-} - \epsilon^\circ_{Cl^-,Cl_2}) + \frac{1}{8}\,\log\left(\frac{c_{MnO_4^-} \cdot c_{Cl^-}^5}{c_{Mn^{2+}} \cdot p_{Cl_2}^{5/2}}\right) \quad (18.73)$$

Damit sich aus der Lösung heraus gasförmiges Chlor entwickeln kann, muß $p_{Cl_2} > p^\circ$ werden. Mit dieser Bedingung ergibt sich aus Gl. (18.73) zusammen mit den übrigen Zahlenwerten: pH $< 0,78$. Wenn andererseits $p_{Cl_2} < 10^{-4}\,p^\circ$ sein soll, muß nach Gl. (18.73) pH $> 2,03$ sein.

---

* Zwar ist diese Reaktion normalerweise so langsam, daß sie nicht ins Gewicht fällt. Sie kann aber beschleunigt werden, z.B. durch Anwesenheit von Fe^{2+}-Ionen, die bei ihrer Oxidation durch Permanganat ein kurzlebiges Zwischenprodukt bilden, das Cl^--Ionen schnell oxidiert. (Man bezeichnet diesen Mechanismus als *„induzierte Reaktion"* und Fe^{2+} als *„Induktor"*. Fe^{2+} ist *kein Katalysator*, weil es bei der Reaktion verbraucht, d.h. zu Fe^{3+} oxidiert wird.)

Anhang

Bildungsenthalpien und Normalentropien

Die *Bildungsenthalpie* H^B_i ist die Reaktionsenthalpie für die Bildung des Stoffes i aus den stabilen Elementen bei 25 °C unter *Standardbedingungen* (d.h. im reinen oder ideal verdünnten Zustand bei Standarddruck $p° \equiv 101\,325$ Pa bzw. Standardkonzentration $c° \equiv 1$ M). Die *Normalentropie* $S°_i$ (298 K) ist die molare Entropie des Stoffes i bei 25 °C unter Standardbedingungen. Die Werte für Ionen beruhen auf den zusätzlichen Definitionen $H^B_{H^+(aq)} \equiv 0$ und $S°_{H^+(aq)} \equiv 0$.

Anordnung der Stoffe in alphabetischer Reihenfolge der Elementsymbole. Anordnung der Kohlenstoffverbindungen nach dem *Hill-System*, d.h. in alphabetischer Reihenfolge der Summenformeln, wobei ein mit einem Zahlenindex versehenes Symbol wie ein im Alphabet zusätzlich eingeschobener Buchstabe betrachtet wird. In einer *Summenformel* werden immer zuerst die C-Atome, dann die H-Atome und dann in alphabetischer Reihenfolge die übrigen Elemente aufgeführt.

Weitere Zahlenwerte z.B. bei R.C. Weast (Editor): „Handbook of Chemistry and Physics", The Chemical Rubber Co., Cleveland (Ohio) 1972, sowie (für organische Stoffe) bei D'Ans-Lax: „Taschenbuch für Chemiker und Physiker", Bd. 2, Springer-Verlag, Heidelberg 1963.

Stoff i	H^B_i kJ/mol	$S°_i$(298 K) J/(mol K)	Stoff i	H^B_i kJ/mol	$S°_i$(298 K) J/(mol K)
Ag(f)	0	42,69	C_2H_3N		
Ag^+(aq)	105,90	73,93	Methylcyanid(g)	87,7	243
AgCl	−127,03	96,10	C_2H_4(g)	52,30	219,5
AgBr	−99,5	107,1	C_2H_4O		
AgJ	−62,4	114,2	Acetaldehyd(g)	−166,35	265,7
$Ag_2S(\beta)$	−29,3	150,2	C_2H_6(g)	−84,68	229,5
Al	0	28,31	C_2H_6O		
Al^{3+}(aq)	−524,7	−313,4	Äthanol(fl)	−278	161
Al_2O_3	−1675	50,94	Äthanol(g)	−235	282
Ba	0	64,85	Dimethyläther(g)	−185	267
Ba^{2+}(aq)	−538,4	11	C_3H_6O Aceton(fl)	−248	200
$BaSO_4$	−1465	131,8	Aceton(g)	−216	295
Br_2(fl)	0	152,3	C_3H_8(g)	−103,85	269,9
Br_2(g)	30,7	245,4	C_3H_9N		
Br(g)	96,44	174,9	Trimethylamin(g)	−46,0	289
Br^-(aq)	−120,9	80,7	$C_4H_4O_4$		
C (Graphit)	0	5,694	Fumarsäure(f)	−811	166
C (Diamant)	1,896	2,378	Maleinsäure(f)	−788	159
C(g)	718,38	157,99	C_4H_6		
CCl_2O(g)	−223	289	Äthylacethylen(g)	166,1	290,8
CHO_3^-(aq)	−691,1	95	1,2-Butadien(g)	165,5	293,0
CH_2O(g)	−116	219	1,3-Butadien(g)	111,9	278,7
CH_4(g)	−74,8	186,2	C_4H_8		
CH_4O Methanol(fl)	−238,6	126,8	1-Buten(g)	1,17	307,4
Methanol(g)	−201,2	237,7	*cis*-2-Buten(g)	−5,70	300,8
CH_5N			*trans*-2-Buten(g)	−10,06	296,5
Methylamin(g)	−28	242	C_4H_{10}		
CO(g)	−110,52	197,91	*n*-Butan(g)	−124,73	310,0
CO_2(g)	−393,51	213,64	Isobutan(g)	−131,60	294,6
CO_3^{2-}(aq)	−676,3	−53	C_5H_{12} *n*-Pentan(g)	−146,4	348,4
C_2Ca(f)	−62,8	70,3	C_6H_6 Benzol(fl)	49,03	172,8
C_2H_2(g)	226,7	200,8	Benzol(g)	82,93	269,2

Stoff i	H^B_i kJ/mol	$S^\circ_i(298\ \text{K})$ J/(mol K)	Stoff i	H^B_i kJ/mol	$S^\circ_i(298\ \text{K})$ J/(mol K)
C_6H_{12}			MgO	-601,2	26,8
Cyclohexan (g)	-123,1	298,2	Mn	0	31,76
1-Hexen (g)	-41,7	386,0	Mn^{2+}(aq)	-219	-83
C_6H_{14}			MnO	-384,8	59,71
n-Hexan (fl)	-199,2	285,8	Mn_3O_4	-1386	149,5
n-Hexan (g)	-167,2	386,8	MnO_2	-519,7	53,1
Ca	0	41,62	MnO_4^-(aq)	-518	190
Ca^{2+}(aq)	-543,0	-55	N_2	0	191,5
CaO	-635,5	39,7	N(g)	470,6	153,1
$CaCO_3$ (Calcit)	-1206,9	92,9	N_2O(g)	81,55	220,0
$Ca(OH)_2$	-986,2	83,4	NO	90,37	210,6
Cl_2(g)	0	223,0	NO_2	33,32	239,8
Cl(g)	121,1	165,09	N_2O_4	9,368	304,3
Cl^-(aq)	-167,4	55,1	NO_3^-(aq)	-206,6	146
HCl(g)	-92,31	186,7	NH_3(g)	-46,19	192,5
Cu	0	33,30	NH_4^+(aq)	-132,8	112,8
Cu^{2+}(aq)	64,4	-98,7	HNO_3(fl)	-173,0	156,1
Cu^+(aq)	52	-26	Na	0	51,42
CuJ	-68,2	96,6	Na^+(aq)	-239,7	60
F_2(g)	0	202,7	Na_2SO_4	-1384,5	149,5
F(g)	79,09	158,6	$Na_2SO_4 \cdot 10\,H_2O$	-4324,1	592,9
F^-(aq)	-329,1	-9,6	O_2(g)	0	205,0
HF(g)	-268,5	173,7	O(g)	247,52	160,9
Fe	0	27,15	OH^-(aq)	-230,0	-10,54
Fe^{2+}(aq)	-88	-113	Pb	0	64,91
Fe^{3+}(aq)	-48	-293	Pb^{2+}(aq)	1,6	21,4
FeS	-96,2	60,31	PbO (rot)	-219,2	65,3
H_2	0	130,6	PbO_2	-276,6	76,44
H(g)	217,94	114,6	$PbCl_2$	-359,1	136,4
H^+(aq)	0	0	PbJ_2	-175,1	176,9
H_2O(fl)	-285,84	69,94	PbS	-94,28	91,2
H_2O(g)	-241,83	188,72	$PbSO_4$	-918,1	147,2
Hg(fl)	0	76,09	S (rhombisch)	0	31,8
Hg(g)	60,8	174,9	S (monoklin)	0,29	32,6
HgO (rot)	-90,83	70,13	S^{2-}(aq)	42	22
Hg_2^{2+}(aq)	169	74	SO_2	-296,9	248,1
Hg_2Cl_2	-264,8	195,7	SO_3(g)	-395,2	256,0
J_2(f)	0	116,14	H_2SO_4(fl)	-811,3	
J_2(g)	62,24	260,6	HSO_4^-(aq)	-885,75	126,9
J(g)	106,6	180,7	SO_4^{2-}(aq)	-907,5	17,2
J^-(aq)	-55,9	109,4	H_2S(g)	-20,15	205,6
HJ(g)	25,94	206,3	Sn (weiß)	0	51,5
K	0	64,35	Sn (grau)	-2,19	44,1
K(g)	90,04	160,2	Sn^{2+}(aq)	-10	-20,5
K^+(aq)	-251,2	102,5	Zn	0	41,59
Mg	0	32,55	Zn^{2+}(aq)	-152,4	-106,5
Mg^{2+}(aq)	-462,0	-118			

Elektrochemische Spannungsreihe

Elektrodenreaktion	Normalpotential ϵ°/V
$F_2(g) + 2\,e^- \rightleftharpoons 2\,F^-$	+ 2,85
$S_2O_8^{2-} + 2\,e^- \rightleftharpoons 2\,SO_4^{2-}$	+ 2,0
$PbO_2 + SO_4^{2-} + 4\,H^+ + 2\,e^- \rightleftharpoons PbSO_4 + 2\,H_2O$	+ 1,685
$MnO_4^- + 8\,H^+ + 5\,e^- \rightleftharpoons Mn^{2+} + 4\,H_2O$	+ 1,491
$PbO_2 + 4\,H^+ + 2\,e^- \rightleftharpoons Pb^{2+} + 2\,H_2O$	+ 1,455
$Ce^{4+} + e^- \rightleftharpoons Ce^{3+}$	+ 1,443
$Au^{3+} + 3\,e^- \rightleftharpoons Au$	+ 1,42
$Cl_2(g) + 2\,e^- \rightleftharpoons 2\,Cl^-$	+ 1,358
$O_2(g) + 4\,H^+ + 4\,e^- \rightleftharpoons 2\,H_2O$	+ 1,229
$HCrO_4^- + 7\,H^+ + 3\,e^- \rightleftharpoons Cr^{3+} + 4\,H_2O$	+ 1,195
$Br_2(fl) + 2\,e^- \rightleftharpoons 2\,Br^-$	+ 1,065
$AuCl_4^- + 3\,e^- \rightleftharpoons Au + 4\,Cl^-$	+ 0,994
$NO_3^- + 4\,H^+ + 3\,e^- \rightleftharpoons NO(g) + 2\,H_2O$	+ 0,96
$Ag^+ + e^- \rightleftharpoons Ag$	+ 0,7996
$Hg_2^{2+} + 2\,e^- \rightleftharpoons 2\,Hg(fl)$	+ 0,798
$Fe^{3+} + e^- \rightleftharpoons Fe^{2+}$	+ 0,770
$C_6H_4O_2(aq) + 2\,H^+ + 2\,e^- \rightleftharpoons C_6H_4(OH)_2(aq)$	+ 0,6995
$J_2(f) + 2\,e^- \rightleftharpoons 2\,J^-$	+ 0,535
$Cu^+ + e^- \rightleftharpoons Cu$	+ 0,522
$O_2(g) + 2\,H_2O + 4\,e^- \rightleftharpoons 4\,OH^-$	+ 0,401
$Cu^{2+} + 2\,e^- \rightleftharpoons Cu$	+ 0,340
$AgCl + e^- \rightleftharpoons Ag + Cl^-$	+ 0,2223
$SO_4^{2-} + 4\,H^+ + 2\,e^- \rightleftharpoons H_2SO_3 + H_2O$	+ 0,20
$Sn^{4+} + 2\,e^- \rightleftharpoons Sn^{2+}$	+ 0,15
$S(f) + 2\,H^+ + 2\,e^- \rightleftharpoons H_2S(aq)$	+ 0,141
$CuJ_2^- + e^- \rightleftharpoons Cu + 2\,J^-$	+ 0,00
$2\,H^+ + 2\,e^- \rightleftharpoons H_2(g)$	± 0
$Fe^{3+} + 3\,e^- \rightleftharpoons Fe$	− 0,036
$Pb^{2+} + 2\,e^- \rightleftharpoons Pb$	− 0,126
$Sn^{2+} + 2\,e^- \rightleftharpoons Sn$	− 0,136
$Ni^{2+} + 2\,e^- \rightleftharpoons Ni$	− 0,23
$PbSO_4 + 2\,e^- \rightleftharpoons Pb + SO_4^{2-}$	− 0,356
$Cd^{2+} + 2\,e^- \rightleftharpoons Cd$	− 0,4026
$Fe^{2+} + 2\,e^- \rightleftharpoons Fe$	− 0,409
$S(f) + 2\,e^- \rightleftharpoons S^{2-}$	− 0,508
$Zn^{2+} + 2\,e^- \rightleftharpoons Zn$	− 0,7628
$Al^{3+} + 3\,e^- \rightleftharpoons Al$	− 1,66
$Ce^{3+} + 3\,e^- \rightleftharpoons Ce$	− 2,335
$Na^+ + e^- \rightleftharpoons Na(Hg)$	− 2,711
$Li^+ + e^- \rightleftharpoons Li(Hg)$	− 3,045

Naturkonstanten und Umrechnungsfaktoren

Diese Zusammenstellung soll nicht nur Zahlenwerte mitteilen, sondern zugleich an Definitionen und Zusammenhänge erinnern, nach denen man sich einzelne Zahlenwerte aus anderen errechnen kann, die man auswendig weiß.

Loschmidt-Konstante $N_L = 6,0225 \cdot 10^{23}$/mol

Gaskonstante $R = 8,314$ J/(mol K) $= 1,987$ cal/(mol K) $= 82,05 \dfrac{cm^3 \, atm}{mol \, K}$

Boltzmann-Konstante $k = R/N_L = 1,3805 \cdot 10^{-23}$ J/K

Eispunkt $T_0 = 273,15$ K $\stackrel{\wedge}{=} 0\,°C$ (Temperatur des Gleichgewichts zwischen Eis und luftgesättigtem Wasser bei Standarddruck)

Elektrische Ladung des Protons $e = +1,6021 \cdot 10^{-19}$ C $= 4,803 \cdot 10^{-10}$ esE

Faraday-Konstante $F = N_L \cdot e = 96\,487$ C/mol

Influenzkonstante $\epsilon_o = 8,85418 \cdot 10^{-12}$ C^2/(J m)

Lichtgeschwindigkeit im Vakuum $c = 2,997\,925 \cdot 10^8$ m/s $\approx 3 \cdot 10^8$ m/s

Planck-Konstante $h = 6,626 \cdot 10^{-34}$ J s

Masse des ruhenden Elektrons $m_e = 9,109 \cdot 10^{-28}$ g

Masse des ruhenden Protons $m_p = 1,6725 \cdot 10^{-24}$ g

Erdbeschleunigung $g = 9,806$ m/s^2 (örtliche Abweichungen von 0,03 m/s^2)

$\ln x = 2,3026 \log x$; $2,3026\, R\, T/F = 59,15$ mV bei $25\,°C$

Kräfte: Kraft $=$ Masse $\cdot$ Beschleunigung

SI-Einheit: 1 N (Newton) $\equiv$ 1 kg $\cdot$ 1 m/s^2

Frühere Einheit: 1 dyn $\equiv$ 1 g $\cdot$ 1 cm/s$^2 = 10^{-5}$ N

1 kp (Kilopond) $=$ Gewicht von 1 kg $=$ 1 kg $\cdot 9,806$ m/s$^2 = 9,806$ N

Druck $\equiv$ Kraft pro Fläche

SI-Einheit: 1 Pa (Pascal) $\equiv$ 1 N/m$^2 =$ 1 kg m^{-1}s$^{-2} = 10^{-5}$ bar

Standarddruck $p^° = 101\,325$ Pa $=$ 1 atm $=$ 760 Torr $=$ 760 mmHg $=$

$= 10,1325$ N/cm$^2 = 1,033$ kp/cm$^2 = 10,33$ mWS

$=$ mittlerer Luftdruck in Meereshöhe

Elektrische Ladungen: SI-Einheit 1 C (Coulomb) $=$ 1 A s $\approx 3 \cdot 10^9$ esE

1 esE (elektrostatische Einheit)* $=$ 1 dyn$^{1/2}$ cm $=$ 1 g$^{1/2}$ cm$^{3/2}$ s^{-1}

Stromstärke $=$ Ladung pro Zeit; SI-Basiseinheit 1 A $=$ 1 C/s

Dipolmoment $=$ Ladung $\cdot$ Abstand; 1 C m $\approx 3 \cdot 10^{11}$ esE cm $= 3 \cdot 10^{29}$ D

Energien: Arbeit $\equiv$ Kraft $\cdot$ Weg

SI-Einheit: 1 J (Joule) $\equiv$ 1 N $\cdot$ 1 m $=$ 1 kg m^2 s^{-2}

Frühere Einheit: 1 erg $\equiv$ 1 dyn $\cdot$ 1 cm $=$ 1 g cm^2 s$^{-2} = 10^{-7}$ J

Hubarbeit $=$ Gewicht $\cdot$ Höhe; 1 kp m $=$ 9,806 N m $=$ 9,806 J

Spannung $=$ Energie pro Ladung; 1 V $=$ 1 J/C $= \dfrac{1}{300}$ g$^{1/2}$ cm$^{1/2}$ s^{-1}

Leistung $=$ Energie pro Zeit; 1 W $=$ 1 J/s $=$ 1 V C/s $=$ 1 V A

Energie $=$ Ladung $\cdot$ Spannung; atomphysikalische Einheit:

1 eV (Elektronvolt) $=$ 1,6021 $\cdot 10^{-19}$ C $\cdot$ 1 V $=$ 1,6021 $\cdot 10^{-19}$ J

Volumenarbeit: 1 cm^3 atm $=$ 10,1325 N cm $=$ 0,101 325 J

Wärme: 1 cal $=$ 4,184 J $=$ 0,427 kp m $=$ 41,3 cm^3 atm

1 J $= 10^7$ erg $=$ 9,869 cm^3 atm $=$ 0,239 cal

---

* vgl. Übungsaufgabe S. 253

Register

Fettgedruckte Seitenzahlen weisen auf die Definition eines Begriffs hin, Seitenzahlen mit Stern auf eine Fußnote der betr. Seite.

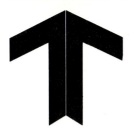

taschentext

Wissen, das heute noch nicht in den großen Lehrbüchern steht; oder dort keine ausreichende Berücksichtigung finden kann: lesbar, didaktisch wie wissenschaftlich gleichermaßen anspruchsvoll.